高压设备电气试验技能培训教程

陆国俊　王　勇　主编

华南理工大学出版社
SOUTH CHINA UNIVERSITY OF TECHNOLOGY PRESS
·广州·

内 容 提 要

本书为广州供电局有限公司试验研究所编写的高压设备电气试验技能培训教程，内容完整，现场应用价值大，对新技术作了较多介绍。该教材不单适用于南方电网的技术人员，对全国电力行业技术人员都有较高参考价值。

图书在版编目（CIP）数据

高压设备电气试验技能培训教程／陆国俊，王勇主编．—广州：华南理工大学出版社，2012.10（2021.7 重印）

ISBN 978－7－5623－3652－5

Ⅰ.①高…　Ⅱ.①陆…②王…　Ⅲ.①高压设备－试验－技术培训－教材　Ⅳ.①TB4－33

中国版本图书馆 CIP 数据核字（2012）第 073247 号

高压设备电气试验技能培训教程

陆国俊　王　勇　主编

出 版 人：卢家明

出版发行：华南理工大学出版社

（广州五山华南理工大学 17 号楼，邮编 510640）

http://www.scutpress.com.cn　E-mail：scutc13@ scut.edu.cn

营销部电话：020－87113487　87111048（传真）

策划编辑：赖淑华

责任编辑：方　琅　吴兆强

印 刷 者：广东虎彩云印刷有限公司

开　　本：787mm×1092mm　1/16　印张：27.75　字数：704 千

版　　次：2012 年 10 月第 1 版　2021 年 7 月第 6 次印刷

定　　价：55.00 元

编辑委员会

前　言

当前，广州供电局有限公司广大干部职工在以甘霖局长为首的领导班子带领下，正在为全面贯彻落实南方电网公司中长期发展战略，创建国际先进供电企业而奋斗。作为创先的重要基础工作，一线人员技能技术水平的提升对企业的重要性开始为大家所认识和接受，生产技能培训受到了前所未有的重视。

过去几年，为配合创建国际先进供电企业工作的开展，广州供电局有限公司系统引进了大量先进的状态检测技术，进行了大量新技术的应用研究与实践，电网设备的预防性试验管理模式正逐步从以停电为主的传统模式向新型状态监测体系转变。为结合南网一体化建设进程，积极主动地将我局状态监测的实践经验向系统内兄弟单位推广，从全面加强预防性试验、切实做好各类电气试验人员技能培训等需求出发，广州供电局有限公司试验研究所精心组织编写了本培训教程。

本教程是在试验研究所原内部培训教材的基础上进一步修编完成的。本教程由陆国俊、王勇主编，华南理工大学电力学院郝艳捧老师协助对教程前四篇的部分内容进行了修编。本教程具有以下特点：一是内容完整，是一本体系化的技能培训教材，从电工理论知识、设备结构、测试仪器、常见试验方法、不同设备故障诊断技术、高压设备不拆引线试验、各类新型状态监测技术及其典型作业表单、考评试题等都进行了介绍；二是现场应用价值大，对状态监测技术人员有很好的参考价值；三是同类型的培训教材少，对新技术的介绍较多。

本教程由广州供电局有限公司试验研究所组织相关技术人员编写而成，全书由王勇负责校对。在编写过程中，华南理工大学、广州供电局相关部门和单位给予了大力支持。编写时引用了相关书籍中的内容，参考了有关专著、文献、标准、规程等。在此，对相关单位及作者表示衷心的感谢。

由于作者水平有限，书中难免有错误和不足之处，恳请读者批评指正。

编　者

2011 年 12 月 30 日

目　录

第一篇　电工基础理论知识

第一章　电路模型及基本定律 ………………………………………………… 3
  第一节　电路基础 …………………………………………………………… 3
  第二节　电路的基本定律和分析方法 ……………………………………… 7
  第三节　电路定理 ………………………………………………………… 12

第二章　正弦稳态电路 ……………………………………………………… 14
  第一节　电路的相量表示和相量图 ……………………………………… 14
  第二节　正弦稳态电路相量模型 ………………………………………… 15
  第三节　串联谐振和并联谐振 …………………………………………… 18

第三章　三相电路 …………………………………………………………… 20
  第一节　三相电路基本概念 ……………………………………………… 20
  第二节　线电压（电流）与相电压（电流）的关系 …………………… 21

第四章　电介质的基本理论 ………………………………………………… 23
  第一节　电介质的定义及分类 …………………………………………… 23
  第二节　电介质的极化与损耗 …………………………………………… 23
  第三节　电介质的电导 …………………………………………………… 26
  第四节　电介质的击穿 …………………………………………………… 27

第二篇　电气设备基本概念

第一章　变压器 ……………………………………………………………… 31
  第一节　变压器的定义和用途 …………………………………………… 31
  第二节　变压器的分类 …………………………………………………… 31
  第三节　变压器的结构 …………………………………………………… 32
  第四节　变压器的参数 …………………………………………………… 33

第二章　高压断路器 ………………………………………………………… 34
  第一节　少油断路器 ……………………………………………………… 34
  第二节　真空断路器 ……………………………………………………… 34
  第三节　六氟化硫（SF_6）断路器 …………………………………… 35

第三章　互感器 ……………………………………………………………… 37
  第一节　电压互感器 ……………………………………………………… 37
  第二节　电流互感器 ……………………………………………………… 38
  第三节　光电互感器 ……………………………………………………… 42

第四章　避雷器 ……………………………………………………………… 45

第五章　电容器 ……………………………………………………………… 47

第六章　电抗器 ……………………………………………………………… 49

第七章　GIS 全封闭组合电器 …………………………………………………… 50

　第一节　GIS 组合电器 …………………………………………………… 50

　第二节　GIS 型号标示方法及含义 ……………………………………… 51

第三篇　电气试验常用仪器

第一章　仪器仪表的基本常识 …………………………………………………… 55

第二章　万用表的原理和使用方法 ……………………………………………… 58

第三章　兆欧表的使用 …………………………………………………………… 60

第四章　示波器 …………………………………………………………………… 62

第五章　直流电桥的基本原理 …………………………………………………… 65

第六章　介损电桥的基本原理 …………………………………………………… 67

第七章　接地电阻测试仪 ………………………………………………………… 68

第八章　静电电压表 ……………………………………………………………… 70

第九章　试验变压器 ……………………………………………………………… 71

第十章　直流高压发生器 ………………………………………………………… 73

第四篇　电气试验常识与基本试验方法

第一章　电气试验基本常识 ……………………………………………………… 77

　第一节　电气试验总体概念 ……………………………………………… 77

　第二节　电气试验的现状和发展方向 …………………………………… 78

第二章　常规基本试验方法 ……………………………………………………… 80

　第一节　绝缘电阻测试 …………………………………………………… 80

　第二节　泄漏电流试验和直流耐压试验 ………………………………… 83

　第三节　交流耐压试验 …………………………………………………… 85

　第四节　介质损耗因素试验 ……………………………………………… 86

第三章　变压器试验方法 ………………………………………………………… 88

　第一节　绕组绝缘电阻、吸收比和极化指数试验 ……………………… 88

　第二节　泄漏电流试验 …………………………………………………… 91

　第三节　直流电阻试验 …………………………………………………… 92

　第四节　介质损耗因数 $\tan\delta$ 试验 ……………………………………… 97

　第五节　极性和组别试验 ………………………………………………… 100

　第六节　外施工频交流耐压试验 ………………………………………… 104

　第七节　倍频感应耐压试验及操作波感应耐压试验 …………………… 106

　第八节　变比试验 ………………………………………………………… 112

　第九节　短路和空载试验 ………………………………………………… 113

　第十节　绕组变形试验 …………………………………………………… 120

　第十一节　温升试验 ……………………………………………………… 126

　　第十二节　铁芯绝缘电阻试验 …………………………………………………… 130

第四章　高压断路器试验方法 …………………………………………………………… 132

　　第一节　绝缘电阻试验 …………………………………………………………… 132

　　第二节　回路电阻试验 …………………………………………………………… 133

　　第三节　断口并联电容的电容量与介损测量 ………………………………… 133

　　第四节　合闸电阻值及合闸电阻接入时间测量 ……………………………… 134

第五章　互感器试验方法 ………………………………………………………………… 136

　　第一节　电流互感器试验 ………………………………………………………… 136

　　第二节　电磁式电压互感器试验 ………………………………………………… 139

　　第三节　电容式电压互感器试验 ………………………………………………… 142

第六章　避雷器试验方法 ………………………………………………………………… 145

　　第一节　绝缘电阻测量 …………………………………………………………… 145

　　第二节　U_{1mA} 和 75% U_{1mA} 下的泄漏电流试验 …………………………… 146

　　第三节　放电计数器试验 ………………………………………………………… 147

第七章　电力电容器试验方法 …………………………………………………………… 148

　　第一节　绝缘电阻测量 …………………………………………………………… 148

　　第二节　介损和电容量测量 ……………………………………………………… 149

　　第三节　交流耐压试验 …………………………………………………………… 152

第八章　电力电缆试验方法 ……………………………………………………………… 154

　　第一节　测量绝缘电阻 …………………………………………………………… 155

　　第二节　直流耐压和泄漏电流试验 ……………………………………………… 155

　　第三节　交流耐压试验 …………………………………………………………… 159

　　第四节　故障相位核查与故障测寻 ……………………………………………… 161

第九章　接地装置试验方法 ……………………………………………………………… 167

　　第一节　接地电阻装置的组成与作用 …………………………………………… 167

　　第二节　接地电阻的测量 ………………………………………………………… 167

　　第三节　土壤电阻率的测量 ……………………………………………………… 171

第十章　线路参数测量方法 ……………………………………………………………… 173

　　第一节　线路绝缘及对相试验 …………………………………………………… 173

　　第二节　主要参数测量 …………………………………………………………… 173

第十一章　高压绝缘子和套管试验方法 ………………………………………………… 183

　　第一节　概述 ……………………………………………………………………… 183

　　第二节　绝缘子试验 ……………………………………………………………… 183

　　第三节　套管试验 ………………………………………………………………… 186

第十二章　相序和相位试验方法 ………………………………………………………… 190

　　第一节　相序和相位的含义及测量的意义 ……………………………………… 190

　　第二节　相序测量方法 …………………………………………………………… 190

　　第三节　相位测量方法 …………………………………………………………… 191

第五篇　高压设备不拆引线试验方法

第一章　不拆引线试验的基础知识 ·· 197
　第一节　不拆引线试验的意义 ·· 197
　第二节　国内外研究现状 ·· 197
　第三节　不拆引线试验主要研究内容 ·· 199
　第四节　各类设备不拆引线试验可能影响的试验项目 ···························· 199
第二章　不拆引线试验数学模型及误差分析 ·· 203
　第一节　变压器不拆引线试验数学模型及误差分析 ······························ 203
　第二节　开关不拆引线试验数学模型及误差分析 ································ 205
　第三节　CVT 不拆引线试验数学模型及误差分析 ································ 205
　第四节　MOA 不拆引线试验数学模型及误差分析 ································ 209
　第五节　CT 不拆引线试验数学模型及误差分析 ································ 210
　第六节　套管不拆引线试验数学模型及误差分析 ································ 211
第三章　现场拆引线与不拆引线试验的对比数据分析 ································ 212
　第一节　变压器拆引线与不拆引线试验的对比数据分析 ·························· 212
　第二节　断路器拆引线与不拆引线试验的对比数据分析 ·························· 214
　第三节　CVT 拆引线与不拆引线试验的对比数据分析 ···························· 215
　第四节　MOA 拆引线与不拆引线试验的对比数据分析 ···························· 217
　第五节　CT 拆引线与不拆引线试验的对比数据分析 ···························· 218
　第六节　套管拆引线与不拆引线试验的对比数据分析 ···························· 219
　第七节　干扰较大时不拆引线试验数据分析 ···································· 220
　第八节　简要结论 ·· 222

第六篇　高压设备状态监测新技术及检测仪器

第一章　变压器局部放电带电测试技术及检测仪器 ································ 225
　第一节　变压器局部放电带电测试的必要性 ···································· 225
　第二节　变压器局部放电带电测试技术基本原理 ································ 225
　第三节　变压器超声波局部放电带电测试仪器简介 ······························ 226
　第四节　变压器局部放电带电测试技术现场应用案例 ···························· 227
第二章　GIS 局部放电带电测试技术及检测仪器 ···································· 233
　第一节　GIS 局部放电带电测试的必要性 ······································ 233
　第二节　常见的 GIS 局部放电带电测试方法及原理 ······························ 233
　第三节　GIS 局部放电带电测试仪器简介 ······································ 235
　第四节　GIS 局部放电带电测试技术现场应用案例 ······························ 237
第三章　开关柜局部放电带电测试技术及检测仪器 ································ 241
　第一节　开关柜局部放电带电测试的必要性 ···································· 241
　第二节　开关柜局部放电带电测试技术基本原理 ································ 241
　第三节　开关柜局部放电带电测试仪器简介 ···································· 243

第四节　开关柜局部放电带电测试技术现场应用案例 …………………………………… 245
第四章　避雷器带电测试技术及检测仪器 ………………………………………………… 246
　　第一节　避雷器带电测试技术背景及原理 ……………………………………………… 246
　　第二节　避雷器带电测试仪器简介及检测案例 ………………………………………… 246
第五章　电容型设备带电测试技术及检测仪器 …………………………………………… 249
　　第一节　电容型设备带电测试的必要性 ………………………………………………… 249
　　第二节　电容型设备带电测试技术基本原理 …………………………………………… 249
　　第三节　电容型设备带电测试仪器简介 ………………………………………………… 250
　　第四节　电容型设备带电测试技术现场应用案例 ……………………………………… 251
第六章　电缆设备带电测试技术及检测仪器 ……………………………………………… 253
　　第一节　电缆设备带电测试的必要性 …………………………………………………… 253
　　第二节　电缆设备带电测试技术基本原理 ……………………………………………… 253
　　第三节　典型电缆设备带电测试仪器简介 ……………………………………………… 254
第七章　红外测温技术及检测仪器 ………………………………………………………… 255
　　第一节　红外测温技术背景及原理 ……………………………………………………… 255
　　第二节　红外测温仪器简介 ……………………………………………………………… 255
　　第三节　红外测温案例分析 ……………………………………………………………… 258
第八章　电缆振荡波局部放电检测技术 …………………………………………………… 262
　　第一节　振荡波局部放电检测技术及原理 ……………………………………………… 262
　　第二节　振荡波局部放电检测案例 ……………………………………………………… 267

第七篇　电气试验基本试题

第一章　试验技能考评试题库 ……………………………………………………………… 275
　　第一节　试验安全知识试题 ……………………………………………………………… 275
　　第二节　试验技能知识试题 ……………………………………………………………… 285
第二章　电气试验考评模拟试题 …………………………………………………………… 305
　　第一节　电气试验专业技能考试模拟试卷一 …………………………………………… 305
　　第二节　电气试验专业技能考评模拟试卷二 …………………………………………… 309
　　第三节　电气试验专业技能考评模拟试卷三 …………………………………………… 313
　　第四节　电气试验专业技能考评模拟试卷四 …………………………………………… 317
　　第五节　电气试验专业技能考评模拟试卷五 …………………………………………… 321
　　第六节　电气试验专业技能考评模拟试卷六 …………………………………………… 325
附录 …………………………………………………………………………………………… 329
　　附录一　广州供电局110kV及以上高压设备不拆一次引线电气试验管理规定 ……… 329
　　附录二　广州供电局电容型设备带电测试端子箱安装及验收规定 …………………… 339
　　附录三　广州供电局电气试验专业典型作业表单 ……………………………………… 344
参考文献 ……………………………………………………………………………………… 429

第一篇
电工基础理论知识

第一章　电路模型及基本定律

第一节　电 路 基 础

一、电流

电流是由电荷（带电粒子）有规则地定向运动而形成的，其定义为单位时间内通过某一导体横截面的电荷量。

设在时间 dt 内通过导体横截面 A 的电荷量为 dq，则电流 $i = dq/dt$。如果电流不随时间变化，则这种电流称为直流电流，直流电流一般用大写字母 I 表示，交流电流则一般用小写字母 i 表示。

习惯上规定正电荷移动的方向为电流的方向（即实际方向）。但在电路分析中，尤其是复杂电路的分析中，事先往往很难判断某支路电流的实际方向，且电流方向还可能是随时间变化的，因此在进行电路分析时，往往先任意选择一个方向作为电流的正方向，称为参考方向，当电流的实际方向与参考方向相同时，则电流为正值；反之，当电流的实际方向与参考方向相反时，则电流为负值。因此，只有在选定了参考方向以后，电流的值才有正负之分。

在国际单位制中，电流的单位是 A（安［培］）。在计量小电流时，常以 mA（毫安）或 μA（微安）为单位，各单位间的数量关系为：$1\text{mA} = 10^{-3}\text{A}$，$1\mu\text{A} = 10^{-6}\text{A}$。

二、电压、电位和电动势

某点的电位是单位正电荷在该点所具有的电位能，在数值上等于电场力将单位正电荷沿任意路径从该点移动到参考点所做的功。如 A 点的电位记作 U_A。原则上参考点可任意选取，但在电工技术中，通常选大地为参考点。两点间的电压在数值上等于电场力把单位正电荷从起点移到终点所做的功，也就是两点之间的电位差，即 $U_\text{AB} = U_\text{A} - U_\text{B}$。

电动势表征电源中外力（非电场力）做功的能力，其值等于外力克服电场力把单位正电荷从负极移动到正极所做的功，其方向从负极指向正极，即电位升高的方向。电动势用 E 表示。电位、电压和电动势示意图见图 1 - 1 - 1。

电压的方向（极性）规定为从高电位指向低电位，即电位降低的方向。和电流类似，一般先选择一个参考方向（参考极性）作为电压参考方向，若参考方向与实际方向相同，则电压为正；若参考方向与实际方向相反，则电压为负。

电路中同一元件的电压和电流都存在设定参考

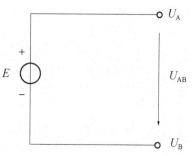

图 1 - 1 - 1　电位、电压和电动势示意图

方向的问题，为了方便分析，常取一致的参考方向，称为关联参考方向。在同一元件上，电流的参考方向从电压参考极性的"＋"极指向"－"极。这样，在一个元件上只要设定一个参考方向（电压或电流），另一个就自然确定了。今后如果未加特别声明，都将采用关联的参考方向。

三、能量与功率

从 t_0 到 t_1 这段时间内，某元件吸收的电能可从电压的定义中求得

$$W = \int_{q(t_0)}^{q(t_1)} u \mathrm{d}q \tag{1-1-1}$$

因为 $i = \mathrm{d}q/\mathrm{d}t$，所以，在关联参考方向下

$$W = \int_{t_0}^{t_1} u i \mathrm{d}t \tag{1-1-2}$$

对于直流电路，电压、电流均为恒定值，则 $W = UI(t_1 - t_0)$。

功率 P 是能量对时间的导数，能量是功率对时间的积分，所以关联参考方向时，$P = UI$；非关联参考方向时，$P = -UI$。

在国际单位制中，能量 W 的单位为 J（焦［耳］），功率 P 的单位为 W（瓦［特］）。若时间用 h（［小］时）、功率以 kW（千瓦）为单位，则电能的单位为 kW·h（千瓦·时），也叫"度"，这是供电部门度量用电量的常用单位。

四、电气设备的额定值

电气设备在长期连续运行下须维持正常运行而规定的正常容许值，叫做额定值。其中，额定电流、额定电压和额定电功率一般用符号 I_N、U_N、P_N 表示。根据电气设备工作性质的不同，还有其他一些额定值（如电动机有额定转速、额定转矩等）。额定值均用原参数符号加下标 N 表示。

电气设备的额定值表明了电气设备的正常工作条件、状态和容量，通常标在设备的铭牌上，在产品说明书中也可以查到。使用电气设备时，一定要注意它的额定值，避免出现不正常的情况或发生事故。

五、基本元件

电路中不能向外提供能量的电路元件称为无源元件，理想的无源电路元件包括电阻元件、电容元件和电感元件等。

（一）电阻元件

电阻是表征电路中阻碍电流流动特性的参数，而电阻元件是表征电路中消耗电能的理想元件，习惯上简称为电阻。所以，我们所说的电阻既是电路元件，又是表征其值大小的参数。在采用关联参考方向时，任意瞬间电阻两端的电压和流过它的电流服从欧姆定律，即 $u = Ri$。

如果电阻 R 的值不随电压或电流变化（即 R 为常数）时，则称为线性电阻；否则称为非线性电阻。如果电阻 R 的值随时间变化，称为时变电阻；否则称为时不变电阻。

在国际单位制中，电阻的单位为 Ω（欧［姆］），电阻的倒数称为电导 G，电导表示电

路元件允许电流流动的特性，电导的单位为 S（西［门子］）。

（二）电容元件

电容元件是一种表征电路元件储存电荷特性的理想元件，其原始模型为由两块金属极板中间用绝缘介质隔开的平板电容器，用 C 表示，如图 1 - 1 - 2 所示。当在两极板上加上电压后，极板上分别积聚着等量的正、负电荷，在两个极板之间产生电场。两极之间的电压与极板上储存的电荷量之间满足线性关系：$q = Cu$，式中 C 称为电容量，它表征电容元件储存电荷的能力。当 C 为常数时，叫做线性电容；当 C 不为常数时，叫做非线性电容。若 C 随时间变化，则称为时变电容；否则称为时不变电容。

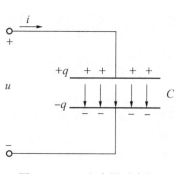

图 1 - 1 - 2　电容器示意图

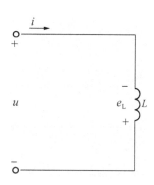

图 1 - 1 - 3　电感器示意图

$C = q/u$，电容的单位为 F（法［拉］），常用 μF（微法）和 pF（皮法）为单位，它们间的数量关系为 $1\mu F = 10^{-6}$ F，$1pF = 10^{-12}$ F。

值得注意的是，电容两端的电压是不能突变的。电容是一种储能元件，电容与电路其他部分之间实现能量的相互转换，理想电容元件在这种转换过程中本身并不消耗能量。

（三）电感元件

电感元件是另一种储能元件。当线圈中通以电流 i，在线圈中就会产生磁通 Φ，并储存磁场能量。表征电感元件（简称电感）产生磁通、存储磁场的能力的参数，也叫电感，用 L 表示，它在数值上等于单位电流产生的磁链 ψ，即 $L = \psi/i = N\Phi/i$。电感线圈通以电流就会产生感应电动势 e_L。感应电动势的大小与磁通的变化率成正比，感应电动势的方向和磁通 Φ 符合右手螺旋定则，如图 1 - 1 - 3 所示，$e_L = -d\Phi/dt = -Ldi/dt$。

若 L 不随电流和磁通的变化而变化，则称为线性电感；若 L 随电流或磁通而变化，则称为非线性电感。

电感的单位为 H（亨［利］），常用的为 mH（毫亨）和 μH（微亨），它们之间的数量关系为 $1\ mH = 10^{-3}$ H，$1\ \mu H = 10^{-6}$ H。

电感储存的能量 $W = Li^2/2$。值得注意的是，电感上的电流是不能突变的。

（四）有源电路元件

能向外提供能量的电路元件称为有源电路元件，理想的有源电路元件包括电压源和电流源。

1. 理想电压源

理想电压源是从实际电源抽象得到的一种电路模型，其电气图形符号如图 1 - 1 - 4a

所示。理想电压源两端电压 $u(t)$ 是时间的函数，它不会因为流过电源的电流而变化，总保持原有的时间函数关系，而电流则由外电路决定。当 e 为恒定值时，理想电压源也称为恒压源，有时也用图 1-1-4b 所示的符号来表示。图 1-1-4c 中电压源的电压、电流参考方向相反，所以电压源的功率为 $P = -UI$，表示电源是输出功率的，而不消耗功率。

理想电压源不接负载时，电流 I 为零，电源处于"开路状态"。由于短路时端电压应为零，这与理想电压源的特性不符，因此将理想电压源短路是不允许的。

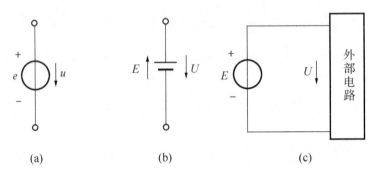

图 1-1-4　理想电压源示意图

2. 理想电流源

理想电流源也是一种抽象的电路模型，其电气图形符号如图 1-1-5a 所示。

理想电流源的电流 $i(t)$ 是时间的函数，理想电流源电流 $i(t)$ 与其两端电压无关，总是保持原有时间函数关系，电压则由外电路决定。当电流 $i(t)$ 不随时间变化而为恒定值 I_S 时，理想电流源也称为恒流源。图 1-1-5b 为恒流源接外电路的情况。

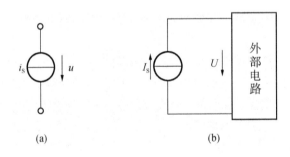

图 1-1-5　理想电流源示意图

图 1-1-5b 中，电流源电压、电流的参考方向相反，所以电流源功率为 $P = -UI$。当理想电流源两端短路时，其端电压 $u = 0$，$i = i_S$，即短路电流就是理想电流源的电流。

3. 实际电源

实际上，理想的电压源和电流源是不存在的。实际电压源随着输出电流的增大，端电压将下降，可用理想电压源和一个内阻 R_0 串联来等效，如图 1-1-6a 所示。在很多情况下，实际电源的内阻与负载相比小很多，这时，可将实际电压源当作理想电压源来处理。

实际电流源可以用理想电流源与内阻 R_0 并联来表示，如图 1-1-6b 所示。当实际电流源的内阻比负载电阻大得多时，往往可以近似地将其看做是理想电流源。

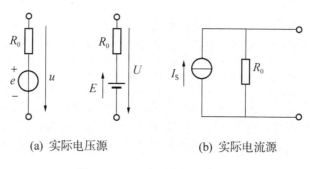

(a) 实际电压源　　　　　　　(b) 实际电流源

图 1 - 1 - 6　实际电源示意图

第二节　电路的基本定律和分析方法

本节首先介绍描述电路中各元器件之间关系的电路基本定律，然后从电路基本定律出发，推导几种简便实用的电路分析方法。

一、基尔霍夫定律

在学习基尔霍夫定律之前，先学习几个与定律有关的术语。

（1）支路：电路中的每一条分支称为支路。一条支路流过一个电流，称为支路电流。含有电源元件的支路称为有源支路，否则称为无源支路。

（2）节点：电路中 3 条或 3 条以上支路的连接点称为节点。

（3）回路：电路中任一闭合路径称为回路。

（4）网孔：内部不含有其他支路的回路称为网孔。

（一）基尔霍夫电流定律

基尔霍夫电流定律（KCL）可以描述为：在任一瞬时，流入电路中任一节点的电流的总和等于从这个节点流出的电流的总和。该定理反映的是电流的连续性，也可以描述为：在任一瞬时、任一节点上，流入节点电流的代数和恒等于零，其数学表达式为

$$\sum i_k(t) = 0 \qquad\qquad (1 - 1 - 3)$$

式中，电流参考方向指向节点（流入节点）取 " + " 号，背向节点（流出节点）取 " - " 号。

（二）基尔霍夫电压定律

基尔霍夫电压定律（KVL）可以描述为：任何电路中，任意时刻绕任意一个回路一周所有支路电压（降）的代数和恒等于零，数学表达式为

$$\sum u_k(t) = 0 \qquad\qquad (1 - 1 - 4)$$

在使用上式时首先须指定一个回路绕行方向（顺时针或逆时针），支路电压参考方向与回路绕行方向一致时，在求和式中取 " + " 号，否则取 " - " 号。

二、等效电路分析

在电路分析和计算中，常常可用简单等效电路替代复杂电路，从而方便分析。

一个电路可以分割成若干部分电路，它们通过导线互相连接构成整个电路，各部分电路的对外连接端至少为两个。在某些电路的分析与计算中，我们对于部分电路内部的工作情况并不感兴趣，而只关心该部分电路对外接电路的影响，这时该部分电路就等同于一个电路元件。

如果有两个外接端相同的部分电路 N_1 和 N_2，它们分别与任意外接电路 N 组成完整电路后，外接电路 N 的工作状况完全一致，即部分电路 N_1 和 N_2 在电路中的作用完全相同，称这两个部分电路互为等效电路，它们在组成电路时可以互相替换。

等效电路只是它们对外的作用等效，一般两个电路内部具有不同的结构，因此，等效电路的等效只对外而不对内。利用等效电路的概念，在分析电路时，可以用结构简单的部分电路来替换复杂的部分电路（互相等效），从而简化电路。

（一）电阻的串联和并联等效

N 个电阻 R_1，R_2，R_3，$\cdots$，R_N 串联，等效为一个电阻，等效电阻 R_{eq} 等于各串联电阻之和

$$R_{eq} = R_1 + R_2 + R_3 + \cdots + R_N \qquad (1-1-5)$$

N 个电阻 R_1，R_2，R_3，$\cdots$，R_N 并联，等效为一个电阻，等效电阻 R_{eq} 的倒数等于各并联电阻倒数之和

$$\frac{1}{R_{eq}} = \frac{1}{R_1} + \frac{1}{R_2} + \frac{1}{R_3} + \cdots + \frac{1}{R_N} \qquad (1-1-6)$$

（二）电压源、电流源的串并联等效

N 个电压源 U_1，U_2，U_3，$\cdots$，U_N 串联，等效为一个电压源，等效电压源 U_{eq} 等于各串联电压源之和

$$U_{eq} = U_1 + U_2 + U_3 + \cdots + U_N \qquad (1-1-7)$$

N 个电流源 I_1，I_2，I_3，$\cdots$，I_N 并联，等效为一个电流源，等效电流源 I_{eq} 等于各并联电流源之和

$$I_{eq} = I_1 + I_2 + I_3 + \cdots + I_N \qquad (1-1-8)$$

（三）戴维宁定理

戴维宁定理可描述为：任何一个有源二端线性网络（见图 1-1-7a），对外电路而言，等效于一个电动势为 U_0 的理想电压源和内阻 R_0 相串联的电压源，如图 1-1-7b 所示。等效电源的电动势就是有源二端网络的开路电压，即将负载断开后 A、B 两端间电压，内阻 R_0 等于有源二端网络中所有独立电源置零后所得到的无源二端网络在 A、B 两端之间的等效电阻，如图 1-1-7c 和图 1-1-7d 所示。

（四）诺顿定理

诺顿定理可以描述为：任意有源二端线性网络（见图 1-1-8a），对外电路而言，可等效为一个电流为 I_S 的理想电流源和内阻 R_0 相并联的电流源，如图 1-1-8b 所示。等效电源中的理想电流 I_S 数值上等于该二端网络的短路电流，等效电源内阻 R_0 等于有源二端网络中所有独立电源置零后所得到的无源二端网络在 A、B 两端所呈现的等效电阻，如图 1-1-8c 和图 1-1-8d 所示。

三、支路电流法

支路电流法是以电路中各支路的电流为基础，将支路电压通过欧姆定律等元件特性表

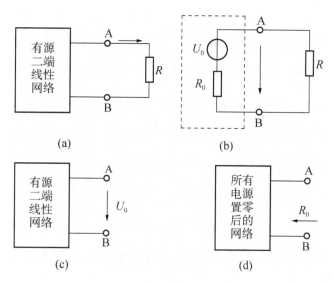

图 1-1-7　戴维宁定理

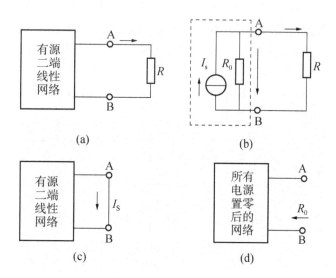

图 1-1-8　诺顿定理

达为支路电流的函数，分别对节点和回路列出关于支路电流的线性方程组，然后解出各支路电流。以图 1-1-9 为例，具体说明支路电流法的分析步骤。

（1）选定支路电流参考方向及回路绕行方向。

（2）根据 KCL 列出独立节点电流方程式。若某电路有 n 个节点，但只有 $(n-1)$ 个方程是独立的，所以只能列 $(n-1)$ 个独立方程式。图 1-1-9 电路中 $n=4$，可以列 3 个独立的节点方程式，选择 A、B、C 三个节点列方程为

$$I_1 + I_2 + I_6 = 0 \qquad\qquad (1-1-9)$$

$$I_3 - I_4 + I_6 = 0 \qquad\qquad (1-1-10)$$

$$I_2 + I_4 + I_5 = 0 \qquad\qquad (1-1-11)$$

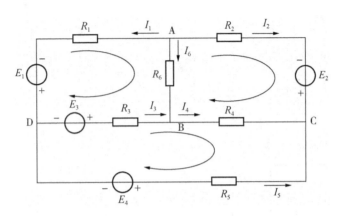

图 1 - 1 - 9　支路电流法

（3）根据 KVL 列出独立的电压回路方程。选择回路时，要使所选回路列出的方程是独立的，如果电路是不存在元件交叉的平面电路，比较简单的方法是选取网孔做独立回路。理论分析表明，若电路中有 m 条待求支路，可以选出 $m-(n-1)$ 个独立回路，从而列出 $m-(n-1)$ 个独立的电压回路方程。图 1 - 1 - 9 电路中有 6 条支路、3 个网孔，因此可以列出 3 个独立的方程式为

$$回路\ ABDA：R_6I_6 - R_3I_3 + E_3 + E_1 - R_1I_1 = 0 \qquad (1-1-12)$$

$$回路\ ACBA：R_2I_2 - E_2 - R_4I_4 - R_6I_6 = 0 \qquad (1-1-13)$$

$$回路\ BCDB：R_4I_4 - R_5I_5 + E_4 - E_3 + R_3I_3 = 0 \qquad (1-1-14)$$

（4）联立求解上述独立方程，便可得到待求的各支路电流。

（5）校验计算结果是否正确。一般可以用功率平衡或电压平衡关系校验。

四、节点电压法

电路中，每条支路电压实际上就是该支路所连两个节点的电位差，因此，如果知道了电路中各个节点的电位，就可由节点电位求解各支路电压和电流，节点电位可以作为分析电路的基本变量。

在图 1 - 1 - 10a 电路中，共有 3 个节点，选定一个节点作为参考节点后，只有 2 个独立节点 A、B。对于每个独立节点，列写 KCL 方程

$$节点\ A：I_3 = I_1 + I_2 \qquad (1-1-15)$$

$$节点\ B：I_3 = I_4 + I_5 \qquad (1-1-16)$$

根据欧姆定律，将各个支路电流用节点电压表示并代入 KCL 方程，整理可得

$$\frac{U_A}{R_1} + \frac{U_A}{R_2} + \frac{U_A - U_B}{R_3} = \frac{E_1}{R_1} + \frac{E_2}{R_2} \qquad (1-1-17)$$

$$\frac{U_B}{R_4} + \frac{U_B}{R_5} + \frac{U_B - U_A}{R_3} = -\frac{E_5}{R_5} \qquad (1-1-18)$$

从上面的推导过程可以看出，节点电压方程是由节点电压表示的 KCL 方程。

如果将电路中所有电压源模型（带有串联电阻的电压源）全部转换为电流源模型，如图 1 - 1 - 10b 所示，则有

$$\text{节点 A:} \left(\frac{1}{R_1} + \frac{1}{R_2} + \frac{1}{R_3}\right)U_A + \left(-\frac{1}{R_3}\right)U_B = \frac{E_1}{R_1} + \frac{E_2}{R_2} \qquad (1-1-19)$$

$$\text{节点 B:} \left(-\frac{1}{R_3}\right)U_A + \left(\frac{1}{R_4} + \frac{1}{R_5} + \frac{1}{R_3}\right)U_B = -\frac{E_5}{R_5} \qquad (1-1-20)$$

在节点 A 方程的左边，U_A 的系数为所有连接到节点 A 的电阻支路电导之和，称为节点 A 的自电导，记为 G_{AA}；U_B 的系数为连接在节点 A 和 B 之间的电阻支路电导之和的负值，称为节点 A 和 B 的互电导，记为 G_{AB}。如果两个节点之间没有电阻支路直接相连则互电导为零。

须注意，采用节点电压法分析电路，电路中电源宜取电流源模型。如果电路中含有电压源（带串联电阻），可利用电源模型的转换使之转化为电流源模型，如图 1-1-10b 所示，但在熟练以后这种转换也可省略。

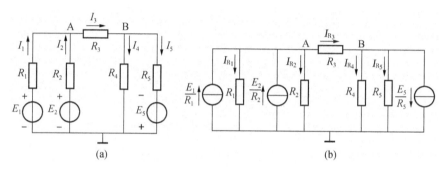

图 1-1-10 节点电压法

五、网孔电流法

网孔电流法是以网孔电流作为电路的独立变量，它仅适用平面电路。以下通过如图 1-1-11a 所示电路图进行分析，图 1-1-11b 是此电路的拓扑图，已给出假设的支路编号和参考方向。

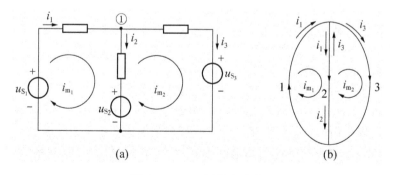

图 1-1-11 网孔电流法

在节点①应用 KCL，有

$$-i_1 + i_2 + i_3 = 0 \quad \text{或} \quad i_2 = i_1 - i_3 \qquad (1-1-21)$$

假想有两个电流 $i_{m_1}(= i_1)$ 和 $i_{m_2}(= i_3)$ 分别沿此平面电路两个网孔连续流动。由于支路 1 只有电流 i_{m_1} 流过，支路电流为 i_1；支路 3 只有电流 i_{m_2} 流过，支路电流为 i_3；但是支路 2 有两个网孔电流同时流过，支路电流将是 i_{m_1} 和 i_{m_2} 的代数和。沿着网孔 1 和网孔 2 流动的假想电流 i_{m_1} 和 i_{m_2} 称为网孔电流。由于把支路电流当作有关网孔电流的代数和，必自动满足 KCL。

现以图 1 - 1 - 11a 所示电路为例，对网孔 1 和 2 列出 KVL 方程，列方程时，以各自的网孔电流方向为绕行方向，有

$$\begin{cases} u_1 + u_2 = 0 \\ -u_2 + u_3 = 0 \end{cases} \tag{1 - 1 - 22}$$

式中 u_1、u_2、u_3 为支路电流电压。

各支路的 VCR（电压、电流与电阻之间的关系）为

$$\begin{cases} u_1 = -u_{S_1} + R_1 i_1 = -u_{S_1} + R_1 i_{m_1} \\ u_2 = R_2 i_2 + u_{S_2} = R_2 (i_{m_1} - i_{m_2}) + u_{S_2} \\ u_3 = R_3 i_3 + u_{S_3} = R_3 i_{m_3} + u_{S_3} \end{cases} \tag{1 - 1 - 23}$$

代入式（1 - 1 - 22），经整理后有

$$\begin{cases} (R_1 + R_2) i_{m_1} - R_2 i_{m_2} = u_{S_1} - u_{S_2} \\ -R_2 i_{m_1} + (R_2 + R_3) i_{m_2} = u_{S_2} - u_{S_3} \end{cases} \tag{1 - 1 - 24}$$

式（1 - 1 - 24）即是以网孔电流为求解对象的网孔电流方程。

第三节　电路定理

一、叠加定理

叠加定理是线性电路的一个重要定理。该定理可以表述为：线性电路中，任一电压或电流都是电路中各独立电源单独作用时，在该处产生的电压或电流的叠加。叠加定理在线性电路的分析中起着重要作用，是分析线性电路的基础。应用叠加定理计算和分析电路时，可将电源分成几组，按组计算以后再叠加有时可简化计算。

当电路中存在受控源时，叠加定理仍然适用。受控源的作用反映在回路电流和节点电压方程中的自阻和互阻或自导和互导中，所以任一处的电流和电压仍可按照各独立电源作用时在该处产生的电流或电压的叠加计算。

叠加定理应用时应注意以下几点：

（1）该定理仅仅适用于线性电路，不适用于非线性电路。

（2）在叠加各分电路中，不作用的电压源置零，用短路代替；不作用的电流源置零，用开路代替。电路中所有电阻都不予更动，受控源则保留在各分电路中。

（3）叠加时各分电路中的电压和电流的参考方向可以取为与原电路中相同。取和时，应注意各分量前的"＋"、"－"号。

（4）因为功率是电压和电流的乘积，所以不适应叠加。

二、替代定理

替代定理可以表述为：给定一个线性电路，其中第 k 条支路的电压 u_k 和电流 i_k 为已

知，那么此支路就可以用一个电压等于 u_k 的电压源 u_s 或一个电流等于 i_k 的电流源 i_s 替代，替代后电路中全部电压和电流均将保持原值。以上提到的第 k 支路可以是电压源和电阻的串联组合或电流源和电阻的并联组合。

第二章 正弦稳态电路

线性电路对正弦信号进行加减、比例放大或缩小、微分和积分等线性运算后，得到的结果仍然是同频率正弦信号。电路的稳定状态（简称稳态）是指电路中的电压和电流在给定条件下达到某一稳定值或达到某种稳定的变化规律。所谓正弦稳态电路，是指电路中的激励（电压或电流）和在电路中各部分所产生的响应（电压或电流）均按正弦规律变化。

第一节 电路的相量表示和相量图

在一个线性正弦稳态电路中，所有电压和电流的频率是相同的，但初相位不一定相同，如图 $1-2-1$ 所示。不失一般性，设电压、电流的表达式为

$$u = U_m \sin(\omega t + \theta_u) \qquad (1-2-1)$$

$$i = I_m \sin(\omega t + \theta_i) \qquad (1-2-2)$$

式中 u 和 i 的相位差 $\varphi = \theta_u - \theta_i$。由此可知，两个同频率正弦量的相位差就是它们的初相位之差。须指出的是，在比较两正弦量的相位时，要注意以下几点：

（1）同频率。只有同频率的正弦量才有不随时间变化的相位差。

（2）同函数。必须化成同一函数（正弦）才能用式 $\varphi = \theta_u - \theta_i$ 计算其相位差。

（3）同符号。两个正弦量数学表达式前的符号要相同（同为正），符号不同，则相位差 $\pm 180°$。

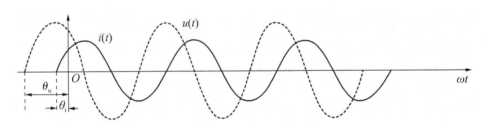

图 $1-2-1$ 正弦量的相位差

振幅、频率和初相位是正弦三个特征值，表示正弦量有多种方法。可以用波形图，也可以用三角函数式表示

$$i = I_m \sin(\omega t + \theta) \qquad (1-2-3)$$

由欧拉公式可知

$$e^{j\theta} = \cos\theta + j\sin\theta \qquad (1-2-4)$$

因此电流 i 可以表示成 $i(t) = \text{Im}[I_m e^{j(\omega t + \theta)}]$（正弦量与一个复函数一一对应，可以用复函数表示其中正弦量）。

复数可以通过图形加以表示，设横坐标为实部，纵坐标为虚部，则复数表现为直角坐标系中的一个矢量。矢量的长度为复数的模，矢量与横轴之间的夹角为复数的幅角，如图

14

1 - 2 - 2 所示。

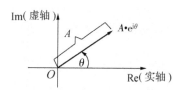
图 1 - 2 - 2　复数的矢量表示

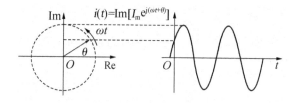
图 1 - 2 - 3　正弦量的旋转矢量表示

如果矢量的幅角为 $\omega t + \theta$，长度为 I_m，则该矢量以角速度 ω 逆时针方向旋转，$t = 0$ 时旋转矢量的幅角为 θ。这样的旋转矢量在虚轴上的投影，如图 1 - 2 - 3 所示。

当频率一定时，相量唯一地表征了正弦量。将同频率正弦量相量画在同一个复平面中（极坐标系统），称为相量图。从相量图中可以方便地看出各个正弦量的大小及它们相互间的相位关系。为方便起见，相量图中一般省略极坐标轴而仅仅画出代表相量的矢量。

第二节　正弦稳态电路相量模型

一、元器件的相量模型

如前所述，电路中除电源外，还有各种理想电路元件，即电阻、电感和电容。在直流电路中，由于电源不随时间变化，电容元件等效为开路，电感元件等效为短路，因此，一般只须考虑电阻参数，但在正弦稳态电路中，必须考虑电感和电容的作用。

在正弦稳态电路中，元件两端电压和流过元件的电流同样受到元件特性及基尔霍夫定律约束，这些约束关系都是线性方程，下面介绍这些元件的相量模型。

（一）电阻器件

图 1 - 2 - 4 是电阻的模型和相量图。

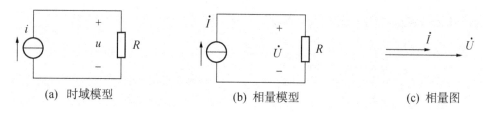

(a)　时域模型　　　　　(b)　相量模型　　　　　(c)　相量图

图 1 - 2 - 4　电阻的模型和相量图

设电流为一正弦函数 $i = I_m \sin\omega t = \sqrt{2} I \sin\omega t$，则电阻两端的电压为

$$u = Ri = RI_m \sin\omega t = U_m \sin\omega t \qquad (1 - 2 - 5)$$

由式（1 - 2 - 5）可见，电阻元件上的电压与电流的关系为：

（1）电压与电流是同频率的正弦量；

（2）电压与电流的相位相同。

若电压与电流均用相量来表示，则 $\dot{U} = \dot{I}R$，为电阻元件电压与电流的相量关系，也称为电阻元件欧姆定律的相量形式。

（二）电容元件

图 1 - 2 - 5 是电容的模型和相量图。

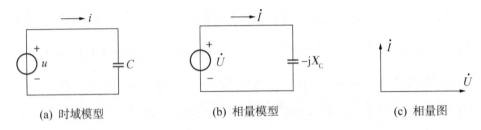

（a）时域模型	（b）相量模型	（c）相量图

图 1 - 2 - 5　电容的模型和相量图

根据电容特性有

$$i = C\frac{\mathrm{d}u}{\mathrm{d}t} = C\frac{\mathrm{d}(U_{\mathrm{m}}\sin\omega t)}{\mathrm{d}t} = I_{\mathrm{m}}\sin(\omega t + 90°) \qquad (1 - 2 - 6)$$

由式（1 - 2 - 6）可见，电容元件上的电压与电流的关系为：

（1）电压、电流是同频率的正弦量；

（2）电压的相位滞后电流 90°；

（3）电压、电流的大小关系为 $I = \omega CU = U/X_{\mathrm{C}}$，其中 $X_{\mathrm{C}} = 1/(\omega C) = 1/(2\pi fC)$，称为电容元件的容抗，单位为 Ω。容抗是反映电容元件对交流电流阻碍能力大小的物理量，它与电容、频率成反比。在相同的电压下，电容越大，所容纳的电荷量就越大，则电容呈现出的阻力越小，因而电流就越大。当频率越高时，电容的充放电就越快，电容呈现出的阻力就越小，因而电流就越大。当电容两端电压 U 和电容 C 一定时，容抗和电流同频率的关系如图 1 - 2 - 6 所示。

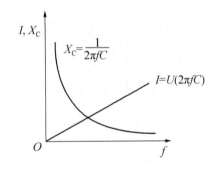

图 1 - 2 - 6　容抗和电流同频率的关系

（三）电感元件

图 1 - 2 - 7 是电感的模型和相量图。

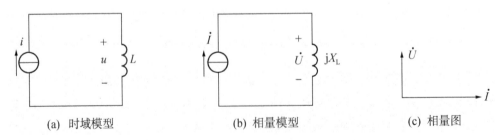

（a）时域模型	（b）相量模型	（c）相量图

图 1 - 2 - 7　电感的模型和相量图

设电流为正弦函数，即

$$i = I_{\mathrm{m}}\sin\omega t = \sqrt{2}I\sin\omega t \qquad (1-2-7)$$

则

$$u = L\frac{\mathrm{d}i}{\mathrm{d}t} = L\frac{\mathrm{d}(I_{\mathrm{m}}\sin\omega t)}{\mathrm{d}t} = L\omega I_{\mathrm{m}}\sin(\omega t + 90°) = U_{\mathrm{m}}\sin(\omega t + 90°) \quad (1-2-8)$$

由式（1-2-8）可见，电感元件上的电压与电流的关系为：

（1）电压、电流是同频率的正弦量；

（2）电压的相位超前电流 90°；

（3）电压、电流大小关系为 $U = \omega LI = X_{\mathrm{L}}I$，式中 $X_{\mathrm{L}} = \omega L$，称为电感元件的感抗，单位为 Ω。感抗是反映电感元件对交流电流阻碍能力大小的物理量，它与电感、频率成正比。在相同的电压下，电感越大，电流越小；频率越高，电流也越小。当电感两端电压和电感一定时，感抗和电流同频率的关系如图 1-2-8 所示。

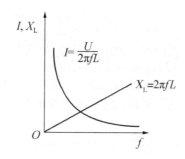

图 1-2-8　感抗和电流同频率的关系

二、电路的相量模型

电路的相量模型就是将正弦稳态电路中的所有电源电压和电流、支路电压和电流变量转换为相应的相量，无源元件 R、L、C 分别用其相量模型 R、$\mathrm{j}\omega L$、$\dfrac{1}{\mathrm{j}\omega C}$ 表示得到原电路的相量模型，如图 1-2-9 所示。

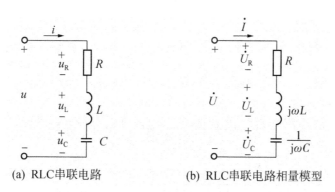

（a）RLC 串联电路　　　　（b）RLC 串联电路相量模型

图 1-2-9　RLC 串联电路的相量模型

三、电路定律的相量形式

正弦稳态线性电路中，各支路的电流和电压都是同频率的正弦量，即

$$\begin{cases} i_{k(t)} = I_{mk}\sin(\omega t + \theta_{ik}) \\ u_{k(t)} = U_{mk}\sin(\omega t + \theta_{uk}) \end{cases} \quad k = 1,2,3,\cdots \qquad (1-2-9)$$

由 KCL 和 KVL 方程得

$$\sum_{\text{任意节点}} i_{k(t)} = \sum_{\text{任意节点}} I_{mk}\sin(\omega t + \theta_{ik}) = 0 \qquad (1-2-10)$$

$$\sum_{\text{任意回路}} u_{k(t)} = \sum_{\text{任意回路}} U_{mk}\sin(\omega t + \theta_{uk}) = 0 \qquad (1-2-11)$$

第三节 串联谐振和并联谐振

一、串联谐振

在 RLC 串联电路中（如图 1-2-10 所示），当 $X_L = X_C$ 时，$\varphi = \arctan\dfrac{X_L - X_C}{R} = 0$。此时电压与电流同相，电路呈纯电阻性，电路阻抗最小，当电路所加电压幅度不变时，电流达到最大值，即电路发生谐振。由于谐振发生在串联电路中，因此又叫做串联谐振。

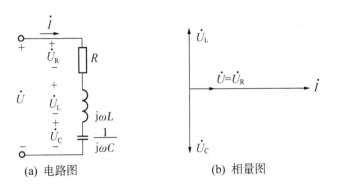

(a) 电路图   (b) 相量图

图 1-2-10 串联谐振

电路发生串联谐振时的频率称为谐振频率 $f_0 = \dfrac{1}{2\pi\sqrt{LC}}$，谐振频率由电路参数确定，当电路参数一定时，改变电源的频率 f，使之等于 f_0，电路就发生谐振。

串联谐振有以下特点：

（1）阻抗最小，电流最大。谐振时阻抗和电流分别为 $|Z| = R$，$I = U/R$。

（2）电压与电流同相（$\varphi = 0$），电路呈现纯电阻性。

（3）电感上的电压与电容上的电压大小相等，但相位相反。当 $X_L = X_C > R$ 时，电感和电容上的电压都大于电源电压，因此串联谐振也称为电压谐振。

谐振时电感（或容抗）上电压与电源电压的比值称为电路的品质因数，用 Q 表示。品质因数表示谐振时电感或电容上的电压大于电源电压的倍数。Q 的值越大，电路的选频

特性就越好。图 1-2-11 为接收机的输入电路，是串联谐振在无线电工程中的典型应用。

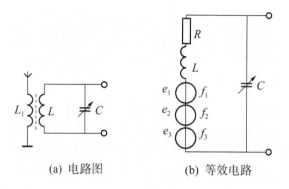

(a) 电路图　　　　(b) 等效电路

图 1-2-11　接收机的输入电路

二、并联谐振

图 1-2-12 是线圈 RL 与电容器 C 并联的电路。

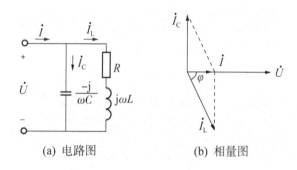

(a) 电路图　　　　(b) 相量图

图 1-2-12　并联谐振

当电路总电流与电压同相时，电路发生并联谐振。谐振条件为

$$\omega C = \frac{\omega L}{R^2 + \omega^2 L^2}$$

可得谐振频率为 $\omega_0 = \sqrt{\dfrac{1}{LC} - \dfrac{R^2}{L^2}}$，由于线圈的电阻一般都很小，因此 $\omega_0 \approx \sqrt{\dfrac{1}{LC}}$。

并联谐振具有以下特征：

（1）电路的阻抗最大，电流最小。并联谐振时，电路呈现出的最大纯电阻性阻抗。

（2）电压与电流同相，$\varphi = 0$，$\cos\varphi = 1$。

（3）支路电流远大于总电流，并联谐振通常也被称为电流谐振。

第三章　三相电路

第一节　三相电路基本概念

三相电力系统是由三相电源、三相负载和三相输电线路三部分组成的。

对称三相电源由三个等幅值、同频率、初相位互差120°的正弦电源连接成星形或三角形组成，如图1-3-1所示。这三个电源依次称为A、B、C三相，其电压可以表示为

$$u_A = \sqrt{2}U\sin\omega t \tag{1-3-1}$$

$$u_B = \sqrt{2}U\sin(\omega t - 120°) \tag{1-3-2}$$

$$u_C = \sqrt{2}U\sin(\omega t + 120°) \tag{1-3-3}$$

式中以A相电压作为参考正弦量，对应的向量形式为

$$\dot{U}_A = U\ \underline{/0°} \tag{1-3-4}$$

$$\dot{U}_B = U\ \underline{/-120°} = a^2\ \dot{U}_A \tag{1-3-5}$$

$$\dot{U}_C = U\ \underline{/+120°} = a\ \dot{U}_A \tag{1-3-6}$$

式中$a = 1\ \underline{/120°}$，它是工程上为了方便而引入的单位向量算子。

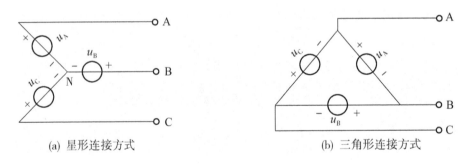

(a) 星形连接方式　　　　　　　　　　(b) 三角形连接方式

图1-3-1　对称三相电源的连接方式

上述三相电压的相序A、B、C称为正序。与此相反，如B相超前A相120°，C相超前B相120°则称为反序，电力系统一般采用正序。对于正、反序，三相电压之和都为零。即

$$\dot{U}_A + \dot{U}_B + \dot{U}_C = 0$$

图1-3-1a为星形连接方式，简称星形电源或Y电源。从三个电压源正极性端子A、B、C向外引出的导线称为端线，从中性点N引出的导线称为中线。端线间的电压称为线电压，电源每一相的电压称为相电压。端线中的电流称为线电流，各相电压源中的电流称为相电流。图1-3-1b为三角形连接方式，简称三角形电源或△电源。三角形电源的线电压、相电压、线电流及相电流的概念与星形电源相同，但三角形电源不能引出中线。

三个阻抗也可以连接成星形负载或三角形负载。当这三个阻抗相等时，就称为对称三相负载。从对称三相电源的三个端子引出具有相同阻抗的三条端线，把对称三相负载连接在端线上就构成了对称三相电路。根据电源、负载自身的连接方式，可以组成 Y - Y 连接方式、△ - △连接方式、Y - △连接方式、△ - Y 连接方式。在 Y - Y 连接方式中，如把三相电源的中点 N 和负载的中点 N，用一条具有阻抗 Z_N 的中线连接起来，这种连接方式就称为三相四线制方式。上述其余连接方式均属三相三线制。

在实际三相电路中，三相电源是对称的，三条端线阻抗是相等的，但负载则不一定是对称的。

第二节 线电压（电流）与相电压（电流）的关系

三相电源的线电压和相电压、线电流和相电流之间的关系都与连接方式有关，三相负载也是如此。

对称星形电源，依次设其线电压为 $\dot{U}_{AB}$、$\dot{U}_{BC}$、$\dot{U}_{CA}$，那么有

$$\dot{U}_{AB} = \dot{U}_A - \dot{U}_B = (1 - a^2) \dot{U}_A = \sqrt{3} \dot{U}_A \underline{/30°}$$

同理有 $\dot{U}_{BC} = \sqrt{3} \dot{U}_B \underline{/30°}$，$\dot{U}_{CA} = \sqrt{3} \dot{U}_C \underline{/30°}$。

对称星形接法的线电压与相电压的关系可以用图 1 - 3 - 2 的向量图来表示。可以看出，相电压对称时线电压也一定对称，它是相电压的 $\sqrt{3}$ 倍，依次超前 $\dot{U}_A$、$\dot{U}_B$、$\dot{U}_C$ 的相位 30°，对于三角形接法，则线电压等于相电压。

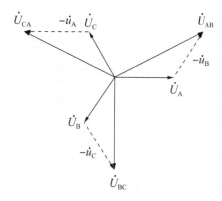

图 1 - 3 - 2 对称星形接法的线电压与相电压的关系图

前述有关线电压和相电压的关系也适用于对称三相负载。

对称三相电源与三相负载中线电流和相电流之间的关系叙述如下：对于星形连接，线电流等于相电流，对于三角形连接则不是如此。

以三角形负载为例，如图 1 - 3 - 3 所示。设每相负载中的对称相电流分别为 I_{AB}、I_{BC}、I_{CA}，三个线电流分别为 I_A、I_B、I_C，电流的参考方向见图 1 - 3 - 3。根据 KCL 有

$$\dot{I}_A = \dot{I}_{AB} - \dot{I}_{CA} = (1 - a) \dot{I}_{AB} = \sqrt{3} \dot{I}_{AB} \underline{/-30°}$$

同理 $\qquad \dot{I}_B = \sqrt{3} \dot{I}_{BC} \underline{/-30°} \qquad \dot{I}_C = \sqrt{3} \dot{I}_{CA} \underline{/-30°}$

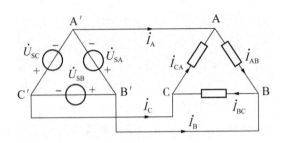

图 1 - 3 - 3　三角形负载的电路图

　　从图 1 - 3 - 3 中可以看出，线电流是相电流的 $\sqrt{3}$ 倍，依次滞后 I_{AB}、I_{BC}、I_{CA} 的相位 30°。上述分析方法也适用于三角形电源。

第四章 电介质的基本理论

第一节 电介质的定义及分类

一、电介质定义

电介质是指在电场作用下能够被电极化的介质。广义上讲，电介质不仅包括绝缘材料，还包括各种功能材料，如压电、光电等材料。由于电介质中起主要作用的是束缚电荷，而金属的介电性能与束缚电荷无关，故金属不属于电介质的范畴。电介质的电阻率一般都很高，被称为绝缘体。有些电介质的电阻率并不很高，不能称为绝缘体，但由于能发生极化过程，也归入电介质。

二、电介质的分类

电介质的每个分子都由正、负电荷组成，根据电荷的分布特性，可以把电介质分为三类：非极性电介质、极性电介质和离子型电介质。

在无外电场作用时，正、负电荷中心相重合的分子称为非极性分子，由非极性分子组成的电介质称为非极性电介质，应用于绝缘的有机材料如聚乙烯、聚四氟乙烯、石蜡等均为非极性电介质。在无外电场作用时，正、负电荷中心不相重合的分子称为极性分子，由极性分子组成的电介质称为极性电介质。与前两者不同，离子型电介质通常由正、负离子组成，此时已没有个别的分子，存在于电介质中的是离子，属于这一类的有石英、玻璃、云母、陶瓷及其他一些无机电介质。离子型电介质的介电常数较大，具有较高的机械强度。

一般情况下为便于理解与实际应用，将电介质按照存在的形态进行分类，可分成固体电介质、液体电介质和气体电介质。

固体电介质包括：无机材料、刚性纤维增强型层压板、树脂和漆、纤维材料、云母制品等。液体电介质包括绝缘油等，液体电介质和气体电介质一样具有流动性，击穿后有自愈性，但电气强度比气体电介质的高。目前常用的气体电介质有空气、N_2、H_2、CO_2 及 SF_6 等。气体由于密度小，因此具有与液体和固体电介质不同的特性。例如，相对介电常数、介质损耗和电导率都很小，击穿后自愈能力强，不存在老化问题，过载能力强，并且可通过提高气压来提高绝缘强度。

第二节 电介质的极化与损耗

一、介电常数的定义

电介质的介电常数是描述电介质极化的重要参数。根据静电场中关于均匀各向同性的

电介质相对介电常数的定义，电介质的相对介电常数为

$$\varepsilon_r = \frac{D}{\varepsilon_0 E} \tag{1-4-1}$$

式中 D——电介质中电通量密度；

E——电场强度；

ε_0——真空介电常数。

下面以平板电容器为例说明介电常数的物理意义。设一真空平板电容器的极板面积为 S，极板间距为 d，且 d 远小于极板的尺寸，故可认为极板上的电荷分布和极板间的电场分布是均匀的。如图 1-4-1 所示，在外加恒定电压 U 的作用下，设极板上所充的电荷密度为 σ_0，根据静电场高斯定理，极板间真空中的电场强度为

$$E = \frac{\sigma_0}{\varepsilon_0} \tag{1-4-2}$$

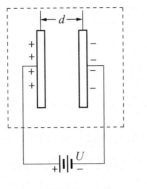 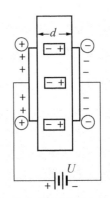

(a) 极板间为真空　　　　　　　(b) 极板间放入介质

图 1-4-1 介质极化示意图

当介质为真空时的电容量为

$$C_0 = \frac{\sigma_0 S}{U} \tag{1-4-3}$$

当充以某种电介质后，电容器的电容量为

$$C = \frac{\sigma S}{U} \tag{1-4-4}$$

通常将电容器充以某种电介质时的电容量 C 与真空中电容量 C_0 的比值定为该电介质的相对介电常数，即

$$\varepsilon_r = \frac{C}{C_0} = \frac{\sigma}{\sigma_0} \tag{1-4-5}$$

上式表明 ε_r 在数值上也等于充以电介质后极板上自由电荷密度与真空时极板上自由电荷密度之比。可见 ε_r 是一个相对量，且是大于1的常数；而电介质的绝对介电常数 $\varepsilon = \varepsilon_0 \varepsilon_r$，单位为 F/m（法每米）。

二、电介质的极化

通常用极化强度来表示电介质极化程度，电极化强度 P 定义为电介质单位体积内电偶

极矩的向量和，即

$$P = D - \varepsilon_0 E \qquad (1-4-6)$$

所以电极化强度 P 是表征电介质在电场作用下极化强度的量，P 与束缚电荷大小有一定的关系。

电介质极化有四种基本类型：电子位移极化、离子位移极化、转向极化和空间电荷极化。在外电场作用下，正负电荷将产生位移，称为位移极化，当外电场消失时，感应电矩也随之消失。对于极性介质，即使没有外加电场，极性介质本身就已具有偶极矩，称为固有偶极矩，但此时的偶极矩排列无序，当有外加电场时，偶极矩有转向电场方向的趋势，称为转向极化。

三、电介质的损耗

绝缘材料的损耗角 δ 是在其上外施加电压与由此电压产生的电流之间的相位差 φ 的余角，如图 $1-4-2$ 所示。它是由介质电导以及介质极化的滞后效应所引起的。

（一）气体电介质损耗

气体的相对介电常数 $\varepsilon_r \approx 1$，且与电场频率无关，因此气体介质只有电导损耗，由其直流电导率 γ 决定，介质损耗角正切为

$$\tan\delta = \frac{\gamma}{\omega\varepsilon_0\varepsilon_r} = 1.8 \times 10^{10} \frac{\gamma}{f\varepsilon_r} \qquad (1-4-7)$$

式中，f 为外加电场频率。

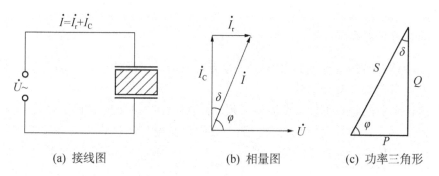

(a) 接线图   (b) 相量图   (c) 功率三角形

图 $1-4-2$ 介质在交流电压作用时的电流相量图及功率三角形

气体在工频电场作用下的介质损耗的理论计算值是很小的，因此，可以把气体介质电容器看作无损耗的理想电容器，一般用来作高压标准电容器的介质。

（二）液体电介质的损耗

非极性液体电介质的相对介电常数与频率无关，介质损耗主要来源于电导，所以介质损耗角正切可用式（$1-4-7$）来计算。

极性液体电介质的介质损耗与黏度有关。极性分子在黏性媒质中做热运动，在交变电场作用下，电场力矩将使极性分子趋向于外场方向转动，因摩擦发热而引起能量损耗。若黏度大，分子极化跟不上电场变化；黏度小，分子定向转动时无摩擦，这两种情况下，松弛损耗都比较小。但是在中等黏度下，松弛损耗显著，在某一黏度下将出现极值。

（三）固体电介质的损耗

固体非极性有机介质，如聚乙烯、聚苯乙烯、聚四氟乙烯等。它们既没有弱联系离子，也不含极性基团，因此在外电场作用下只有电子位移极化，其介质损耗主要是由杂质电导引起的，tanδ 可由式（1-4-7）计算出来。这类介质的电导率一般很小，所以介质损耗角正切值也很小，被广泛用作工频和高频绝缘材料。

固体极性有机介质，如含有极性基的有机介质及天然纤维等，它们的相对分子质量一般很大，分子间相互联系的阻碍作用较强，因此除非在高温之下，整个极性分子的转向难以建立，转向极化只可能由极性基团的定向所引起。这类极性有机介质的损耗，主要是极性基的松弛损耗，因而在高频下损耗很大，不能作为高频介质应用。

第三节　电介质的电导

一、气体介质的电导

当气体中无电场存在时，外界因素（如紫外线等）使每 $1cm^3$ 气体介质中每 $1s$ 约产生一对离子，在离子不断产生的同时，正负离子又在不断复合，最后达到平衡状态。当存在电场时，这些离子在电场力的作用下，克服与气体介质分子碰撞的阻力而移动，在电场方向得到速度 v，它与电场强度 E 的比值 $b = v/E$，称为离子的迁移率。当电场很小时，b 接近为常数，即电流密度与电场强度近乎成正比。当电场强度进一步增大，外界因素所造成的离子接近全部趋向电极时，电流密度趋于饱和，但其值仍极小。

二、液体介质的电导

非极性液体介质的电导主要由离解性的杂质和悬浮于液体介质中的荷电粒子所引起，所以其电导对杂质是非常敏感的。

极性液体介质的电导不仅由杂质所引起，而且与本身分子的离解度有关。极性液体介质的介电常数越大，则其电导也越大。影响液体介质电导的因素主要有温度和电场强度。温度升高时，液体介质的黏度降低，离子受电场力作用而移动时受到的阻力减小，离子的迁移率增大，电导增大；温度升高时，液体介质分子的热离解度增大，电导也增大。

在极纯净的液体介质中，电导与电场强度的关系与气体介质中相似。电场强度小于某一定值时，电导接近为一常数；电场强度超过一定程度时，电场将使离解出来的离子数量迅速增加，电导也就迅速增加。

三、固体介质的电导

具有非极性分子的固体介质电导主要是由杂质离子引起的，只有当温度较高时，非极性分子本身才能发生分解，产生自由离子，形成电导。

离子式结构的固体介质的电导主要是由离子在热运动影响下脱离晶格而移动产生的。当然杂质在离子式结构的固体介质中也是造成电导的原因之一，由于杂质与基本物质的结合是不紧密的，故当在某一温度，介质结构中的基本离子尚很少脱离原位时，杂质离子则可能已有较多脱离原位而迁移了。所以杂质对电导率的影响是很大的。

固体介质除了体积电导外，还存在表面电导。在相同的工作条件下，亲水性介质的表面电导率要比憎水性介质的表面电导率大得多。一般非极性介质的表面电导率最小，极性介质次之，离子型介质最大。采取措施使介质表面光洁、干燥或在表面涂以石蜡、绝缘漆，可以降低介质表面电导率。

第四节 电介质的击穿

当施加于电介质的电场增大到相当强时，电介质的电导就不服从欧姆定律了。实验表明，电介质在强电场下的电流密度按指数规律随电场强度增加而增加，当电场进一步增强到某个临界值时，电介质的电导率突然剧增，电介质便由绝缘状态变为导电状态，这一跃变现象称为电介质的击穿。发生击穿时的临界电压称为电介质的击穿电压，相应的电场强度称为电介质的击穿场强。

电介质的击穿场强是电介质的基本电性能之一，它决定了电介质在电场作用下保持绝缘性能的极限能力。在电力系统中常常由于某一电气设备的绝缘损坏而造成事故，因而在很多情况下，电力系统和电气设备的可靠性在很大程度上取决于其绝缘的正常工作。

第二篇
电气设备基本概念

第一章 变 压 器

第一节 变压器的定义和用途

变压器是利用电磁感应原理，以相同的频率，在两个或更多的绕组之间转换交流电压或电流的一种静止电气设备。

从电厂发出的电能，要经过很长的输电线路输送给远方的用户，为了减少输电线路上的电能损耗，必须采用高压或超高压输送。而目前一般发电厂发出的电压，由于受绝缘水平的限制，电压不能太高，这就要将电厂发出的电能电压经过变压器进行升高送到电力网，这种变压器统称升压电力变压器。

对用户来说，为了安全和经济，各种用电设备所要求的电压又不能太高。因此，也要经过变压器将电力系统的高电压变成符合用户各种电气设备要求的额定电压，作为这种用途的变压器统称降压电力变压器。

电力变压器是电力系统中用以改变电压的主要电气设备。从电力系统的角度来看，一个电力网将许多发电厂和用户联在一起，分成主系统和若干个分系统。各个分系统的电压并不一定相同，而主系统必须是统一的一种电压等级，这也需要各种规格和容量的变压器来连接各个系统。所以说电力变压器是电力系统中不可或缺的一种电气设备。

其他类型的变压器，如整流变压器、电炉变压器、各类调压器、互感器、电抗器等，虽然结构形式不同，其具体作用也有所不同，但其宏观用途仍是用以转换电压或电流。

第二节 变压器的分类

一般常用变压器可按相数、冷却方式、用途、绕组形式、铁芯形式分别进行分类。

1. 按相数分

（1）单相变压器：用于单相负荷和三相变压器组。

（2）三相变压器：用于三相系统的升、降电压。

2. 按冷却方式分

（1）干式变压器：依靠空气对流进行冷却，一般用于局部照明、电子线路等小容量变压器。

（2）油浸式变压器：依靠油作冷却介质，如油浸自冷、油浸风冷、油浸水冷、强迫油循环等。

3. 按用途分

（1）电力变压器：用于输配电系统的升、降电压。

（2）仪用变压器：如电压互感器、电流互感器等，应用于测量仪表和继电保护装置。

（3）试验变压器：能产生高压，对电气设备进行高压试验。

（4）特种变压器：如电炉变压器、整流变压器、调整变压器等。

4. 按绕组形式分

（1）双绕组变压器：用于连接电力系统中的两个电压等级。

（2）三绕组变压器：一般应用于电力系统区域变电站中，连接三个电压等级。

（3）自耦变压器：用于连接不同电压的电力系统，可作普通的升压或降压变压器用。

5. 按铁芯形式分

（1）芯式变压器：用于高压的电力变压器。

（2）壳式变压器：用于大电流的特殊变压器，如电炉变压器、电焊变压器；或用于电子仪器及电视、收音机等的电源变压器。

第三节　变压器的结构

三相油浸式电力变压器主要由三相一次及二次绕组、铁芯、油箱、底座、高低压套管、引线、散热器（或冷却器）组成，如图 2－1－1 所示。

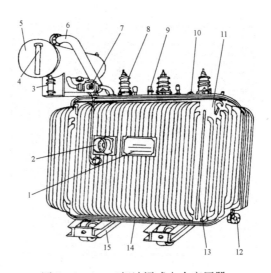

图 2－1－1　三相油浸式电力变压器

1—铭牌；2—信号式温度计；3—吸湿器；4—油位计；5—储油柜；6—安全气道；7—气体继电器；8—高压套管；9—低压套管；10—分接开关；11—油箱；12—放油阀门；13—散热片；14—接地螺栓；15—小车

（1）铁芯及夹件。电力变压器铁芯由硅钢片（带）经剪切成为一定尺寸的铁芯片，按一定叠压系数叠压而成。

（2）绕组分类。三相电力变压器绕组是由一次绕组、二次绕组，对地绝缘层（主绝缘），一、二次绕组之间绝缘及由燕尾垫块、撑条构成的油道（油浸式变压器）或气道（干式变压器）、高压和低压引线构成。

（3）油箱及底座。油箱和底座是油浸式变压器的支持部件，它们支持着器身和所有附件。油箱里装有绝缘和冷却用的变压器油。油箱是用钢板加工制成的容器，要求机械强度高、变形小、焊接处不渗漏。

（4）套管和引线。套管和引线是变压器一、二次绕组与外线路的连接部件。引线通过套管引到油箱外顶部，套管既可固定引线，又起引线对地的绝缘作用。用在变压器上的套管要有足够的电气绝缘强度和机械强度，并具有良好的热稳定性。

变压器套管的种类有瓷绝缘式套管，它用于 35 kV 及以下电压等级变压器上，它以瓷作为套管主绝缘；充油式套管，用于 66 kV 及以上电压等级变压器上，它以绝缘筒和绝缘油作为套管主绝缘；电容式套管，用于 110 kV 及以上电压等级变压器上，它以多层紧密配合的绝缘纸和铝箔交错卷制成的电容芯子作为主绝缘。

（5）散热器和冷却器。散热器和冷却器是油浸式变压器的冷却装置。中小型电力变压器的散热器，一般用钢管制成形后焊接在油箱两侧孔内。这种散热器要求刚度好，常在垂直排列的管子上焊几道钢带，把散热片连接成整体。大容量的变压器，采用油浸风冷或强迫油循环风冷，也采用油浸水冷或油浸强迫水冷却方式。这些冷却方式是由冷却器来完成的。

变压器的其他附件还有净油器、储油柜、气体继电器、安全气道、分接开关、温度计等组件和附件。

第四节 变压器的参数

（1）型号：表示变压器的结构特点、额定容量（kV·A）和高压侧的电压等级（kV）。

（2）额定电压：原绕组的额定电压指在原绕组上的正常工作线电压值。它是根据变压器的绝缘强度和允许的发热条件规定的。

（3）额定电流：额定电流是根据容许发热条件而规定的满载电流值。在三相变压器中铭牌上所表示的电流数值是变压器原、副边线电流的额定值。

（4）额定容量：变压器的额定容量用 S_N 来表示，单位为 V·A 或 kV·A。一台三相变压器的容量大小，由它的输出电压和输出电流乘积决定，额定容量用来反映这台变压器传送最大电功率的能力。

（5）阻抗电压：又称为短路电压，通常以绕组额定电压的百分数来表示。

（6）温升：温升是变压器在额定运行状态时允许超过周围环境温度的值，它取决于变压器所用绝缘材料的等级。

第二章　高压断路器

第一节　少油断路器

少油断路器中，绝缘油用来熄灭电弧和作为触头间的绝缘介质，但不作为对地主绝缘。对地绝缘主要采用固体绝缘件，如瓷件、环氧玻璃板、环氧树脂浇铸件等。因此，油的用量比多油断路器少得多，具体实物如图2-2-1所示。

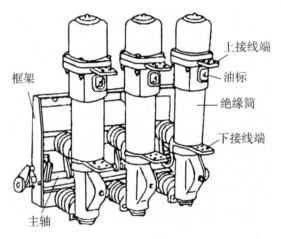

图2-2-1　少油断路器

按使用地点的不同，少油断路器分为户内式与户外式两种。户内式少油断路器主要供12～40kV户内配电装置使用。户外式少油断路器的电压等级较高（40kV及以上），作为输电超高压断路器使用。

户内式少油断路器的三相灭弧室分别装在三个由环氧玻璃布卷成的绝缘筒中。户外式少油断路器由于电压等级高、质量大，一般采用落地式结构。126kV及以上的多采用串联灭弧室、积木式的总体布置，每个灭弧室相应的额定电压为63～126kV。这种布置的主要优点是零部件通用性强、生产维修比较方便，灭弧室研制工作量小，便于向更高电压等级发展。

第二节　真空断路器

利用真空作为触头间的绝缘与灭弧介质的断路器称为真空断路器。真空断路器的结构与其他断路器大致相同，主要由操作机构、支撑用绝缘子和真空灭弧室组成。真空灭弧室的结构很像一个大型的真空电子管。外壳由玻璃或陶瓷制成，动触头运动时的密封靠波纹管完成。

波纹管在允许的弹性变形范围内伸缩，要求有足够高的机械寿命（一万次以上）。动、静触头的外周装有屏蔽罩，它起着吸收冷凝金属蒸气和均匀电场分布的作用。对某些结构的灭弧室，屏蔽罩还起到保护玻璃或陶瓷外壳内表面不受金属蒸气喷溅及防止降低内表面绝缘性能的作用。

真空灭弧室的绝缘性能好，触头开距小（12kV 真空断路器的开距约为 10mm，40.5kV 约为 25mm），要求操动机构提供的能量也小，加上开断距离小，电弧电压低，电弧能量小，开断时触头表面烧损轻微，因此真空断路器机械寿命和电气寿命都很高。通常机械寿命和开合负载电流的寿命可达到 1 万次以上。允许开合额定开断电流的次数，少则8 次，多的可到 50 次或更多，特别适宜用于操作频繁的场所，这是其他类型断路器无法与之比拟的。真空断路器外观如图 2-2-2 所示。

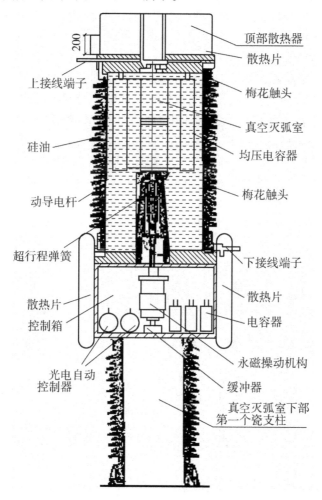

图 2-2-2 真空断路器的结构原理图

第三节 六氟化硫（SF$_6$）断路器

SF$_6$断路器，是用 SF$_6$ 气体作为灭弧和绝缘介质的断路器。它属于气吹断路器，与空气断路器不同的地方，一是工作气压较低；二是在吹弧过程中，气体不排向大气，而在封闭系统中循环使用。

由于 SF_6 的灭弧性能是空气的 100 倍，并且灭弧后不变质，可重复使用，因此，SF_6 断路器具有开断能力强、断口电压可做得较高、允许连续开断次数较多、适用于频繁操作、噪声小、无火灾危险、机电磨损小等优点，是一种性能优异的"少维修"断路器，在高压电网中的应用越来越多。

SF_6 断路器分为双压式和单压式两种。最早的 SF_6 断路器是根据压缩空气断路器的气吹灭弧原理设计的。通常设计采用全密封结构，0.3MPa（表压力）的低压气体作为断路器内部的绝缘介质，1.5MPa（表压力）的高压气体用作灭弧。双压式 SF_6 断路器工作性能虽然良好，但必须配置一台在密封循环中工作的气体压缩机，结构复杂、价格昂贵。另外，1.5MPa（表压力）高压 SF_6 气体的液化温度高，工作温度必须保持在 8℃以上，低温环境下须加热才能工作，这也是一个致命的弱点。因此，很快被第二代 SF_6 断路器，即单压压气式 SF_6 断路器所取代。

单压压气式 SF_6 断路器，外形上与双压式无多大差别，其内部只有一种压力，一般为 0.6MPa（表压力），它是依靠压气作用实现气吹灭弧的。与双压式 SF_6 断路器相比，它具有结构简单和开断电流大的优点，且气体压力低，0.6MPa（表压力）的 SF_6 断路器，无须加热装置就能在低温环境下工作。因此，压气式 SF_6 断路器一经问世就受到用户的欢迎。20 世纪 80 年代中期，通过对断路器气流场和电场的深入研究，增大了额定开断电流，提高了单断口的电压，使其性能更加优越，目前额定开断电流最高已达到 80kA，单断口的电压也由早期的 126kV 提高到 360 kV、420 kV 甚至 550kV。550kV 单断口 SF_6 断路器已开始使用。SF_6 断路器外观如图 2 - 2 - 3 所示。

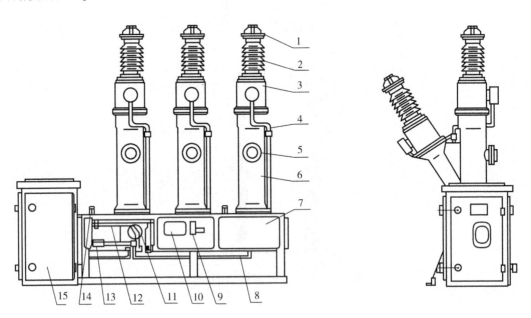

图 2 - 2 - 3　SF_6 断路器

1—出线帽；2—瓷套；3—电流互感器；4—互感器连接护套；5—吸附器；6—外壳；7—底架；8—气体导管；
9—分合指示；10—铭牌；11—传动箱；12—螺套；13—传动杆；14—起吊环；15—弹簧操动机构

第三章 互 感 器

互感器分为电压互感器和电流互感器。互感器的工作原理类似变压器,而电压互感器的工作原理相当于二次侧开路的变压器,用来变换电压。在二次侧接入电压表测量电压(可以并联多个电压表),电压互感器的二次侧不能短路。

电流互感器的工作原理相当于二次侧短路的变压器,用来变换电流,在二次侧接入电流表测量电流(可以串联多个电流表),电流互感器的二次侧不能开路。

第一节 电压互感器

电压互感器是一种专门用作变换电压的特种变压器。电压互感器的一次绕组并联在高压线路与地之间,二次绕组接继电器等设备,这些设备就是电压互感器的二次负荷。当电力系统的电压发生变化时,电压互感器便将此变化的信息传递给其二次绕组所接的负荷。图 2 - 3 - 1 为电磁式电压互感器的结构及原理图。

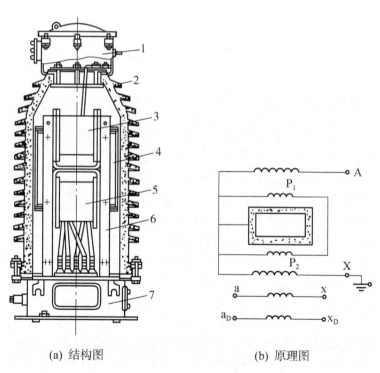

(a) 结构图   (b) 原理图

图 2 - 3 - 1   电磁式电压互感器结构及原理图

1—储油柜;2—瓷套;3—上柱绕组;4—铁芯;5—下柱绕组;6—支撑压板;7—底座

电压互感器按结构分,可以分为电磁式电压互感器(PT)和电容式电压互感器(CVT)。电磁式电压互感器以电磁转换为工作原理,电容式电压互感器以电容分压为工作原理。电磁式电压互感器和电容式电压互感器的主要作用都是降压，电容式电压互感器还可以与阻波器、结合滤波器等配合，兼做高频通道的组成部分，图2-3-2为电容式电压互感器的外形及原理图。

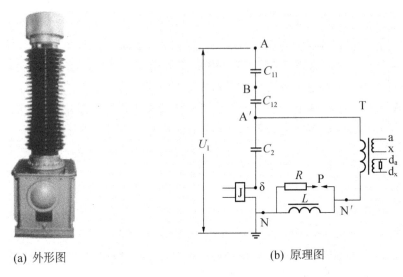

(a) 外形图　　　　　　　　　　　(b) 原理图

图 2-3-2　电容式电压互感器的外形及原理图

第二节　电流互感器

一、普通电流互感器结构原理

电流互感器（CT）的结构较为简单，由相互绝缘的一次绕组、二次绕组、铁芯及构架、壳体、接线端子等组成。其工作原理与变压器基本相同，一次绕组的匝数（N_1）较少，直接串联于电源线路中，一次负荷电流通过一次绕组时，产生的交变磁通感应产生按比例减小的二次电流；二次绕组的匝数（N_2）较多，与仪表、继电器、变送器等电流线圈的二次负荷（Z）串联形成闭合回路，见图2-3-3。

由于一次绕组与二次绕组有相等的安培匝数（$I_1 \cdot N_1 = I_2 \cdot N_2$），所以电流互感器额定电流比 $I_1/I_2 = N_2/N_1$。电流互感器实际运行中负荷阻抗很小，二次绕组接近于短路状态，相当于一个短路运行的变压器。

二、穿芯式电流互感器结构原理

穿芯式电流互感器其本身结构不设一次绕组，载流（负荷电流）导线由 L_1 至 L_2 穿过由硅钢片擀卷制成的圆形（或其他形状）铁芯起一次绕组作用。二次绕组直接均匀地缠绕在圆形铁芯上，与仪表、继电器、变送器等电流线圈的二次负荷串联形成闭合回路，见图2-3-4。

由于穿芯式电流互感器不设一次绕组，其变比根据一次绕组穿过互感器铁芯中的匝数确定，穿芯匝数越多，变比越小；反之，穿芯匝数越少，变比越大，额定电流比 = I_1/n。其中，I_1 为穿芯一匝时一次额定电流，n 为穿芯匝数。

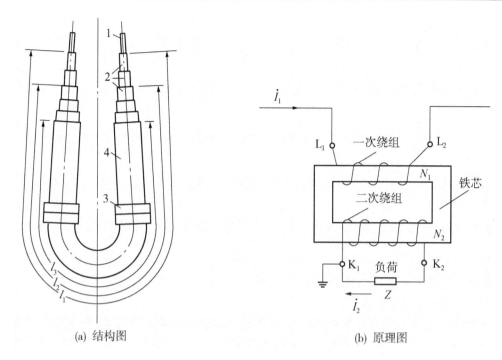

(a) 结构图　　　　　　　　　　　(b) 原理图

图 2－3－3　电流互感器结构及原理图

1——一次绕组；2—电容屏；3—二次绕组及铁芯；4—末屏

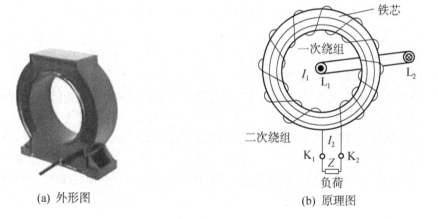

(a) 外形图　　　　　　　　　　　(b) 原理图

图 2－3－4　穿芯式电流互感器外形及原理图

三、特殊型号电流互感器

（一）多抽头电流互感器

这种型号的电流互感器，一次绕组不变，在绕制二次绕组时，增加几个抽头，以获得多个不同变比。它有一个铁芯和一个匝数固定的一次绕组，其二次绕组用绝缘铜线绕在套装于铁芯上的绝缘筒上，将不同变比的二次绕组抽头引出，接在接线端子座上，每个抽头设置各自的接线端子，这样就形成了多个变比，见图 2－3－5。

如二次绕组增加两个抽头，K_1、K_2 为 100/5，K_1、K_3 为 75/5，K_1、K_4 为 50/5 等。

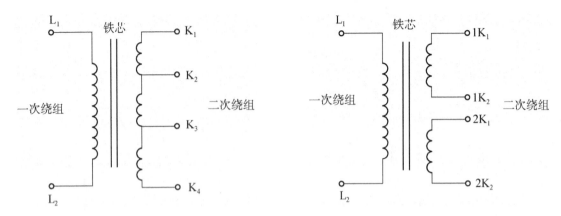

图 2-3-5　多抽头电流互感器原理图　　　　图 2-3-6　不同变比电流互感器原理图

此种电流互感器的优点是可以根据负荷电流变比，调换二次接线端子的接线来改变变比，而不须更换电流互感器，给使用提供了方便。

（二）不同变比电流互感器

这种型号的电流互感器具有同一个铁芯和一次绕组，而二次绕组则分为两个匝数不同、各自独立的绕组，以满足同一负荷电流情况下不同变比、不同准确度等级的需要，见图 2-3-6。

如在同一负荷情况下，为了保证电能计量准确，要求变比较小一些（以满足负荷电流在一次额定值的 2/3 左右），准确度等级高一些（如 $1K_1$、$1K_2$ 为 200/5、0.2 级）；而用电设备的继电保护，考虑到故障电流的保护系数较大，则要求变比较大一些，准确度等级可以稍低一点（如 $2K_1$、$2K_2$ 为 300/5、1 级）。

（三）一次绕组可调、二次多绕组电流互感器

这种电流互感器的特点是变比量程多，而且可以变更，多见于高压电流互感器。其一次绕组分为两段，分别穿过互感器的铁芯，二次绕组分为两个带抽头的、不同准确度等级的独立绕组。一次绕组与装置在互感器外侧的连接片连接，通过变更连接片的位置，使一次绕组形成串联或并联接线，从而改变一次绕组的匝数，以获得不同的变比。带抽头的二次绕组自身分为两个不同变比和不同准确度等级的绕组，随着一次绕组连接片位置的变更，一次绕组匝数相应改变，其变比也随之改变，这样就形成了多量程的变比，见图2-3-7。

带抽头的二次独立绕组的不同变比和不同准确度等级，可以分别应用于电能计量、指示仪表、变送器、继电保护等，以满足各自不同的使用要求。例如当电流互感器一次绕组串联时（图 2-3-7a），$1K_1$、$1K_2$，$1K_2$、$1K_3$，$2K_1$、$2K_2$，$2K_2$、$2K_3$ 为 300/5，$1K_1$、$1K_3$，$2K_1$、$2K_3$ 为 150/5；当电流互感器一次绕组并联时（图 2-3-7b），$1K_1$、$1K_2$，$1K_2$、$1K_3$，$2K_1$、$2K_2$，$2K_2$、$2K_3$ 为 600/5，$1K_1$、$1K_3$，$2K_1$、$2K_3$ 为 300/5。其接线图和准确度等级标注在铭牌上或使用说明书中。

（四）组合式电流电压互感器

组合式电流电压互感器由电流互感器和电压互感器组合而成，多安装于高压计量箱、柜中，用作计量电能或用作用电设备继电保护装置的电源。

组合式电流电压互感器是将两台或三台电流互感器的一次、二次绕组及铁芯和电压互感

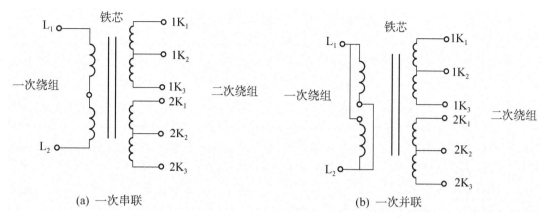

(a) 一次串联　　　　　　　　　(b) 一次并联

图 2-3-7　一次绕组匝数可调、二次多绕组的电流互感器原理图

器的一、二次绕组及铁芯固定在钢体构架上，浸入装有变压器油的箱体内，其一、二次绕组出线均引出，接在箱体外的高、低压瓷瓶上，形成绝缘、封闭的整体。一次侧与供电线路连接，二次侧与计量装置或继电保护装置连接。根据不同的需要，组合式电流电压互感器分为V-V接线和Y-Y接线两种，以计量三相负荷平衡或不平衡时的电能，见图2-3-8。

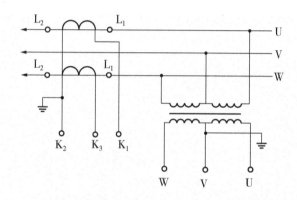

(a) 两台电流互感器和电压互感器 V-V 接线

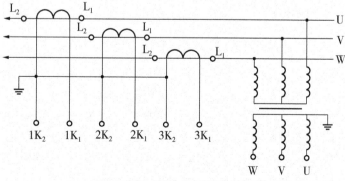

(b) 三台电流互感器和电压互感器 Y-Y 接线

图 2-3-8　组合式电流电压互感器原理图

第三节　光电互感器

光电互感器很早就已经有人提出，国外早在 20 世纪 80 年代末 90 年代初就已经研制出光电互感器，但多年来一直没有大规模推广。限制光电互感器大规模推广的原因主要有两个方面：一是其精度难以满足现场多数情况下计量工作的要求；二是电磁兼容问题还须进一步改进，长期稳定性能的不足限制了它的大规模推广。近年来，随着光电技术的发展，其性能开始得到改进，国内外各单位相继提出了一些好的解决方案，特别是随着数字化变电站的提出与建设，光电互感器开始在国内得到推广使用。到 2010 年底，我国累计已经有 100 多个变电站安装了光电互感器，最久的已经连续稳定运行 6 年多。随着光电互感器技术的不断发展，它必将得到越来越广泛的应用。

目前变电站的互感器大多数仍采用常规电磁式互感器，它的缺点是：绝缘结构复杂，体积大，质量大；CT 动态范围小，有磁饱和现象，电磁式 PT 易产生铁磁谐振。相反，光电互感器的主要优点是：绝缘结构简单，体积小，质量小；CT 动态范围宽，无磁饱和现象，PT 无谐振现象。

光电互感器正处在一个不断发展的过程中，目前光电电子式互感器有无源电子式互感器和有源电子式互感器两种类型。无源指互感器传感头部分不需要电子电路及其电源。无源电子式电流互感器如图 2 - 3 - 9 所示。

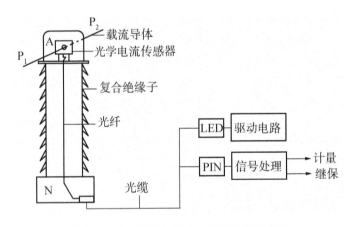

图 2 - 3 - 9　无源电子式电流互感器示意图

无源电子式互感器主要需要解决以下技术难题：如何保证光学传感材料的高可靠性和高灵敏度；如何提高传感器的组装技术、微弱信号检测的检测技术；如何克服温度对精度的影响、振动对精度的影响及长期稳定性。目前无源电子式互感器还达不到工程实用化程度。

有源电子式 CT、PT 是利用电磁感应等原理感应被测信号，传感头部分有须用电源的电子电路。有源电子式电流互感器如图 2 - 3 - 10 所示。

有源电子式互感器主要需解决的问题有：高压端电子电路的供电技术（目前的解决办法有：激光、小 CT、分压器、光电池）及远端电子模块的可靠性。有源电子式互感器在直流输电的换流站中已有使用，在交流场的 GIS（气体绝缘金属封闭开关设备）和罐式断

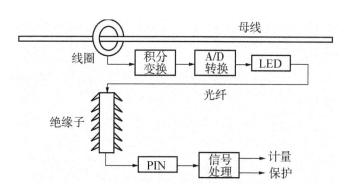

图 2 – 3 – 10 有源电子式电流互感器示意图

路器中因为高压端的电源供电问题比较容易解决也可以率先得到试用。

国际电工委员会已经制定了电子电压、电流互感器的标准：IEC 60044 – 7 和 IEC 60044 – 8。IEC 60044 – 7 和 IEC 60044 – 8 对电子式互感器的输出接口做了一些规定，定义了一个合并单元，将一个间隔内的电压、电流量组成一个合并单元，串行输出。

一、光电式电流互感器基本原理

光电式电流互感器（CT）的基本原理是将电流信号变成光信号，然后通过光纤传送到变电站控制室再还原为电信号的过程，目前有磁光式电流互感器和光电式电流互感器两种类型，其输出方式有数字输出和模拟输出两种类型。图 2 – 3 – 11 是光电式电流互感器的原理图。

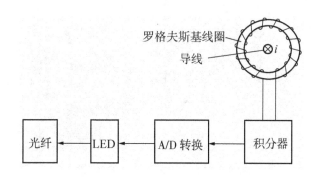

图 2 – 3 – 11 光电式电流互感器原理图

从图 2 – 3 – 11 可以看到：罗格夫斯基线圈将电流信号变化成为弱电流信号后通过积分器、A/D 转换、发光二极管、光纤传送到变电站控制室，然后再通过反变换转换成为电信号后显示出来，从而完成了测量的全过程。其主要优点有：频率响应好、线性度好、暂态特性好，无饱和问题、无磁滞、无 CT 开路问题等。图 2 – 3 – 12 是光电式电流互感器主要的变换流程图。

二、光电式电压互感器基本原理

光电式电压互感器（PT）有通过电容、电阻分压和感应式分压两种类型。光电式电

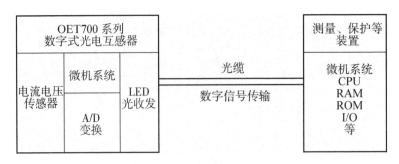

图 2 - 3 - 12　光电式电流互感器变换流程图

压互感器主要有以下优点：稳定性好、暂态特性好，无 CVT 的暂态响应问题、避免电磁式 PT 的谐振问题（电感线性范围大，达 4 倍额定电压、等效串联电阻 >150kΩ、电感值较大，谐振频率低）。

　　总的说来，无论是光电式 CT 还是光电式 PT 都有以下共同的特点：精度高，不受传输距离和负载影响；数据可靠性高，带校验码，可以即时检查 CT 断线和 PT 断线问题；一次设备和二次设备间用光纤联系，不受电磁干扰，也不传递电磁干扰；配置灵活，接口规范，系统升级和扩展方便；无 CT 二次开路（PT 短路）危险；体积小，重量轻，加工、安装方便；整体功耗低、综合使用成本低等。图 2 - 3 - 13 是光电式互感器的外形图。

图 2 - 3 - 13　光电式互感器外形图

第四章 避 雷 器

避雷器（surge arrester）是用来保护电力系统中各种电气设备免受雷电过电压、操作过电压、工频暂态过电压冲击而损坏的一种电气设备。避雷器是能释放雷电或兼能释放电力系统操作过电压能量，保护电气设备免受瞬时过电压危害，又能截断续流，不致引起系统接地短路的电气装置。避雷器通常接于带电导线与地之间，与被保护设备并联。当过电压值达到规定的动作电压时，避雷器立即动作，流过电荷，限制过电压幅值，保护设备绝缘；电压值正常后，避雷器又迅速恢复原状，以保证系统正常供电。避雷器的外形如图2-4-1所示。

图2-4-1 避雷器

避雷器按其发展的先后可分为保护间隙、管型避雷器、阀型避雷器、磁吹避雷器、氧化锌避雷器等。保护间隙是形式最简单的避雷器；管型避雷器也是一个保护间隙，但由于间隙装在瓷套中，所以它能在放电后自行灭弧；阀型避雷器是将单个放电间隙分成许多短的串联间隙，同时增加了非线性电阻，提高了保护性能；磁吹避雷器利用了磁吹式火花间隙，提高了灭弧能力，同时还具有限制内部过电压能力；氧化锌避雷器利用了氧化锌阀片理想的伏安特性（非线性极高，即在大电流时呈低电阻特性，限制了避雷器上的电压，在正常工频电压下呈高电阻特性），具有无间隙、无续流、残压低等优点，也能限制内部过电压，被广泛使用。

保护间隙主要用于限制大气过电压，一般用于配电系统、线路和变电所进线段保护。阀型避雷器与氧化锌避雷器用于变电所和发电厂的保护，在500kV及以下系统主要用于限制大气过电压，在超高压系统中还可用来限制内过电压或作内过电压的后备保护。

阀型避雷器内部由火花间隙和碳化硅制造的非线性电阻片组成，具有较好的保护特性，因而广泛地应用于各种电压等级的线路和电气设备上。阀型避雷器又分为普通阀型避雷器和磁吹阀型避雷器两种：前者的火花间隙形状简单，电阻片采用约220℃的低温烧成工艺制作。后者则利用电磁力驱动电弧，借以提高其灭弧和通流能力的磁吹间隙，它的电阻片是在约1 320℃的温度下高温焙烧而成的，释放过电压能量大。因此，这种避雷器的性能比普通阀型避雷器更加优越，尤其适于用做超高压电站的过电压保护装置。

氧化锌避雷器，主要指以 ZnO 为基体，掺杂少量 Co_2O_3、Sb_2O_3、Bi_2O_3 等金属氧化物作为"掺杂剂"，用特定工艺制成的电阻片组成的避雷器。与碳化硅避雷器相比，氧化锌电阻片的非线性特性极其优异，且通流能力增大数倍，可以制成无间隙避雷器，具有更优越的特性。氧化锌避雷器是 20 世纪 70 年代中后期出现的产品，为与沿用几十年的旧式避雷器加以区别，习惯上后者又称为传统型避雷器或碳化硅避雷器。在氧化锌避雷器中，无间隙结构占了很大的比例，带串联间隙或并联间隙的氧化锌避雷器仅用于一些中性点绝缘运行的系统或要求具有超常规保护性能的场所。因此，凡不加特指时，氧化锌避雷器即是无间隙氧化锌避雷器。

第五章　电　容　器

电容器（capacitor）简称电容。顾名思义，电容器是一种容纳电荷的器件，具体实物图如图2-5-1所示。电容器装置的型号标示方法如图2-5-2所示。

电力电容器按用途一般分为以下几种：① 并联电容器。主要用于补偿电力系统感性负荷的无功功率，提高功率因数，改善电压质量，降低损耗。② 串联电容器。串联于高压输、配电线路中，补偿线路分布感抗，提高系统的静、动态稳定性，改善电压质量，加长送电距离和增大输送能力。③ 耦合电容器。主要用于高压电力线路的高频通信、测量、控制、保护及在抽取电能的装置中作部件用。随着光纤技术的采用，耦合电容器有逐步被淘汰的趋势。④ 断路器均压电容。主要并联在超高压断路器断口上，起均压作用，使断口间电压分布均匀，改善断路器的灭弧特性，提高分断能力。

图2-5-1　电容器实物图

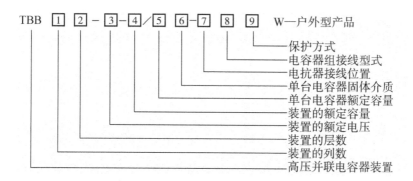

图2-5-2　电容器装置的型号标示方法

电容器主要特性参数有：

（1）标称电容量和允许偏差。标称电容量是标志在电容器上的电容量。电容器实际电容量与标称电容量的偏差称误差，允许的偏差范围称精度。一般电容器常用Ⅰ、Ⅱ、Ⅲ

级，电解电容器用Ⅳ、Ⅴ、Ⅵ级，根据用途选取。

（2）额定电压。在最低环境温度和额定环境温度下可连续加在电容器上的最高直流电压有效值称为额定电压，一般直接标注在电容器外壳上。如果工作电压超过电容器的耐压，电容器将被击穿，造成不可修复的永久损坏。

（3）绝缘电阻。直流电压加在电容上，并产生漏电电流，两者之比称为绝缘电阻。当电容较小时，主要取决于电容的表面状态；容量大于 0.1μF 时，主要取决于介质的性能。绝缘电阻越小越好。

（4）损耗。电容在电场作用下，在单位时间内因发热所消耗的能量叫做损耗。各类电容都规定了其在某频率范围内的损耗允许值，电容的损耗主要由介质损耗、电导损耗和电容所有金属部分的电阻所引起。在直流电场的作用下，电容器的损耗以漏导损耗的形式存在，一般较小；在交变电场的作用下，电容的损耗不仅与漏导有关，而且与周期性的极化建立过程有关。

（5）频率特性。随着频率的上升，一般电容器的电容量呈现下降的规律。

（6）电容的时间常数。为恰当地评价大容量电容的绝缘情况而引入了时间常数。时间常数等于电容的绝缘电阻与容量的乘积。

第六章 电 抗 器

电抗器是依靠线圈的感抗阻碍电流变化的高压设备，通常把具有电感作用的绕线式的静止感应装置称为电抗器，从原理上讲相当于一个电感线圈。一般来说，电网中所采用的电抗器有铁芯式和空芯式两种。铁芯式电抗器带有铁芯，其基本原理与变压器类似；空芯式电抗器实质上是一个无导磁材料的空芯线圈，它可以根据需要布置为垂直、水平和品字形三种装配形式。

电力系统中所采用的电抗器常见的有串联电抗器和并联电抗器。电抗器在电力系统中主要有以下几种用途：进行电力系统无功补偿，限制系统短路电流；滤波器中与电容器串联或并联用来限制电网中的高次谐波。其中，串联电抗器主要用来限制短路电流。在电力系统发生短路时，会产生数值很大的短路电流，如果不加以限制，要保持电气设备的动态稳定和热稳定是非常困难的。因此，为了满足某些断路器遮断容量的要求，常在出线断路器处串联电抗器，增大短路阻抗，限制短路电流。此外，由于采用了电抗器，在发生短路时，电抗器上的电压降较大，所以也起到了维持母线电压水平的作用，使母线上的电压波动较小，保证了非故障线路上的用户电气设备运行的稳定性。当系统的无功容量不够时，电抗器可以作为无功补偿元件。

10～220kV电网中的并联电抗器主要是用来吸收容性无功功率，可以通过调整并联电抗器的数量来调整运行电压。

超高压并联电抗器的功能主要包括：① 降低工频暂态过电压；② 改善长输电线路上的电压分布；③ 实现无功功率就地平衡，防止无功功率不合理流动，同时也减轻了线路上的功率损失；④ 降低高压母线上工频稳态电压，便于发电机同期并列；⑤ 防止发电机带长线路可能出现的自励磁谐振现象；⑥ 还可用小电抗器补偿线路相间及相地电容，以加速潜供电流自动熄灭，便于采用。

电抗器可分为以下几种，见表2-6-1。

表2-6-1　电抗器种类

名　称	用　途	特　点	标准代号
空芯式电抗器	连接在交流电力系统中用以限制短路电流或进行无功补偿，调节电压	因无铁芯，磁路的磁导小，电抗值小，线性度好，无饱和现象，质量小，易安装	JB 629—82 JB 630—65
铁芯式电抗器	用于补偿输电系统中容性无功电流；抵消一相接地故障时电容电流；降压启动；滤波、限流等	磁路由带有气隙的铁芯形成，故磁导大，电抗值也大，有饱和现象。体积较小，质量大	JB/DQ 212G—85

第七章　GIS 全封闭组合电器

气体绝缘金属封闭开关设备（Gas Insulated Switchgear, GIS）（见图 2-7-1），具有占地面积小，可靠性高的特点。在土地应用越来越紧张的城市中，GIS 具有明显的优势，因而广泛应用于大中型城市和各种用地紧张的场所。GIS 由断路器、隔离开关、电流互感器、电压互感器、避雷器、封闭母线、套管等电器元件组合而成，全部密封在金属罐体内。GIS 的绝缘介质是 SF_6 气体，其绝缘性能、灭弧性能都比空气好得多。

SF_6 全封闭组合电器的总体结构取决于所用的组合元件的型式和使用要求。此外，还要考虑发生大事故后，能够很快地把各元件隔离和拆开检修的可能性。组合电器的外壳可用钢板或铝板制成，组合电器中 SF_6 气体压力一般为 0.2～0.5MPa。

独立气室各装有防爆膜以防止因内部电弧故障时产生超压力现象致使外壳破裂。由于大容积的气孔及母线管一般不会产生危及外壳的超压力现象，因此一般不用装防爆膜。

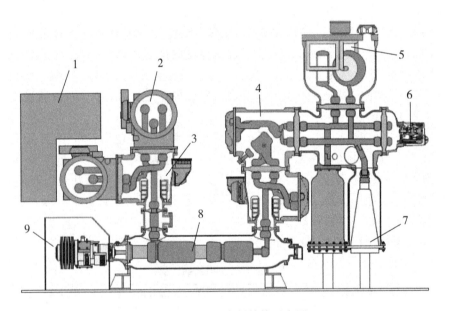

图 2-7-1　GIS 内部结构示意图

1—就地控制柜；2—母线隔离/接地组合开关；3—电流互感器；4—馈线隔离/接线组合开关；
5—电压互感器；6—快速接地开关；7—电缆终端筒；8—灭弧室；9—断路器操作机构

第一节　GIS 组合电器

（一）断路器

它是全封闭组合电器的主要元件，可以是单压式或双压式 SF_6 断路器。目前使用得较多的是单压式，这种断路器有水平断口和垂直断口两种类型。水平断口的断路器布置在组合电器的上层，下层为其他元件。这种方式的优点是检查断路器的灭弧室比较容易，但检查其他底部元件就比较困难。一般来说，这种断路器的高度较低，宽度较大。垂直断口的断路器在组合电器内仅为一层，高度较高，这种布置方式检查断口时不如水平结构的方便。断路器采用液压操动机构或气动操动机构。

（二）隔离开关

视动触头的运动方式不同，隔离开关分为转动式和直动式两种类型。转动式对各种布置方案的适用性较强，但结构较复杂；直动式结构简单，尺寸小。隔离开关一般在无电流情况下操作，设计时希望它具备开断小电容电流和环流的能力。

（三）接地开关

接地开关可与隔离开关制成一体或单独作为元件制造。接地开关有如下几种类型：

（1）工作接地开关。在检修时，将导电部位接地，保证人身安全。这类开关不要求有闭合短路电流的能力。

（2）保护接地开关。当设备内部发生绝缘闪络，为避免事故的扩展，使带电部位很快接地。这类开关要求有闭合短路电流的能力。

（3）上述两种方式的混合应用。

（四）电流互感器和电压互感器

主要用来测量回路的电流和母线电压。由于特殊的结构和布置方式的需要，GIS中的电流互感器一般采用穿芯式电流互感器，一次电流为母线电流，通过电磁感应在二次回路产生电流来测量被测电流。电压互感器则一般采取电磁式电压互感器，高压端直接接被测电压，低压端接地，依靠电磁感应原理测量电压。由于特殊的结构，布置困难，GIS中的电压互感器一般不采用CVT的形式。

（五）避雷器

主要用来进行过电压保护，避免GIS设备遭受各种过电压损坏。保护GIS全封闭组合电器的避雷器基本上有下列几种情况：采用常规的带间隙的避雷器装在组合电器的入口处；采用无间隙氧化锌避雷器或封闭的SF_6绝缘的避雷器安装在GIS间隔内部。

（六）母线和封闭电缆

母线的结构有分相式与三相共筒式两种。分相式母线采取三相分列布置，相间完全隔离，这种方式电场分布较好，结构简单，相间电动力小，可避免相间短路的故障。三相共筒式母线的三相导电部分匀称地布置在一个共同的接地金属圆筒内，各相导体对圆筒分别用支持绝缘子支持，相间绝缘主要由SF_6担任。三相共筒式与分相式相比，可以缩小三个导体绝缘圆筒的截面，壳体上的发热效应较低。

（七）引线的充气套管与电缆终端

全封闭组合电器若选用电缆进出线时就要采用封闭型的电缆终端，与变压器或架空线相连接时，可以采用套管。

第二节　GIS型号标示方法及含义

GIS设备有独立的一套型号标示方法，如图2-7-2所示。

（1）产品名称：组合电器，以"Z"表示。

（2）结构特征：封闭式，以"F"表示。

（3）使用场所：分为户内和户外两种，相应的以"N"和"W"表示。若不分，可不标注。

（4）设计序号：按产品申请办证书的先后，由行业归口部门统一颁发，以阿拉伯数字"1，2，3，…"表示。

（5）改进顺序号：以"A，B，C，…"表示，原型不标注。

（6）额定电压：以设备额定电压的 kV（千伏）标注。

（7）操动机构类别：以 GIS 中断路器的操动机构类别标注。

（8）额定电流：以设备额定电流的 A（安［培］）标注。

（9）额定短路开断电流：以设备中断路器的额定短路开断电流的 kA（千安）标注。

（10）企业自定符号：根据需要，由企业自定，如无，则不标注。

例如：GIS 设备的型号为 ZF6 – 252/Y 3150 – 50，其含义是：

Z：组合电器；　　F：封闭式；　　制造厂序列号：6 型；

额定电压：252 kV；　　Y：断路器为液压弹簧机构；

额定电流：3 150 A；　　额定短路开断电流：50 kA。

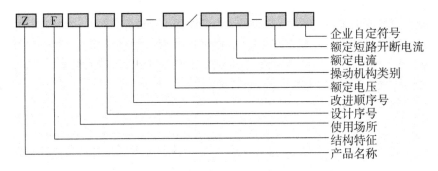

图 2 – 7 – 2　GIS 型号标示方法

第三篇
电气试验常用仪器

第一章　仪器仪表的基本常识

一、计量的基本常识

计量监督是电力系统技术监督的重要组成部分。一般的，计量监督包括电能计量监督、电测计量监督和热工计量监督等部分。

电能计量监督主要指：电能表、互感器的测量装置、计量自动化系统；电能表、互感器、电压互感器二次回路电压降、电压电流互感器二次回路负载量值传递和溯源；电能、互感器计量标准装置；以上计量设备的电磁兼容性能的技术监督等。

电测计量监督主要指：电压、电流、功率、频率、相位等测量及监控系统；电量变送器计量系统或测控装置测量部分；各类电测量和变换式仪器、仪表、装置及其量值传递和溯源；电测计量标准装置；以上计量设备电磁兼容性能的技术监督等。

热工计量监督主要指：各类温度、压力、液位、流量测量仪表、装置、变换设备及回路计量性能及其量值传递和溯源；热工计量标准的技术监督等。

一般对电气试验专业技术人员而言，须重点了解以下专用术语的含义及基本概念：

（1）计量检定：是指为评定计量器具的计量性能，确定其所进行的全部活动是否合格的检定活动。

（2）量值传递：是指采用国家计量基准复现的单位量值，通过计量标准逐级传递到工作计量器具的检定活动。

（3）计量认证：是指政府计量行政部门对有关技术机构计量检定、测试能力和可靠性进行的考核和证明。

（4）强制检定：是指由县级以上人民政府计量行政部门指定的法定计量检定机构或授权的计量检定机构对社会公用计量标准，部门和企业、事业使用的最高计量标准，以及用于贸易结算、安全防护、医疗卫生、环境监测方面的列入强制检定目录的工作计量器具实行额定点定期检定。

（5）非强制检定：有别于强制检定，是指使用单位自己依法对非强制检定的计量器具进行的定期检定，或者本单位不能检定的，送至有权对社会开展量值传递工作的其他计量检定机构进行的定期检定。

（6）国际单位制（SI），它是由国际计量大会（CGPM）所采用和推荐的单位制。目前国际单位制是以 m（米）、kg（千克）、s（秒）、A（安［培］）、K（开［尔文］）、mol（摩［尔］）和 cd（坎［德拉］）七个基本单位为基础的。

二、测量的分类

（一）直接测量

直接测量是将被测量与标准量直接比较，即不必测量与被测量有函数关系的其他量，就能直接从测量的数据中得到被测量的值。直接测量所用方法可以是直读测量法，也可以是比较测量法。

（1）直读测量法。

被测量用仪表直接读出，测量过程中没有量具参与，但所用仪表已用量具进行刻度，相当于量具间接参与了与被测量的比较，这种方法称直读测量法。如用电流表测量电流，用压力表测量压力等。

（2）比较测量法。

测量过程中被测量与量具通过比较设备直接进行比较，从而得到测量结果的方法，称为比较测量法。如用天平测物体重量，用电桥测量电阻等。

（二）间接测量

间接测量是指通过测量与被测量有函数关系的其他量，然后通过函数关系式得到被测量值的测量方法。如通过测量长度来确定面积，通过测量距离和时间来确定速度等。

（三）组合测量

组合测量是将测量得到的一定数目的量值，与一组被测量按若干种不同的函数关系进行组合，然后列出一组方程，通过解方程来得到被测量值。如标准电阻的电阻温度系数 α、β 就是通过组合测量确定的。

三、误差的表达方法

（一）绝对误差

绝对误差，简称误差，等于测量结果与被测量（约定）真值之差。设被测量值的真值为 X_0，测量结果为 X，则绝对误差 ΔX 可表示为 $\Delta X = X - X_0$（可正可负）。

（二）相对误差

相对误差等于绝对误差与被测量（约定）真值的比值，用百分数表示，被测量 X 的相对误差为 $\gamma = (\Delta X / X_0) \times 100\%$。相对误差是无量纲的量，但有正负之分。为方便计算，通常用测得值 X 代替真值 X_0（实际值）计算相对误差，即 $\gamma = (\Delta X / X) \times 100\%$。

（三）引用误差

引用误差等于绝对误差与其引用值之比。$\gamma = (\Delta X / X_m) \times 100\% = (X - X_0) / X_m \times 100\%$，$X_m$ 为引用值，也称特定值、基准值或仪表的量程上限值。

四、常见测量仪表的分类与使用

一般的，测量电气参数（如电压、电流、功率、电阻、相位角及频率等）的指示仪表称为电气测量指示仪表。这些测量仪表的分类有多种形式：

（1）根据仪表工作原理分类：磁电系、电磁系、电动系、感应系、整流系、静电系、热电系、电子系。

（2）根据被测量名称和功能分为：电流表、电压表、功率表、兆欧表、相位表、频率表等。

（3）根据仪表使用方式可分为：开关板式仪表、可携式仪表。

（4）根据仪表的工作电流的种类分为：直流仪表、交流仪表、交直流两用仪表。

（5）按仪表的准确度等级可分为：0.1、0.2、0.5、1.5、2.5、5.0 六级。

（6）按仪表对电场、磁场的防御能力可分为：Ⅰ、Ⅱ、Ⅲ、Ⅳ 四级。

上述类型仪表中，使用较多的是磁电系仪表、电磁系仪表和电动系仪表，其中磁电系仪表的特点是准确度高、灵敏度高、刻度均匀，常用于直流电路中测量电流和电压；电磁系仪表常用于对交流电进行测量，但由于仪表的偏转角与被测交流电流的有效值的平方成正比，所以其刻度特性不均匀；电动系仪表的主要优点是交直流两用，并能达到很高的准确度（0.1～0.5级）。

在使用电气测量指示仪表时，首先必须使仪表有正常的工作条件，否则会引起一定的附加误差。如：使用仪表时，应使仪表按规定的位置放置；仪表要远离外磁场；使用前应使仪表指针指在零位；进行测量时，应注意正确读数，读取仪表指示值时，视线应与仪表标尺的平面垂直；读数时，如指针停留在两条分度线之间，可估算一位数字，过多地追求读出更多位数，超出仪表的精度范围就没有意义，反之记录位数太少，以至低于仪表所达到的精度，也是不可取的。

选用现场使用的电气测量仪表一般的基本要求：

（1）要有足够的准确度，仪表的误差应不大于测试所需准确度等级规定，并有合格鉴定机构的定期检验合格证书。

（2）抗各类电磁干扰的能力要强，误差不应随温度、时间、湿度及电磁场等外界因素的影响而显著变化，其误差应在规定范围内。

（3）仪表消耗的功率应越小越好，这是因为在测量小功率量时，仪表自身消耗的功耗会使电路工况改变而引起附加误差。

（4）为保证使用安全，仪表应有足够的绝缘水平；要有良好读数装置，被测量的值应能直接读出；使用维护方便、有较高的机械强度；便于携带，有较好的耐振能力。

第二章 万用表的原理和使用方法

万用表是广大发、输、配、用电企业使用较广的测量仪表，可以用来测量交直流电压、电流及电阻等多种物理量，因其质量小，使用方便，而获得了广泛的使用。图3-2-1是一种万用表的盘面图。

一、万用表的工作原理

万用表有很多类型，但其基本原理都一样，下面举例说明。一般万用表的原理电路图如图3-2-2所示，其主要部件是一个磁电式表头，一般由微安表头构成。

图3-2-2中S_1是一个具有12个分接头的转换开关，当此开关转动时，滑动触头与不同分接头相连，就接通了不同电路，以便选择不同的测量种类和量限。S_2是单刀双掷开关，测量电阻时，S_2与点2接通；进行其他测量时，S_2拨在点1的位置。

测量直流电流时，转换开关S_1拨在4、5、6位置。被测电流分别从接线端"＋"端流进，"－"端流出，R_1、R_2、R_3及R_4与表头并联，组成分流器，其他电阻不起作用。转动S_1可改变电流量限。

测量直流电压时，S_1拨在10、11、12位置。$R_1+R_2+R_3+R_4$与表头并联，又分别串接R_5、R_6、R_7，其他电阻不起作用。R_5、R_6、R_7即构成电压测量的附加电阻。

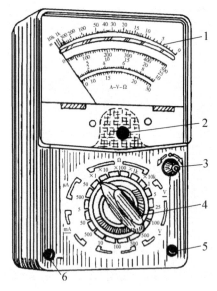

图3-2-1 万用表的盘面图

1—标度盘；2—指针调零钮；3—电阻调零钮；
4—选择与量限开关；5—"＋"接线端；6—"－"接线端

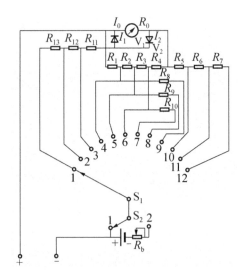

图3-2-2 万用表的原理电路图

测量电阻时，图3-2-2中的S_1拨在7、8、9位置，S_2掷向点2侧，把电池接入电路。万用表的"＋"、"－"端接上被测量的电阻R_X。此时电流从电池的正极出发，途经

58

"－"端、R_x、"＋"端、表头及分流电阻 $R_1 \sim R_4$，然后到 R_8（或 R_9、R_{10}），到 S_1 的 9（或 8、7）分接头经 S_2 到 R_b，最后回到电源负端。显然，此电流应随 R_x 的大小而改变，所以表头指示了被测电阻大小。

测量交流电压的基本原理类似，此处不再详细介绍。

二、万用表的使用方法

测量前，应将红色表笔接入红色接线柱或插入标有"＋"的插孔内，黑色表笔接入黑色接线柱或插入标有"－"的插孔内。测量直流电压时仪表并联接入，测量直流电流时仪表串联接入。

测量直流时，红色表笔接被测部分的正极，黑色表笔接被测部分的负极，应注意避免极性接反烧坏表头或损坏表针。有的表有专用 2 500V 接线端和电阻测量接线端，使用时应接对。

测量前，选择正确的测量对象和量程，使测量的指针移动至满刻度的 2/3 附近，这样可使读数准确。须根据测量对象将转换开关拨到需要的位置。例如，测量交流电压，应将开关拨到标有"～"的区间；测量电阻应将开关拨到标有"Ω"的区间。测量时应正确读数，选择正确的读数标尺；使用前应检查指针是否在机械零位；使用欧姆挡测量前应进行调零，欧姆挡不能带电进行测量，否则会损坏仪表；为保证读数准确，测量时应将万用表放平。

安全操作注意事项如下：

（1）在使用万用表时，一般都是手握表笔进行测量，注意手不要碰到表笔的金属部分，以保证安全和测量的准确度。

（2）在测量较高电压和较大电流时，不能带电转动开关旋钮，如果带电转换开关，必然会在开关触点上产生电弧，严重的会使开关烧毁。

（3）万用表用完后，将转换开关旋至交流最高电压挡。

（4）万用表长期不用时，应将电池从表中取出。

第三章　兆欧表的使用

兆欧表（也称为摇表）是测量设备绝缘电阻的专用仪表。按照兆欧表内产生电压的大小可以分为100V、250V、500V、1 000V、2 500V、5 000V 等多种规格；按照结构分类可以分为手摇式、晶体管式、数字式三种类型，一般预防性试验用2 500V 的较多。

一、兆欧表基本原理

下面仅介绍手摇式兆欧表基本原理。手摇式兆欧表的原理图如图3－3－1所示。

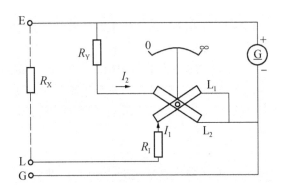

图3－3－1　兆欧表原理图

L—线路端子；E—接地端子；G—屏蔽端子；R_X—被试试品；R_Y—分压电阻；R_I—限流电阻

一般兆欧表从外观上看有三个接线端子：连接被试品高压导体上的线路端子 L，摇表的电压通过 L 端加到设备上面；接于被试品外壳或地回路上的接地端子 E；用来消除表面泄漏电流的屏蔽端子 G。

摇表的内部结构主要由电源和测量机构两个部分组成。电源为手摇发电机，测量机构为磁电式流比计。当手摇发电机时，产生的直流电压加到两个并联支路上，当指针平衡时可以推出偏转角度 α 是 R_Y、R_I、R_X 的函数，即有 $\alpha = f\left[R_Y/(R_I + R_X)\right]$。由于 R_Y、R_I 为常数，从而可以根据偏转角度间接地判断绝缘电阻大小。若设备的外表面特别脏污或特别潮湿，由于表面泄漏电流很大，会引起很大的干扰和误判，这个时候除应清除设备表面脏污外还可以使用屏蔽端子 G，这样表面的泄漏电流经过屏蔽端子直接流回发电机负极而避免表面电流经过流比计，确保了测量的精度。兆欧表的测量机构为流比计型，因而没有产生反作用力矩的游丝，在测量之前，指针可以停留在刻度盘的任意位置上，所以没有指针调零螺钉。

将端子 L 和 E 短接，流过 L_1 的电流最大，指针按逆时针方向转到最大位置，此位置应是"0"值位置。将 L 和 E 端子开路，L_1 中没有电流流过，只有 L_2 中有电流流过，指针按顺时针方向转到最大位置"∞"。

二、使用步骤

一般绝缘电阻都是用兆欧表来测量，兆欧表测量范围选择原则：应使测量范围适合被测绝缘电阻的数值，以免读数时产生较大的误差；还应注意有些兆欧表的标尺不是从零开始的，这种兆欧表不适宜用于测定处在潮湿环境中的低压电气设备的绝缘电阻，这种环境中绝缘电阻较小（小于 $1\text{M}\Omega$），容易造成误判。

摇表的正确使用步骤为：试验前先空摇，将端子 L 和 E 开路，检验摇表的读数是否为无穷大，在手摇动摇表达到 120 r/min 以后再将表高压引线端子 L 接到试品上。在测量过程中必须以恒定的速度转动手柄，在 1 min 后读取绝缘电阻的数值。测量完毕后应先将高压引线从试品上拿开，然后再停止摇表转动，以防止设备反充电而损坏摇表。用摇表测量绝缘电阻完毕后必须对被试品放电，防止残留电荷伤人，特别是对大电容的试品要注意充分放电。

第四章 示 波 器

一、电子示波器

电子示波器的全称是电子射线示波器或阴极射线示波器，简称电子示波器或阴极示波器。电子示波器有多种类型，不同类型的电路也有所不同。一般来说，电子示波器主要由示波管、Y 轴输入电路、X 轴输入电路、锯齿波扫描电路、触发电路、时标发生器电路等组成。随着现代电力电子技术和数字技术的发展，电子示波器有逐渐被数字示波器取代的趋势，因此，本教程将重点介绍数字示波器，仅对电子示波器的使用注意事项作简要的介绍。

示波器主要由下列几部分组成：

（1）Y 轴系统：主要用来对被测信号进行处理，供给示波管 Y 偏转电压，以便形成垂直扫描，包括衰减器、输入探头、放大器等部分。

（2）X 轴系统：主要用来产生锯齿波电压，供给示波管 X 偏转电压，以形成水平线性扫描。一般这个系统主要包括振荡和锯齿波形成、触发、放大等部分。该系统的扫描频率可以在相当宽的范围内调整，以配合 Y 轴实际测量的需要。

（3）显示部分：一般用示波管作为显示器，也有少量用显像管作显示器的，其主要用途是把被测信号的波形在屏幕上显示出来。

（4）电源部分：是供给各部分电路需要的多种电压的电路，其中包括显像管需要的直流高压电源。

电子示波器使用时，应注意以下几点：

（1）调节聚焦和亮度要同时进行，聚焦要调节至亮点最小，亮度要调节偏暗些，忌太亮。

（2）聚焦在被测信号输入前进行，即不要在出现亮线或波形时才进行。

（3）聚焦后的亮点不可一直停在荧光屏的某一点上，以免荧光屏被电子流持续轰击而损坏。

（4）荧光屏上显示的被测波形位置应尽量调节在屏的中心区域的位置上。波形幅度不宜太大，一般不大于屏直径的 1/2。

二、数字示波器

与模拟或电子示波器不同，数字示波器通过模数转换器（ADC）把被测电压转换为数字信息。它捕获的是波形的一系列样值，并对采样值进行存储，存储限度是到累计的采样值能描绘出波形为止。随后，数字示波器重构波形，如图 3 - 4 - 1 所示。

数字示波器分为数字存储示波器（DSO）、数字荧光示波器（DPO）和采样示波器。数字手段的采用意味着在示波器的显示范围内，可以稳定、明亮和清晰地显示任何频率的波形。对重复的信号而言，数字示波器的带宽是指示波器的前端部件的模拟带宽，一般称

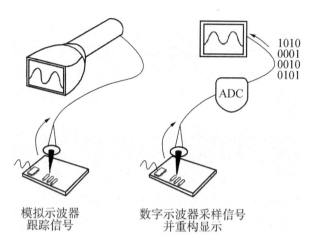

图 3 - 4 - 1　模拟示波器与数字示波器构图原理

之为3dB点。对于单脉冲和瞬态事件，例如脉冲和阶跃波，带宽局限于示波器采样率之内。

1. 数字存储示波器

常规的数字示波器是数字存储示波器（DSO）。一般而言，它的显示部分更多的是基于光栅屏幕而不是基于荧光。数字存储示波器用来捕获和显示那些可能只发生一次的事件非常方便，只发生一次的事件通常称为瞬态现象。以数字形式表示波形信息，实际存储的是二进制序列，这样，利用示波器本身或外部计算机，可方便地进行分析、存档、打印和其他的处理。与模拟示波器不同的是，数字存储示波器能够持久地保留信号，可以扩展波形处理方式。当然，DSO 没有实时的亮度级，因此，不能表示实际信号中不同的亮度等级。

2. 数字荧光示波器

数字荧光示波器（DPO）为示波器系列增加了一种新的类型。DPO 的体系结构使之能提供独特的捕获和显示能力。DSO 使用串行处理的体系结构来捕获、显示和分析信号；DPO 为完成这些功能采纳的是并行体系结构，如图 3 - 4 - 2 所示。DPO 通常采用 ASIC 硬件构架捕获波形图像，具备了高速率的波形采集率，信号可视化程度很高。它增加了证明数字系统中的瞬态事件的可能性。与模拟示波器依靠化学荧光物质不同，DPO 使用完全的

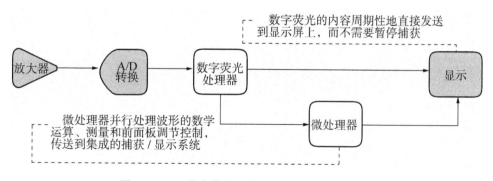

图 3 - 4 - 2　数字荧光示波器的并行处理体系结构

电子数字荧光，其实质是不断更新的数据库。针对示波器显示屏幕的每一个点，数据库中都有独立的"单元"（cell）。一旦采集到波形（即示波器一触发），波形就映射到数字荧光数据库的单元组内。每一个单元代表着屏幕中的某个位置。当波形涉及该单元，单元内部就加入亮度信息，没有涉及则不加入。因此，波形经常扫过的地方，亮度信息在单元内会逐步累积。它同时适合观察高频、低频信号和重复波形，以及实时的信号变化。

3. 数字采样示波器

当测量高频信号时，示波器也许不能在一次扫描中采集足够的样值。如果需要正确采集频率远远高于示波器采样频率的信号，那么数字采样示波器是一个不错的选择。这种示波器采集测量信号的能力要比其他类型的示波器高一个数量级。在测量重复信号时，它能达到的带宽及高速定时都十倍于其他示波器，如连续等效时间采样示波器能达到50GHz的带宽。

第五章　直流电桥的基本原理

本章主要介绍单臂电桥和双臂电桥的工作原理。

单臂电桥主要用于测量直流电阻，其基本原理电路图如图 3 – 5 – 1 所示。

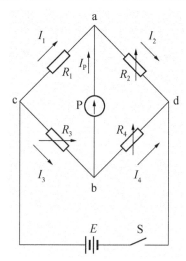

图 3 – 5 – 1　单臂电桥原理电路图

R_1—被测电阻；R_2，R_3，R_4—可调电阻；P—检流计；E—电池

通过电桥调节 R_2、R_3、R_4 数值，当电桥平衡时有：$R_1 = R_2R_3/R_4$，从而可以测量出被测电阻。从图 3 – 5 – 1 中可以看出：R_1 被测电阻包括了引线电阻和接触面接触电阻，故实际电阻应减去引线电阻和接触面接触电阻，被测电阻越小，引线带来的误差越大，所以单臂电桥常用来测量 1Ω 以上的电阻，量程一般为 1 ～ 99 990Ω。

对于开关接触电阻一般在微欧级，不宜使用此电桥，因为引线电阻为毫欧级，无法测量，此时可以使用双臂电桥法。双臂电桥的原理电路图如图 3 – 5 – 2 所示。

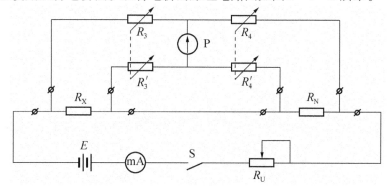

图 3 – 5 – 2　双臂电桥原理电路图

R_X—被测电阻；R_N—标准电阻；R_3，R_4，R_3'，R_4'—桥臂电阻；P—检流计；E—电池

　　双臂电桥设计时已经使得：$R_3 = R_3'$、$R_4 = R_4'$，所以电桥平衡时有 $R_X = R_N R_3 / R_4$，由于 R_3 及 R_3' 包括了被测电阻的电压引线电阻，R_4 及 R_4' 包括了标准电阻的电压引线电阻，所以双臂电桥能够消除引线和接触电阻带来的测量误差，适用于测量准确度要求高的小电阻。双臂电桥一般用来测量 0.000 01～100Ω 之间的小电阻，也可用来测量必须消除引线影响的小电阻，如开关的接触电阻。

　　现场使用时，应注意双臂电桥测量电阻时，按下测量电源按钮的时间不能太长。这是因为双臂电桥的特点是可以排除接触电阻的影响，所以常用于对小阻值电阻的精确测量。因为被测电阻阻值小，电桥必须对被测电阻通以足够大电流，才能获得较高灵敏度，所以，如果测量的过程中通电时间过长就会因被测电阻发热而使其电阻值变化，影响测量准确度。另外，长时间通流还会使桥体接点烧结产生一层氧化膜，影响正常测量。

第六章　介损电桥的基本原理

测量介质损失角正切值是测量设备绝缘的一个有效的手段，它对发现设备绝缘受潮、老化等分布性缺陷比较灵敏有效。绝缘在交流电压的作用下，通过绝缘介质的电流包括有功分量和无功分量，有功分量会产生介质损耗。介质损耗在一定的频率下与介损角的正切 $\tan\delta$ 成正比。对于良好绝缘，通过电流的有功分量很小，介损也小，$\tan\delta$ 也小；反之则大。所以测量 $\tan\delta$ 可以反映设备的绝缘状态。测量介损的专用仪器是西林电桥，可以用来测量绝缘的 $\tan\delta$ 和电容量，它是一种平衡的交流电桥，一般工作电压为 10kV，一般有正接线、反接线和对角接线等，下面以正接线为例简单介绍一下西林电桥的工作原理。

西林电桥正接线、反接线的原理电路图如图 3-6-1 所示。

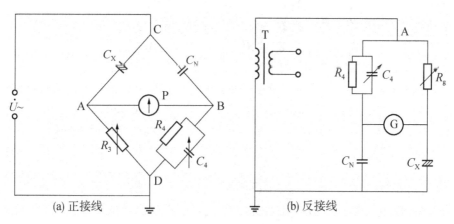

图 3-6-1　西林电桥正接线、反接线原理电路图

C_X—试品；C_N—标准电容；R_3，R_g，C_4—可调电阻、电容；R_4—固定电阻；P，G—检流计

当电桥平衡时，检流计 P 内无电流通过，说明 A、B 两点间无电位差。因此，电压 $\dot{U}_{CA}$ 与 $\dot{U}_{CB}$，以及 $\dot{U}_{AD}$ 与 $\dot{U}_{BD}$ 必然大小相等相位相同，即

$$\dot{U}_{CA}/\dot{U}_{AD} = \dot{U}_{CB}/\dot{U}_{BD}$$

所以在桥臂 CA 和 AD 中流过相同的电流 $\dot{I}_X$，在桥臂 CB 和 BD 中流过相同的电流 $\dot{I}_N$。在工频 50Hz 时，$\omega = 2\pi f = 100\pi$，如取 $R_4 = 10\,000/\pi$ 则 $\tan\delta = C_4$（C_4 以 μF 计），此时电桥中 C_4 的值经刻度转换就是被试品的 $\tan\delta$ 值，所以 $\tan\delta = C_4$，$C_X = C_N R_4/R_3$。西林电桥同时测出了试品电容量和介损正切值，更能够反映一些电容型试品电容的绝缘问题。

正接线要求被试设备的两极均是绝缘的，而现场经常遇到一级接地的设备，这个时候可以采用反接线，西林电桥设置了专门的接线端子可以方便地改换接线方式。反接线可调部分都是高压，要特别注意转换方式。另外，在反接线时，被试设备的高压电极及引线对地的杂散电容正好与被试品电容 C_X 并联，这样会产生一定的测量误差，特别是试品电容量小时尤其如此，所以要特别注意。

第七章　接地电阻测试仪

一、ZC—8 型接地电阻测试仪工作原理

ZC—8 型接地电阻测试仪（也称为接地摇表）的原理电路图如图 3 – 7 – 1 所示。摇表主要由手摇发电机、电流互感器 TA、可调电阻 R_s 和检流计 G 等构成。当接线端子 E 接于被测接地极，C 接于电流极引线，P 接于电压极引线后，摇动发电机发出的电流 I_1，经 TA—E—大地—C 构成回路，在电流互感器二次侧感应出电流 I_2，并通过 R_s 形成回路。I_1 在被测接地极 E 的接地电阻 R_e 上产生压降 $U_1 = I_1 R_e$，而 I_2 在可调电阻 R_s 的 R_{OB}（OB 段的电阻）上产生的压降为 $U_2 = I_2 R_{OB}$。调节 R_s 的可动触头 B 的位置，可改变 U_2 值，若调节到使检流计 G 指示为零时，说明 $U_2 = U_1$。此时 $R_e = I_2 R_{OB}/I_1$。

R_s 上预先刻有电阻指示值，满刻度为 10，如实际指示为 N 值时，则

$$R_{OB} = R_s N/10, \quad R_e = I_2 R_s N/10 I_1$$

另外，I_2 与 I_1 的比例关系可由倍率开关 S_1、S_2 改变。切换倍率开关 S_1、S_2，在改变 I_2 与 I_1 比值的同时，还改变了检流计回路的附加电阻，使检流计具有不同的灵敏度。根据测量原理，ZC—8 型接地摇表可以利用倍率开关，得到三个不同的量程。ZC—8 型接地摇表有 $0 \sim 1/10/100\Omega$ 及 $0 \sim 10/100/1\,000\Omega$ 两种测量量程的产品供用户选择。

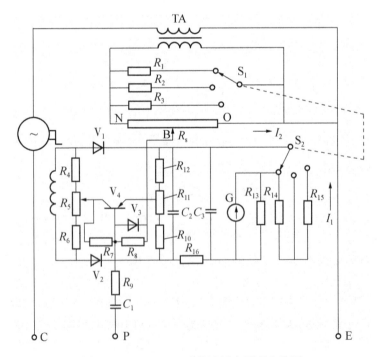

图 3 – 7 – 1　ZC—8 型接地摇表原理电路图

二、ZC—8 型接地摇表技术特点

（1）在仪器的检流计回路内，接入了电容 C_1，使测试不受土壤电解电流的影响。

（2）发电机输出频率为 $110 \sim 115Hz$，并采用了三极管 V_4 和二极管等组成的相敏整流环节，避免了杂散电流对测试的影响。

（3）ZC—8 型接地摇表如设有四个端钮 C_1、P_1、C_2、P_2，还可用于测量土壤电阻率。测量小于 1Ω 的接地电阻时，应将 C_2、P_2 间连片打开，分别用导线连接到被测接地体上，以消除测量时连接导线电阻的附加误差。

（4）制造厂生产的 ZC—8 型接地摇表有 B 组和 T 组两种类型。B 组适用于普通气候条件，T 组适用于亚热带气候条件，即适合在环境温度为 $0 \sim 50℃$，相对湿度为 98% 以下的气候条件下使用。

三、ZC—8 型接地摇表的操作步骤

（1）用专用导线（电压线、电流线、接地极引线）与摇表的相应端子良好连接，将摇表放于水平位置，预先用零位调整器校正检流计的零位，使检流计的指针指零。

（2）测量开始应先将倍率开关置于最大倍数值位置，慢慢转动发电机的手柄，同时调节"指示刻度盘"使检流计的指针指于中心线，然后逐渐加快手柄的转速，使其达到 $120r/min$ 以上，调节"指示标度盘"使检流计指针指于中心线。

（3）如"指示标度盘"的读数小于 1，应将"倍率开关"置于较小倍数，再重新调整"指示标度盘"，使检流计指针指于中心线。

（4）用"指示标度盘"的读数乘以倍率开关的倍数，即为所测的接地电阻值。

（5）测量时如发现检流计灵敏度过高，可将测量电极（电压极、电流极）插入地中的深度调浅一点；当检流计灵敏度过低时，可用水湿润测量电极周围的土壤或选择一湿润土壤处安装测量电极。

四、接地电阻测量注意事项

（1）测量应尽量选择在晴天、干燥大气下进行，否则会带来一定的测量误差。

（2）采用电极直线布置测量时，电流线与电压线应尽可能分开，不应缠绕交错。

（3）测量时接地摇表无指示，可能是电流线断开了；指示很大，可能是电压线断开或接地体与接地线未连接；摇表指示摆动严重，可能是电流线、电压线与电极或摇表端子接触不良，也可能是电极与土壤接触不良造成的。

第八章　静电电压表

一般常见的电压表电压等级都很低，大约在几千伏以下，很难用来直接测量高电压，通常进行的高压交流耐压试验须测量几十到几百千伏的电压数值，如 220kV GIS 的耐压数值为 316kV。要测量 220kV GIS 等高压设备交流耐压时的试验电压可以采取的办法有：在试验变压器低压侧测量，但只适用于小容量试品；用电容分压器将高压降到低压后用低量程电压表直接测量；采用球隙直接测量，但受外界天气的影响较大，须矫正，不方便；利用静电电压表可直接进行测量。

静电电压表可以直接测量工频高电压的有效值和直流电压，其中测量工频高压时测得的是电压的有效值。目前国产的有 30kV、100kV、200kV 或更高电压等级，可以直接用来测量高电压。目前，交流静电电压表测量精度可达 1%，直流静电电压表测量精度可达 0.5%。

静电电压表有接触式和非接触式两种，一般接触式静电电压表的测量精度较高，但只适用于测量金属体的静电电压或电位，而非接触式静电电压表测量时不须同带电体接触，不但能测量金属体的静电，也能测量绝缘体的静电，且对被测量物体影响小。

静电电压表的基本结构为两个平行板电极，两个电极中一个为固定电极，一个为可动电极。电极的一端接高压，另一端接地，在平行板电极承受一定电压以后，极板就会偏转，从电工理论计算可以知道极板的偏转角度与施加的测量电压之间有一定的对应关系。在静电电压表传动机构上有一面可以用来将偏转角度反射到刻度盘上的小镜，这样通过刻度盘上小镜反射的光标位置就可以间接反映测量电压的大小。

静电电压表两极间的电容量为 10～30pF，内阻极大，所以测量时不会改变被试品上的电压，对于被试设备阻抗高的情况尤为合适，但是该设备一般携带不方便，不宜用于有风的环境，否则误差大，所以建议只用于试验室为好。

第九章　试验变压器

产生交流高电压，用于高压试验的特制变压器称为高压试验变压器，常规的高压试验变压器与普通变压器原理图完全一致，所以不再详述。同普通的电力变压器相比，试验变压器有以下几个特点：

（1）容量较小，高压输出电流小；

（2）试验变压器一般用在容性负载，而电力变压器一般用在感性负载；

（3）试验变压器工作时间短，温升小，一般时间在 $1 \sim 60 \text{min}$ 内；

（4）试验变压器设计的欲度较小。

试验变压器有许多种类型，如按照绝缘介质分类可以分为：干式变压器，油浸式变压器，充气式变压器等。按照原理分类可以分为：交流、交直流试验变压器，带抽头试验变压器，串级试验变压器等。其原理简介如下：

1. 交流、交直流试验变压器

将工频电源经自耦调压器调节电压输入至试验变压器的初级绕组，根据电磁感应原理，在次级（高压）绕组可获得工频高压。此工频高压经高压硅堆整流及电容滤波后可获得直流高压，其幅值是工频高压有效值的 1.4 倍。对于交直流试验变压器，在使用直流时抽出短路杆即可获得直流高压。

2. 带抽头试验变压器

为了同时满足一个变压器电压较高（较小）与电流较低（较大）之间的矛盾，将高压绕组分成两个来绕，一个是电流较大的绕组，另一个是电流较小的绕组，然后两个绕组串接分别引出。

3. 串级试验变压器

为了得到更高电压的试验变压器，也可采用串级的方法获得更高的电压。通常采用三级串级试验变压器，其中三台变压器的容量关系应满足：$P_1 = 2P_2 = 3P_3$。试验变压器高压侧的电流：$I_S = U_S \omega C_X$。其中，U_S 为试验电压，C_X 为试品电容，ω 为角频率。容量计算公式为：$P = U_S I_S$。当需要更高的试验电压时，如 220kV GIS 的试验电压为 316kV，常规试验变压器制造很困难，可以采用串联谐振方法来获得更高试验电压，其原理图见图 3-9-1。

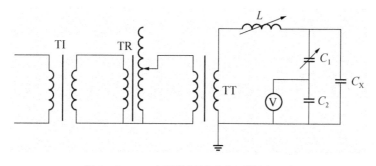

图 3-9-1　串联谐振试验变压器原理图

L—串联电感；C_X—试品；C_1，C_2—分压电容器；TT—试验变压器；TI—隔离变压器；TR—调压器

　　串联谐振时，设品质因数 $Q = \omega L / R$，由于 $X_L = X_C$，可以得到：$U_C = QU$，一般的 Q 可以达到 $25 \sim 100$，所以耐压 140kV 时假定 Q 为 25，低压侧仅需要 6kV 就可以了。这样方便了现场的使用。串联谐振可以通过调节电感来实现，也可以通过调节电容或频率来实现，或同时进行。串联谐振使用也比较安全，一旦发生意外，失去谐振马上电压就降低，不会造成大的影响，所以特别适用于现场的各种试验。

第十章　直流高压发生器

产生高压直流电压，用于高压直流试验的试验仪器称为直流高压发生器。电力系统一般通过直流高压发生器对氧化锌避雷器、电力电缆、变压器、发电机等高压电气设备进行直流高压试验，因此，直流高压发生器是高压试验专业的重要设备。

由于一般兆欧表产生的是5kV以下的直流电压，对部分电压等级较高的设备采用兆欧表测量绝缘时可能由于电压不够、不能测量泄漏电流而导致部分缺陷不能及时发现，而高压直流发生器可以产生 10～800kV 的直流高压（试验时用的直流高压可以达到 2 400 kV），加上直流试验时可测量泄漏电流，因此，采用直流高压发生器可以极大地提升发现设备缺陷的灵敏度。

由于简单的整流电路中，最大直流输出只能接近试验变压器峰值电压，因此，要获得更高的试验电压须采用倍压整流实现，其原理如图 3 - 10 - 1 所示。

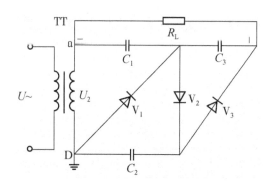

图 3 - 10 - 1　直流高压发生器原理图

V_1，V_2，V_3—整流硅堆；TT—交流试验变压器；C_1，C_2，C_3—充电电容器；R_L—试品

当电源为负半周时（电源地端为正），V_1 导通，电源给 C_1 充电到 U_{2m}；电源正半周时，C_1 和电源串联给 C_2 充电；当电源到另一个半周时，C_1 电源和 C_2 串联给 C_3 充电；充电稳定时，C_1 两端电压为 U_{2m}，C_2、C_3 为 $2U_{2m}$，所以 R_L 上可以达到 $3U_{2m}$ 的直流高压。当串联的级数越多，产生的直流高压也就越大。从而通过多级整流硅堆的串联就可以达到产生直流高压的目的。目前，系统中使用最高电压达到了 400kV。

直流发生器的使用注意事项如下：在打开仪器上的电源前要确定发生器接的是220V交流电源，检查接线是否正确，高压放电杆的接线是否可靠。在直流高压发生器的升降压过程中要保持缓升缓降，平稳升压是延长发生器使用寿命的最主要因素之一，试验时还要尽量避免过量程使用仪器。在每次试验结束后先把电位器回到零位，然后切断电源，对被试品放电。放电时不能将放电棒立即接触试品，应先将放电棒逐渐接近试品，到一定距离空气间隙开始游离放电，当无声音时可用放电棒放电，最后直接接上地线放电。

当直流高压在200kV及以上时，尽管试验人员穿绝缘鞋，且处在安全距离以外区域，但由于高压直流离子空间电场分布的影响，会使几个邻近站立的人体上带有不同的直流电位。此时，试验人员不要互相握手或用手接触接地体等，否则会有轻微电击现象，此现象在干燥地区和冬季较为明显，但由于能量小，一般不会对人体造成伤害。

第四篇
电气试验常识与基本试验方法

第一章　电气试验基本常识

第一节　电气试验总体概念

电力设备在设计定型、制造、施工安装、运行过程中不可避免地会发生这样或那样的缺陷。为了在各个阶段能够将这些缺陷检测出来，须对这些设备进行必要的试验以确定设备是否符合各类质量标准的要求，以及是否满足电网安全运行条件的要求。电力设备的试验可以按许多方式进行分类。

一、按照试验目的分类

按照试验目的可以分为：型式试验、出厂试验、现场交接试验、定期预防性试验、事故或缺陷诊断试验、检修性试验、寿命评估试验等。

（1）型式试验。对每一种新产品定型是否满足设计要求所进行的试验，通常试验项目很全面，一般一种型号只进行一次试验。

（2）出厂试验。检验产品在制造过程中是否存在缺陷，是否符合出厂条件所进行的试验，试验项目比较全面，但比型式试验简单，一般每台设备都要进行试验。

（3）现场交接试验。设备在现场安装完毕后进行的竣工验收试验，主要检验设备经过长途运输到现场安装完毕整个过程中是否存在由于运输、安装等原因而造成的缺陷，检验设备是否符合投产条件，试验项目相对出厂试验简单，每台都要进行试验。

（4）定期预防性试验。对已经投运的设备按照规定的试验条件、试验项目和试验周期所进行的试验，是判断设备能否继续投入运行，预防事故和设备损坏，保证安全运行的重要措施。设备在运行过程中由于长期承受电、热、机械应力等外界因素的作用，由于水分的渗入等各种原因会出现绝缘老化、整体性能下降等各种各样的缺陷，必须在运行过程中将这些缺陷检测出来，避免事故的发生和供电的终止。预试项目比交接试验项目简单一些，但须按规定的周期重复进行。

（5）事故或缺陷诊断试验。为分析设备故障、事故及缺陷的原因而进行的试验。试验项目一般根据需要确定。

（6）检修性试验。为指导设备检修或决定设备的检修策略而制定的试验。

（7）寿命评估试验。为评估设备运行寿命，指导设备合理报废、退运而进行的试验。

二、按照试验是否须停电分类

按照试验是否须停电可以分为：停电试验和非停电试验。

（1）停电试验。须设备停电才能进行的试验。

（2）非停电试验。无须被试设备停电就能进行的试验。

其中，非停电试验又分为带电测试和在线监测两种。带电测试为采取便携式仪器间断性的不停电试验。在线监测为采取固定装置连续监测的试验。

三、按照试验是否对设备造成损坏分类

按照试验是否对设备造成损坏可以分为：破坏性试验和非破坏性试验。

（1）破坏性试验。高于设备工作电压下所进行的试验称为破坏性试验。破坏性试验是会对设备绝缘造成一定损伤的试验项目，如交流耐压试验、直流耐压试验等。破坏性试验的累积效应会给设备留下潜伏的损伤缺陷，扩大设备的潜伏缺陷，最终损伤绝缘，降低设备使用寿命。

（2）非破坏性试验。在较低电压下所进行的试验统称为非破坏性试验。这种试验不会对设备绝缘或特性造成损伤或变化，如直流电阻测量等。

四、按照试验专业分类

按照试验专业可以分为：电气试验（绝缘）、化学试验、仪表试验等。

（1）电气试验。针对设备绝缘或电气特性进行的高压和电气方面特性试验等。如交流、直流耐压及直流电阻测量等。

（2）化学试验。主要是设备的油气等监督，反映设备绝缘问题。

（3）仪表试验。电气测量仪表所进行的校验，如温度表校验。

第二节　电气试验的现状和发展方向

长期以来，我国电网高压设备一直采用苏联的监督管理模式，即通过定期进行停电预防性试验来达到检查设备运行状况的目的。而欧、美、日等西方国家则正好相反，这些国家一般不进行定期停电预防性试验，主要通过严把设备验收关、加强电网建设、做好不停电监测及二次系统防护等方式来确保系统安全。

从多年运行情况看，这两种模式各有各的优缺点。苏联模式由于通过定期进行预防性试验、定期巡视等方式对确保设备安全取得了一定成效，但由于停电试验间隔周期长、监测项目有效性不高、试验项目缺乏针对性等使得预防性试验具有一定的盲目性，不但影响了供电可靠性提高，也因此浪费了巨大的人力物力，对状态检修的支持力度也不够。而欧美等西方国家不做定期停电试验虽然节省了大量监督成本，但由于缺乏对设备的有效监管，易导致发生因设备事故扩大而引起的重大电网事故，造成不良的社会影响。

多年来，常规停电预防性试验对保证设备安全运行起到了积极作用，但是随着设备大容量化、高电压化、结构多样化及密封化，对常规停电预防性试验而言，传统试验方法已不太适用。主要表现在：①试验须停电，会给运行带来一定影响，且停电后设备温度降低，测试难以反映真实情况；②试验时间集中，工作量大；③试验电压较低，诊断结果有效性值得探讨，而对于高电压的耐压试验又会损坏设备的绝缘。

基于以上情况，针对带电测试和在线监测技术的研究提上了日程。由于带电测试和在线监测是在运行电压下和真实运行温度下进行试验的，所以测试结果更为真实可信，而且由于不停电、不须拆除引线，所以工作也轻松很多，可以将周期安排得较密，甚至连续监

测，也更容易杜绝事故发生。当然，带电测试、在线监测也存在许多问题，如现场干扰大、运行环境严酷等，会对测量结果造成一定影响。

现在，电气试验的发展趋势是减少破坏性试验项目，增加非破坏性试验项目，从放宽停电试验周期向逐步过渡到以带电测试和在线监测为主的方向发展。

第二章 常规基本试验方法

第一节 绝缘电阻测试

为什么要测量绝缘电阻，通过测量绝缘电阻又能发现哪些缺陷呢，在测量中为什么要读取1min时的绝缘电阻值？为回答这些问题，首先来分析电气设备绝缘在直流电压作用下所流过的电流。

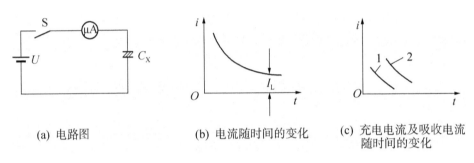

(a) 电路图   (b) 电流随时间的变化   (c) 充电电流及吸收电流随时间的变化

图4-2-1 电气设备绝缘在直流电压作用下的电路图和电流变化情况

1—充电电流；2—吸收电流

如图4-2-1a所示为电气设备绝缘在直流电压作用下的电路示意图。当合上开关时，记录微安表在不同时刻的读数，据此绘成的曲线如图4-2-1b所示。由图4-2-1b可见，电流逐渐下降，趋于一恒定值，这个恒定值显然是漏导电流。但是随时间减小的那一部分电流并不完全是充电电流，因为理想的电介质所组成的设备（如真空断路器），其充电电流随时间衰减极快（微秒级），如图4-2-1c中的曲线1所示，而曲线2则是一种缓慢衰减的电流，它实际存在于电介质之中。这样，在电介质上施加直流电压后，随时间衰减的电流可看成是由三种电流组成的，它们分别是：

（1）漏导电流。漏导电流是由离子移动产生的，其大小取决于电介质在直流电场中的导电率，可以认为它是纯电阻性电流。漏导电流随时间变化曲线如图4-2-2所示。显然，它的数值大小间接反映了绝缘内部是否受潮，或者是否有局部缺陷，或者表面是否脏污。因为在这些情况下，或绝缘介质内部导电粒子增加，或表面漏电增加，都会引起漏导电流增加，因而其绝缘电阻就减小。

（2）几何电流。它是在加压瞬间电源对电介质几何电容充电时的充电电流，所以称之为几何电流或电容电流。究其实质，它是由快速极化（如电子极化、离子极化）过程形成的位移电流，所以有时称之为位移电流。由于快速极化是瞬时完成的，因而这种电流转瞬即逝，它随时间变化的曲线如图4-2-3所示。

（3）吸收电流。吸收电流也是一个随加压时间的增长而减少的电流，不过它比几何电流衰减慢得多，可能延续数分钟，甚至数小时，这是因为吸收电流是由缓慢极化产生的。

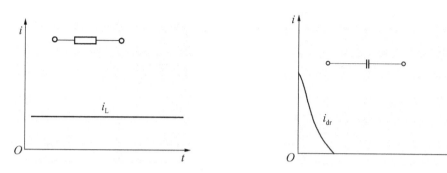

图 4-2-2 直流电压下漏导电流随时间变化曲线　图 4-2-3 直流电压下电容电流随时间变化曲线

其值取决于电介质的性质、不均匀程度和结构。在不均匀介质中，这部分电流是比较明显的。

显然，吸收电流也与被试设备受潮或整体劣化等情况有关。若将三个电流曲线加起来，即可得到在兆欧表等直流电压作用下电流随时间变化的曲线，通常称之为吸收曲线，如图 4-2-4 所示。

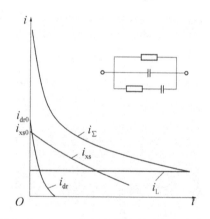

图 4-2-4 三种电流总和随时间变化曲线

分析吸收曲线可知：吸收曲线经过一段时间后趋于漏导电流曲线，因此在用兆欧表进行测量时，必须等到兆欧表指示稳定时才能读数。通常认为经 1min 后，漏导电流趋于稳定。所谓测量绝缘电阻就是用兆欧表等测量这个与时间无关的漏导电流（即后面所说的泄漏电流），兆欧表上直接读出的是绝缘电阻数值。

由于流过绝缘介质的电流有表面电流和体积电流之分，所以绝缘电阻也有体积绝缘电阻和表面绝缘电阻之分，如图 4-2-5 所示。由于表面电流只反映表面状态，而且可被屏蔽掉，所以实际测得的绝缘电阻是体积绝缘电阻。因此，绝缘电阻的定义应为作用于绝缘上的电压与稳态体积泄漏电流之比。

当绝缘受潮或有其他贯通性缺陷或整体绝缘性能下降时，绝缘介质内离子增加，因而体积漏导电流剧增，体积绝缘电阻当然也就变小了。因此，体积绝缘电阻的大小在某种程度上标志着绝缘介质内部是否受潮或品质上的优劣。通常，可按图 4-2-6 所示测量体积绝缘电阻和表面绝缘电阻。

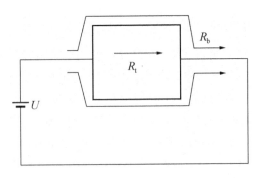

图 4 - 2 - 5　电介质的体积绝缘电阻和表面绝缘电阻

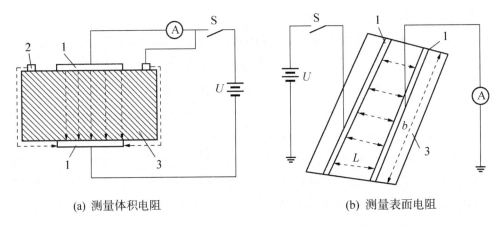

(a) 测量体积电阻　　　　　　　　　(b) 测量表面电阻

图 4 - 2 - 6　测量固体绝缘介质体积电阻和表面电阻的原理图
1—电极；2—辅助电极；3—试品

　　测量时通常分别用从兆欧表达稳定转速并接入被试品开始算起第 15s 和第 60s 的绝缘电阻数值 R_{15s} 和 R_{60s} 代替，并求出比值（R_{60s}/R_{15s}），这个比值称为吸收比，用 K 表示。测量这一比值的试验称为吸收比试验。吸收比在一定程度上反映了绝缘是否受潮，通常，这一值不小于 1.3 。

　　随着变压器、发电机等电气设备的大容量化，其吸收电流衰减得很慢，在 60s 时测得的绝缘电阻仍会受吸收电流的影响，这时若用吸收比 R_{60s}/R_{15s} 来判断绝缘是否受潮会产生困难。为了更好地判断绝缘是否受潮，国外及国内 500kV 变压器或大容量设备等开始引用极化指数 P_I 作为衡量绝缘特性的指标，它被定义为加压 10min 时的绝缘电阻与加压 1min 时的绝缘电阻之比，即

$$P_I = R_{10min}/R_{1min} \qquad (4 - 2 - 1)$$

　　当绝缘处于受潮或整体绝缘下降时，不随时间变化的泄漏电流所占比例较大，所以 P_I 接近于 1；当绝缘处于干燥状态或绝缘良好时，P_I 较大。根据《中国南方电网有限责任公司 电力设备预防性试验规程》（以下简称《规程》）规定，P_I 值一般不小于 1.5 。表 4 - 2 - 1 列出了几台不同电压等级、不同容量变压器的绝缘电阻、吸收比和极化指数的测试结果。由表 4 - 2 - 1 中数据可见，R_{10min} 均大于 R_{1min}，说明这些变压器的吸收电流确实衰减很慢，若用吸收比来衡量变压器是否受潮，可能产生误判。

表4-2-1　几台变压器的绝缘电阻、吸收比和极化指数的测试结果

序号	电压 /kV	容量 /(MV·A)	R（MΩ）			K (R_{1min}/R_{15s})	P_I (R_{10min}/R_{1min})	温度 /℃
			R_{15s}	R_{1min}	R_{10min}			
1	525	250	1 700	2 210	3 400	1.30	2.00	26
2	330	360	1 600	2 240	4 800	1.40	3.00	23
3	220	240	4 000	5 600	10 400	1.40	2.60	33
4	220	150	3 200	3 840	7 040	1.20	2.20	19
5	220	150	1 850	2 500	4 450	1.35	1.78	30
6	220	360	1 200	1 700	5 300	1.42	3.12	30
7	35	20	1 000	1 100	1 223	1.10	1.12	25

我国电网运行单位已将极化指数列为变压器、电力电缆等高压设备的预防性试验项目。对进口设备，若出厂试验为 P_I 者，以 P_I 的测试值来验收。在预防性试验中宜测试 P_I，以便分析比较。

第二节　泄漏电流试验和直流耐压试验

一、泄漏电流试验

测量泄漏电流的原理同测量绝缘电阻的原理本质上完全相同，检出缺陷的性质也大致相同。但由于泄漏电流测量所用的电源电压一般高于绝缘电阻测量时的外施电压，并用微安表直接读取泄漏电流。因此，它与绝缘电阻的测量相比有以下特点：

（1）试验电压高，可随意调节。测量泄漏电流时是对一定电压等级的被试设备施以相应的试验电压，这个试验电压比兆欧表额定电压高得多，所以容易使绝缘本身的弱点暴露出来。

（2）泄漏电流可由微安表随时监视，灵敏度高，测量重复性也较好。

（3）根据泄漏电流测量值可换算出绝缘电阻值，而用兆欧表测出的绝缘电阻值则不可换算出泄漏电流值。因为要换算首先要知道加到被试设备上的电压是多少，兆欧表虽然有规定的电压值，但加到被试设备上的实际电压并非一定是此值，而与被试设备绝缘电阻的大小有关。

（4）可以用 $i=f(u)$ 或 $i=f(t)$ 的关系曲线并测量吸收比来判断绝缘缺陷。泄漏电流与加压时间的关系曲线如图4-2-7所示（图中曲线1为正常绝缘的关系曲线；曲线2为受潮或劣化后曲线）。在直流电压作用下，当绝缘受潮或有缺陷时，电流随加压时间曲线下降得比较平坦，最终达到的稳态值也较大，即绝缘电阻较小。

当直流电压加于被试设备时，其充电电流（几何电流和吸收电流）随时间的增长而逐渐衰减至零，而漏导电流则保持不变。故微安表在加压到一定时间后其指示数值趋于恒定，此时读取的数值则等于或近似等于漏导电流即泄漏电流。

对于良好的绝缘，其漏导电流与外加电压的关系曲线应为一条直线。但是实际上的漏

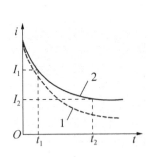

图 4 - 2 - 7　泄漏电流与加压时间关系曲线

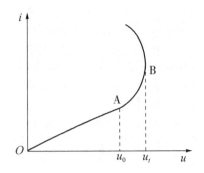

图 4 - 2 - 8　绝缘的伏安特性曲线

导电流与外加电压的关系曲线仅在一定的电压范围内才是近似直线，如图 4 - 2 - 8 所示。若超过此范围后，离子活动加剧，此时电流的增加要比电压增长快得多，如 AB 段，到点 B 后，如果电压继续增加，则电流将急剧增长，产生更多的损耗，以至绝缘被破坏，发生击穿。

在预防性试验中，测量泄漏电流时所加的电压大都在 A 点以下，故对良好的绝缘，其伏安特性曲线 $i = f(u)$ 应近似于直线。当绝缘有缺陷或有受潮的现象存在时，则泄漏电流急剧增长，其伏安特性曲线就不是直线了，因此，可以通过测量泄漏电流来分析绝缘是否有缺陷或是否受潮。在揭示局部缺陷上，测量泄漏电流更有其特殊意义。

二、直流耐压试验

直流耐压试验和直流泄漏电流试验的原理、接线及方法完全相同，差别在于直流耐压试验的试验电压较高，所以它除能发现设备受潮、劣化外，对发现绝缘的某些局部缺陷也具有特殊的作用。如发电机的端部缺陷等，往往这些局部缺陷在交流耐压试验中是不能被发现的，但交流耐压试验对绝缘的作用更近于运行情况，因而能检出绝缘在正常运行时的最弱点。因此，这两种试验不能相互代替，必须同时应用于预防性试验中。

进行直流耐压试验时，外施电压的数值通常应参考该绝缘的交流耐压试验电压和交、直流下击穿电压之比，但主要是根据运行经验来确定。例如，对电机通常取 $2U_e \sim 2.5U_e$；对电力电缆，额定电压在 10 kV 及以下时常取 $5U_e \sim 6U_e$，为 35kV 时取 $4U_e$，额定电压更高时，常取 $3U_e$。直流耐压试验的时间可比交流耐压试验的时间（1min）长些。

直流耐压试验一般和直流泄漏电流试验同时进行，和交流耐压试验相比，直流耐压试验有以下特点：

（1）试验设备轻。对大容量设备试验，交流耐压设备笨重，而直流轻便，只有交流设备质量的几十分之一。

（2）直流耐压试验时，绝缘介质无极化损耗，不会使设备因过热而击穿，而交流由于发热对设备的损害较大。

（3）由于测量了泄漏电流，所以可以绘出伏安特性曲线，根据曲线的变化来判断设备是否异常。

直流耐压试验和泄漏电流试验的接线图如图 4 - 2 - 9 所示。

直流试验电压一般应采用负极性接线。主要是因为电力设备的绝缘分为内外绝缘两

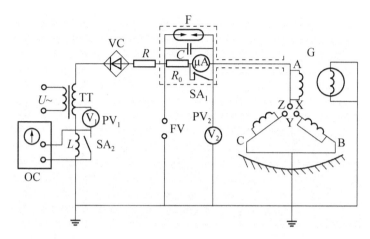

图 4-2-9　直流耐压试验和泄漏电流试验的接线图

SA_1—短路开关；SA_2—示波器开关；R—保护电阻；F—放电管；PV_1—电压表；

PV_2—静电电压表；FV—保护球隙；OC—示波器；TT—试验变压器；G—发电机

种，采用负极性试验电压时外绝缘的闪络电压是正极性的两倍多，外绝缘不容易闪络，有利于检查内绝缘。另外，对于油纸绝缘设备，由于电渗现象，内绝缘负极性时击穿电压低，更容易发现缺陷。试验中如果外表面不干净或特别潮湿时，电流可能较大，应采取屏蔽等措施消除表面的影响。应注意微安表接在低压侧和高压侧的区别，还应注意屏蔽的措施，高压引线应尽量短、光滑等。

第三节　交流耐压试验

交流耐压试验是鉴定设备绝缘强度最严格、最有效、最直接的试验方法，对判断设备能否投入运行有决定性意义。所以《规程》规定，对 110kV 以下的电力设备，预防性试验中应进行交流耐压试验，而 110kV 及以上由于试验设备庞大等一系列原因，只在出厂试验、现场交接试验和必要时进行，预防性试验一般不作为必试项目。交流耐压试验电压是根据保证设备运行中能够承受工作电压、暂时过电压、操作过电压、雷电过电压的作用而综合确定的。一般 10～35kV 为运行电压的 4.0 倍，110～220kV 为 3.0 倍，500kV 为 2.0 倍等。不同设备不同情况下的试验电压详见各类规程规定。由于绝缘的击穿电压与加压时间有关系，所以一般的试验时间为 1min，少数情况例外。一般而言，试验电压越高，越容易发现缺陷，但是累积效应越明显；试验电压低，又不容易发现缺陷。所以现场试验电压比出厂值低，一般为出厂值的 80%，且按照不同设备区别对待。交流耐压试验的接线如图 4-2-10 所示。

进行交流耐压试验主要有以下几点须注意：

（1）试验变压器的选取。要求试验变压器输出电压 U_n 大于被试品试验电压 U_s，输出电流 I_n 大于流过试品的电流 I_s，容量满足要求。

（2）试验前应了解被试设备的非破坏性试验项目是否合格，若有缺陷或异常，应在排除缺陷（如受潮时要干燥）或异常后再进行试验。

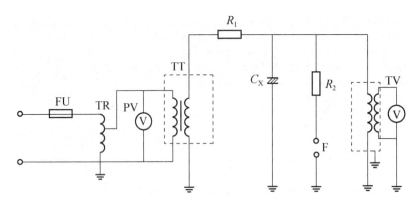

图 4 - 2 - 10　交流耐压试验接线图

FU—熔断器；TR—调压器；PV—电压表；TT—试验变压器；R_1—限流电阻；

C_X—试品；R_2—限流保护电阻；F—放电间隙；TV—测量用互感器

（3）试验前应将被试设备的绝缘表面擦拭干净。对充油电力设备应按有关规定使油静置一定时间后再进行耐压试验。静置时间如制造厂无规定，则应依据设备的额定电压满足以下要求：500kV 者，应大于 72h；220kV 及 330kV 者，应大于 48h；110kV 及以下者，应大于 24h。

（4）试验前应调整放电间隙，使其放电电压为试验电压的 105% ～ 110%，连续试验三次，应无明显差别，并检查过流保护装置动作的可靠性。

（5）升压过程中应监视电压表及其他表计的变化，当升至 0.5 倍额定试验电压时，读取被试设备的电容电流；当升至额定电压时，开始计算时间，时间到后缓慢降下电压。对于升压速度，在 1/3 试验电压以下可以稍快一些，其后升压应均匀，约按每秒 3% 试验电压升压，或升至额定试验电压的时间为 10 ～ 15s。试验中若发现表针摆动或被试设备发出异常响声、冒烟、冒火等，应立即降下电压，在高压侧挂上地线后，查明原因。

（6）被试设备无明确规定者，一般耐压时间为 1min；对绝缘棒等用具，耐压时间为 5min。试验后应在挂上接地棒后触摸有关部位，应无发热现象。试验前后应测量被试设备的绝缘电阻及吸收比，两次测量结果不应有明显差别。

（7）当试品为大电容量时，由于容升现象的存在要在高压侧测量试验电压，小容量可以在低压侧进行测量。试验时应尽量采用有保护的试验装置，尽量避免没有保护直接加压进行耐压试验。试品为有机绝缘时，试验完毕应立即触摸检查是否有明显发热现象，如有则说明不合格，应处理后再试验。试验时，若受空气湿度、温度或表面脏污等的影响，仅引起表面滑闪放电或空气放电，则不应认为不合格。应在经过清洁、干燥等处理后，再进行试验。

第四节　介质损耗因素试验

电介质一般泛指绝缘材料。当研究绝缘物质在电场作用下所发生的物理现象时，把绝缘物质称为电介质，而从材料的使用观点出发，在工程上把绝缘物质称为绝缘材料。既然绝缘材料不导电，怎么会有损失呢？我们确实希望绝缘材料的绝缘电阻越高越好，即泄漏电流越小越好。但是，世界上绝对不导电的物质是没有的。任何绝缘材料在电压作用下，总会流过一定的电流，所以都有能量损耗。在交流电压作用下电介质中产生的一切损耗称为介质损耗或介质损失。

如果电介质损耗很大，会使电介质温度升高，促使材料发生老化（发脆、分解等）；如果介质温度不断上升，甚至会把电介质熔化、烧焦，丧失绝缘能力，导致热击穿。因此，电介质损耗是衡量绝缘介质电性能的一项重要指标。测量介质损失角正切值是测试设备绝缘的一个有效的手段，它对发现设备绝缘受潮、老化等分布性缺陷比较灵敏有效。绝缘在交流电压的作用下，通过绝缘介质的电流包括有功分量和无功分量，有功分量会产生介质损耗。介质损耗在一定的频率下与介损角的正切 $\tan\delta$ 成正比。对于良好绝缘，通过电流的有功分量很小，介损也小，$\tan\delta$ 也小，反之则大，所以测量 $\tan\delta$ 可以反映设备的绝缘状态。

一般用西林电桥法测量介质损失正切角。QS1 型西林电桥是测量介质损失正切角 $\tan\delta$ 和电容量 C_X 的专用仪器，它是一种平衡交流电桥，具有灵敏、准确等优点。电桥工作电压为 10kV，在预防性试验中，对 6kV 及以下的电气设备，其试验电压常取设备的额定电压；对 10kV 及以上的电气设备，其试验电压为 10kV。

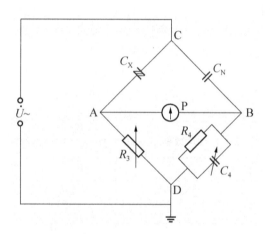

图 4 - 2 - 11　正接线的 QS1 型西林电桥

根据被试设备的特点，QS1 型西林电桥的接线有正接线、反接线和对角线接线三种，如图 4 - 2 - 11 所示为正接线原理图，下面以正接线方式为例来分析 QS1 型西林电桥的工作原理。在图 4 - 2 - 11 中，C_N 是标准空气电容器，其介质损失角的正切值可以忽略不计（$\tan\delta_N \rightarrow 0$）；电桥可调部分由电阻 R_3 和无损电容器 C_4 组成；C_X 为被试设备，分析时其等值电路可采用串联或并联型电路。测量时，调节 R_3 和 C_4 使电桥平衡即可，这时检流计的示数为零，电桥的顶点 A、B 两点的电位必然相等。由上述可知：

（1）QS1 型西林电桥要达到平衡，须满足两个方面（电压降的相角和电压降的幅值）的条件。这两方面的条件在电桥中是用两个可调元件来满足的，其一是调节可变电阻 R_3，以改变电压降的幅值；其二是调可变电容 C_4，以改变桥臂电压降的相角。

（2）QS1 型西林电桥可以测量绝缘的 $\tan\delta$ 和绝缘阻容等值电路的参数 C_X 和 r_X。

第三章 变压器试验方法

电力变压器是发电厂、变电站和用电部门最主要的电力设备之一。近年来，随着电力工业的发展，电力变压器的数量日益增多，用途日益广泛，而且其绝缘结构、调压方式、冷却方式等均在不断发展中，对电力变压器进行预防性试验是保证电力变压器安全运行的重要措施。本章将介绍变压器常规试验项目的试验方法、结果、判断标准及注意事项。

第一节 绕组绝缘电阻、吸收比和极化指数试验

一、测量方法

测量变压器绕组绝缘电阻、吸收比和极化指数，能有效地检查出变压器绝缘整体受潮、部件表面受潮和脏污情况，以及贯穿性的集中缺陷情况，如瓷件破裂、引线接壳、器身内有金属接地等。

测量绕组绝缘电阻时，应依次测量各绕组对地和对其他绕组间的绝缘电阻值。测量时被测绕组各引线端均应短接在一起，其余非被测绕组皆短路接地。变压器绝缘电阻和吸收比测量的顺序及部位如表 4 - 3 - 1 所示，接线图如图 4 - 3 - 1 所示。

表 4 - 3 - 1 变压器绝缘电阻和吸收比的测量顺序及部位

顺序	双绕组变压器		三绕组变压器	
	被测绕组	接地部位	被测绕组	接地部位
1	低压绕组	外壳及高压绕组	低压绕组	外壳、高压绕组及中压绕组
2	高压绕组	外壳及低压绕组	中压绕组	外壳、高压绕组及低压绕组
3	—	—	高压绕组	外壳、中压绕组及低压绕组
4	高压绕组及低压绕组	外壳	高压绕组及中压绕组	外壳及低压绕组
5	—	—	高压绕组、中压绕组及低压绕组	外壳

如果变压器为自耦变压器，自耦绕组可视为一个绕组。如三绕组变压器高、中压绕组自耦时，则须测量三次，测量顺序及部位如下：①低压绕组 - 高压绕组、中压绕组及地；②高、中、低压绕组 - 地；③高、中压绕组 - 低压绕组及地。

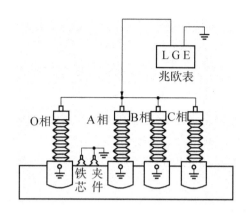

图4-3-1　测量高压绕组对低压绕组及地的绝缘电阻示意图（低压接地未画出）

测量绝缘电阻时，对额定电压为1 000V以上的绕组一般用2 500V绝缘电阻表，其量程一般不低于10 000MΩ；1 000V以下者用1 000V或2 500V绝缘电阻表。

为避免绕组上残余电荷导致较大的测量误差，测量前或测量后均应将被测绕组与外壳短路充分放电，放电的时间一般应不少于2min。

二、试验结果的分析判断

《规程》对绝缘电阻标准未做具体规定，一般仍推荐综合分析方法。

（1）安装时绝缘电阻值不应低于出厂试验时绝缘电阻的70%。

（2）预防性试验时绝缘电阻值与安装或大修后投入运行前的测量值应无明显变化。

（3）同期同类型变压器同类绕组的绝缘电阻不应有明显异常。

（4）同一变压器绝缘电阻测量结果，一般高压绕组测量值应大于中压绕组测量值，中压绕组测量值大于低压绕组测量值。

温度对绝缘电阻影响很大，当温度增加时，绝缘电阻将按指数规律下降，为便于比较每次测量结果，最好能在相近的温度下进行测量。当现场无法满足上述条件时，可对测量结果按式（4-3-1）或表4-3-2所示温度换算系数进行换算。

$$R_2 = R_1 \times 1.5(t_1 - t_2)/10 \qquad (4-3-1)$$

式中，R_1、R_2分别为温度t_1、t_2时的绝缘电阻值。

表4-3-2　油浸电力变压器绝缘电阻的温度换算系数

温度差/℃	5	10	15	20	25	30	35	40	45	50	55	60
换算系数	1.2	1.5	1.8	2.3	2.8	3.4	4.1	5.1	6.2	7.5	9.2	11.2

若发现某一绕组绝缘电阻低于允许值或与比较值相比降低很多，可以利用绝缘电阻表屏蔽法确定变压器绝缘劣化的具体部位。例如，某变压器试验时绝缘电阻值如表4-3-3所示。

表4-3-3　某变压器绝缘电阻试验结果（试验温度20℃）　　　　单位：MΩ

测量部位	高压绕组－中压绕组、低压绕组及地	中压绕组－高压绕组、低压绕组及地	低压绕组－高压绕组、中压绕组及地
绝缘电阻	500	950	1 100

从表4-3-3中所列数据可以看出：高压绕组－中压绕组、低压绕组及地的绝缘电阻，较中压绕组－高压绕组、低压绕组及地和低压绕组－高压绕组、中压绕组及地的绝缘电阻值小。那么可通过如图4-3-2所示的屏蔽法判断出绝缘劣化的具体部位。

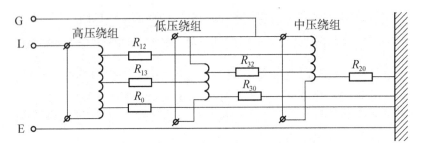

图4-3-2　采用绝缘电阻表屏蔽法时的接线图

由图4-3-2可见，高压绕组加压，中压绕组与低压绕组不接地，而接绝缘电阻表屏蔽端子，外壳接地。这时绝缘电阻R_{12}、R_{13}中没有电流流过，而在R_{20}、R_{30}中虽有电流流过，但这些电流并不经过电流测量线圈，这时测得的仅是高压绕组对地的绝缘电阻R_0。同理可以测出高压绕组对中压绕组及高压绕组对低压绕组之间的绝缘电阻。表4-3-4示出了对同一变压器用屏蔽法测量的结果。

表4-3-4　绝缘电阻表屏蔽法测量绝缘电阻结果

测量部位	绝缘电阻/MΩ	绝缘电阻表端子连接方式		
		L	E	G
高压绕组－低压绕组 R_{13}	3 500	高压绕组	低压绕组	中压绕组及外壳
高压绕组－中压绕组 R_{12}	10 000	高压绕组	中压绕组	低压绕组及外壳
高压绕组－地 R_0	600	高压绕组	中压绕组 低压绕组	外壳

由表4-3-4可见，高压绕组对地的绝缘电阻最低为600MΩ，而高压绕组对中压绕组、高压绕组对低压绕组的绝缘电阻较高，可以判断是高压绕组与接地部位之间的绝缘不良。经检查后，发现高压绕组的中性点套管法兰部绝缘不良。处理后重测绝缘电阻，测得高压绕组对中压绕组、低压绕组及地的绝缘电阻为3 000MΩ，吸收比$K=1.4$。

在测量绝缘电阻的同时应测量变压器的吸收比，即测量加压15s与60s时的绝缘电阻，60s与15s时的绝缘电阻之比，即吸收比。长期的实践证明，吸收比在反映变压器绝缘的局部缺陷及受潮方面是很灵敏的。一般对于高电压或大容量的电力变压器，多用吸收比这一指标来检验其绝缘性能。对于容量特别大的设备，一般要测量极化指数，即测量加压

10min 与 1min 的绝缘电阻之比，这是因为大容量设备吸收过程较长。《规程》对变压器吸收比的要求为：10～30℃时一般不低于 1.3。

近年来，随着变压器的超高压、大容量化及制造工艺的改进，大容量变压器吸收比偏低现象比较严重，对绝缘电阻大的变压器尤其如此。在这种情况下，可以进一步增加测量极化指数。目前，《规程》规定 220kV 及以上变压器或容量 120MV·A 及以上变压器应测量极化指数，其数值一般不低于 1.5。

另外，对于铁芯引到油箱外接地的变压器进行预防性试验时，应采用 1 000V 绝缘电阻表测量铁芯对地的绝缘电阻，测量时应将铁芯引出小套管的接地线断开后再进行。近年来一些新式变压器不仅将铁芯引到油箱外接地，还将轭铁梁上夹件引到油箱外接地，因此测量时不仅要测量铁芯对地绝缘电阻，还应测量轭铁梁对地、轭铁梁对铁芯之间的绝缘电阻。测量时先将铁芯及轭铁梁的接地引线断开，再用 1 000V 绝缘电阻表测量。对铁芯没有接地引出线的变压器进行预防性试验时不进行此项试验，而在变压器大修吊芯时进行。变压器吊芯时除测量铁芯对地、轭铁梁对铁芯的绝缘电阻外，还应测量穿芯螺栓对铁芯、穿芯螺栓对轭铁梁的绝缘电阻。

《规程》中对铁芯、穿芯螺栓、轭铁梁对地及相互之间的绝缘电阻未做明确规定，但要求与以前测试值相比无显著差异，实测时应根据出厂值及历次试验值比较来判断。对于 220kV 及以上变压器，这些绝缘电阻一般不低于 500MΩ。

须说明的是：为保证大型电力变压器绝缘电阻测量数据的准确性，绝缘电阻表应有一定的输出容量，《规程》推荐这一数值一般不小于 3mA。

第二节　泄漏电流试验

泄漏电流试验的试验原理与绝缘电阻试验相似，只是试验电压较高，并且能用微安级电流表监视电流，因而测量灵敏度较绝缘电阻高。现场实践证明，它能较灵敏有效地发现像变压器套管密封不严、进水受潮、高压套管有裂纹等其他试验项目不易发现的缺陷。电压等级为 35kV 及以上，且容量为 10 000kV·A 及以上的变压器建议进行泄漏电流试验，试验时应读取 1min 时的泄漏电流值。

测量变压器泄漏电流的试验接线、测量次数及部位，均与测量绝缘电阻的相同。测量时将直流高压试验装置的高压输出端接被测绕组，非被测绕组及外壳接地。

泄漏电流的判断标准，一般是与同类型设备数据比较或同一设备历年数据比较，不应有显著变化，并结合其他绝缘试验结果综合分析作出判断。《规程》列出的变压器绕组泄漏电流试验电压值如表 4-3-5 所示。

表 4-3-5　变压器绕组泄漏电流试验电压值　　　　单位：kV

绕组额定电压	3	6～10	20～35	66～330	500
直流试验电压	5	10	20	40	60

注：在上述电压下读取 1min 时的泄漏电流。

第三节 直流电阻试验

绕组直流电阻测量是变压器出厂、现场交接试验、预防性试验必做的项目。通过直流电阻测量，可以有效检查出绕组内部导线的焊接质量，以及绕组所用导线的规格是否符合设计要求，分接开关、引线与套管等载流部分的接触是否良好，绕组导线是否有匝间短路、断线、断股等缺陷。在现场变压器直流电阻的测量过程中，发现了大量诸如接头松动、分接开关接触不良、导线断股、挡位错误、匝间短路等系列缺陷，对保证变压器安全运行起到了重要作用。

一、测量方法

1. 压降法

这是测量直流电阻最简单的方法。在被试电阻上通以直流电流，用合适量程的电压表测量绕组上的电压降，然后根据欧姆定律计算出电阻，即为压降法。

为了减小接线所造成的测量误差，测量小电阻（1Ω 以下）时，一般采用图 4-3-3a 所示的接线方法；测量大电阻（1Ω 及以上）时，一般采用图 4-3-3b 所示的接线方法。

按图 4-3-3a 接线时，考虑电压表 PV 内阻 r_V 的支路电流 I_V，则被试绕组电阻应为

$$R' = \frac{U}{I - I_V} = \frac{U}{I - U/r_V}$$

实际上，现场测量一般均以 $R = U/I$ 计算，则绕组电阻测量误差为 $(R/r_V) \times 100\%$，R 越小，误差越小，所以此种接线方法适用于测量小电阻。

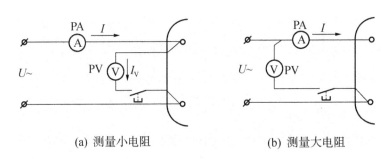

(a) 测量小电阻　　　　　　　　　(b) 测量大电阻

图 4-3-3　压降法测量电阻接线图

按图 4-3-3b 接线时，考虑电流表 PA 电阻 r_A 上的电压降，则被试绕组电阻应为

$$R' = \frac{U - Ir_A}{I}$$

若仍以 $R = U/I$ 计算，绕组实际的直流电阻应减去差值 $\alpha = r_A$，绕组直流电阻测量误差为 $(r_A/R) \times 100\%$，R 越大，误差越小，所以此种接线适用于测量大电阻。

压降法所用的直流电源，可采用蓄电池、精度较高的整流电源、恒流源等。

对于大容量变压器，由于绕组电感较大，所以测量时必须在电源电流稳定后，方可接入电压表进行读数，一般这个充电的时间较长，如对于 500kV 变压器有时充电时间可达几小时甚至更长。测量完毕，在断开电源前，一定要先断开电压表，以免反电动势损坏电

压表。

压降法虽然比较简便，但准确度不高，试验时间较长，现场实际操作起来麻烦，因此，现在多采用电桥法测量绕组直流电阻。

2. 电桥法

用电桥法测量时，常采用单臂电桥和双臂电桥等专门测量直流电阻的仪器。被测电阻 10Ω 以上时，一般采用单臂电桥；被测电阻 10Ω 及以下时，应采用双臂电桥。当变压器容量较大时，用干电池等作为电源，充电时间很长，因此，现场试验多采用全压恒流电源作电桥测量电源。如图4-3-4所示为全压恒流源测量时的接线。全压恒流电源由于充电的电流大，因此，大大缩短了测量时间，而且操作简单，受到了试验人员的普遍欢迎。

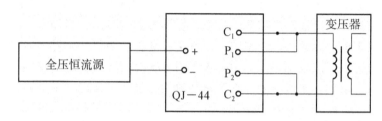

图4-3-4 用全压恒流源作电源测量直流电阻的接线

用电桥法测量直流电阻准确度高，灵敏度高，并可直接读数。用电桥法测量变压器绕组电阻时，由于绕组的电感较大，同样须等充电电流稳定后，再合上检流计开关；测取读数后拉开电源开关前，先断开检流计。测量220kV及以上的变压器绕组电阻时，在切断电源前，不但要断开检流计开关，而且要将被试品接入电桥的测量电压线也断开，防止由于切断电源瞬间的反电动势将桥臂电阻间的绝缘击穿或桥臂电阻对地等部位击穿。

3. 直接采用专用直流电阻测试仪测量

目前，市场上有多种成套的直流电阻测试仪，这些仪器已经将上述测量设备的各部分进行了系统集成，采取的直流源也不同于一般的恒流源，测试仪器可以直接通过数字输出直流电阻数值，并且质量小、携带使用方便，测量速度快，因而受到了运行单位的普遍欢迎，因篇幅原因，本教程不做重点介绍。

二、测量中的注意事项

影响绕组直流电阻测量准确度的因素很多，如测量表计的准确度等级、接线方法、电流稳定情况等。测量前应对这些因素加以考虑，以减小或避免可能产生的测量误差，从而得到较为准确的测量电阻值。

测试时应注意以下方面：

（1）测量仪表的准确度等级应不低于0.5级。

（2）导线与仪表及测试绕组端子的连接必须良好。用单臂电桥测量时，测量结果应减去引线电阻；用双臂电桥测量时，双臂电桥的四根线（C_1、P_1、C_2、P_2）应分别连接，C_1、C_2 引线应接在被测绕组外侧，P_1、P_2 接在被测绕组内侧，以避免将 C_1、C_2 与绕组连接处的接触电阻测量在内。

（3）准确记录被试绕组的温度。IEC规定了测量绕组温度的要求和方法。对于干式变压器，温度应取绕组表面不少于三个温度计的平均值。

为了便于与出厂和历次测量的数值比较，应将不同温度下测得的绕组电阻值换算至75℃时的阻值。换算公式为

$$R_{75℃} = R_t \left(\frac{T + 75}{T + t} \right)$$

式中　$R_{75℃}$——75℃时的电阻值；

　　　R_t——实测温度下的电阻值；

　　　T——常数，铜导线为235，铝导线为225；

　　　t——测试时绕组温度。

（4）如何缩短直流电阻的测量时间是一个值得关注的问题。由于变压器过渡过程中，时间常数等于变压器电感值与电阻值的比值，要缩短测量时间，必须尽可能减少电感值或增大测量回路电阻值。因此，可以采取大电流法或助磁法使得变压器铁芯尽快饱和从而缩短测量时间，也可以采取在测量回路中串入电阻达到缩短测量时间的目的，应根据现场实际情况进行选择。目前，市场上的成套测量装置一般具备了快速测量的能力。

三、测量结果的综合分析

1. 判断标准

《规程》规定的直流电阻测量判断标准如下：

（1）1.6MV·A 以上的变压器，各相绕组直流电阻相互间的差别（又称相间差）不应大于三相平均值的2%；无中性点引出的绕组线间直流电阻相互间的差别（又称线间差）不应大于三相平均值的1%。

（2）1.6MV·A 及以下的变压器，相间差别一般不大于三相平均值的4%；线间差别一般不大于三相平均值的2%。

（3）测得值与以前（出厂或交接时）相同部位测得值比较，其变化不应大于2%。

（4）单相变压器在相同温度下与历次测量结果相比应无显著变化。

线间差或相间差百分数的计算公式为

$$\Delta R_X = \frac{R_{max} - R_{min}}{R_{av}} \times 100\%$$

式中　ΔR_X——线间差或相间差的百分数，%；

　　　R_{max}——三线或三相实测值中的最大电阻值，Ω；

　　　R_{min}——三线或三相实测值中最小电阻值，Ω；

　　　R_{av}——三线或三相实测值的平均电阻值，Ω。

对线电阻而言，$R_{av} = 1/3(R_{AB} + R_{BC} + R_{AC})$；对相电阻而言，$R_{av} = 1/3(R_A + R_B + R_C)$。

【例 4-3-1】 某 110kV 变压器测得星形连接侧的直流电阻为 $R_{AB} = 0.563Ω$，$R_{BC} = 0.572Ω$，$R_{AC} = 0.560Ω$，试求相电阻 R_A、R_B、R_C 及相间最大差别？

解：$R_A = (R_{AB} + R_{AC} - R_{BC})/2 = (0.563 + 0.560 - 0.572)/2 = 0.2755Ω$

　　$R_B = (R_{AB} + R_{BC} - R_{AC})/2 = (0.563 + 0.572 - 0.560)/2 = 0.2875Ω$

　　$R_C = (R_{BC} + R_{AC} - R_{AB})/2 = (0.560 + 0.572 - 0.563)/2 = 0.2845Ω$

A 相、B 相电阻的差别最大为

$3(R_B - R_A)/(R_A + R_B + R_C) \times 100\% = 3 \times (0.2875 - 0.2755)/(0.2755 + 0.2875 + 0.2845)$ $\times 100\% = 4.25\%$

按《规程》规定该变压器相间电阻差大于2%，直流电阻测试不合格。

有载调压变压器在所有分接头上均应测量直流电阻；无载调压变压器大修后应在各侧绕组的所有分接头位置上测量直流电阻。运行中更换分接头位置后，只在使用分接头位置上测量直流电阻。

2. 三相电阻不平衡的分析

三相电阻不平衡或实测值与设计值（出厂试验值）相差太大，一般有以下可能原因。

（1）套管导电杆与变压器内部引线接触不良。现场已发现多起变压器大修后套管中导电杆和内部引线连接处螺栓紧固不紧或套管内部定位套装反造成的接头发热现象。

（2）分接开关接触不良造成个别分接头的电阻偏大，三相电阻不平衡。

（3）焊接不良。由于引线和绕组焊接质量不良造成接触处电阻偏大，或多股并绕绕组的一股或几股没有焊上，造成电阻偏大。

（4）电阻相间差在出厂时就已超过规定。如大型变压器由于低压引线过长，造成布线困难导致直流电阻出厂试验即超标等。

（5）运行中变压器绕组因为大电流冲击导致断股、断线，因为匝间绝缘破坏导致匝间短路等。

（6）直流电阻测量方法有误，可能的原因如下：

可能造成直流电阻不平衡的错误测量接线和试验方法一般有：① 充电时间不够，电流未稳定时即读取测量值。②使用的电桥不对或测量接线与变压器接头连接位置不对，即测量时电压引线在电流引线的外侧或与电流引线同一位置，导致接触处电阻也包括在测量值之内。③测量某一绕组时，未将其他绕组与接地体断开，造成充电不稳定。

可能造成电阻的绝对值偏大的常见错误测量接线是用QJ—44型双臂电桥测量电阻时，仅用两根引线，即C_1、P_1、C_2、P_2引线未分别分开，如图4－3－5a所示。这种接线将引线电阻测量在内，造成三相电阻值与出厂值比均偏大。正确的接线如图4－3－5b所示，四根引线（一般为同长度、同型号、同截面的导线）分别与变压器和QJ—44型电桥的端子相连，与变压器连接的C_1与P_1引线，C_2与P_2引线不能在同一位置连接，C_1、C_2应分别连接在接头外侧，P_1、P_2应分别连接在接头内侧。

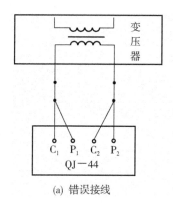
(a) 错误接线

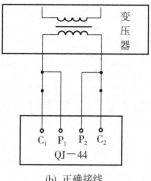
(b) 正确接线

图4－3－5 QJ—44正误接线的比较

3. 线电阻换算为相电阻的方法

当现场实测中发现线电阻不平衡率不合格时，往往不能判断出究竟哪个部位电阻不合格。为了便于分析出不合格的确切部位，一般应将线电阻换算为相电阻。

当绕组为星形接线，且无中性线引出时，见图 4 - 3 - 6a，有

$$R_a = (R_{ab} + R_{ac} - R_{bc})/2$$
$$R_b = (R_{ab} + R_{bc} - R_{ac})/2$$
$$R_c = (R_{bc} + R_{ac} - R_{ab})/2$$

当绕组为三角形接线，并为 a - y、b - z、c - x 相连接时，见图 4 - 3 - 6b，有

$$R_a = (R_{ac} - R_p) - \frac{R_{ab}R_{bc}}{R_{ac} - R_p}$$

$$R_b = (R_{ab} - R_p) - \frac{R_{ac}R_{bc}}{R_{ab} - R_p}$$

$$R_c = (R_{bc} - R_p) - \frac{R_{ab}R_{ac}}{R_{bc} - R_p}$$

$$R_p = \frac{R_{ab} + R_{bc} + R_{ac}}{2}$$

当绕组为三角形接线，并为 a - z、b - x、c - y 相连接时，见图 4 - 3 - 6c，有

$$R_a = (R_{ab} - R_p) - \frac{R_{ac}R_{bc}}{R_{ab} - R_p}$$

$$R_b = (R_{bc} - R_p) - \frac{R_{ab}R_{ac}}{R_{bc} - R_p}$$

$$R_c = (R_{ac} - R_p) - \frac{R_{ab}R_{bc}}{R_{ac} - R_p}$$

$$R_p = \frac{R_{ab} + R_{bc} + R_{ac}}{2}$$

以上各式中，R_a、R_b、R_c 为相电阻；R_{ab}、R_{bc}、R_{ac} 为线电阻。

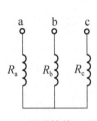 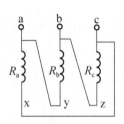 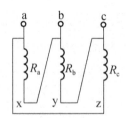

(a) 星形接线，无 　　(b) 三角形接线，且为 　　(c) 三角形接线，且为
中性线引出　　　　 a-y、b-z、c-x 相连接　　 a-z、b-x、c-y 相连接

图 4 - 3 - 6 三种变压器绕组接线图

第四节 介质损耗因数 tanδ 试验

tanδ 试验对发现变压器绝缘整体受潮或绝缘油整体劣化等分布性缺陷比较有效，在现场对 110kV 及以上变压器进行交接试验或预防性试验时，经常要测量变压器本体连同套管的 tanδ 和电容量。

一、tanδ 测量接线

由于变压器外壳均直接接地，现场一般采用反接线法测量 tanδ。双绕组及三绕组变压器主绝缘的等值电容如图 4-3-7 所示。测量变压器本体连同套管的 tanδ 时，为防止悬浮电位可能造成的影响，应将非被试绕组短路接地；为防止加压绕组电位分布不均匀，应将测量绕组短路并接高压。测量双绕组变压器的 tanδ 及电容量 C_X 的试验接线如图 4-3-8 所示。

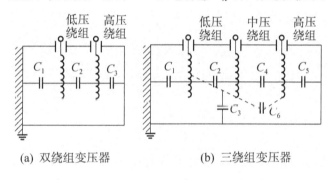

(a) 双绕组变压器　　　　　　(b) 三绕组变压器

图 4-3-7　变压器主绝缘的等值电容

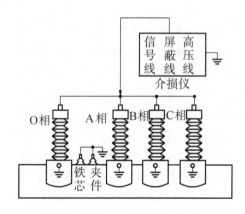

图 4-3-8　测量变压器高压绕组对低压绕组及地的 tanδ 及 C_X 接线图

注：低压绕组短路接地未画出

假定双绕组变压器高压绕组对低压绕组及地的介损及电容量用 $\tan\delta_h$、C_h 表示；低压绕组对高压绕组及地的介损及电容量用 $\tan\delta_b$、C_b 表示；高压绕组对地的介损及电容量用 $\tan\delta_{h+b}$、C_{h+b} 表示；低压绕组对地的电容、低压绕组与高压绕组之间的电容、高压绕组对地之间的电容用 C_1、C_2、C_3 表示，则可测得：

变压器高压绕组对低压绕组及地的 $\tan\delta_h$、C_h 为

$$C_h = C_2 + C_3, \quad \tan\delta_h = \frac{C_2\tan\delta_2 + C_3\tan\delta_3}{C_2 + C_3} \tag{4-3-2}$$

低压绕组对高压绕组及地的 $\tan\delta_b$、C_b 为

$$C_b = C_1 + C_2, \quad \tan\delta_b = \frac{C_1\tan\delta_1 + C_2\tan\delta_2}{C_1 + C_2} \tag{4-3-3}$$

高压绕组对地的 $\tan\delta_{h+b}$、C_{h+b} 为

$$C_{h+b} = C_1 + C_3, \quad \tan\delta_{h+b} = \frac{C_1\tan\delta_1 + C_3\tan\delta_3}{C_1 + C_3} \tag{4-3-4}$$

根据实测得到的 C_h、$\tan\delta_h$、C_b、$\tan\delta_b$、C_{h+b}、$\tan\delta_{h+b}$，可求得绕组对地之间的电容 C_1、C_3，绕组之间电容 C_2 及相应的 $\tan\delta_1$、$\tan\delta_2$、$\tan\delta_3$。根据式（4-3-2）、式（4-3-3）、式（4-3-4）可得

$$\begin{cases} C_1 = \dfrac{C_b - C_h + C_{h+b}}{2} \\ C_2 = C_b - C_1 \\ C_3 = C_h - C_2 \end{cases} \tag{4-3-5}$$

$$\begin{cases} \tan\delta_1 = \dfrac{C_b\tan\delta_b - C_h\tan\delta_h + C_{h+b}\tan\delta_{h+b}}{2C_1} \\ \tan\delta_2 = \dfrac{C_b\tan\delta_b - C_1\tan\delta_1}{C_2} \\ \tan\delta_3 = \dfrac{C_h\tan\delta_h - C_2\tan\delta_2}{C_3} \end{cases} \tag{4-3-6}$$

式（4-3-5）和式（4-3-6）的意义在于：当实测出现异常时，即实测值 C_b、$\tan\delta_b$、C_h、$\tan\delta_h$、C_{h+b}、$\tan\delta_{h+b}$ 中某值与出厂值或初始值不符，且有明显异常时，可利用式（4-3-5）、式（4-3-6）推算出究竟是哪个部位有异常。

根据《规程》规定，变压器本体介损的标准为：①介损值和电容量与历年的数值比较不应有显著变化（介损增量一般不大于30%）；②20℃时35kV及以下变压器的介损值不大于1.5%；③20℃时110～220kV的变压器不大于0.8%。为保证测量的精度，应注意测量时确认套管末屏接地良好，主变铁芯及夹件应接地良好。

须说明的是：近年来，随着变压器制造质量的提高，本体介损超标的案例已经较少，如广州供电局2001—2010年对近1000台主变进行了本体介损预防性试验，结果仅仅发现两例超标的案例，而且这两起案例通过绝缘油介损试验也已经发现。因此，《规程》明确规定了各个运行单位可以根据自己的实际情况决定是否将该项目作为变压器预防性试验的必做项目。

二、试验电压

进行变压器 $\tan\delta$ 试验时，为便于历次比较，所施加试验电压的标准为：对于额定电压为10kV及以上的变压器，无论是已注油还是未注油的均为10kV；对于额定电压为10kV以下的变压器，试验电压应不超过绕组的额定电压。

三、tanδ 测量的影响因素

1. 测量接线的影响

测量变压器本体连同套管的 tanδ 时，一般要求将被测绕组分别短路，非被测绕组也应短路接地以免由于绕组的电感造成各侧绕组端部和尾部电位相差较大，影响测量的准确度。当被测绕组两端不短接时，理论分析表明，此时实测的 tanδ 值大于真实的 $\tan\delta_1$ 值，即 $\tan\delta > \tan\delta_1$，相关推导不在此详述。

当绕组两端短接后加压，由于电容电流从绕组两端进入，产生互相抵消的磁通，使电感影响最小，将不致产生太大误差。

同理，对于接地或屏蔽绕组的出线端，也应全部短接。

2. 温度的影响

温度对测量变压器 tanδ 有较大影响。现场实测表明：温度越高，tanδ 越大。由于不同变压器的结构不同，使用的材料差异较大，因此一般很难用一个统一的温度换算系数来进行 tanδ 换算，因此测量变压器 tanδ 最好在油温低于50℃时测量。不同温度下的 tanδ 值可按式（4-3-7）进行换算，但此时换算的 tanδ 值只能作为判断时的参考依据，一般不作为决定性判据。换算公式为

$$\tan\delta_2 = \tan\delta_1 \times 1.3^{(t_2-t_1)/10} \tag{4-3-7}$$

式中，$\tan\delta_1$、$\tan\delta_2$ 分别为温度 t_1、t_2 时的 tanδ 值。

3. 变压器套管 tanδ 的影响

测量得出的变压器绕组的 tanδ 和 C_X 包括了变压器套管的 tanδ 和 C_X。理论分析表明，不同介质串联、并联、串并联时 tanδ 的规律为：整体介质损耗因数 tanδ，必大于其中最小值，而小于其中最大值；单独介质影响整体介质损耗因数 tanδ 的大小取决于其本身电容量占整体电容量的比例，单独介质的电容量越大，其对整体 tanδ 的影响也越大。

对变压器而言，绕组对地的电容量一般远大于套管对地的电容量，因此，在对变压器进行 tanδ 测量时，变压器套管本身的绝缘状况对整体 tanδ 值影响不大。换言之，测量变压器绕组的 tanδ 时，对连接在相应测试绕组上的套管的绝缘缺陷反映是不灵敏的。因此，对于变压器套管，一般要求采用正接法单独测量其介损和电容量。

四、分析判断

1. 依据《规程》进行判断。《规程》规定20℃时 tanδ 测量值不应大于表4-3-6中所列数据。

表4-3-6 变压器绕组20℃时 tanδ 允许值

变压器额定电压	35kV 及以下	66～220kV	330～500kV
tanδ 允许值	1.5%	0.8%	0.6%

注：同一变压器各绕组 tanδ 的要求值相同。

2. tanδ 值与历次测量数值比较，不应有显著变化（一般不大于30%）。现场实测经验表明，测量 tanδ 值虽小于表4-3-6所列数据，但较往年试验数据有较大变化的变压器往往有异常。因此，不能单靠 tanδ 的数值来判断，而应比较变压器历次 tanδ 数值的变化发展趋势。

第五节　极性和组别试验

一、单相变压器极性试验

1. 极性试验的意义

当变压器绕组中有磁通变化时，绕组中会产生感应电动势，感应电动势为正的一端通常称为正极性端，感应电动势为负的一端通常称为负极性端。如果磁通的变化方向改变，则感应电动势的方向和端子的极性都随之改变。因此，交流电路中，正极性端和负极性端不是固定的，只是对某一时刻、某一参照系而言。

由于变压器或互感器均存在多个绕组，多个引出端子，为了说明绕在同一铁芯上的两个绕组的感应电动势间的相对关系，采用了"极性"这一概念。根据电工原理的基础理论可知，同一铁芯上的变压器绕组有同一磁通流过，两绕组若以同侧线端为起始端，变压器绕组绕向相同，则感应电动势方向相同；绕向相反，则感应电动势方向相反。所以变压器绕组的绕向和端子标号一经确定，就可用"加极性"和"减极性"来表示两个绕组之间感应电动势的关系。

由于变压器的绕组间存在着极性关系，当几个绕组须互连接时，必须知道极性才能正确地进行连接。同样，电压互感器、电流互感器也有极性问题。

2. 试验方法

变压器的极性常采用直流法来确定，一般一个毫安级电流表（或电压表）、一个换位开关、一节干电池就可以进行极性试验。

如图 4 - 3 - 9 所示，测量时，用一节电池，将其"＋"极接于变压器一次绕组 A 端，"－"极接于 X 端；将毫安级电流表或毫伏级电压表"＋"端接于二次绕组 a 端，"－"端接于 x 端。接好线后，若将开关 S 合上时，毫安表向正方向偏转，而拉开开关 S 时指针向负方向偏转，则说明变压器绕组 A、a 端同极性，变压器为减极性。如指针摆动与上述相反，说明变压器绕组 A、a 端反极性，变压器为加极性。

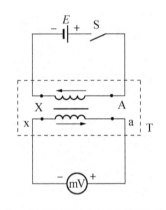

图 4 - 3 - 9　直流法测定单相变压器极性的接线图

试验时，应注意以下问题：

（1）选择合适的电池和表计量程。对于变比较大的变压器，应选用较高电压的电源（如 6V）和小量程的毫伏级电压表；对变比较小的变压器，应选用较低电压的电源（如 1.5V）和较大量程的毫安级电流表。这样做的目的是为了使仪表上的指示比较明显，指针偏转在 1/3 刻度以上。用专门生产的中间指零的毫伏级电压表、毫安级电流表（俗称极性表）判别变压器极性效果最佳。

（2）操作时，为保证人身和仪表安全，一般应先接好测量回路（接入毫安级电流表、毫伏级电压表、极性表），然后再接通电源，判别清楚电源接通瞬间仪表的指针方向，注意电源接通瞬间的指示方向与断开瞬间的指示方向应相反。

二、变压器的组别试验

变压器的组别（又叫联结组标号）相同是变压器并列运行的必要条件之一。变压器的联结组标号试验用于检查变压器的联结组标号是否与变压器铭牌相符，是变压器出厂、交接及大修后应做的试验之一。

（一）变压器的联结组标号

变压器的联结组标号是代表变压器各相绕组的连接方式和电动势相量关系的符号，亦是变压器技术参数中很重要的一个参数。

单相变压器常见的联结组标号有"Ⅰ、Ⅱ2"、"Ⅰ、Ⅰ6"。"Ⅰ、Ⅱ2"表示高压绕组和低压绕组是减极性，"Ⅰ、Ⅰ6"表示高压绕组和低压绕组是加极性。

三相双绕组变压器常见的联结组标号有"Y、yn0"、"Y、dⅡ"和"YN、dⅡ"三种。其中第一个字母表示高压绕组的接线为星型接线，第二个字母表示低压绕组的接线，其后的数字乘以30°则为低压绕组比高压绕组的电动势相量落后的相位差。

三相三绕组变压器常见的联结组标号有"YN、yn、dⅡ"。联结组标号中，第一个字母为高压绕组接线，第二个字母为中压绕组接线，第三个为低压绕组接线；第一个数字表示高、中压绕组间的相位差（数字乘以30°则为中压绕组电动势相量落后于高压绕组电动势相量的相位差），第二个数字表示高、低压绕组间的相位差（数字乘以30°则为低压绕组电动势相量落后于高压绕组电动势相量的相位差）。

联结组标号中的字母"Y"、"y"表示绕组为星形连接；"D"、"d"表示为三角形连接；"YN"、"yn"表示有中性点引出的星形连接。同一变压器联结组标号中，表示高压绕组的用大写字母表示，表示中、低压绕组的用小写字母表示。

变压器高、低压绕组间的相位差，通常用时钟法来确定（如图4-3-10所示）。以高、低压绕组电动势相量的起点或中性点重合到一点作为时钟的轴心，由起点或中性点到A的高压绕组相电动势作为钟表的分针，并且永远指向12点（零点），这个分针为基准位置；由起点或中性点到a的低压绕组相电动势作为钟表的时针，它所指的时序位置就是联结组的数字标号。

决定变压器联结组标号的因素有以下三个：①绕组首末端的标号（A、X，a、x等）；②绕组的绕向；③绕组的连接方式（Y、D，y、d等）。

（二）联结组标号的试验方法

目前现场常用的试验方法主要有直流法、相位表法、变比电桥法三种。

1. 直流法

直流法的测量接线如图4-3-11所示。试验时在高压侧接一个1.5～6V的干电池和开关S，先接在A、B相间，A相接电池正极，B相接电池负极；在中压侧或低压侧a、b，b、c，a、c相间分别接入一直流毫安级电流表或直流毫伏级电压表。表接入时严格按规定极性，首端字母相接正极，末端字母相接负极。如接在a、b相间时，a相要接仪表正极，b相接负极；接在b、c相间时，b相接正极，c相接负极。

按图4-3-11接好线后，瞬间合上开关S，分别记录在a、b，b、c，a、c间接入的直流毫伏级电压表或直流毫安级电流表的指示方向，向正方向偏转记为"＋"，向负方向偏转记为"－"；然后将电池接于B、C相间和A、C相间，重复上述试验。根据试验记录，对照表4-3-7判断变压器联结组标号。

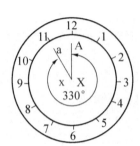

图 4 - 3 - 10　联结组标号使用规定示意图

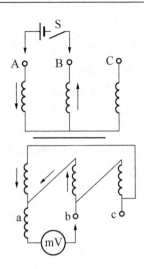

图 4 - 3 - 11　直流法测三相变压器
联结组标号的接线图

表 4 - 3 - 7　直流法测量三相变压器联结组标号的判断标准

钟时序	高压通电相别		低压测得值			钟时序	高压通电相别		低压测得值		
	+	-	ab	bc	ac		+	-	ab	bc	ac
1	A	B	+	-	0	7	A	B	-	+	0
	B	C	0	+	+		B	C	0	-	-
	A	C	+	0	+		A	C	-	0	-
2	A	B	+	-	-	8	A	B	-	+	+
	B	C	+	+	+		B	C	-	-	-
	A	C	+	-	+		A	C	-	+	-
3	A	B	0	-	-	9	A	B	0	+	+
	B	C	+	0	+		B	C	-	0	-
	A	C	+	-	0		A	C	-	+	0
4	A	B	-	-	-	10	A	B	+	+	+
	B	C	+	-	+		B	C	-	+	-
	A	C	+	-	+		A	C	-	+	+
5	A	B	-	0	-	11	A	B	+	0	+
	B	C	+	-	0		B	C	-	+	0
	A	C	0	-	-		A	C	0	+	+
6	A	B	-	+	-	12	A	B	+	-	+
	B	C	+	-	-		B	C	-	+	+
	C	A	-	-	-		C	A	+	+	+

应当指出，表4－3－7所示为零的情况发生在变压器为"Dy"或"Yd"接线且时序为奇数时。此外，直流法适用于单相变压器和时钟时序为12和6的三相变压器，对其他时序的变压器测量结果可能不够准确。

2. 相位表法

相位表是测量电流、电压相位的仪表。用相位表测量三相变压器的联接组标号的试验接线如图4－3－12所示。

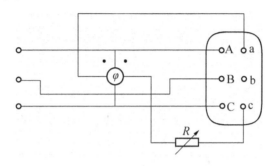

图4－3－12 用相位表法测量联接组标号接线图

试验时，相位表的电压线圈按图4－3－12所示极性接于被试品的高压侧，电流线圈通过一个可变电阻接入被试品低压侧的对应端子上。当被试变压器高压侧通入三相交流电压时，在其低压侧感应出一个一定相位的电压。由于接入的是一个电阻负荷，所以低压侧电流和电压同相位，因此可以认为高压侧电压对低压侧电流的相位就等于高压侧电压对低压侧电压的相位。根据相位表所测得的相位差即可知高、低压间的时钟序号，即联接组标号。

使用相位表法测量时，应注意以下问题：

①测试前，应在已知联接组标号的变压器上校验一下相位表的正确性。

②要严格按接线图正确接线，特别注意相位表接线的极性要接正确。

③对于三相变压器，最好在两对应线端子进行测量，即测 AB、ab，BC、bc，AC、ac 间的相位差。三相变压器采用三相电源供电。

④供给被试变压器的电压应是可调的，通过调节电压与可调电阻，使高压侧的电压与低压侧的电流在相位表指示的合适范围以内。

3. 变比电桥法

用变比电桥在测量试验变压器变比的同时测量联接组标号的方法，称为变比电桥法。

用 QT—35 型、QT—80 型变比电桥测量变比时，电桥上有供选定的联接组标号位置。如果被试变压器的联接组标号与变比电桥上所选定的联接组标号相同，且在该联接组标号下电桥能平衡，且变比是正确的，则说明选定的变压器联接组标号是正确的。如果电桥不能平衡或变比不正确，说明选定的联接组标号不一定正确，则要通过直流法或相位表确定其正确与否。

用变比电桥测量三相变压器变比及联接组标号时，对三绕组变压器要分别进行 3 次高、低压对应的双向测量，即要进行 6 次测量（高、中压间；高、低压间；中、低压间）。另外，用变比电桥测量变压器联接组标号的方法有一定的适用范围，在使用时应仔细查阅变比电桥使用说明书。除上述的三种方法外，还有一个测量联接组标号的方法，即比较电压法或称双电压表法，这里不再介绍。

第六节　外施工频交流耐压试验

交流耐压试验是检验变压器绝缘强度最直接、最有效的方法，对发现变压器主绝缘缺陷十分有效。变压器交流耐压试验必须在充满合格的绝缘油、静置一定时间且其他绝缘试验均合格后才能进行。一般来说，在变压器出厂试验时须进行外施工频耐压试验。现场交接试验时，对于110kV以上变压器一般采取感应耐压试验方式，且在进行交流耐压试验时还须同时进行局部放电测量。

一、试验接线

试验时被试绕组的引出线端头均应短接，非被试绕组引出线端头应短路接地，如图4-3-13所示。

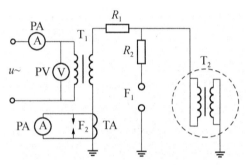

图4-3-13　变压器交流耐压试验接线

T₁—试验变压器；R₁—保护电阻；R₂—限流阻尼电阻；F₁—保护球隙；

PA—电流表；TA—电流互感器；PV—电压表；F₂—保护间隙；T₂—被试变压器

试验接线时应注意被试绕组和非被试绕组均要短路连接，以免绕组中间有电流流过造成整个绕组匝间均存在不同的电位差。此外，非被试绕组应短路接地，以免造成悬浮电位导致对地放电或绝缘损坏。

二、试验电压

电力变压器在全部更换绕组、部分更换绕组时的交流耐压试验电压标准如表4-3-8所示。

一般的，定期试验可按部分更换绕组电压值进行试验。干式变压器全部更换绕组时，按出厂试验电压值进行试验；部分更换绕组和定期试验时，可按出厂试验值的0.85倍进行试验。

出厂试验电压与表4-3-8中的标准不同的变压器，交流耐压试验电压应为出厂试验电压的85%，交流耐压试验加压时间为1min。

表4-3-8　电力变压器交流耐压试验电压值及操作波试验电压值　　　　单位：kV

额定电压	最高工作电压	线端交流耐压试验电压值		中性点交流耐压试验电压值		线端操作波试验电压值	
		全部更换绕组	部分更换绕组	全部更换绕组	部分更换绕组	全部更换绕组	部分更换绕组
<1	≤1	3	2.5	3	2.5	—	—
3	3.5	18	15	18	15	35	30
6	6.9	25	21	25	21	50	40
10	11.5	35	30	35	30	60	50
15	17.5	45	38	45	38	90	75
20	23.0	55	47	55	47	105	90
35	40.5	85	72	85	72	170	145
66	72.5	140	120	140	120	270	230
110	126.0	200	170 (195)	95	80	375	319
220	252.0	360 395	306 336	85 (200)	72 (170)	750	638
330	363.0	460 510	391 434	85 (230)	72 (195)	850 950	722 808
500	550.0	630 680	536 578	85 140	72 120	1 050 1 175	892 999

注：1. 括号内数值适用于不固定接地或经小电抗接地系统。

2. 操作波的波形为：波头大于20μs，90%以上幅值持续时间大于200μs，波长大于500μs；负极性三次。

三、操作要点及异常故障分析

（一）操作要点

（1）试验前，应了解其他试验项目及以前的试验结果是否合格。若被试品有缺陷或情况异常，应在消除后再进行交流耐压试验。应根据变压器电容量及试验电压估算试验电流大小，判断试验变压器容量是否足够并调整过流保护整定值（一般应整定为被试品电容电流的1.3～1.5倍）。

（2）试验前，被试品为新充油设备时，应按《规程》规定使油静置一定时间再施压，对110kV及以下的油浸式变压器，在注满油后静置时间应不少于24h。对220kV（500kV）充油油浸式变压器静置时间应不少于48h（72h）。

（3）接好试验接线后，应由专门的人员检查，确认无误后方可准备升压。试验前，应调整保护球隙之间的距离，使其放电电压为试验电压的110%～120%，连续试验三次，应无明显差别，并检查过流保护的可靠性。

（4）升压时，要均匀升压，不能太快。升压到规定试验电压时，开始计算时间，时间到后，均匀缓慢地降下电压。不允许不降压就断开电源开关，否则相当于给被试品做了一次操作波试验，可能损坏设备绝缘。

（5）试验中若发现表针摆动或被试品有异常声响、冒烟、冒火等现象时，应立即降下电压，拉开电源，在高压侧挂上接地线后，再查明原因。

（二）异常故障分析

试验过程中，应严密监视仪表的指示，同时注意声音的变化及异常，以便根据仪表指示、放电声音及被试品结构等信息，结合实际经验来综合分析判断被试品是否合格。

1. 从仪表指示情况来分析判断

（1）若一通电源，电压表就有指示，可能是调压器不在零位。若此时电流表也出现异常读数，调压器输出侧可能有短路或类似短路的情况等。

（2）若随着调压器电压往上调节，电流增大，电压基本不变或有下降趋势，可能是被试品容量较大或试验变压器容量不够或调压器容量不够，可改用大容量的试验变压器或调压器。

（3）试验过程中，电流表的指示突然上升或突然下降，电压表指示突然下降，都是被试品击穿的象征。

当被试品击穿时，电流表的指示是上升还是下降与试验变压器的选择有很大关系。试验变压器的感抗与被试品的容抗是串联的，当容抗等于感抗时，会引起串联谐振，合闸时电流很大，在被试品上会引起较严重的过电压，这在试验中是不允许的。遇到这种情况须采取改变试验回路参数（即选用不同感抗的变压器）或增大限流电阻等办法来解决。

2. 从放电或击穿时的声音分析判断

（1）在试验过程中，发生像金属碰撞一样清脆响亮的"当当"放电声，往往是由于油隙距离不够或者是电场畸变造成油隙击穿所致。当重复试验时，放电电压下降不明显。

（2）放电声音也是很清脆的"当当"声，但比前一种小，仪表摆动不大，在重复试验时放电现象消失，这种现象是被试品油中气泡放电所致。

（3）放电过程中，充油试品内部有如炒豆般的响声，电流表指示却很稳定，这可能是悬浮的金属件对地的放电。

（4）在试验过程中，若由于空气湿度或被试品表面脏污等的影响，引起表面滑闪放电，不应视被试品为不合格，应对被试品表面进行清擦、烘干等处理后，再行试验判断其合格与否。若被试品表面瓷套釉层绝缘损坏、老化或有裂纹，应视为不合格。

（5）一般来说，在现场许可的情况下，耐压试验前后应进行油中气体色谱分析和绝缘电阻测量。根据耐压试验前后油中气体含量及绝缘电阻变化趋势，可判断是否还有一些不明显的潜伏性故障。如果气体含量或总烃有明显增长，或耐压试验前后绝缘电阻有显著变化时，应根据具体情况分析缺陷的性质或缺陷的部位。

第七节　倍频感应耐压试验及操作波感应耐压试验

一、倍频感应耐压试验

变压器的内绝缘分为主绝缘和纵绝缘。由于变压器运行过程中不可避免地要承受操作过电压、雷电过电压等各种内、外过电压作用，为了保证变压器的安全运行，必须对主、纵绝缘施加规定的电压以考核绝缘水平。当进行工频耐压试验时，只考核了变压器的主绝缘，而纵绝缘没有得到考核。此外，对于分级绝缘的变压器，由于中性点绝缘水平低，采用外施高压试验考核其绝缘水平是不行的。因此，对于变压器的纵绝缘水平和分级绝缘变压器主、纵绝缘水平只能采用感应耐压试验来考核。

（一）全绝缘变压器感应耐压试验

1. 采用倍频试验的原因

由于变压器铁芯的伏安特性曲线在额定电压时，已接近饱和部分，所以考核纵绝缘采用在低压侧施加 50Hz 的两倍额定电压、其他绕组开路这种接线方式时，空载电流 i_0 急剧增加，铁芯迅速饱和，达到不能允许的程度，所以，不能用工频电压进行纵绝缘试验，必须采用倍频感应耐压试验方式。

2. 倍频感应耐压试验原理

（1）变压器的感应电动势公式为

$$E = kfB \qquad\qquad (4-3-8)$$

式中　E——感应电动势，V；

　　　k——比例常数；

　　　f——频率，Hz；

　　　B——磁通密度，T。

由式（4-3-8）得

$$B = \frac{E}{kf}$$

要想使磁通密度 B 不变，电压（感应电动势 E）增加 1 倍，k 为常数，只有 f 增加 1 倍。所以，感应耐压试验的频率要大于额定频率两倍及以上，即不小于 100Hz。

试验时，在变压器低压侧加大于 100Hz 的三相对称电压。如果被试绕组中有中性点端子，则试验过程中将其接地，其他绕组开路。

（2）耐压时间应满足

$$t = \frac{120f_N}{f}$$

式中　f_N——额定频率，50Hz；

　　　f——试验电压频率，Hz；

　　　t——耐压时间，s。但 t 不得小于 15s。

一般感应耐压试验频率为 100、150、200Hz，是工频的整数倍，所以也称为倍频感应耐压试验。如果试验过程中内部没有绝缘击穿或局部损伤，则认为合格。

（二）分级绝缘变压器感应耐压试验

分级绝缘变压器中性点绝缘水平比较低，可单独进行工频耐压试验。此外，由于首尾端绝缘水平不同，故不能用三相法试验，因为分级绝缘变压器高压绕组一般是星形接线，线电压和相电压相差 $\sqrt{3}$ 倍，所以两者不能同时达到试验电压要求，这时只可采用感应耐压试验方法。

1. 试验要求

（1）分级绝缘变压器被试端的试验电压（包含被试端对地及相间电压）详见国标相关规程所规定的数值。

（2）被试线端对地、匝间、层间、段间和相间的感应耐压试验宜一次完成，不然可按被试端对地、匝间、相间的试验顺序进行。

对结构复杂的分级绝缘变压器和自耦变压器的感应耐压试验除满足以上要求外，还要全面分析结构情况，合理选择试验接线方式，并认真计算各绕组对地及相间试验电压值，正确选择试验设备，制定科学的试验方案。

2. 单相变压器感应耐压试验

单相变压器常采取直接励磁法进行感应耐压试验，试验时高压侧中性点直接接地，在低压侧加倍频电压。如高压侧装有分接开关，则可利用此开关尽可能满足不同绕组上的试验电压要求。

在某些特殊情况下，中性点端子上的电压可以通过将其连接到一台辅助升压变压器上的方法来提高，也可以通过将被试变压器的另一个绕组与高压绕组相串联来实现，其接线图如图 4 - 3 - 14 所示。

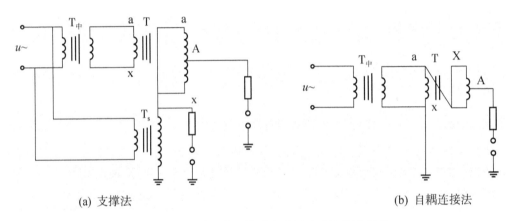

(a) 支撑法　　　　　　　　　　　　　　　(b) 自耦连接法

图 4 - 3 - 14　单相变压器感应耐压试验接线示意图

$T_{中}$—中间变压器；T—被试变压器；T_s—支撑变压器

3. 三相变压器的感应耐压试验

三相变压器感应耐压试验和单相变压器一样，采用单相施加试验电压，逐相进行，但每次须将绕组不同点接地从而使试验电压符合要求，常见的试验接线如图 4 - 3 - 15 所示。

采用图 4 - 3 - 15 所示的各种连接法可以避免过高的线端电压。此外，为确保试验顺利完成，应根据被试变压器的具体结构采用相应的连接法，使各绕组线端间、对地之间电压尽可能达到试验要求。在连接试验线时，如果其余的独立绕组为星形连接，则中性点应接地；如为三角形接法，应将其中一个线端接地。试验时因连接法不同，匝间电压也不同。

图 4 - 3 - 15 所示的连接法适用范围如下：

（1）当高压绕组中性点绝缘水平至少能承受 $1/3u_{试}$ 时，可采用图 4 - 3 - $15a_1$、4 - 3 - $15a_2$、4 - 3 - $15a_3$ 三种不同的连接法。

（2）三相五柱式或壳式变压器，可采用图 4 - 3 - $15a_1$ 连接法和图 4 - 3 - 15b 连接法。如果被试变压器有三角形接线，则应该打开来进行。

（3）自耦变压器的感应耐压试验，可以采用图 4 - 3 - 15c 的连接法。利用一台辅助变压器增加被试自耦变压器的中性点电压，两个自耦连接绕组的额定电压分别为 u_{N1}、u_{N2}，

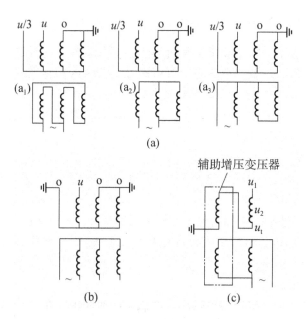

图 4 - 3 - 15　三相变压器单相感应耐压试验的连接方法

而相应的试验电压为 u_1、u_2，其关系式为

$$\frac{u_1 - u_t}{u_{N1}} = \frac{u_2 - u_t}{u_{N2}}$$

则

$$u_t = \frac{u_2 \cdot u_{N1} - u_1 \cdot u_{N2}}{u_{N1} - u_{N2}}$$

感应耐压试验过程中，如果未发现内部绝缘击穿或局部损伤，则视为合格。

（三）试验电源

感应耐压试验电源的频率一般为 $100 \sim 250 Hz$，一般以中频同步发电机作为试验电源，也可以采用异步电动机或三台单相变压器来获得 $2 \sim 3$ 倍工频试验电源（其原理此处不作详细介绍）。

（四）中间变压器

如果试验电源的输出电压不能满足要求，一般选择一台中间变压器，将电源的输出电压再转变成所需的电压。另外，中间变压器也可改善波形和起到隔离作用。

（五）感应耐压试验注意事项

（1）感应耐压试验前，应先确认其他试验项目是否合格，变压器应按照规定静止相应的时间。

（2）必须用球隙或电容分压器测量试验电压。

（3）接地应良好，电源线导体截面应满足要求且绝缘良好。

（4）发电机到中间变压器连线应设有电动断路器及过压、过流保护装置。

（5）被测变压器低压侧应有合适的电压和电流监视装置。

（6）试验过程中，工作人员严格按照预定的经过批准的试验方案进行。

（7）应指派专人监视被试变压器的情况，如内部有无放电声等。

二、操作波感应耐压试验

变压器在运行过程中，除了要承受长时间的工频电压外，还要遭受雷电过电压和操作过电压作用。工频电压和雷电过电压作用可以通过工频耐压和雷电冲击（全波和截波）进行绝缘考核，而操作过电压则可以采用操作波感应耐压进行考核。由于操作波耐压试验只在出厂试验进行，现场一般不开展，因此，本教程仅对其做简要介绍，以满足出厂见证试验需要。

（一）操作波波形

国标规定，变压器操作波试验电压波为负极性，其波形图包括波头时间、波长时间、超过90%峰值电压持续时间等几个关键指标，具体要求如下：波头时间 $T_{ct} > 100\mu s$；波长时间 $T_z \geqslant 1\,000\mu s$；超过90%峰值电压的持续时间 $T_{d(90)} \geqslant 200\mu s$；电压过零后反极性振荡幅值 $u_{2m} \leqslant 50\% u_{试}$；试验电压幅值偏差要求不大于 $\pm 3\%$，操作波波形图可见相关试验标准。

（二）试验电压幅值

全部更换绕组时，试验电压幅值按出厂时试验电压幅值；部分更换绕组或引线时，试验电压幅值按出厂值的85%，但一般不得低于75%。

（三）试验接线图

试验基本接线分单相变压器和三相变压器两种。

1. 单相变压器试验

单相变压器操作波接线图如图4-3-16所示。

图4-3-16中 C_0 为主电容器，被充电后通过球隙FV及波头电阻 R_1 对被试变压器低压绕组 ax 放电，在高压绕组 AX 感应出被试电压值。试验前低压绕组非被试端和高压绕组中性点应接地良好。

试验过程中电压波形时间调整，波头时间 T_{ct} 通过波头电阻 R_1 来调节；T_z 和 $T_{d(90)}$ 时间可以通过改变电容器 C_0 大小和试变压器的励磁阻抗大小来共同调节。

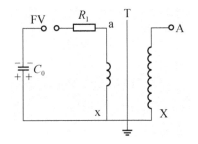

图4-3-16　单相变压器接线图

2. 三相变压器试验

三相变压器操作波感应试验接线分为 110～220kV 变压器试验、330～500kV 变压器试验和中性点试验三种情况，本教程只对 110～220kV 变压器试验和中性点试验进行介绍。

110～220kV 变压器进行操作波试验时，相间和对地试验电压相同，试验时高压侧绕组非被试两相短接接地，中性点不接地。这样使被试相对地试验电压也等于相间试验电压，符合试验规定的要求。110～220kV 变压器操作波试验的接线图如图4-3-17所示。

为了考核三相变压器中性点对地绝缘，试验时，被试变压器高压侧全励磁相（如 CZ）接地，使中性点对地产生试验电压。三相变压器中性点操作波试验接线如图4-3-18所示。

对三绕组变压器进行操作波试验时，应结合变压器实际结构，计算各线端、相间和对地试验电压值，选择适当分接位置，使试验电压符合规定。为防止产生悬浮电位，应将非

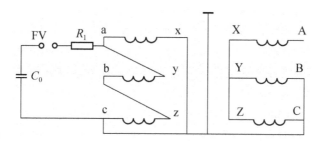

图 4-3-17 110~220kV 变压器操作波试验接线图

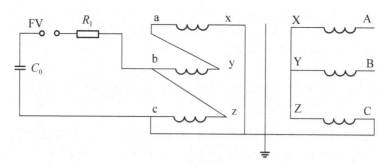

图 4-3-18 三相变压器中性点操作波试验接线图

被试的绕组一点接地。另外，还要防止各绕组间的电位差超过绝缘允许值，故应合理选择接地端子。

（四）试验电压、电流测量和校正

（1）操作波电压测量。用电容分压器和示波器或峰值电压表测量，测量系统应有足够的准确度，整个测量误差小于 ±3%。

（2）冲击电流测量。用电流分流器和示波器测量电流波形。

（3）整体校正工作。在 $50\% u_{试}$ 的试验电压下，测量被试变压器加压端子上的电压与主电容上充电电压 u_0 的比例关系且在 $75\% u_{试}$ 的试验电压下再校正一次，确保得到准确的操作波电压幅值。

（五）试验步骤

分别对每相进行操作波耐压试验，录取高、低压侧电压和示伤电流波形，试验步骤如下：

（1）在低于 $0.5 u_{试}$ 下调波，校核电压幅值，确定充电电压与操作波电压的比例关系，冲击次数没有具体规定。

（2）在 $0.75\% u_{试}$ 下冲击一次并校对和修正充电电压与操作波电压之间的比例关系，同时记录示伤电流波形。

（3）在额定试验电压下冲击 3 次。

（六）试验注意事项

（1）进行操作波试验时，变压器所有绕组均应保证一点接地，以免产生悬浮电位，但不许短路。

（2）所有接地线连在一起后，再接到接地网的一个端子上，避免地网不同点之间有电位升高，从而损坏仪器或影响测量结果。

（3）示波器、峰值电压表采用隔离变压器供电，隔离变压器应能够承受 10kV 耐压水平。

（4）操作波试验时，为使变压器有足够的阻抗，必须在空载下进行。试验时，应采用负极性波形，以免产生外部闪络。

操作波试验的判断标准：如果在试验中没有听到异常声响，且在全电压和 50% 的试验电压下，电压和电流的波形比较没有发生形状上的改变，幅值按电压大小正比例变化，没有出现电压突然下降现象，则认为合格。在试验中如果有声响发出或电压突然截断并随之产生振荡，同时电流也突然上升等情况出现，则认为主绝缘不合格。如果被试端电压值降低，波头、波尾时间变短，示伤电流达到峰值的时间超前于电压过零时间或试验后空载电流和损耗均增加，则应考虑是否出现匝间击穿等情况。

第八节 变 比 试 验

电压比（简称变比），是变压器空载时高压绕组电压 U_1 与低压绕组电压 U_2 的比值，即变比 $K = U_1/U_2$。变比试验的目的是验证变压器变比是否符合订货技术条件或铭牌所规定的数值。变比试验一方面可以检查各绕组的匝数、引线装配、分接开关指示位置是否符合要求；另一方面可为变压器能否与其他变压器并列运行提供依据。变比相差 1% 的中小型变压器并列运行，会在绕组内产生大小为额定电流 10% 的循环电流，严重影响变压器的安全稳定运行。

《规程》中规定了所有分接头变比试验的标准：①各相分接头的变比与铭牌值相比，不应有显著差别，且应符合规律；②电压 35kV 以下，变比小于 3 的变压器，其变比允许偏差为 ±1%；其他所有变压器额定分接头变比允许偏差为 ±0.5%，其他分接头的变比应在变压器阻抗电压百分值的 1/10 以内，但不得超过 ±1%。变比允许偏差计算式为

$$\Delta K = \frac{K - K_N}{K_N} \times 100\%$$

式中　ΔK——变比允许偏差或变比误差；

　　　K——实测变比；

　　　K_N——额定变比，即变压器铭牌上各绕组额定电压的比值。

变压器变比的测量应在所有分接头进行，对于有载调压变压器，应用电动装置调节分接头位置。对于三绕组变压器，只须测两对绕组的变比，一般测量某一带分接开关绕组对其他两侧绕组之间的变比；对于带分接开关的绕组，应测量所有分接头位置时的变比。

测量变比的常用方法有双电压表法及变比电桥法。

一、双电压表法

双电压表法的原理如图 4-3-19 所示，它是一种简单的变比试验方法。

在变压器一侧加电源（一般为高压侧），用电压表测量两侧的电压，两侧电压读数相除即得变比。对于单相变压器，可以直接用单相电源，用双电压表法测出变比。对于三相变压器，采用三相电源测量时，要求三相电源平衡、稳定（不平衡度不应超过 2%），可

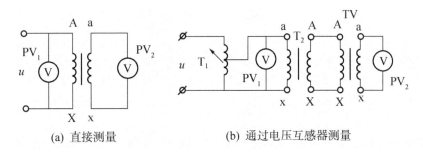

(a) 直接测量　　　　　　　(b) 通过电压互感器测量

图 4 – 3 – 19　用双电压表法测量变比的原理图

T$_1$—自耦调压器；PV$_1$、PV$_2$—0.2 级电压表；T$_2$—被试变压器；TV—0.1 级电压互感器

直接测出各相变比。变比计算式为

$$\begin{cases} K_{AB} = U_{AB}/U_{ab} \\ K_{BC} = U_{BC}/U_{bc} \\ K_{AC} = U_{AC}/U_{ac} \end{cases}$$

式中　U_{AB}、U_{BC}、U_{AC}——高压绕组线间电压，kV；

$\qquad U_{ab}$、U_{bc}、U_{ac}——低压绕组线间电压，kV；

$\qquad K_{AB}$、K_{BC}、K_{AC}——绕组线间变比。

若现场无平衡、稳定的三相电源时，也可用单相电源测量三相变压器的变比。因篇幅原因本教程不作介绍。

双电压表法虽然原理简单，测量容易，但存在诸如需要精密仪器（0.2 级、0.1 级的电压表，电压互感器）、误差较大、试验电压较高、不安全等不利因素。因而，现场一般采用变比电桥法进行变比试验。

二、变比电桥法

目前，QT—35 型、QT—80 型变比电桥在现场得到了广泛应用，它们具有准确度高、灵敏度高、试验电压低、安全、变比误差可以直接读取、可同时测量变压器连接组别等优点。

用变比电桥测量三相变压器的变比与双电压表法一样，也是采用单相电源，在电桥内部装设了切换电路，对不同的接线组别，按不同的测量方式（加压、短路、测量）进行测量。因此，用变比电桥进行变比试验时，必须按照使用说明书正确接线，正确操作。

第九节　短路和空载试验

一、短路试验

将变压器一侧绕组（通常是低压侧）短路，而从另一侧绕组（分接头在额定电压位置上）加入额定频率交流电压，使绕组电流为额定值，测量所加电压和功率，称为变压器的短路试验。

将测得的有功功率换算至额定温度下的数值，称为变压器的短路损耗。所加电压 U_k 称为阻抗电压，通常以占加压绕组额定电压的百分数表示，即

$$U_k(\%) = \frac{U_k}{U_N} \times 100\% \qquad (4-3-9)$$

阻抗电压包括有功分量和无功分量两部分，两分量的比值随容量而变。容量越大，电抗电压 $U_X(\%)$（无功分量）对电阻电压 $U_r(\%)$（有功分量）的比值也越大，大容量变压器可达 10～15，而中小变压器一般为 1～5。

短路试验的目的一是要测量短路损耗和阻抗电压，以确定变压器能否并列运行；二是计算变压器的效率，以及校验热稳定和动稳定性能；三是计算变压器二次侧的电压变动率及确定变压器温升等。一般来说，通过短路试验可发现以下缺陷：①各结构件（屏蔽、压环和电容环、轭铁梁板等）或油箱箱壁中由于漏磁通所致的附加损耗过大和局部过热；②油箱箱盖或套管法兰等附件损耗过大并发热；③绕组匝间短路；④低压绕组中并联导线间短路或换位错误。上述这些缺陷均可能使附加损耗显著增加。

（一）试验接线和方法

短路试验的接线如图 4-3-20 所示。

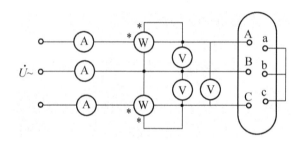

图 4-3-20　短路试验接线图

短路试验方法按以下要求进行：

（1）试验所加电源频率应为 50Hz（偏差不超过 ±5%）。受现场条件所限时绕组中的电流可小些，但一般不应低于 $I_N/4$。在现场有时不得不在更低电流下做试验，这时测得的结果误差较大。

（2）短路试验数据与温度有关，试验前应准确测量绕组直流电阻并求出平均温度。绕组的短路线必须尽可能短，截面最好不小于被短路绕组出线的截面，连接处应接触良好。试验结果应换算至参考温度，如无相应规定，可分别换算到 75℃（A、B、E 级绝缘）或 115℃（C、F、H 级绝缘）。

（3）变压器高压或中压侧出线套管装有套管 CT 时，试验前应将 CT 的二次绕组短接。

（4）变压器短路试验时功率因数的变化范围很大。一般对于小容量变压器，$\cos\varphi > 0.5$，即 $\varphi < 60°$，双功率表法应将测得的两个读数求代数和；对于高电压大容量变压器，$\cos\varphi \leqslant 0.05$，互感器的相角差将导致较大误差，应进行校正。

（5）短路试验所需电源容量 S 可按下式计算

$$S \geqslant S_N \frac{U_k}{100}\left(\frac{I_k}{I_N}\right)^2 \qquad (4-3-10)$$

所需的试验电压 U_k 为

$$U_k(\%) = U_N \frac{U_k}{100} \cdot \frac{I_k}{I_N} \qquad (4-3-11)$$

式中　U_N——额定电压；

$\quad I_N$、I_k——分别为额定电流和短路试验电流；

$\quad U_k$——短路试验电压；

$\quad U_k(\%)$——被试变压器短路电压百分数，%。

短路试验所需的电源容量较大，因此常采用降低电流法进行试验或采用单相电源进行试验。

（二）降低电流的短路试验

由于短路试验所需容量较大，随着试验电流降低，所需容量成平方关系下降，因此，低电流试验为现场常用的试验方法。在试验电流 I' 下的短路损耗应按式（4-3-12）换算成额定电流下的短路损耗（I' 可低至额定电流的 1%~10%）。

$$P_k = P'_k\left(\frac{I_N}{I'}\right)^2 \qquad (4-3-12)$$

式中　P'_k——在电流 I' 下测得的短路损耗；

$\quad P_k$——额定电流下的短路损耗；

$\quad I_N$——额定电流。

试验电流 I' 下的阻抗电压可按式（4-3-13）换算成额定电流下的阻抗电压

$$U_k = U'_k \frac{I_N}{I'} \qquad (4-3-13)$$

式中　U_k——额定电流下的阻抗电压；

$\quad U'_k$——在电流 I' 下测得的阻抗电压值。

然后可由式（4-3-9）求出 $U_k(\%)$。

（三）单相电源的短路试验

当电源条件受到限制（没有三相电源或电源容量较小）时，可用单相电源进行短路试验。单相试验具有所需电源功率小，使用仪表少，通过各相比较容易发现故障相等优点。试验方法是将低压三相的线端短路连接，在高压侧加单相电源进行三次测量。详细的试验方法可参考相关的标准规程，本教程不作介绍。

（四）试验结果的计算

对于三相变压器，由于各相电流和电压相同，因此，当电流和电压的不平衡度超过 2% 时，短路电流应采用三个测量值（指每相的读数）的算术平均值；如果电流不平衡度未超过 2%，允许用任一相的电流表测量电流；如电压的不平衡度未超过 2%，阻抗电压可采用三个测量值中最接近于算术平均值的电压。

当用三功率表法测量时，三相短路损耗为三个功率表读数的算术和；用两功率表法测量时，三相短路损耗应为

$$P_k = P_{AB} \pm P_{CB} \qquad (4-3-14)$$

式中的正负号取决于功率表的偏转方向。

1. 短路损耗的归算

当试验电流 I_k' 不是额定值时，应按式（4-3-12）归算至额定电流下的数值，然后再将短路损耗归算到参考温度下的数值。按变压器容量的大小，区分为下述两种计算方法。

（1）容量为 6 300kV·A 及以下的电力变压器，附加损耗所占的比重较小（常不超过绕组电阻损耗的 10%），故可依下式进行计算

$$\begin{cases} P_{k75} = K_\theta P_k \\ K_\theta = \dfrac{\alpha + 75}{\alpha + \theta} \end{cases} \qquad (4-3-15)$$

式中　P_{k75}——换算至参考温度的短路损耗（75℃时记为 P_{k75}，即换算至 75℃）；

　　　P_k——温度 θ℃下的短路损耗；

　　　K_θ——铜或铝的电阻温度系数，铜导线 α 为 235，铝导线 α 为 225。

（2）容量为 8 000kV·A 及以上的电力变压器，附加损耗所占比重较大。在温度升高时，绕组导线电阻损耗 I^2R 与电阻温度系数 K_θ 成正比。当附加损耗 P_a 小于参考温度下电阻损耗的一半时，可看成与 K_θ 成反比，故绕组导线电阻损耗和附加损耗应分别换算。75℃时的损耗可按照下式计算

$$P_{k75} = \frac{P_k + \sum I^2 R_\theta (K_\theta - 1)}{K_\theta} \qquad (4-3-16)$$

高、低压绕组电阻损耗的计算，对于单相变压器和三相变压器分别为

$$\begin{cases} 单相 \quad \sum I^2 R = I_1^2 R_1 + I_2^2 R_2 \\ 三相 \quad \sum I^2 R = (I_1^2 R_1 + I_2^2 R_2) \times 1.5 \end{cases} \qquad (4-3-17)$$

式中　I_1、I_2——高、低压绕组的额定电流；

　　　R_1、R_2——高、低压绕组的直流电阻，取三相平均值，系指在引出线端测得的相间电阻，即线电阻。

2. 75℃下阻抗电压的换算

首先应将阻抗电压按式（4-3-13）换算至额定电流下的数值。由于阻抗电压包括有功分量 $U_r(\%)$ 和无功分量 $U_X(\%)$，前者与温度有关，随温度增加而增加，后者与温度无关。当 $U_r(\%) \leqslant 0.15 U_k(\%)$ 时，阻抗电压可不必进行温度校正。当 $U_r(\%) > 0.15 U_k(\%)$，应按照下式进行换算

$$U_{k75}(\%) = \sqrt{U_{r\theta}^2(\%) K_\theta^2 + U_X^2(\%)} \qquad (4-3-18)$$

有功分量和无功分量按下式计算

$$U_{r\theta}(\%) = \frac{P_k}{10 S_N} \qquad (4-3-19)$$

$$U_X(\%) = \sqrt{U_{k\theta}^2(\%) - U_{r\theta}^2(\%)} \qquad (4-3-20)$$

式中　$U_{r\theta}(\%)$——温度为 θ℃时测得的短路电压有功分量；

　　　$U_X(\%)$——阻抗电压的无功分量；

　　　$U_{k\theta}(\%)$——温度 θ℃时测得的阻抗电压百分数；

　　　P_k——温度为 θ℃及额定电流时的短路损耗，W；

　　　S_N——变压器额定容量，kV·A。

将式（4-3-19）、式（4-3-20）代入式（4-3-18），可得到实际中便于采用的公式

$$U_{k75}(\%) = \sqrt{U_{k\theta}^2(\%) + \left(\frac{P_k}{10S_N}\right)^2(K_\theta^2 - 1)} \qquad (4-3-21)$$

3. 非工频情况下的损耗和阻抗电压换算

变压器的附加损耗与温度、频率直接有关，理论分析与实测经验表明，非标准频率下损耗和阻抗电压校正公式可以表述为（相关推导略）

$$P_{k75} = P_{a75}\left[\left(\frac{f_N}{f}\right)^2 \times 0.4 + \left(\frac{f_N}{f}\right) \times 0.6\right] + \sum I^2R_{75} \qquad (4-3-22)$$

$$U_k(\%) = \sqrt{\left(U_X'(\%)\frac{f_N}{f}\right)^2 + U_r^2(\%)} \qquad (4-3-23)$$

式中　f——试验电源的频率；

　　　P_{a75}——75℃时变压器的附加损耗；

　　　$U_X'(\%)$——在试验频率下阻抗电压的无功分量。

二、空载试验

空载试验是指从变压器任意一侧绕组（一般为低压绕组）施加额定电压，在其余绕组开路的情况下测量变压器空载损耗和空载电流的试验。

空载试验是变压器型式试验和出厂试验时必须进行的项目，对于现场而言，一般只在变压器进行抽检时进行该项试验，交接试验和预防性试验该项目不是必做项目。所以，《规程》规定，对容量为 3 150kV·A 及以上的变压器只有在必要时，如更换绕组后才进行此项试验。

空载试验的主要目的是：测量变压器空载损耗和空载电流，验证变压器铁芯的设计计算、工艺制造是否满足技术标准要求，检查变压器铁芯是否存在局部缺陷，发现变压器绕组是否有匝间短路、磁路中的铁芯硅钢片的局部绝缘不良或整体缺陷，如铁芯多点接地、铁芯硅钢片整体老化、穿芯螺杆和压板的绝缘损坏等。

分析表明：变压器的空载损耗主要是铁芯损耗，即由于铁芯磁化所引起的磁滞损耗和涡流损耗。空载损耗还包括少部分铜损耗（空载电流通过绕组时产生的电阻损耗）和附加损耗（指铁损耗、铜损耗外的其他损耗，如引线损耗、测量表计损耗等）。空载损耗和空载电流的大小取决于变压器的容量、铁芯的构造和铁芯制造工艺等。

空载电流 $I_0(\%)$ 通常以额定电流的百分数来表示，其中，三相变压器空载电流百分数 $I_0(\%)$ 可用下式计算

$$\begin{cases} I_0(\%) = \dfrac{I_0}{I_N} \times 100\% \\ I_0 = (I_{0a} + I_{0b} + I_{0c})/3 \end{cases}$$

式中　$I_0(\%)$——空载电流百分数；

　　　I_0——三相空载电流的算术平均值；

　　　I_{0a}、I_{0b}、I_{0c}——a、b、c 三相上测得的空载电流；

　　　I_N——加压测量侧的额定电流。

当变压器存在以下缺陷时，会导致空载损耗和空载电流增大：

（1）铁芯多点接地；

（2）硅钢片之间绝缘不良；

（3）穿芯螺栓或压板绝缘损坏，上夹件和铁芯、穿芯螺栓间绝缘不良；

（4）绕组匝间、层间短路；

（5）硅钢片松动、劣化，铁芯接缝不严密等。

（一）试验方法

1. 三相变压器空载试验

三相变压器的空载试验一般常采用两功率表法和三功率表法。

当采用两功率表法，测量仪表直接接入时，空载损耗 P_0 与空载电流百分数 $I_0（\%）$ 计算式为

$$P_0 = P_1 + P_2$$

$$I_0（\%） = \frac{I_{0a} + I_{0b} + I_{0c}}{3I_N} \times 100\%$$

当采用两功率表法，测量仪表经互感器接入时，P_0、$I_0（\%）$ 计算式为

$$P_0 = （P_1 + P_2）K_{TV}K_{TA}$$

$$I_0（\%） = \left（\frac{I_{0a} + I_{0b} + I_{0c}}{3I_N}\right）K_{TA} \times 100\%$$

当采用三功率表法，测量仪表经互感器接入时，P_0、$I_0（\%）$ 计算式为

$$P_0 = （P_1 + P_2 + P_3）K_{TV}K_{TA}$$

$$I_0（\%） = \left（\frac{I_{0a} + I_{0b} + I_{0c}}{3I_N}\right）K_{TA} \times 100\%$$

式中　　P_1、P_2、P_3——功率表的测量值（表计格数换算后实际值）；

　　　　I_{0a}、I_{0b}、I_{0c}——电流表的实测值；

　　　　K_{TV}——测量用电压互感器的变比；

　　　　K_{TA}——测量用电流互感器的变比；

　　　　I_N——变压器加压侧的额定电流。

2. 三相变压器单相空载试验

当现场不具备三相试验条件或三相空载数据异常时，可进行单相空载试验。通过单相空载试验，可准确掌握空载损耗在各相的分布状况，对发现绕组与铁芯磁路有无局部缺陷，判断铁芯故障的部位较为有效。

进行三相变压器单相空载试验时，将三相变压器中的一相依次短路，在其他两相上施加电压，测量空载损耗和空载电流。

（1）当加压绕组为星形接线时，施加电压 $U = 2U_N/\sqrt{3}$，测量方法如下：

a、b 端加压，c、O 端短路，测量 P_{0ab} 和 I_{0ab}；

b、c 端加压，a、O 端短路，测量 P_{0bc} 和 I_{0bc}；

a、c 端加压，b、O 端短路，测量 P_{0ac} 和 I_{0ac}。

三相空载损耗 P_0 和空载电流百分数 $I_0（\%）$ 计算式为

$$P_0 = \frac{P_{0ab} + P_{0ac} + P_{0bc}}{2}K_{TV}K_{TA}$$

$$I_0(\%) = \left(\frac{I_{0ab} + I_{0bc} + I_{0ac}}{3I_N}\right)K_{TA} \times 100\%$$

式中　P_{0ab}、P_{0bc}、P_{0ac}、I_{0ab}、I_{0bc}、I_{0ac}——表计的实测值；

　　　K_{TV}、K_{TA}——测量 PT 和 CT 的变比，仪表直接接入时 $K_{TV} = K_{TA} = 1$。

（2）当加压绕组为 a-y、b-z、c-x 连接，即三角形接线时，施加电压 $U = U_N$（额定线电压），测量方法如下：

a、b 端加压，a、c 端短路，测量 P_{0ab} 和 I_{0ab}；

b、c 端加压，a、c 端短路，测量 P_{0bc} 和 I_{0bc}；

a、c 端加压，a、b 端短路，测量 P_{0ac} 和 I_{0ac}。

（3）当加压绕组为 a-z、b-x、c-y 连接，即三角形接线时，施加电压、测量方法和顺序同（2），只是 a、b 端加压时测量的是 P_{0ac} 和 I_{oac}，b、c 端加压时测量的是 P_{0bc} 和 I_{0bc}，a、c 端加压时测量的是 P_{0ab} 和 I_{0ab}。

三相空载损耗 P_0 和空载电流百分数 $I_0(\%)$ 计算式为

$$P_0 = \frac{P_{0ab} + P_{0bc} + P_{0ac}}{2}K_{TV}K_{TA}$$

$$I_0(\%) = \frac{0.289(I_{0ab} + I_{0bc} + I_{0ac})}{I_N}K_{TA} \times 100\%$$

（4）单相空载损耗数据分析：

① 由于 BC、AB 相的磁路完全对称，所以 P_{0ab} 应近似等于 P_{0bc}，实测结果表明两者之间的偏差一般在 3% 以下。

②由于 AC 相磁路比 AB 或 BC 相的磁路长，所以空载损耗也较其余两相大。一般而言，对于 110～220kV 变压器，要大 1.4～1.55 倍；对于 35～60kV 变压器，要大 1.3～1.4 倍。

所测得的结果与上述两要求中的任意一个不相符合时，则说明变压器有缺陷。

3. 低电压下的空载试验

由于特殊原因，现场常在低电压（5%～10% 的额定电压）下进行空载试验。由于施加的试验电压较低，相应的空载损耗也很小，测量的精度一般不理想，因此，应采用高精度测量仪表，并应考虑仪表、线路等的附加损耗。在低电压下得到的空载试验数据主要用于与历次空载损耗数值比较，必要时可近似换算成额定电压下的空载损耗，换算公式可以见相关的试验标准。

（二）注意事项

（1）空载试验所使用的测量用互感器、仪器仪表的准确度不应低于 0.5 级，以便保证足够的测量精度。

（2）空载试验应选用 $\cos\varphi = 0.1$、准确度不低于 0.5 级的低功率因数功率表。空载试验时，$\cos\varphi$ 很低，如果采用普通的功率因数功率表，会造成电压、电流虽都达到功率表的标准值，而读数却很小，造成测量误差。

（3）接线时应注意使功率表的电流线圈和电压线圈端子间电位差最小，并注意电流线圈和电压线圈的极性。互感器的极性必须正确连接，一、二次连接相对应，二次端子与表计极性的连接相对应。互感器的二次端子应一点接地。

（4）进行精度要求较高的空载试验、对小容量变压器进行空载试验或对大容量变压器在低电压下进行空载试验时，应考虑排除附加损耗的影响。

实际测量的损耗中包含有功率表电压线圈、电压表本身和引线的损耗，对于中、小型变压器，这个损耗占空载损耗的 $1.5\% \sim 5\%$，因此必须进行校正。

（5）进行空载试验时，试验电源应有足够的容量。试验电源容量估算式为

$$S = S_N \times I_0(\%)$$

式中　S——试验所需的电源容量，$kV \cdot A$；

　　　S_N——被试变压器额定容量，$kV \cdot A$；

　　　$I_0(\%)$——被试变压器空载电流占额定电流的百分数。

为保证获得不畸变的正弦波电压，实际选择容量时应尽量大于上式估算结果。

第十节　绕组变形试验

变压器在运行过程中，由于外部短路（尤其是近区出口短路）造成损坏的事故时有发生，据 1999 年全国变压器运行资料统计，当年 110kV 及以上变压器因外部近区出口短路引起的损坏事故占到了变压器总事故的 49% 左右。因此，防止变压器近区出口短路，加强绕组变形的监测显得极为必要。

变压器出口附近短路，绕组内部将遭受巨大的、不均匀的轴向和径向电动力冲击。如果绕组内部的机械结构有薄弱点，则在电动力和机械力的作用下，绕组会发生扭曲、鼓包或位移等变形，严重时还会发生损坏事故。由于大中型变压器的动热稳定性计算方法还不够完善，又不能用突发短路来试验，所以，对运行中的变压器绕组进行绕组变形测试十分必要。

近年来，生产厂家对变压器的抗短路能力给予了充分重视，通过改型、补强和强化送检试验，使国产新型变压器抗短路能力得到大幅度加强，变压器因遭受外部短路冲击而损坏的事故已得到了有效控制。但预防和减少变压器发生外部短路故障、加强变压器绕组变形测试仍是技术监督及变压器状态检修的一个必不可少的重要环节。

目前，绕组变形检测已有较多方法。由于当变压器绕组产生局部变形后，其电感、电容等分布参数必然会发生相对变化，也同时使集总参数发生变化，因此检验变压器绕组变形，只要测量其分布参数或集总参数变化即可。

一、集总参数测量法

集总参数测量法是利用给变压器绕组加电压，测量功率和电流，检测漏电感、短路阻抗等集总电气参数的变化来判断绕组是否发生变形的方法，测量时可以加高电压，也可以加低电压。下面以短路阻抗法为例进行介绍。

变压器的短路阻抗是指该变压器的负荷阻抗为零时变压器输入端的等效阻抗。短路阻抗可分为电阻分量和电抗分量，对于 110kV 及以上的大型变压器，电阻分量在短路阻抗中所占的比例非常小，短路阻抗值主要是电抗分量。变压器的短路电抗分量，就是变压器绕组的漏电抗，可分为纵向漏电抗和横向漏电抗两部分，通常情况下，横向漏电抗所占比例较小。变压器的漏电抗值由绕组的几何尺寸所决定，当变压器受到冲击产生绕组变形以

后，绕组结构的改变势必引起漏电抗的变化，因此，测量短路阻抗可以间接地反映绕组变形情况。

为了提高检测变压器集总参数的灵敏度，以判断是否存在变形，国内外已经开发出多种成熟的成套仪器用于短路阻抗检测，检测精度可以满足国家标准测量相关规定要求。如甘肃天水长城电力仪器设备厂出产的 CD9882 型变压器动稳定状态参数测试仪是根据国标《电力变压器·承受短路的能力》（GB 1094.5）及 IEC 标准的有关规定设计的，可在低电压下实测变压器阻抗电压、短路阻抗、短路电抗、漏电流、负载损耗、空载损耗、空载电流、空载等值阻抗等参数。

短路阻抗包括短路电阻和短路电抗两部分，其中短路电抗的变化范围是判断绕组是否变形的重要依据。因此，在测量短路阻抗时，测量仪器应同时测量、显示短路电阻和短路电抗两个数值。根据短路阻抗的变化量来判断绕组是否变形，只要将测得的短路阻抗与变压器正常时的测量值（如出厂数据）相比即可。

用于现场绕组变形测试的短路阻抗测试仪除必须具备携带方便、操作简单、具有良好的测试精度及测试重复性外，还必须具有良好的抗干扰能力。现场的干扰主要来自于以下三个方面：试验电源谐波的影响；试验电源电压的不稳定性；试验现场的 50Hz 同频干扰。

下面就以上三方面因素对短路阻抗测试值的影响及消除措施简述如下：

（1）电源谐波影响。试验电源难免有各种各样的谐波存在，而且谐波分量的幅值不稳定。由于高次谐波对变压器短路阻抗的测试值有较大影响，会造成实测短路阻抗值与无谐波情况下的短路阻抗值之间具有一定的差异。

欲消除测试电源谐波对短路阻抗测试结果的影响，短路阻抗测试仪必须具有优良的滤波性能。通常用硬、软件相结合的方法，可以基本消除测试电源谐波对短路阻抗测试结果的影响。

（2）电源电压影响。试验电源电压的基波分量在测量周期内的不稳定性对测试结果有直接影响。由于短路阻抗为感性阻抗，电流与电压之间具有一定相位差，当测试周期内的电压基波分量发生变化时，电流不可能同步发生变化，从而会产生测量误差。

为减小试验电源电压不稳定性带来的短路阻抗测试误差，通常的方法是通过多次测量求平均值的方法来解决，但效果不是很理想，同时还会延长测试时间。欲有效解决上述问题，短路阻抗测试仪必须对测量周期内所采集到的信号进行分析与运算，较大程度地减小测试误差。

（3）同频干扰影响。试验现场的 50Hz 同频干扰主要来自变电所运行设备的电晕干扰和试验仪器用的 220V 交流电源耦合到测量回路所产生的干扰。欲减小试验现场的 50Hz 同频干扰对短路阻抗测试结果的影响，测试仪器必须从硬件上最大限度地抑制由 220V 交流电源耦合引起的同频干扰，当测试现场电晕干扰较大时可采用测试仪器换极性的方法，并适当提高被试变压器的试验电压、电流。

采用短路阻抗法进行变形测试必须综合考虑以下几方面影响：

（1）变压器三相间的短路阻抗测试结果是否平衡；

（2）与出厂值相比，短路阻抗的变化情况；

（3）运行中的电气试验、绝缘油色谱分析情况；

（4）运行中变压器是否有异常的声音及绝缘油的运行温度等。

一般而言，变压器绕组三相间的短路阻抗值差异一般皆小于2%，三相间短路阻抗值3%的差异应认为是变压器短路阻抗的明显变化，必须引起足够的重视。当用同一试验仪器、同一测试方法测试结果的差异大于2%，应引起注意。

二、网络分析检测变形方法

利用网络分析技术测量变压器绕组变形的原理，是通过测量变压器各个绕组的传递函数 $H(j\omega)$，并对测量结果进行纵向和横向比较，灵敏地判断绕组扭曲、鼓包和移位等变形。

当变压器所加电源频率大于1kHz时，变压器铁芯基本上不起作用，整个绕组可看成由分布电感和分布电容等参数构成的无源线性二端口网络，其简化等效电路如图4-3-21所示。

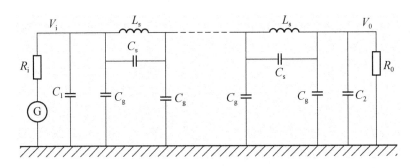

图4-3-21　变压器绕组简化等效电路图

L_s—绕组电感；C_s—饼间电容；C_g—线饼对地及邻近绕组电容；G—扫频信号源；

C_1—激励端套管及引线对地电容；C_2—响应端套管及引线对地电容；V_i—激励信号；

V_0—响应信号；R_i—输入匹配电阻；R_0—输出测量电阻

根据电工基础学知识可知，图4-3-21等效电路可以利用传递函数 $H(j\omega)$ 对其特性进行描述。绕组产生轴向、径向尺寸变化，必然改变网络单位长度的分布电感，纵向和对地电容，也就是传递函数 $H(j\omega)$ 的零点及极点分布产生变化。测出传递函数后，将变压器短路后的三相测量结果进行横向和纵向比较，根据比较结果即可判断变压器绕组是否变形及其变形程度。

利用网络分析技术测量传递函数 $H(j\omega)$ 有两种方法：一种是低压脉冲法（LVI），另一种是频率响应法（FRA）。

1. 低压脉冲法

在绕组一端对地加入标准脉冲电压信号，利用数字记录设备同时测量绕组两端对地电压信号 $V_0(t)$ 和 $V_i(t)$，并进行相应处理，得到变压器绕组的传递函数 $h(t)$ 或 $H(j\omega)$

$$h(t) = \frac{V_0(t)}{V_i(t)}$$

$$H(j\omega) = \frac{V_0(j\omega)}{V_i(j\omega)}$$

将测量结果和以前比较，判断变压器绕组是否变形及变形程度。但由于该法采用的是时域脉冲分析技术，现场使用极易受到外界干扰，很难保证测试结果的重复性，所以，该法虽然灵敏，但现场很少采用。

2. 频率响应法

利用精确的扫描测量技术，测量各绕组的频率响应（幅频和相频），并将测量结果进行纵向和横向比较，可灵敏地判断变压器绕组是否变形。

由于该方法具有抗干扰能力强、测量结果重复性好等优点，所以，该法获得更广泛应用，下面重点介绍此法。

三、频率响应法

（一）频率响应法测量绕组变形的原理

频率响应法是从绕组一端对地注入扫描信号源，测量绕组二端口特性参数，如输入阻抗、输出阻抗、电压传输比和电源传输比等频域函数。通过分析端口参数的频域图谱特性，判断绕组的结构特征。绕组发生机械变形后，势必引起网络分析参数变化，这样就可以通过比较绕组对扫频电压信号（可依次输出不同频率的正弦波电压信号）的响应波形来判断绕组是否发生变化。通常现场只测量一种端口的参数。电压传输比只反映等效网络的衰减特性，是常测的参数之一。

绕组频率响应特性具有如下特点：①频率低于 10kHz 时，频率响应特点主要由绕组电感所决定，谐振点少，对分布电容变化不灵敏。②频率超出 1MHz 时，绕组的电感又被分布电容所旁路，谐振点也会相应减少，对电感变化不灵敏。但当测试频率提高，测试回路的杂散电容也会造成明显的影响。③在 10kHz ～ 1MHz 的范围内，分布电感和电容均起作用，具有较多谐点，能够灵敏反应分布电感、电容的变化。因此，在测量变压器绕组变形时，选用 10kHz ～ 1MHz 之间的频率，选择 1 000 个左右的线性分布扫描点时，就可获得较好的效果。

（二）试验接线

以主变 A 相为例说明，试验接线如图 4 - 3 - 22 所示。

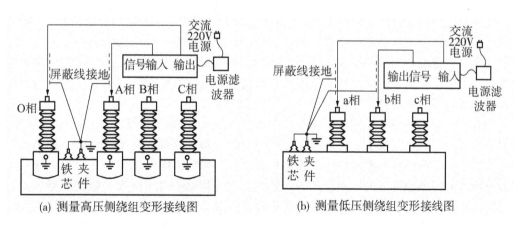

(a) 测量高压侧绕组变形接线图　　　　(b) 测量低压侧绕组变形接线图

图 4 - 3 - 22　试验设备与被试设备接线图

测量高压时，其他绕组中性点接地，低压侧 x、y、z 接地，若无 x、y、z 为对应相接地。测量低压时，其他绕组中性点接地，低压侧有 x、y、z 引出则 x、y、z 输入 a、b、c

测量，若无 x、y、z 引出则如图 4 - 3 - 22 所示，分别为 b、c、a 输入，a、b、c 输出。为了保证测量结果的有效性，一定要使用专用的测量接线及接线端子。测量时，分别对高压侧、低压侧三相绕组进行逐相测量，测量次序如表 4 - 3 - 9 所示。

表 4 - 3 - 9　频率响应法测量绕组变形的测量次序

高压侧		低压侧	
O 端输入	A 端测量	a 端输入	b 端测量
O 端输入	B 端测量	b 端输入	c 端测量
O 端输入	C 端测量	c 端输入	a 端测量

（三）频响法诊断绕组变形的技术分析

1. 典型的测试曲线与判断

用频响法测得变压器绕组变形的典型频谱曲线如图 4 - 3 - 23 所示。

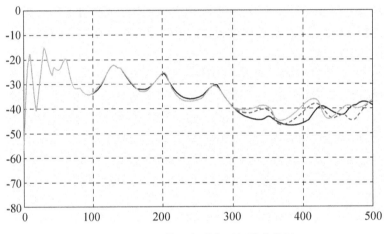

图 4 - 3 - 23　绕组变形典型频谱曲线图

由图 4 - 3 - 23 可知，绕组的频谱曲线中会出现若干谷点和峰点，这些谷点、峰点是绕组在不同频率下出现谐振的必然结果。谐振是由绕组电感和线饼间电容引起的。一台变压器制成后，绕组的频谱曲线就确定了，而当绕组发生变形时，分布参数发生变化，改变绕组的部分电感和电容，即改变了绕组转移阻抗值，这时所测的频谱曲线，就会与正常时的频谱曲线不同，由此差异即可判断变压器是否发生变形。

一般的，频率响应特性曲线低频段（1～100kHz）的波峰或波谷位置发生明显变化，通常预示着绕组的电感改变，可能存在匝间或饼间短路的情况。频率较低时，绕组的对地电容及饼间电容所形成的容抗较大，而感抗较小，如果绕组的电感发生变化，会导致其频率响应特性曲线低频部分的波峰或波谷位置发生明显移动。对于绝大多数变压器，其三相绕组低频段的响应特征曲线非常相似，如果存在差异应查明原因。频率响应特性曲线中频段（100～600kHz）的波峰或波谷位置发生明显变化，通常预示着绕组发生扭曲和鼓包等局部变形现象，在该频率范围内的频率响应特性曲线具有较多的波峰和波谷，能够灵敏地反映出绕组分布电感、电容的变化。频率响应特性曲线高频段（＞600kHz）的波峰或波谷位置发生明显变化，通常预示着绕组的对地电容改变，可能存在线圈整体位移或引线位移等情况。频率较高时，绕组的感抗较大，容抗较小，由于绕组的饼间电容远大于对地电容，波峰和波谷分布位置主要以对地电容的影响为主。

对于局部变形，一般总电感量变化较小，所以低频部分反映不明显。而中频部分会对小的局部电容变化敏感，因为小面积的变形，改变了局部的谐振点，这些谐振发生在较高频率处。高频条件下，因为等值电路中的电感造成的电抗增大而减小对谐振点的贡献，等值电路呈现容性，而且饼间电容较大，所以对地电容的改变对高频部分的频谱图影响较大，引线及分接开关对地的位置距离等结构则在这个频段体现较强。

为了正确判断变压器绕组是否变形，首先应在变压器出厂、安装时测量绕组变形的原始数据，留下"指纹"便于以后比较。试验记录要齐全，包括短路阻抗值、专用仪器和频响法等。其次，当绕组短路事故后，除测量变形外还应进行一些常规试验和特殊试验，结合短路电流大小和短路时间长短进行综合分析，判断变压器绕组变形情况。最后，当采用频响法判断变压器变形时，除根据三相绕组的频响是否一致外，还应根据绘出的三相波形间的相关系数 R 值来判断，如果 R 值大于 1.0，则说明变形不明显；如果 R 值小于 1.0，则应引起注意。

2. 绕组变形的常见形式

当变压器遭受短路电流等冲击后，变形主要有以下几种：

（1）绕组整体变形。这种变形绕组尺寸不变，只是对铁芯的相对位移变化。绕组的电感量、饼间电容量不变，对地电容量一般减小。在等值电路中，谐振峰点向高频方向平移。所以，这种变形后所测频谱图中，和以前比较，各谐振点都仍然存在，只是峰值均向高频方向平移（向右）。

（2）饼间局部变形。在短路电磁力作用下使部分固定不牢的线饼被挤压，另外一些线饼拉长，这样饼间电容被改变。这种变形使等值电路图中一些电感变大，一些变小。测量频谱图时，部分谐振峰点向高频方向移动，而且峰值下降；部分谐振峰点向低频方向移动，峰点升高。通过谐振峰值变化情况，可判断饼间变形面积和变形程度。

（3）匝间短路。从理论上讲绕组发生匝间短路后，电感值下降，频谱曲线发生明显变化，幅值上升，一些谐振点峰值消失。理论上是这样的，实际上难以捕捉到这种情况。

（4）引线位移变形。由于引线长度较大，固定不牢时，可能产生位移变形。当信号入口端引线发生位移时，由于引线电容与其他电路并联，所以它的变化不会对频谱曲线有明显影响。而当输出端引线位移时，由于引线电容变化，频响曲线将会有明显变化，尤其是 300kHz～1MHz 范围内的频响曲线。所以，在实际测试中，采用中性点注入信号源，以防上述影响。如果引线对地电容减小，频段内幅值上升，反之，则下降；引线对地电容变大，预示着引线向外壳方向移动，引线对地电容变小，则表示引线向绕组方向移动。

（5）绕组辐向变形。当绕组受辐向力作用时，使内绕组向内收缩，直径变小，电感量变小。这时内外绕组间距离变大，其电容变小，将使频谱图中谐振峰点向高频方向移动，且幅值有所增大。

（6）绕组轴向扭曲变形。当变压器绕组间隙较大或有部分撑条移位时，在电磁力作用下，使绕组在轴向被扭曲为"S"状。这时部分饼间电容和对地电容减小，测量的频谱图上有部分谐振峰向高频方向移动，在低频段谐振峰幅值下降，中频段峰值略有上升，高频段基本不变。

3．频响法测量注意事项

（1）分接开关挡位的影响。由于分接开关挡位不同，绕组匝数不同，直接影响被测变压器的电感、电容量，从而使频谱图不同。所以，在测量时一定要记录好开关挡位。

（2）信号源输入端的影响。通常，激励端与响应端改变后测得的频响曲线不完全相同。所以，每次测量时，应遵循相同的测量规则。

（3）铁芯接地和油的影响。由于铁芯接地情况和充油情况不同，都会使绕组电容值不同，故在测试时，一定要将铁芯接地，并充满绝缘油（并静置一段时间）。

（4）出口引出线的长短对测量的影响。通过测试结果显示，套管端子延长对频响曲线影响很大，同时对频带宽度也有影响。因为套管延长线类似一根"天线"，一方面使干扰信号耦合到"天线"上，另一方面又产生对地电容，两方面都使测试结果难以保证重复性。所以，测试时变压器各侧套管引线应全部拆除，尽量避免外部干扰。

（5）检测阻抗至接线钳间导线长度的影响。如果检测阻抗离套管端子太近，则使检测阻抗接地线与套管端子太近，地线与套管间杂散电容会影响频响特性，尤其是对高频部分产生影响；但导线也不能太长，否则会有类似的影响。

（6）测量时人应远离套管，一般应大于1m，以免影响高频段的测量结果；应尽量放在最大分接头（第一头）测量，连同调压绕组测量；对无载调压变压器应在同一分接头进行测量；测试仪不能接地。

第十一节　温　升　试　验

一、试验目的

变压器温升试验是制造厂在型式试验中鉴定产品质量的重要项目之一，也是出厂试验的重要试验项目之一。温升试验的目的就是要鉴定变压器各部件的温升是否符合国家、行业及企业有关标准规定要求，从而为变压器长期安全运行提供可靠的依据。运行单位在下列情况下，一般也须进行此项试验：

（1）对入网变压器质量情况进行抽检，检验其产品是否满足订货技术条件要求；

（2）对旧产品或缺乏技术资料的变压器进行出力鉴定；

（3）合理确定变压器运行负荷，例如发现变压器过热时，应通过温升试验重新确定其额定容量或提出改进措施；

（4）对改变冷却方式（如由油自然循环冷却改为强油循环水冷等）、更换绕组等情况下的变压器，应通过温升试验确定其合适的运行容量。

二、试验要求

变压器的温升试验，一般是在绝缘等常规试验结束后进行。一般来说，对强油循环变压器，要求试验时冷却器入口水温最高不超过25℃；对油自然循环冷却变压器，则要求最高气温不超过40℃。

温升试验的发热状态取决于变压器总损耗。当空载损耗和短路损耗（换算至条件温度）的标准值与实测值不同时，试验所施加损耗应取其中较大值，并应使被试变压器处于额定冷却状态。

在进行温升试验时，各种变压器的条件温度均应符合有关标准或技术条件规定。

一般来说，由于受试验单位条件所限，不可能在全损耗下进行大容量变压器温升试验时，允许在降低发热条件下进行。通常要求在确定上层油的温升时，所加损耗应不小于80%额定总损耗；在确定绕组温升时，应不小于90%额定短路损耗。试验完毕，应将所测得的温升数据校正到额定状态。

试验时应测量下列各部位相对于冷却介质的温升：

（1）绕组（或称线圈）温升；

（2）铁芯温升；

（3）上层油温升（油浸变压器）；

（4）对附加损耗较大的变压器，还应测量其结构件（如铁芯、夹件等）的温升；

（5）强油循环冷却变压器还应测量冷却器进出水温及油温，以及测量的其他部位的温升。

温升试验应在环境温度 10 ～ 40℃ 下进行。为缩短试验时间，试验开始时可用增大试验电流或恶化冷却条件的办法，使温度迅速上升，当监视部位温度达70%预计温升时，应立即恢复额定发热和冷却条件进行试验，每隔0.5 h记录一次温度（油浸变压器以上层油温为准，干式变压器以铁芯温度为准）。如果3 h以内其每小时温度变化不超过1℃时，则认为被试变压器的温度已经稳定，便可记录各部位及冷却介质的温度。

三、试验方法

1. 直接负载法

采用直接负载法时，在被试变压器的二次侧接以适当负载（如水阻、电感或电容器等），在一次侧施加额定电压，然后调节负载，使负载电流等于额定电流，其接线如图 4－3－24 所示。

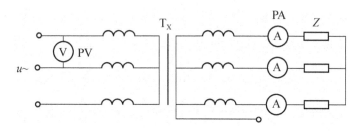

图 4－3－24　直接负载法的试验接线

T_X—被试变压器；Z—负载；PA—电流表；PV—电压表

当环境温度为(20 ± 5)℃，或冷却水入口温度为 20 ～ 25℃时，允许以额定电流为试验条件，而不再校正。此时施加在一次侧的电压须等于所在分接头额定电压，偏差应不超过 $\pm 2\%$。

直接负载法的试验工况与运行条件一致，其测量结果准确、可靠，有条件时应尽量采用这种方法。但因该试验所需的电源容量要大于被试品的容量，并且不易找到适当的负载，故较适用于小容量变压器及干式变压器的温升试验，现场试验时可选用下列几种方法作为试验负载：

（1）用水阻做负载

根据负载的大小，设计容积不同的水池，在池中悬挂可以调节距离的极板，通过调节极间距离以调节负载。

（2）用移圈调压器做负载

只要改变其使用方法和接线，移圈调压器就能变成一个无级变阻的可变电抗器，它是一个理想的负载，详细的介绍资料可见相关试验导则。当三相移圈调压器作为单相负载时，可根据负载的电压和电流，适当地选用两相并联和三相并联的接法。当然，三单元组成的移圈调压器也可以改做三相使用。

2. 循环电流法

当被试品容量较大时，采用水阻做试验将难以进行，这时可以采用循环电流法进行温升试验。该方法简单，辅助设备少，被试变压器与运行工况相同，无须专门调整，但需要一台与被试变压器相同容量的辅助变压器配合进行试验。

采用循环电流法进行变压器的温升试验时，将两台具有相同变比和接线组别的变压器（假定为 T_X 和 T）各同铭端并联，调节一台或两台变压器高压侧的分接开关，使分接头的电压差等于在试验电流下两台变压器阻抗电压之和。如两台变压器的阻抗电压各为 5%（或为 4.5% 和 5.5%），则分接头电压差应为 10%。

试验时对被试变压器 T_X 和辅助变压器 T 的一次侧施加额定电压，在二次侧未连接前，用电压表检测两台变压器各二次端子间的电压差，若接线正确，则差值应等于分接头的电压差；反之，约等于 T_X（T）的二次侧线电压。验证接线正确后断开电源，接好二次侧连线。然后，在被试变压器一次侧施加额定电压，并测量试验时的循环电流，其值应等于或接近额定电流。

3. 系统负载法

当被试变压器位于发电厂时，则可用发电机开机进行试验，调节发电机励磁，使被试变压器满载，并达到额定电流。这种方法适用于高压大容量的变压器现场试验。

4. 短路法

采用短路法做温升试验的接线如图 4-3-25 所示，可按下列步骤进行试验：

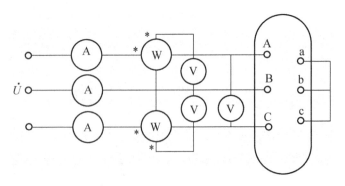

图 4-3-25　短路法温升试验接线

（1）确定上层油温升。调节外加电压，使加入被试变压器的功率等于空载和短路损耗总和，造成与实际运行工况相等效的损耗后再进行试验。

加入等效损耗的试验电流后，应定时测量上层油温，以及散热器（或箱壁）上、中、下及冷油器（对强油循环变压器）的进出口油温和冷却水温。直到温度稳定后，测量各部位的温度和环境温度，计算出上层油温升。

（2）确定绕组温升。降低电压，使输入被试变压器的功率等于短路损耗，定时测量与（1）项相同的各部位的温度，直到测得各部位的稳定温度后，计算出绕组温升。

（3）确定铁芯温升。将被试变压器短路线拆除，进行额定频率和额定电压下的空载温升试验。测量的温度也同（1）项，直到温度稳定后，测量铁芯和环境的温度，计算出铁芯温升。按照国标规定，试验时施加的电压和额定电压之差应不超过 ±2%。

对于大容量变压器，在进行（1）项试验后，应将被试变压器带上与等效负荷相等的实际负荷，测量上层油温，并与等效负荷时测量的上层油温比较，以确定其运行限额温度。然后，切除电源，测量绕组的直流电阻，换算出平均温度，确定绕组的平均温升。

5. 几种方法的对比

进行温升试验时，必须根据它们的冷却方式和实际的使用状况来选用适当的试验方法。

上述几种试验方法的优缺点如下：

（1）若试验现场有条件时应尽量采用直接负载法，其测量结果比较准确，但问题是负载选择和调节比较困难。

（2）对于循环电流法，进行温升试验，若有合适的辅助变压器和专用的调压变压器，也能获得比较准确的结果，但在现场实施比较困难，一般仅限于在室内对配电变压器进行试验。

（3）短路法是在低电压下施加试验电流，虽然铁损很小而不会使其发热，但可以采取措施将油加热以弥补铁芯不发热的缺点，或用等效热源办法进行试验，其绕组和上层油的温升计算结果一般与实际出入不大，而铁芯的温升则有一定的出入。该方法不须增加附属设备，所以，对于油浸式变压器常采用这种方法。而对于干式变压器，由于没有中间冷却介质，热源直接与冷却介质接触，如用短路法进行温升试验时，会造成很大误差。所以，干式变压器一般不采用短路法进行温升试验。

试验时应根据现场具体条件和要求，选用适当的方法，并应按试验所需的电流和电压选取电源容量、互感器、表计和导线。

四、测量温度

1. 测量基本要求

在室内进行试验时，试验地点应清洁宽敞，试品周围 2～3 m 处不得有墙壁、热源及外来热辐射、气流等影响因素。室内应自然通风，但不应有显著空气回流和室内热源，以免影响测量。强风冷却时，应注意不应因为热空气而使室温显著升高。

所用的各型温度计必须经过校验，在测量范围内，其误差应不超过 ±0.5℃。在有强磁场的部位，应使用酒精温度计或经校验证明其准确度不受磁场影响的温度计。当采用热电偶或电阻型温度计时，必须经过成套校验（包括指示仪表、连接线和温度计等）。

2. 环境气温的测量

测量环境气温至少要三支温度计，放置在被试变压器的周围（不少于三面），相距 2～3 m 处，并应置于变压器中部，温度计不应受到日光、气流及表面热辐射影响。周围气温的数值应以这些温度计读数的算术平均值为准。

3. 测量上层油温

在测量变压器的上层油温时，温度计的测量端应浸于油面之下 50～100mm 处。对于强油循环冷却变压器，还应测量油进出口处的油温；对于自然冷却的被试变压器，测量变压器上、下部的箱壁温度时，所贴附的测温元件应注意与空气绝热。

4. 测量铁芯温度

测量铁芯的温度时，应将温度计的测量端和铁芯表面紧密接触，并使测量端和空气绝热，以免因气流散热给测量造成误差。

5. 绕组平均温度测量

一般采用直流电阻法测量绕组平均温度。测量方式有两种，一是在温升试验时，带电测量绕组的直流电阻；二是当温度稳定、各部位的温度测量结束后，切断电源，立即测量绕组直流电阻。

上述各种温升方法的具体测量细节和试验结果的计算可参照相关标准，因篇幅限制，本教程不详细介绍。

第十二节　铁芯绝缘电阻试验

变压器在运行时，铁芯和夹件等金属构件处于电场中，若铁芯不接地，便会在变压器的强电场中产生悬浮电位，可能使得绝缘件产生爬电。因此，变压器运行时铁芯和夹件必须一点接地。但如果变压器在运行中，铁芯或夹件再产生一个及以上接地点，则在两个接地点之间就会形成闭合回路，交变磁通会在其中产生感应电动势并形成环流，最终产生局部过热，增加变压器损耗、加速变压器老化，严重时可能烧损铁芯。为此，必须保证铁芯和夹件对地绝缘良好。所以，定期测量铁芯和夹件绝缘电阻十分必要。

一、测量要求

如果铁芯和夹件没有外引接地线，则必须在大修时测量；如果铁芯和夹件有外引接地线，则可以在变压器停电检修或预防性试验时进行测量。铁芯绝缘电阻测量一般用 2 500V 兆欧表。

如果铁芯和夹件有引出接地线，也可在运行状况下判断铁芯是否有多点接地。此时，既可用钳形电流表测量铁芯外引接地线的电流大小，也可在接地开关处接入电流表或串入接地故障监测装置。当铁芯绝缘状况良好时，电流很小，一旦存在多点接地，铁芯柱磁通周围相当有短路线匝存在，匝内有环流。环流大小取决于故障点与正常接地点的相对位置，即与短路线匝中包围磁通多少和变压器带负荷多少有关。对于上夹件接地点也引到油箱外的情况，则除测铁芯引出线接地电流 I_2 外，还要测上夹件引出接地线的电流值 I_1。

二、试验结果判断

《规程》规定，停电所测铁芯绝缘电阻值一般应大于 100MΩ，此外，测得的绝缘电阻数值与以前比较，应无显著差别。

对于运行中所测铁芯外引接地线中电流值，当所测电流不大于 0.1A 时，一般认为变压器是正常的，不存在铁芯多点接地的现象。当铁芯接地电流大于 0.1A 时，则要引起注意，并根据电流大小采取相应的措施。

三、铁芯多点接地的处理

如果在运行中变压器暂时无法处理多点接地故障，可以在接地回路中串接一只限流电阻 R，使接地电流限制在 0.1A 以内。R 的选择可按照如下的步骤进行：将接地线断开，测量回路开路电压 u，则 $R = u/0.1$，并适当选择电阻功率，满足运行中热容量要求。为防止接地故障消失后铁芯产生悬浮电位，一般还须在限流电阻 R 上并联一只 $2 \sim 8\mu F$ 的电容器。

另一种可行的办法是停电消除接地点。此时，可以在断开铁芯接地线的情况下，采用电容充放电法消除接地故障点。试验过后，如能承受 1 000V 耐压 1min 后，方能确认接地点已经消除，再恢复正常的接地线。当然，这种方法可能对变压器造成一定的损害。

第四章　高压断路器试验方法

高压断路器是电力系统最重要的控制和保护设备。它既要在正常情况下切、合线路，又要在故障情况下开断巨大的故障电流（特别是短路电流）。因此，它的工作好坏直接影响电力系统的安全可靠运行。《规程》规定，高压断路器在预防性试验时必须进行的项目包括：绝缘电阻测量、回路电阻测量、均压电容的介损与电容量测量、SF_6 开关微水测量、合闸电阻及合闸电阻投入时间测量等，其他必要时进行的项目包括泄漏电流试验、交流耐压试验、开关机械特性试验、密度继电器试验等。因为本教程主要针对高压设备电气试验项目，因此，重点介绍高压断路器的绝缘电阻、回路电阻及均压电容介损与电容量等测量项目，这也是断路器预防性试验的主要项目。

第一节　绝缘电阻试验

对各种型号的高压断路器，一般绝缘电阻都要求测量整体对地的绝缘电阻和断口间绝缘电阻。整体对地的绝缘电阻即断路器导电部分对地的绝缘电阻。测量时，断路器合闸，采用 2 500V 摇表进行测量。对于高压断路器而言，整体对地的绝缘电阻实际是测量其支持瓷套和绝缘拉杆的绝缘电阻。对于断口的绝缘电阻，测量时将断路器分闸，然后通过兆欧表直接测量即可，断口间的绝缘电阻主要检查断口间的绝缘状况，当断口带有并联电容时，测得的是并联电容与断口绝缘电阻的并联值。断路器断口间绝缘电阻测量示意图如图 4 - 4 - 1 所示。

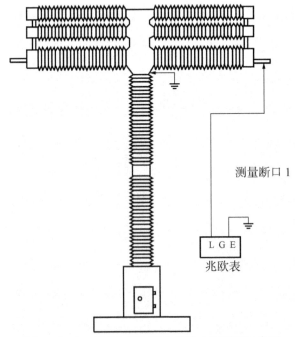

图 4 - 4 - 1　并联电容与断口绝缘电阻测量示意图

第二节 回路电阻试验

由于导电回路接触好坏是能否保证断路器安全稳定运行的重要条件，所以断路器的预防性试验要求测量回路电阻。对于回路电阻测量的方法既可以采用通常的电压降法，也可以采取各类集成的微欧检测仪进行测量。采用双臂电桥测量的接线图如图4-4-2所示。

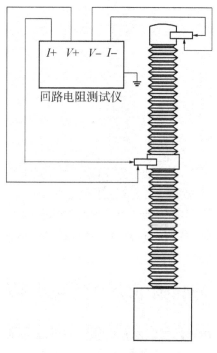

图4-4-2 双臂电桥法回路电阻测量示意图

由于断路器回路电阻很小，因此要求使用大电流法进行测量，一般要求回路电阻仪所加电流不小于100A，这样可以确保测量得到满意的精度。

《规程》规定，对于敞开式断路器，其回路电阻一般要求不大于出厂数值的120%。

第三节 断口并联电容的电容量与介损测量

500kV及以上的超高压断路器都是由两个以上断口构成，断口间要加装并联电容器，其主要作用是均匀断口间的电压分布，改善开断性能。对于敞开式断路器，并联电容器的介损与电容量测量方法同前述的介损测量方法，其测量接线图如图4-4-3所示。

测量时介损仪要求使用正接法测量。《规程》规定的测量的标准判据如下：① 膜纸复合绝缘介损值不大于0.4%；② 油纸绝缘介损值不大于0.5%；③ 电容最大偏差应在额定值的±5%范围内。实际测量过程中，连接件接触不良对数值影响较大，必要时应直接夹在经打磨的金属部位。

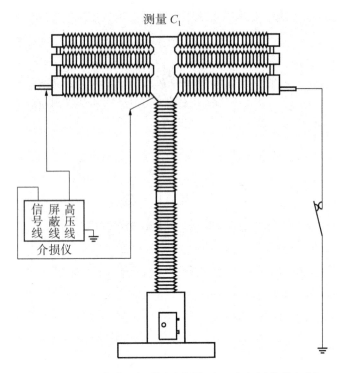

图 4 - 4 - 3　并联电容测量示意图（C_1 为左侧并联电容）

第四节　合闸电阻值及合闸电阻接入时间测量

断路器的合闸电阻主要用来降低线路重合闸产生的过电压，一般只有超高压线路断路器才装有合闸电阻。由于合闸电阻多次通流后，其特性可能变坏，因此须监测其阻值变化，测量时可以采用单臂电桥进行测量，也可以采用开关机械特性测试仪进行测量。

合闸电阻接入时间一般指辅助触头刚接通到主触头闭合的一段时间，一般为几毫秒。在现场，合闸电阻接入时间可以与分闸时间、合闸时间一道通过机械特性测试仪器完成，其测量接线图如图 4 - 4 - 4 所示。

实际测量中，为确保精度，合闸电阻值及合闸电阻投入时间应进行三次测量并取平均数值，相关的判据如下：① 合闸电阻除符合厂家规定外，阻值允许范围不大于 ±5%；② 合闸电阻投入时间应符合厂家规定。

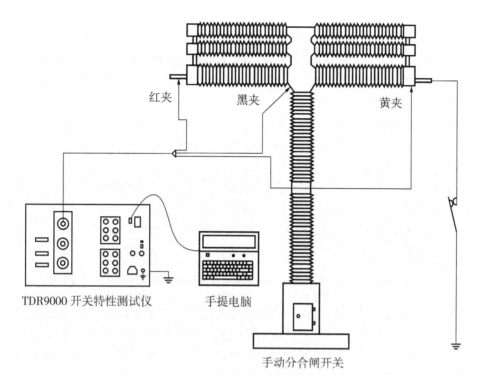

红夹　　　黑夹　　　黄夹

TDR9000 开关特性测试仪　　　手提电脑

手动分合闸开关

图 4 - 4 - 4　合闸电阻接入时间测量示意图

第五章 互感器试验方法

第一节 电流互感器试验

电流互感器是根据电磁感应原理制造的变换电流的测量保护设备。按其本身绝缘材料可分为干式电流互感器、油纸绝缘电流互感器和 SF_6 气体绝缘电流互感器，按其结构特点则可分为正立式和倒立式。对于 35kV 以上电压等级的油纸绝缘电流互感器，《规程》规定的停电预防性试验项目如表 4-5-1 所示（带电测试项目在第六篇介绍）。

表 4-5-1 35kV 以上油纸绝缘电流互感器预防性试验项目及要求

序号	项 目	周 期	要 求						说 明
1	绕组及末屏的绝缘电阻	(1) 3 年 (2) 大修后 (3) 必要时	(1) 一次绕组对末屏及地、各二次绕组间及其对地的绝缘电阻与出厂值及历次数据比较，不应有显著变化，一般不低于出厂值或初始值的 70% (2) 电容型电流互感器末屏绝缘电阻不宜小于 1 000MΩ						(1) 有投运前数据 (2) 用 2 500V 兆欧表 (3) 必要时，如：怀疑有故障时
2	tanδ 及电容量	(1) 3 年 (2) 大修后 (3) 必要时	(1) 主绝缘 tanδ 不应大于下表中的数值，且与历次数据比较，不应有显著变化：						(1) 当 tanδ 值与出厂值或上一次试验值比较有明显增长时，应综合分析 tanδ 与温度、电压的关系，当 tanδ 随温度变化明显或试验电压由 10 kV 到 $U_m/\sqrt{3}$，tanδ 变化绝对量超过 ±0.3，不应继续运行 (2) 必要时，如：怀疑有故障时
			电压等级/kV	35	110	220	500		
			大修后 油纸电容型	1.0	1.0	0.7	0.6		
			充 油 型	3.0	2.0	—	—		
			胶纸电容型	2.5	2.0	—	—		
			充 胶 式	2.0	2.0	2.0			
			运行中 油纸电容型	1.0	1.0	0.8	0.7		
			充 油 型	3.5	2.5	—	—		
			胶纸电容型	3.0	2.5	—	—		
			充 胶 式	2.5	2.5	2.5			
			(2) 电容型电流互感器主绝缘电容量与初始值或出厂值差别超过 ±5% 时应查明原因 (3) 当电容型电流互感器末屏对地绝缘电阻小于 1 000MΩ 时，应测量末屏对地 tanδ，其值不大于 2%						

序号	项 目	周 期	要 求	说 明
3	局部放电试验	110kV 及以上：必要时	在电压为 $1.2U_m/\sqrt{3}$ 时，视在放电量不大于 20pC	必要时，如：对绝缘性能有怀疑时
4	极性检查	大修后	与铭牌标志相符合	
5	交流耐压试验	（1）大修后（2）必要时	（1）一次绕组按出厂值的 0.8 倍进行（2）二次绕组之间及末屏对地的试验电压为 2kV，可用 2 500V 兆欧表代替	必要时，如：对绝缘性能有怀疑时
6	变比检查	（1）大修后（2）必要时	（1）与铭牌标志相符合（2）比值差和相位差与制造厂试验值比较应无明显变化，并符合等级规定	（1）对于计量计费用绕组应测量比值差和相位差（2）必要时，如：改变变比分接头运行时
7	校核励磁特性曲线	继保有要求时	（1）与同类互感器特性曲线或制造厂提供的特性曲线相比较，应无明显差别（2）多抽头电流互感器可在使用抽头或最大抽头测量	
8	绕组直流电阻	大修后	与出厂值或初始值比较，应无明显差别	包括一次及二次绕组

干式电流互感器试验项目与油纸绝缘电流互感器类似，SF$_6$ 气体绝缘电流互感器的主要试验项目是气体试验，本教程不作介绍。本节将重点对绝缘电阻测量、直流电阻测量、交流耐压试验等试验项目做简单介绍。

一、测量绕组及末屏的绝缘电阻

1. 绕组的绝缘电阻测量

测量主绝缘的绝缘电阻时，一次芯线接兆欧表的 L 端，末屏端接兆欧表的 E 端，二次绕组短路接地，用 2 500V 摇表测量。测量得到的绝缘电阻与初始值及历次数据比较，不应有显著变化。根据有关资料介绍，我国生产的电流互感器绕组绝缘电阻数值一般不应低于表 4 - 5 - 2 的数据。

表 4 - 5 - 2　20℃时各电压等级电流互感器绝缘电阻极限值

电压等级/kV	0.5	3 ～ 10	20 ～ 35	60 ～ 220
绝缘电阻/MΩ	120	450	600	1 200

对于电容式电流互感器，一般由十层以上电容屏串联，当电流互感器进水受潮后，水分一般不易渗入电容层间或使电容层普遍受潮。因此，进行主绝缘绝缘电阻测量往往不能

有效地发现其进水受潮情况。但是，因为水分的比重大于变压器油，所以往往沉积于套管和电流互感器外层或底部而使末屏对地绝缘水平大大降低。因此，进行末屏对地绝缘电阻的测量往往能有效地监测电容型试品进水受潮缺陷。

2. 末屏对地绝缘电阻测量

当互感器受潮，其水分积在油箱底部时，末屏与箱底间的绝缘受潮最为严重，使绝缘电阻下降。因此，通过测量末屏对地的绝缘电阻可以有效地发现这一缺陷。测量时末屏接兆欧表 L 端，接地端接兆欧表 E 端，一般而言，末屏的绝缘电阻不应小于 1 000MΩ。

二、测量介损 tanδ 及电容量

一般只对 35kV 及以上的电流互感器测量一次绕组（包括套管）介质损耗因数。10kV 及以下电流互感器由于多数为干式绝缘，电容量小，一般不做这项试验。试验时电流互感器的二次绕组应短路接地。

1. 试验接线

对电容型电流互感器，现场测量可采用电桥按正接线测量，其测量接线图如图 4 - 5 - 1 所示。

采用上述试验接线进行测量仅能反映一次绕组电容层间主绝缘状况，而不易发现运行中电流互感器底部进水受潮现象。为检查电流互感器底部和电容芯子表面的绝缘状况，《规程》规定，当末屏对地绝缘电阻小于 1 000MΩ 时，应测量末屏对地的介质损耗因数。

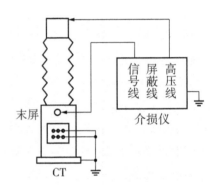

图 4 - 5 - 1　电流互感器介损测量示意图

测量时还应注意末屏引出结构方式对介质损耗的影响。由环氧树脂布板直接引出的末屏介质损耗一般都较大，即使合格的也在 1%～1.5% 之间；由绝缘小瓷套管引出的末屏介质损耗一般都小于 1%。

测量时还应注意空气相对湿度的影响，只有试区的空气相对湿度在 75% 以下时，才能得到正确的数据。

2. 综合分析判断

介质损耗因数是评定绝缘是否受潮或整体劣化的重要参数，对其测量结果要认真分析。绝缘的 tanδ、电容量及末屏介损不应大于表 4 - 5 - 1 所列的数值，且与历年数据比较，不应有显著变化。

《规程》规定，油纸电容型电流互感器测得的 tanδ 一般不进行温度换算。这是因为油纸绝缘的介质损耗因数 tanδ 与温度的关系取决于油与纸的综合性能。良好的绝缘油是非极性介质，油的 tanδ 主要是电导损耗，它随温度升高而增大，而一般情况下，纸的 tanδ 在 -40～60℃ 的温度范围内随温度升高而减小。因此，不含导电杂质和水分的良好油纸绝缘，在此温度范围内其 tanδ 没有明显变化，所以可不进行温度换算。若要换算，也不宜采用充油设备的温度换算方式，因为其温度换算系数不符合油纸绝缘的 tanδ 随温度变化的真实情况。

《规程》规定，对充油型和油纸电容型的电流互感器，当其介损与出厂值或上一次试验

值比较有明显增长时，应综合分析介损与温度、电压的关系，以确定其绝缘是否有缺陷。

三、一次绕组的直流电阻测试

从直流电阻的测量可以发现绕组层间绝缘有无短路、是否断线、接头有无松脱或接触不良等缺陷。在交接与大修更换过绕组后，都应测量绕组的直流电阻值，一般对于电流互感器可以采用双臂电桥进行测量，相关要求见表4－5－1。

四、交流耐压试验

电流互感器交流耐压试验通常采用外施工频电压的方法。试验的部位有：

（1）一次绕组对二次绕组、铁芯及地。试验时，一次绕组两端短接接高压，二次绕组短接后与铁芯、外壳一起接地。对于电容型电流互感器，末屏也应接地。施加的试验电压为出厂值的85%。

（2）二次绕组之间。试验时，二次绕组均短接，其中一个接高压，另一个接地。试验电压为2kV。

（3）末屏对地。试验电压也为2kV，一般也可采用5 000V摇表代替。

五、局部放电测量

常规的预防性试验方法（如测量绝缘电阻、测量介损因数等）均不能发现局部放电，有时色谱分析也无效果，这时进行局部放电的测量可以及时有效地发现互感器中存在的放电性缺陷，防止其扩大并导致整体绝缘击穿，因为互感器的局部放电量很小，一般只有几十个皮库。因此，在干扰较大的现场很难测准。因为篇幅原因，在此不对其试验方法进行详细介绍。

第二节 电磁式电压互感器试验

对于35kV及以上电压等级的电磁式电压互感器，它的绝缘多为分级绝缘，一般要求做的试验项目如下：各绕组绝缘电阻测量、一次绕组介质损耗因数和电容值测量、绕组直流电阻测量、空载电流和励磁特性测量。而对于10kV及以下电压等级的电磁式电压互感器，一般要求做以下试验项目：一、二次绕组直流电阻测量、绕组间及对地绝缘电阻测量、空载电流测量、交流耐压试验。上述试验中，空载电流是指从电压互感器任意一侧绕组（一般为低压绕组）施加额定电压，在其余绕组开路的情况下测量其空载电流的试验，其具体的试验接线图可参见变压器空载电流试验，此处不做详细介绍。

一、测量绕组的绝缘电阻

测量时一次绕组用2 500V兆欧表，二次绕组用1 000V或2 500V兆欧表，非被测绕组应短路接地。测量时应考虑空气湿度、套管表面脏污对绝缘电阻的影响，必要时将套管表面屏蔽，以消除表面泄漏的影响。温度的变化对绝缘电阻影响很大，测量时应记下准确温度，以便比较。通常一次绕组的绝缘电阻不低于出厂值或以往测得值的60%～70%，二次绕组的绝缘电阻不低于10MΩ。

二、介质损耗因数和电容值

对全绝缘电磁式电压互感器，测量时一次绕组首尾端短接后加电压，其余绕组首尾端短接接地。介质损耗因数 $\tan\delta$ 的测量结果一般应不大于表 4-5-3 所列的数值。

表 4-5-3　电压互感器的 $\tan\delta$ 的极限值

温度/℃		5	10	20	30	40
35kV	大修后	1.5	2.5	3.0	5.0	7.0
	运行中	2.0	2.5	3.5	5.5	8.0
35kV 以上	大修后	1.0	1.5	2.0	3.5	5.0
	运行中	1.5	2.0	2.5	4.0	5.5

对于采用分级绝缘方式的 110～220kV 串级式电压互感器，其介质损耗因数和电容值的测量方法和接线与全绝缘的电压互感器不同，通常有常规法、自激法、末端屏蔽法等测量方法。其中末端屏蔽法是《规程》建议采用的方法，其测量接线如图 4-5-2 所示。测量时一次绕组 A 端加高压，末端 X 接电桥屏蔽。

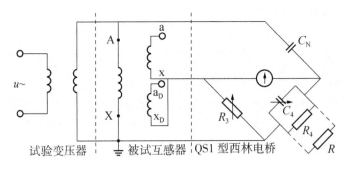

图 4-5-2　末端屏蔽法测量接线图

由于 X 端及底座法兰接地，小瓷套及接线端子绝缘板受潮、脏污、裂纹所产生的测量误差都被屏蔽掉，所以一次静电屏对二次绕组以及绝缘支架的介质损耗因数和电容值都测不到，只能测到下铁芯柱上一次绕组对二次绕组的介损因数和绝缘支架的介损因数。

对于自激法可参见 CVT 试验的相关步骤。

三、交流耐压试验

电磁式电压互感器的交流耐压试验有两种加压方式。一种是外施工频试验电压，适用于额定电压为 35kV 及以下的全绝缘电压互感器的交流耐压试验，试验接线和方法与电流互感器的交流耐压试验相同。对于 110kV 及以上的串级式或分级绝缘的电压互感器，《规程》推荐采用倍频感应耐压方式。这是因为 110kV 及以上的电压互感器多为分级绝缘，其一次绕组的末端绝缘水平很低，不能与首端承受同一试验电压。而采用感应耐压的方法，可以把电压互感器的一次绕组末端接地，从某一个二次绕组激磁，在一次绕组首端感应出所需要的试验电压，这对绝缘的考核同实际运行中的电压分布是一致的。另一方面，由于感应耐压试验时一次绕组首尾两端的电压比额定电压高，绕组电势也比正常运行时高得多，因此感应耐压试验可以同时考核电压互感器的纵绝缘，从而检验出电压互感器是否存在纵绝缘方面的缺陷。

用三倍频发生器对串级式电压互感器进行感应耐压试验的接线图如图4-5-3所示。

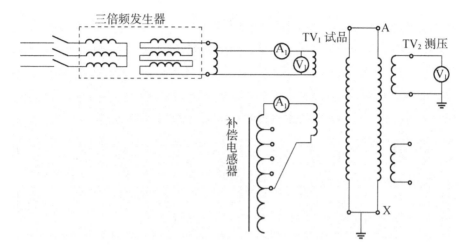

图4-5-3　电压互感器三倍频感应耐压试验接线图

试验中应充分考虑电压互感器可能产生的容升效应，根据有关资料介绍，各电压等级的互感器的容升试验数据如下：

（1）35kV级电压互感器的容升电压约为3%；

（2）66kV级电压互感器的容升电压约为4%；

（3）110kV级电压互感器的容升电压约为5%；

（4）220kV级电压互感器的容升电压约为10%。

试验时，一次绕组的试验电压为出厂值的80%，二次绕组之间及末屏对地施加的试验电压为2kV。为对测试结果进行分析判断，在测试过程中应监视有无击穿或其他异常现象，在测试后应检查绝缘有无损伤。检查方法是在耐压试验前后对被试电压互感器进行绝缘电阻、空载电流和空载损耗测量及绝缘油的色谱分析，耐压试验前后上述测量和分析结果应无明显差异。

四、局部放电测量

与电流互感器局部放电测量不同，电压互感器局部放电测量采用的是感应耐压试验的接线方法。因为根据国标《互感器局部放电测量》（GB 5583—85）规定，对互感器进行局部放电测量时，加在被试互感器高压端上的预加电压高达其正常运行电压的两倍以上。而电磁式电压互感器，在额定频率的额定电压下，铁芯已接近饱和，耐压试验时，由于铁芯饱和，空载电流会急剧增加，这对铁芯和绕组来说都是不允许的。因此常采用倍频电源，在电压互感器低压侧加压，用在高压侧感应出试验电压进行局部放电测量。试验电源的频率一般不低于额定频率的两倍，通常采用三倍频自激法的接线方法，如图4-5-4所示。

《规程》规定电压互感器所允许的局部放电水平如下：

（1）固体绝缘的电压互感器在相对地电压为$1.1U_m/\sqrt{3}$时，放电量不大于100pC；在电压

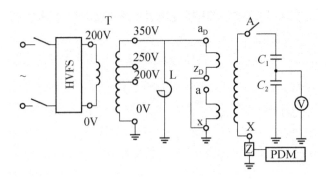

图 4-5-4 三倍频自激法测量电压互感器局部放电接线图

为 $1.1U_m$（必要时）时，放电量不大于 500pC；相间电压为 $1.1U_m$ 时，放电量不大于 100pC。

（2）110kV 及以上油浸式电压互感器，在电压为 $1.1U_m/\sqrt{3}$ 时，放电量不大于 20pC。

在施加电压过程中，电压不产生突然下降，而且在施加测量电压期间，测得的视在放电量不超过上述规定的允许值，则判定被试电压互感器合格。

第三节　电容式电压互感器试验

电容式电压互感器（CVT）由电容分压器、电磁单元和接线端子盒组成。其结构有两种：单元式结构（分压器盒、电磁单元分别为一单元）和整体式结构（分压器和电磁单元合装在一起）。电容式电压互感器的结构原理如图 4-5-5 所示。

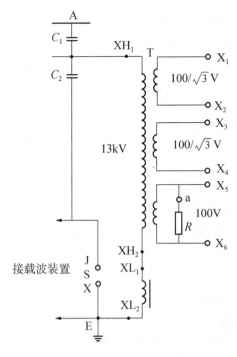

图 4-5-5 CVT 结构原理图

对于电容式电压互感器，应进行的常规预防性试验项目及要求如表4-5-4所示。对于绝缘电阻的测量，本节将不做详细介绍，本节将重点介绍电容分压器和中间变压器的试验，包括电容量及介损因数的测量。

表4-5-4 电容式电压互感器预防性试验项目及要求

序号	项 目	要 求	说 明
1	测量电容器两极间的绝缘电阻	一般不低于5 000MΩ	采用2 500V兆欧表
2	测量低压端对地绝缘电阻	一般不低于1 000MΩ	采用2 500V兆欧表
3	测量电容器的tanδ及电容量	（1）每节电容值偏差不超出额定值的-5%～+10%范围 （2）电容值与出厂值相比，增加量超过+2%时，应缩短试验周期 （3）由多节电容器组成的同一相，任两节电容器的实测电容值相差不超过5% （4）10kV以下的tanδ值不大于下列数值：油纸绝缘，0.5%；膜纸复合绝缘，0.4%	当采用电磁单元作为电源测量电容式电压互感器分压电容器C_1和C_2的电容量及tanδ时，应按制造厂规定进行

一、电容分压器试验

对于电容分压器，测量C_1及$\tan\delta_1$和C_2及$\tan\delta_2$的接线图分别如图4-5-6和图4-5-7所示。

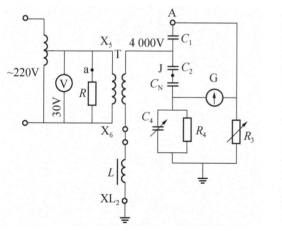

图4-5-6 测量C_1及$\tan\delta_1$接线图

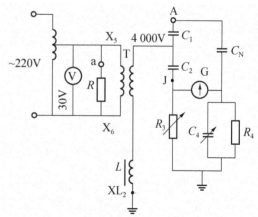

图4-5-7 测量C_2及$\tan\delta_2$接线图

在图4-5-6和图4-5-7中，C_N为标准电容器，一般取50pF；R_4为电桥内部电阻，阻值为3 184Ω。测量结果可以用下列公式进行计算：

$$\tan\delta_1 \approx \tan\delta_1' + \tan\delta_N$$

$$\tan\delta_2 \approx \tan\delta_2' + \tan\delta_N$$

$$C_1 = \frac{(m_1 m_2 - 1) C_N}{m_2 + 1} \ (\text{pF})$$

$$C_2 = \frac{(m_1 m_2 - 1) C_N}{m_1 + 1} \ (\text{pF})$$

$$m_1 = R_4 \frac{100 + R_{31}}{r_1 (R_{31} + \rho'_1)}$$

$$m_2 = R_4 \frac{100 + R_{32}}{r_2 (R_{32} + \rho'_2)}$$

式中　$\tan\delta'_1$、$\tan\delta'_2$——电桥介损因数的指示数值，% ；

$\quad\quad\quad \tan\delta_N$——标准电容器 C_N 的介质损耗因数，一般情况下，$\tan\delta_N \leqslant 0.01\%$ ；

$\quad\quad\quad R_{31}$、R_{32}——测量 $\tan\delta'_1$、$\tan\delta'_2$ 时，电桥平衡后所指示的平衡电阻 R_3 的数值，Ω ；

$\quad\quad\quad \rho'_1$、ρ'_2——测量 $\tan\delta'_1$、$\tan\delta'_2$ 时，电桥平衡后，平衡电阻微调阻值，Ω ；

$\quad\quad\quad r_1$、r_2——测量 $\tan\delta_1{}'$、$\tan\delta'_2$ 时，电桥分流器的分流电阻。

测量前应将中间变压器 T 的二次绕组 X_1、X_2 和 X_3、X_4 开路，将阻尼电阻 R 接上，然后通过辅助二次绕组 X_5、X_6 加压。由于分压电容器 C_2 下端 J 点绝缘水平较低，因此，X_5、X_6 绕组上的电压一般不能超过 30V；试验时接上阻尼电阻 R 是为避免出现谐振产生的过电压损伤设备绝缘。

二、中间变压器试验

测量中间变压器 T 的介损因数的接线图及等效电路图如图 4 – 5 – 8 所示。

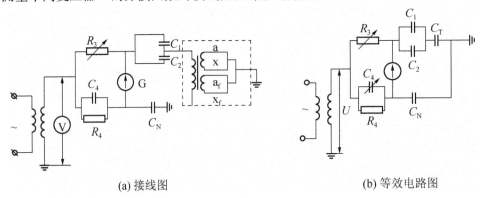

(a) 接线图　　　　　　　　　　　　　　(b) 等效电路图

图 4 – 5 – 8　中间变压器介损测量接线图及等效电路图

由图 4 – 5 – 8 可知，此时测量的是 C_1 与 C_2 并联后再与 C_T 串联的介损因数。设主电容、分压电容、中间变压器一次绕组对铁芯、外壳和二次绕组的电容和介损因数分别为 C_1、C_2、C_T 和 $\tan\delta_1$、$\tan\delta_2$、$\tan\delta_T$，则测得的 $\tan\delta$ 值为：

$$\tan\delta = \frac{C_T \left(\dfrac{C_1 \tan\delta_1 + C_2 \tan\delta_2}{C_1 + C_2} \right) + (C_1 + C_2) \tan\delta_T}{C_1 + C_2 + C_T}$$

由于 $C_1 + C_2 \gg C_T$，所以可简化为 $\tan\delta \approx \tan\delta_T$，因此测得的介损因数近似认为是中间变压器一次绕组对铁芯、外壳及二次绕组的介损因数。

中间变压器的测量结果可按照本章第二节中电磁式电压互感器的规定进行判断。

第六章　避雷器试验方法

由于目前氧化锌避雷器（MOA）已经成为变电站防雷的首选设备，有逐步取代其他避雷器的趋势，因此，本章重点对氧化锌避雷器的预防性试验进行介绍。《规程》规定的氧化锌避雷器试验项目如表4-6-1所示（带电测试项目在第六篇介绍）。

表4-6-1　氧化锌避雷器停电预防性试验项目

序号	检查项目	周期	要求	说明
1	检查放电计数器动作情况	（1）每年雷雨季前 （2）怀疑有缺陷时	测试3～5次，均应正常动作	结合停电测试进行
2	绝缘电阻	（1）35kV、110kV：6年；220kV、500kV：3年 （2）怀疑有缺陷时	（1）35kV以上：不小于2 500MΩ （2）35kV及以下：不小于1 000MΩ	采用2 500V及以上兆欧表
3	直流1mA电压U_{1mA}及$0.75U_{1mA}$下泄漏电流	（1）35kV、110kV：6年；220kV、500kV：3年 （2）怀疑有缺陷时	（1）不低于GB 11032规定值 （2）U_{1mA}实测值与初始值或制造厂规定值比较，变化不应大于±5% （3）$0.75U_{1mA}$下的泄漏电流不应大于50μA	（1）要记录环境温度和相对湿度，测量电流导线应使用屏蔽线 （2）初始值系指交接试验或投产试验时的测量值 （3）避雷器怀疑有缺陷时应同时进行交流试验
4	底座绝缘电阻	（1）35kV、110kV：6年；220kV、500kV：3年 （2）怀疑有缺陷时	不小于5MΩ	采用2 500V及以上兆欧表

第一节　绝缘电阻测量

氧化锌避雷器绝缘电阻测量包括本体绝缘电阻测量和底座绝缘电阻测量两个部分，其测量示意图如图4-6-1所示。本体绝缘电阻测量主要是检查避雷器是否进水受潮或绝缘劣化，对于内部有大熔丝的还可以检查内部熔丝是否完好。底座绝缘电阻测量主要检查底座的绝缘情况，由于底座绝缘电阻高低直接影响到放电计数器的可靠动作及带电测试数据的准确性，因此，及时发现其缺陷极为必要。《规程》规定35kV及以上避雷器本体的绝

缘电阻一般不低于 2 500MΩ，底座的绝缘电阻一般应大于 5MΩ。

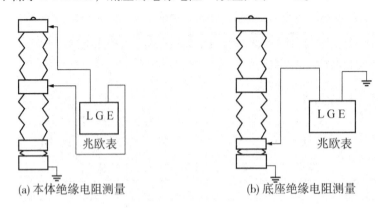

(a) 本体绝缘电阻测量　　(b) 底座绝缘电阻测量

图 4-6-1　MOA 本体及底座绝缘电阻测量示意图

第二节　U_{1mA} 和 75% U_{1mA} 下的泄漏电流试验

测量氧化锌避雷器的 U_{1mA} 及 75% U_{1mA} 下泄漏电流主要是检查其阀片是否受潮，确定其动作性能是否符合要求，检查其长期允许工作电流是否符合规定，其测量原理示意图、测量中的相关注意事项同直流泄漏电流测量。其具体试验接线图如图 4-6-2 所示。

测量过程中，应先测量 U_{1mA}，然后再将电压下降到 75% U_{1mA} 下读取相应的泄漏电流数值，一般而言，泄漏电流不应超过 50μA。试验中，直流高压一般采用分压器进行测量。

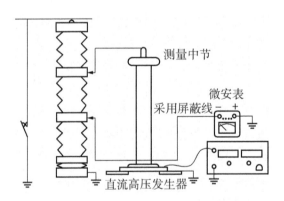

图 4-6-2　MOA 直流泄漏试验接线图

目前，市场上一般采用中频或高频直流发生器进行试验。为确保测试精度，要求直流电源脉动系数小于 1.5%，当脉动系数过大时，会造成 U_{1mA} 测试数据偏小，可能引起误判断。U_{1mA} 实测值与初始值或制造值相比，其变化不应大于 5%，这是因为 U_{1mA} 过高会使保护电气设备的绝缘裕度降低，U_{1mA} 过低会使 MOA 避雷器在各种操作和故障的瞬态过电压下发生误动作或爆炸。测量 75% U_{1mA} 下的直流泄漏电流，主要检测长期允许工作电流的变化情况。

进行泄漏电流测试时，应防止表面泄漏电流影响，测试前应将表面擦干净，测量导线应使用屏蔽线。为便于正确判断，应详细记录测试时的温度、湿度。对数值有怀疑时应加装屏蔽环，采取屏蔽法试验。

第三节　放电计数器试验

放电计数器在运行中可以记录避雷器是否动作及动作的次数，以便积累资料，分析系统过电压情况，是避雷器的重要配套设备。

放电计数器在运行中发现的主要问题是密封不良和受潮，严重的甚至出现内部元件锈蚀的情况。因此在对避雷器进行预防性试验时，应检查放电计数器内部有无水气、水珠，元件有无锈蚀，密封橡皮垫圈的安装有无开胶等情况，发现缺陷应予处理或更换。

为了检查放电计数器动作是否正常，一种简易的方法是用冲击电流发生器给计数器加一个幅值大于100A的冲击电流，看其是否动作，这也是现场普遍采用的方法。

试验时，应记录放电计数器试验前后的放电指示位数，原则上应将放电计数器指示位数通过多次动作试验恢复到试验前位置。

目前，国内已有专门用于检查避雷器放电计数器动作情况的试验仪器。

第七章　电力电容器试验方法

电力系统中常用的电容器有串、并联电力电容器、耦合电容器、断路器均压电容及电容式电压互感器的电容分压器。电力电容器一般用作无功补偿和过电压保护，耦合电容器主要用于载波通信及高频保护。均压电容器并联于断路器断口，起均压及增加断路器开断容量的作用。

电力电容器的外观和内部结构如图 4 – 7 – 1 所示。

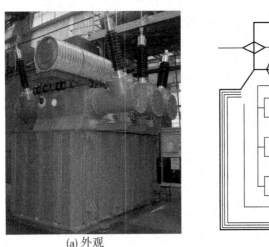 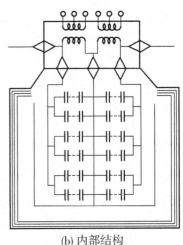

(a) 外观　　　　　　　　　　　　　(b) 内部结构

图 4 – 7 – 1　电力电容器外观和内部结构图

第一节　绝缘电阻测量

测量绝缘电阻的目的主要是初步判断电容器的两极间及两极对外壳间的绝缘状况，测量时一般用 2 500V 绝缘电阻表（摇测耦合电容器测量小套管对地绝缘电阻时一般用 1 000V 绝缘电阻表）。测量接线如图 4 – 7 – 2 所示。

测量时注意事项如下：

（1）测量前后对电容器两极之间，两极与地之间，均应充分放电，尤其对电力电容器应直接从两个引出端上直接放电，而不应仅在连接导线板上对地放电。

（2）应按大容量试品的绝缘电阻测量方法摇测电容器。在摇测过程中，应在未断开绝缘电阻表以前，不停止摇动手柄，防止反充电损坏绝缘电阻表。

（3）不允许长时间摇测电力电容器两极间的绝缘电阻。因电力电容器电容量较大，储存电荷也多，长时间摇测时若操作不慎易造成人身及设备事故。

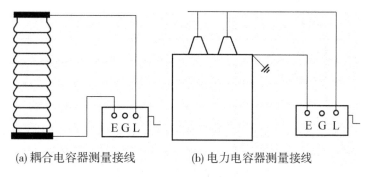

(a) 耦合电容器测量接线　　　　(b) 电力电容器测量接线

图 4 - 7 - 2　测量绝缘电阻接线图

第二节　介损和电容量测量

对 tanδ 和电容量的测量可以检查电容器是否有受潮、整体老化及是否存在电容屏击穿等某些局部缺陷，根据测量得到的电容量与铭牌值进行比较，可判断电容器内部接线是否正确，是否有断线或击穿现象等。

10kV 电力电容器一般不要求做 tanδ 试验。电容式电压互感器的电容分压器试验见本教程互感器试验章节。

一、耦合电容器、断路器电容器的 tanδ 和电容量测量

由于耦合电容器、断路器电容器两极可以对地绝缘，所以一般采用电桥正接线测量其 tanδ 和电容量。《规程》规定的介损及电容量测量要求如表 4 - 7 - 1、表 4 - 7 - 2 所示。

表 4 - 7 - 1　耦合电容器和电容式电压互感器的电容分压器的试验项目、周期和要求

序号	项　目	周　期	要　　求	说　　明
1	极间绝缘电阻	3 年	一般不低于 5 000MΩ	采用 2 500V 兆欧表
2	电容值	3 年	（1）每节电容值偏差不超出额定值的 -5% ～ +10% 范围 （2）电容值与出厂值相比，增加量超过 +2% 时，应缩短试验周期 （3）由多节电容器组成的同一相，任何两节电容器的实测电容值相差不超过 5%	当采用电磁单元作为电源测量电容式电压互感器的电容分压器 C_1 和 C_2 的电容量及 tanδ 时，应按制造厂规定进行
3	tanδ	3 年	10kV 试验电压下的 tanδ 值不大于下列数值： 油纸绝缘，0.5%；膜纸复合绝缘，0.4%	当 tanδ 值不符合要求时，可在额定电压下复测，复测值如符合 10kV 下的要求，可继续投运

表 4 - 7 - 2　断路器电容器的试验项目、周期和要求

序号	项　目	周　期	要　　求	说　　明
1	极间绝缘电阻	参考断路器有关要求	不小于 5 000MΩ	采用 2 500V 兆欧表
2	电容值	参考断路器有关要求	电容值偏差在额定值的 ±5% 范围内	用交流电桥法
3	tanδ	参考断路器有关要求	10kV 试验电压下的 tanδ 值不大于下列数值： 　油纸绝缘，0.5%；膜纸复合绝缘，0.2%	当 tanδ 值大于要求值后应解开断口，单独对电容器进行介损测量

由所测得的电容量可以计算出被测设备电容变化率 ΔC_X。计算式为

$$\Delta C_X = \frac{C_X - C_N}{C_N} \times 100\% \qquad (4-7-1)$$

式中　C_X——测量的电容值，pF；

　　　C_N——所测电容器铭牌电容值，pF。

电容值的增大，可能是电容器内部某些串联元件击穿所致。电容量的减小，可能是内部元件有断线松脱情况，也可能是电容器因外壳密封不严渗油，造成严重缺油所引起。

二、电力电容器的电容量测量

由于电力电容器的电容量较大，所以电力电容器的电容量测量一般不用电桥而常采用以下办法测量。

1. 用法拉表测量

现在国内生产的多量程法拉表，可很方便地测量出电容器两极间电容量。具体使用方法可参照法拉表使用说明书。

2. 交流阻抗计算法（电压、电流表法）

交流阻抗计算法测量电容量的接线如图 4 - 7 - 3 所示。

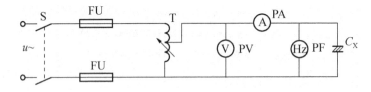

图 4 - 7 - 3　交流阻抗计算法测量电容值接线图
S—电源开关；FU—熔断器；T—单相调压器；C_X—被测电容

按图 4 - 7 - 3 接好线，合上开关，用调压器 T 升高电压，选择合适的电压表 PV、电流表 PA、频率表 PF，待表计指示稳定后，同时读取电压、电流和频率指示值。当外加的交流电压为 u，流过被试电容器的电流为 i，频率为 f 时，则 $I = U \times 2\pi f C_X$，故被测电容量 C_X 为

$$C_X = \frac{I}{2\pi f U} \times 10^6$$

式中　I——电流表 PA 所测电流值，A；

　　　U——电压表 PV 所测电压值，V；

　　　f——频率表 PF 所测频率值，Hz；

　　　C_X——被测电容器电容量，μF。

另外，现场电源一般为 220V 或 380V。

3. 双电压表法

双电压表法测量电容量的接线图及相量图如图 4-7-4 所示。

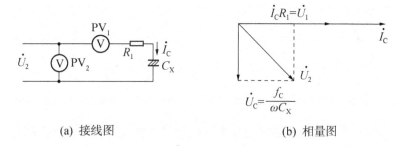

| (a) 接线图 | (b) 相量图 |

图 4-7-4　双电压表法测电容量

由图 4-7-4 可知

$$U_2^2 = U_1^2 + U_C^2 = U_1^2 + \frac{I_C^2}{(\omega C_X)^2} = U_1^2 + \frac{\left(\frac{U_1}{R_1}\right)^2}{(\omega C_X)^2} = U_1^2\left[1 + \frac{1}{(R_1\omega C_X)^2}\right]$$

故有

$$C_X = \frac{1 \times 10^6}{\omega R_1 \sqrt{\left(\frac{U_2}{U_1}\right)^2 - 1}} \ (\mu F)$$

用以上方法可以很容易地测出单相电容器的电容量。但对于三相电容器，须分三次测量，并根据测量结果还要进行计算，较为复杂。表 4-7-3、表 4-7-4 分别示出了三相电力电容器为三角形接线及星形接线时电容量的测量方法和计算公式。

表 4-7-3　三角形接线的三相电力电容器电容量测量方法和计算公式

测量次数	接线方式	短路接线端	测量接线端	测量电容	电容量的计算
1		2，3	1 与 2，3	$C_A = C_1 + C_3$	$C_1 = \frac{1}{2}(C_A + C_C - C_B)$

测量次数	接线方式	短路接线端	测量接线端	测量电容	电容量的计算
2		1, 2	3与1, 2	$C_B = C_2 + C_3$	$C_2 = \frac{1}{2}(C_B + C_C - C_A)$
3		1, 3	2与1, 3	$C_C = C_1 + C_2$	$C_3 = \frac{1}{2}(C_A + C_B - C_C)$

表 4 - 7 - 4　星形接线的三相电力电容器电容量测量方法和计算公式

测量次数	接线方式	测量接线端	测量电容值	电容量的计算
1		1与2 (C_{12})	$\frac{1}{C_{12}} = \frac{1}{C_1} + \frac{1}{C_2}$	$C_1 = \frac{2C_{12}C_{31}C_{23}}{C_{31}C_{23} + C_{12}C_{31} - C_{12}C_{31}}$
2		3与1 (C_{31})	$\frac{1}{C_{31}} = \frac{1}{C_3} + \frac{1}{C_1}$	$C_2 = \frac{2C_{12}C_{31}C_{23}}{C_{31}C_{23} + C_{12}C_{31} - C_{12}C_{23}}$
3		2与3 (C_{23})	$\frac{1}{C_{23}} = \frac{1}{C_2} + \frac{1}{C_3}$	$C_3 = \frac{2C_{12}C_{31}C_{23}}{C_{12}C_{23} + C_{12}C_{31} - C_{31}C_{23}}$

采用上述办法测得的电容值均须按式（4 - 7 - 1）进行电容量的误差计算。交接及运行中的实测值与出厂时实测值或铭牌值差别应在 + 10% ～ - 5% 范围内。

三、试验注意事项

（1）不论何种测量方法，测量前后均须对耦合电容器或电力电容器两极充分放电，以保证人身安全及测量准确度。

（2）用交流阻抗法和双电压表法测量电容量时，最好用频率表直接测量试验电源频率值，并用实测频率值计算电容量。采用的电压表、电流表、频率表精度不应低于 0.5 级。

第三节　交流耐压试验

对电力电容器进行两极对外壳的交流耐压试验，能比较有效地发现油面下降、内部进入潮气、瓷套管损坏以及机械损伤等缺陷。两极对外壳交流耐压试验时要求试验设备容量不大，试验方法简便。表 4 - 7 - 5 列出了不同电压等级电容器交流耐压试验标准，可供参考。

表4-7-5 电力电容器两极对外壳交流耐压试验标准 单位: kV

额定电压	0.5 及以下	1.05	3.15	6.3	10.5
出厂试验电压	2.5	5	18	25	35
交流耐压试验电压	2.1	4.2	15	21	30

注: 交流耐压时间为1min。

如出厂试验电压与表4-7-5的不同时,交流耐压试验电压值应为出厂试验电压值的85%。

第八章　电力电缆试验方法

在国外，20 世纪初已开始使用电缆。我国在建国后，特别是在 20 世纪 70 年代以后，电缆的使用率开始迅速增长。现在使用的 35kV 以下电力电缆主要有橡皮绝缘电力电缆、聚氯乙烯绝缘电力电缆、油浸纸绝缘电力电缆、交联聚乙烯（XLPE）电力电缆；35kV 及以上电力电缆主要有高压充油电力电缆、交联聚乙烯电力电缆等。各类电缆的特点如下：

（1）橡皮绝缘电力电缆的绝缘材料是普通的合成橡胶或乙丙橡胶等，这种材料耐臭氧能力差，在电晕作用下易发生开裂，击穿场强较低，一般只用于低压配电系统。

（2）聚氯乙烯电力电缆加工简单、成本低、耐腐蚀、化学稳定性好，但这种材料的介质损耗大、耐热性差、击穿场强低。因而，其使用场合也受到限制。

（3）油浸纸绝缘电力电缆是由纤维纸和浸渍剂组成的复合绝缘电缆，这种电缆在生产和运输过程中难免会产生气隙，绝缘强度较低，因此一般只用于低压配电系统。

（4）高压充油电力电缆利用补充浸渍油的原理来消除绝缘层中的气隙以提高电缆工作场强。按照其保护层的结构不同分为两类：一类是自容式充油电缆，一类是钢管充油电缆。充油电缆有较好的运行特点，但是运行维护工作量大，安装不方便，正在逐渐被淘汰。

（5）从 20 世纪 70 年代开始，交联聚乙烯作为电缆的绝缘得到了广泛的应用，国外高压电缆的电压等级已发展到 500kV，而且已在线路上应用。我国则从 20 世纪 80 年代开始大规模引进交联聚乙烯电力电缆生产线，产品的等级也在逐步提高。

交联聚乙烯绝缘电力电缆因无油、附属设备较少，在一定防护条件下无火灾危险、安装敷设及运行维护较简单，而成为城市电网改造和建设所需电力电缆的首选产品。110kV 及 220kV 交联聚乙烯电缆也逐渐取代 110kV 及 220kV 充油电缆，由于其工艺和结构合理，耐酸碱、耐腐蚀能力较强，安装敷设简单，运行维护工作少，不存在油的淌流问题，优良的电气性能和安全可靠的运行特点，国内外已经把它作为主要的发展对象。

电力电缆主要由电缆芯、绝缘层和保护层三部分组成。电力电缆结构示意图如图 4-8-1 所示。

电力电缆的薄弱环节是电缆的终端头和中间接头，往往由于制作工艺不良、使用材料不当以及电场分布不均匀而带来缺陷。有些缺陷在交接验收时可能被发现，而许多可能发现不了，而在运行中逐步发展，直至击穿或爆炸。另外，电缆本身也会因机械损伤、铅包腐蚀、制造缺陷等引发故障。由于大多数电缆埋设在地下，这也给寻找和处理故障带来了困难，因此，进行电缆相关故障诊断与检测技术的研究极为必要。

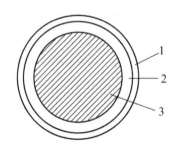

图 4-8-1　电力电缆的结构
1—外保护层；2—绝缘层；3—导体

第一节　测量绝缘电阻

绝缘电阻的测量是检查电缆绝缘最简单的方法。通过测量可以检查出电缆绝缘受潮老化缺陷，还可以判别出电缆在耐压试验时所暴露出的绝缘缺陷。电力电缆的绝缘电阻，是指电缆芯线对外皮或电缆某芯线对其他芯线及外皮间的绝缘电阻。因此测量时除测量相芯线外，对于三相共体电缆，非被测相芯线应短路接地。测量时对 1 000V 以下的电缆可用 1 000V 绝缘电阻表，1 000V 及以上的电缆用 2 500V 绝缘电阻表，6kV 及以上电缆也可用 5 000V 绝缘电阻表。

电力电缆的绝缘电阻与电缆的长度、测量时的温度以及电缆终端头或套管表面脏污、潮湿等有较大关系。测量时应将电缆端头表面擦拭干净，并进行表面屏蔽。

为便于比较，可将不同温度时的绝缘电阻值换算为 20℃ 的值。换算式为

$$R_{20℃} = R_t K_t$$

式中　$R_{20℃}$ ——换算到 20℃ 时的绝缘电阻值，MΩ；

R_t ——温度为 t 时实测的绝缘电阻值，MΩ；

K_t ——温度换算系数，按表 4-8-1 选用。

表 4-8-1　浸渍纸绝缘电缆的部分温度换算系数

测量时电缆的温度/℃	0	5	10	15	20	25	30	35	40
温度换算系数 K_t	0.48	0.57	0.70	0.85	1.0	1.13	1.41	1.61	1.92

测得的电缆绝缘电阻应进行综合分析判断，即与交接及历次试验值以及不同相测量值比较。当绝缘电阻与上次试验值比较，有明显减小或相间绝缘电阻有明显差异时应查明原因。多芯电缆在测量绝缘电阻后，可以用不平衡系数来分析判断其绝缘状况。不平衡系数等于同一电缆中各芯线绝缘电阻中的最大值与最小值之比，绝缘良好的电力电缆其不平衡系数一般不大于 2。

第二节　直流耐压和泄漏电流试验

对电力电缆进行直流耐压及泄漏电流试验，是检查电缆绝缘状况的试验项目之一。直流耐压试验与泄漏电流试验是同时进行的。与交流耐压比较，直流耐压及泄漏电流试验的优点是：

（1）对长电缆线路进行耐压试验时，所需试验设备容量小。

（2）在直流电压作用下，介质损耗小，高电压下对良好绝缘的损伤小。

（3）在直流耐压试验的同时监测泄漏电流及其变化曲线，微安级电流表灵敏度高，反映绝缘老化、受潮比较灵敏。

（4）对某些类型电缆，如油纸电缆而言，可以发现交流耐压试验不易发现的一些缺陷。因为在直流电压作用下，绝缘中的电压按电阻分布，当电缆绝缘有局部缺陷时，大部分试验电压将加在与缺陷串联的未损坏的绝缘上使缺陷更易于暴露。一般对于油纸绝缘电缆，直流耐压试验对检查绝缘中的气泡、机械损伤等局部缺陷比较有效，交流耐压试验有

可能在油纸绝缘电缆空隙中产生游离放电而损害电缆。电压数值相同时，交流电压对电缆的损害较直流电压严重。

研究表明：电缆的直流击穿强度与电缆芯所加电压极性有关，试验时电缆芯一般接负极性高压。如果电缆芯接正极性高压，其击穿电压较接负极性高压高 10% 左右，而且在电场作用下，绝缘中的水分将移向电场较弱的铅皮，使缺陷不易被发现。

电缆在直流电压下的击穿多为电击穿，电缆直流击穿电压与作用时间关系不大，将电压作用时间自数秒增加至数小时，电缆的抗电强度仅减小 8%～15%。电缆的电击穿一般在加压最初的 1～2min 内发生，故电缆直流耐压的时间一般规定为 5min。

须说明的是，以上结论主要是针对油纸或充油电缆而言的，对于交联聚乙烯电缆，进行直流耐压试验会对电缆造成一定的损害，这已在行业内达成共识。因此，目前各类规程普遍推荐对 110kV 及以上交联聚乙烯电力电缆进行交流耐压试验代替直流耐压试验，在现场试验设备不具备时，可以采取变频、调感、调容串联谐振方法进行耐压试验。对 10kV 交联聚乙烯电缆，如果现场不具备条件，目前在进行交接试验时也可以通过直流耐压进行绝缘诊断试验。

一、试验方法、步骤及注意事项

（一）试验设备、接线及操作步骤

1. 直流高压的获得及试验接线图

（1）半波整流电路。

半波整流电路及其耐压试验接线如图 4 - 8 - 2 所示。

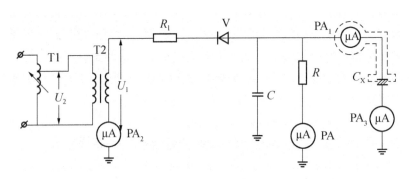

图 4 - 8 - 2　半波整流电路及其耐压试验接线图

半波整流电路分为以下几部分：① 交流高压电源。包括升压变压器 T2、自耦调压器 T1 和控制保护装置等。理想情况下，输出的直流高压 $U_d = \sqrt{2}U_1 = \sqrt{2}KU_2$，式中 K 为升压变压器 T2 的变比；$U_1$、$U_2$ 为其一、二次电压。② 整流部分。这部分包括高压硅堆和稳压电容器（滤波电容器）。一般情况下，高压硅堆的额定反峰电压应大于所加最高交流电压有效值的 $2\sqrt{2}$ 倍，额定电流也应满足试验电流的要求。稳压电容器电容 C 的选择：因电缆为大容量设备，故测量其泄漏电流或进行直流耐压试验时，可以不加稳压电容。③ 保护电阻 R_1。保护电阻 R_1 的作用是限制被试品击穿时的短路电流，保护试验变压器、硅堆及微安级电流表，一般采用水电阻作保护电阻。选用原则是：当试品击穿时，既能将短路电流限制在硅堆的最大允许电流之内，又能使控制保护装置的过流保护可靠动作。④ 微安级电流表。微安级电流表用于测量泄漏电流。

须注意的是，在测量中微安级电流表有三种接线方式。

① 微安级电流表接在试品高压端，如图 4 - 8 - 2 中 PA₁ 位置。

这种接线的优点是测量准确度高，排除了部分杂散电流的影响，接线简单。缺点是微安表处于高电位，必须有良好的绝缘屏蔽；微安表位置距试验人员较远，读数不便，更换量程不易。一般在被试品接地端无法断开时常采用这种接线。

② 微安级电流表接在试验变压器 T2 一次（高压）绕组尾部，如图 4 - 8 - 2 中 PA₂ 位置。

这种接线的微安表处于低电位，读数安全、切换量程方便。一般成套直流高压装置中的微安级电流表采用这种接线。但这种接线的缺点是高压导线等对地部分的杂散电流均通过微安级电流表，测量结果误差较大，如图 4 - 8 - 3 所示。

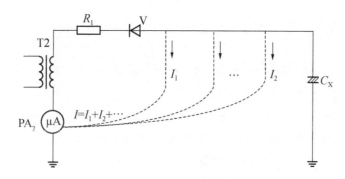

图 4 - 8 - 3　通过微安级电流表 PA₂ 的杂散电流路径示意图

I_1—电晕电流；I_2—漏电流；I—通过 PA₂ 的杂散电流

③ 微安级电流表接在试品低压端，如图 4 - 8 - 2 中 PA₃ 位置。

当被试品的接地端能与地断开并有绝缘时采用这种接线方式。这种接线方式的微安级电流表处于低电位，高压引线等部分的杂散电流不通过回路，屏蔽容易，精度较高。推荐尽可能采用这种接线。

（2）倍压整流电路及多级串接整流电路。当需要较高的直流高压时，如对 35kV 电缆进行直流耐压试验，就要采用倍压整流及多级串接整流，其原理图见直流高压发生器相关原理图。

（3）成套直流高压试验仪器。近年来，随着电子技术的广泛应用，研制出了晶体管直流高压试验器和以倍压整流产生高压或经可控硅逆变器再进行倍压整流获得高压的成套试验仪器。如 KGF 系列、JGS 系列和 JGF 系列等，电压等级 30 ～400kV，且设备体积小、重量轻，现在已广泛应用于试验现场，是电缆直流耐压的首选设备，其使用与操作可参照说明书进行。

2. 直流高压的测量

直流高压的测量是泄漏电流试验中重要的一部分。试验时所加直流电压的准确与否对试验结果影响很大。直流高压的测量方法一般有以下几种：

（1）用高压静电电压表测量。

对不同范围的直流高压选用不同量程的高压静电电压表，可以直接测出输出电压。这种测量虽精度较高，但由于现场使用不便，一般在室内试验时采用。

（2）用分压器测量。

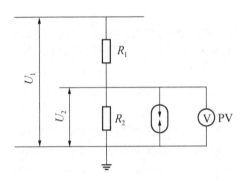

图 4 - 8 - 4　用分压器测量直流高压接线图

如图 4 - 8 - 4 所示，用一高值电阻 R_1 串联一低电阻 R_2，测量 R_2 上电压 U_2，再根据分压比 $K = \dfrac{R_1 + R_2}{R_2}$，计算出被测高压 $U_1 = KU_2 = \dfrac{R_1 + R_2}{R_2} \times U_2$。为安全起见，在 R_2 电阻两端并联一低压放电管。

（二）注意事项

电缆直流耐压及泄漏电流试验时应注意以下问题。

（1）试验前先对电缆验电，并接地充分放电；将电缆两端所连接设备断开，试验时不附带其他设备；将两端电缆头绝缘表面擦干净，减少表面泄漏电流引起的误差，必要时可在电缆头相间加设绝缘挡板。

（2）试验场地设好遮拦，在电缆的另一端挂好警告牌并派专人看守以防外人靠近，检查接地线是否接地、放电棒是否接好。

（3）加压时，应分段逐渐提高电压，分别在 0.25、0.5、0.75、1.0 倍试验电压下停留 1min 读取泄漏电流值。最后在试验电压下按规定的时间进行耐压试验，并在耐压试验终了前，再读取耐压后的泄漏电流值。

（4）《规程》规定的电力电缆直流耐压试验电压标准如表 4 - 8 - 2 中所示。

（5）根据电缆类型不同，微安级电流表有不同的接线方式，一般都采取微安级电流表接在高压侧，高压引线及微安级电流表加屏蔽。对于带有铜丝网屏蔽层且对地绝缘的电力电缆，也可将微安级电流表串接在被试电缆的地线回路，在微安级电流表两端并联一个放电开关。测量时将开关拉开，测量后放电前将开关合上，避免放电电流冲击损坏微安级电流表。

（6）在高压侧直接测量电压。因为采用半波整流或倍压整流时，如采取在低压侧测量电压换算至高压侧电压的方法，由于电压波形和变比误差及杂散电流的影响，可能会使高压试验电压幅值产生较大的误差，故应在高压侧直接测量电压。

（7）每次耐压试验完毕，应先降压，再切断电源。切断电源后必须对被试电缆用每千伏约 80kΩ 的限流电阻对地放电数次，然后再直接对地放电，放电时间应不少于 5min。

表 4-8-2　油纸绝缘电力电缆线路直流耐压试验电压　　　　　单位：kV

额定电压 U_0/U	黏性油纸绝缘试验电压	不滴流油纸绝缘试验电压
0.6/1	4	4
1.8/3	12	—
3.6/6	24	—
6/6	30	—
6/10	40	—
8.7/10	47	30
21/35	105	—
26/35	130	—

二、试验结果的分析判断

根据测得的电缆泄漏电流值，可用以下方法加以分析判断。

（1）耐压 5min 时的泄漏电流值一般与耐压 1min 时的泄漏电流值不应有明显变化。

（2）按不平衡系数分析判断，泄漏电流的不平衡系数等于最大泄漏电流值与最小泄漏电流值之比。除塑料电缆外，不平衡系数应不大丁 2。对于 8.7/10kV 电缆，最大一相泄漏电流小于 20μA 时，不平衡系数不做规定；6/6kV 及以下电缆，小于 10μA 时，不平衡系数不做规定。

（3）泄漏电流随耐压时间延长不应有明显上升。若试验电压稳定，而泄漏电流呈周期性的摆动，则说明被试电缆可能存在局部孔隙性缺陷。在一定的电压作用下，间隙被击穿，泄漏电流便会突然增加，击穿电压下降，孔隙又恢复绝缘；电缆电容再次充电，充电到一定程度，孔隙又被击穿，电压又上升，泄漏电流又突然增加，电压又下降。如果泄漏电流随时间增长或随试验电压不成比例急剧上升，则说明电缆内部存在隐患，应尽可能找出原因，加以消除，必要时，可视具体情况酌量提高试验电压或延长耐压持续时间使缺陷充分暴露。

电缆的泄漏电流只作为判断绝缘状况的参考，不作为决定是否能投入运行的标准。当发现耐压试验合格而泄漏电流异常的电缆，应在运行中缩短试验周期来加强监督。当发现泄漏电流或地线回路中的电流随时间增加而增加时，该电缆应停止运行。若经较长时间多次试验与监视，泄漏电流趋于稳定，则该电缆也可允许继续使用。

第三节　交流耐压试验

近年来国内外的试验和运行经验证明：直流耐压试验不能有效地发现交联电缆中的绝缘缺陷，甚至造成电缆的绝缘隐患。德国 Sechiswag 公司在 1978—1980 年 41 个回路的 10kV 电压等级的 XLPE 电缆中，曾发生故障 87 次；瑞典的 3～24.5 kV 电压等级 XLPE 电缆投运超出 9 000km，曾发生故障 107 次；国内也曾多次发生电缆故障。分析表明，上述故障相当数量是由经常性的直流耐压试验产生的负面效应引起的。因此，国内外有关部门广泛推荐采用交流耐压取代传统的直流耐压对交联电缆进行试验。

20 世纪 80 年代至 90 年代中期，加拿大、德国、美国等先进国家制定了相应的交流耐压试验标准并推广应用。从 20 世纪 90 年代末开始，我国的广东、北京、上海、浙江、山东等地也陆续出台了对交联聚乙烯电缆做交流试验的暂行规定，新版国标《电气设备安装工程交接试验标准》（GB 50150—2006）及国内外有关部门广泛推荐采用交流耐压试验取代传统的直流耐压试验。

因此，电缆的交流耐压试验也是鉴定设备绝缘强度最严格、最有效、最直接的试验方法，对判断电缆能否投入运行有决定性意义。

一、交流耐压试验的设备、接线及操作步骤

1. 试验电压的获得

电力电缆尤其是 110kV 及以上电力电缆的交流耐压试验对试验设备要求很苛刻。在现场试验交流耐压的获得可以通过两种途径：一是通过试验变压器产生交流高压。要求试验变压器的容量特别大，传统的工频耐压装置单件体积大、质量大，不便于现场搬运，而且不便于任意组合，灵活性较差；二是通过串联谐振产生高压。串联谐振产生高压又可分为工频和变频两种，在工频条件下，由于被试品电容量较大，试验电压高，对试验装置的电源容量相应的也有较高要求，而采用变频串联谐振产生高压的方法则较好地解决了这个问题。变频谐振的优点主要有以下几点：① 操作简单，体积小，质量小，非常方便现场使用及搬运（体积与质量为传统试验变压器的 1/10 ～ 1/30）；② 对现场电源要求低；③ 试验等效性好，进行现场试验时，一般将频率控制在 20 ～ 300Hz。

变频串联谐振耐压试验装置由变频电源、励磁变压器、高压电抗器和电容分压器组成。其中：被试品的电容与电抗器构成串联谐振连接方式；分压器并联在被试品上，用于测量被试品上的谐振电压，并作过压保护信号；调频功率输出经励磁变压器耦合给串联谐振回路，提供串联谐振的激励功率。目前现场大多数电缆交流耐压均采取串联方式获得交流高压。图 4 - 8 - 5 是串联谐振的耐压试验接线图。

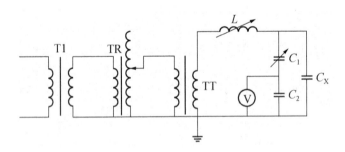

图 4 - 8 - 5　串联谐振耐压试验接线图

L—串联电抗器电感；C_X—试品；C_1，C_2—分压电容器；TT—试验变压器；T1—隔离变压器；TR—调压器

串联谐振时，设 $Q = \omega L/R$，由于 $X_L = X_C$，可以得到：$U_C = QU$。一般的，Q 可以达到 25 ～ 100，所以交流耐压试验电压为 140kV 时，假定 Q 为 25，低压侧仅仅需要 6kV 就可以了。串联谐振可以通过调节电感实现，也可以通过调节电容实现，或同时进行。

对电缆进行串联谐振耐压试验时，可以通过串接或并接不同节数的电抗器实现对不同长度电缆耐压试验谐振电压的获得。串联谐振装置使用也比较安全，一旦发生意外，失去谐振马上电压就降低，不会对被试设备造成大的影响。此外，串联谐振试验既不会产生大的短路电流，也不会产生恢复过电压，加上对供电变压器和调压器需要的容量小，具有积木式的特点，拆卸方便、运输方便，所以特别适用于现场试验。

2. 试验电压的测量

由于电缆是大容量设备，因此，交流耐压必须在高压侧测量电压，现场一般采取各类专用分压器进行高电压的测量，由于国内已有非常成熟的测量装置，故此处不做介绍。

二、电缆交流耐压试验应注意的几个问题

采用串联谐振进行电缆的交流耐压应注意以下几点：

（1）电缆交流耐压试验时间目前有 5min、60min 和充电 24h 等几种形式，根据所加电压的大小确定。目前，《规程》规定的试验电压如表 4-8-3 所示。

表 4-8-3　交联电缆交流耐压试验电压

电压等级	试验电压	时间/min
35kV 以下	$2.0U_0$（或 $1.6U_0$）	5（或 60）
35kV	$1.6U_0$	60
110kV	$1.6U_0$	60
220kV 及以上	$1.12U_0$（或 $1.36U_0$）	60

注：推荐使用频率 20～300Hz 谐振耐压试验。

（2）试验前应根据被试电缆长度、截面积及型号估算被试电缆的电容量大小，计算试验电压谐振频率，在试验电压和频率满足要求的情况下，合理选用电抗器的台数。

（3）在试验过程中，应注意被试设备状态、励磁变连接方式、涡流损耗、设备散热、电流监控、电压监控、保护动作方式等问题。

（4）进行耐压试验前后应分别测量电缆绝缘电阻，检查耐压前后电缆绝缘电阻是否有变化。

第四节　故障相位核查与故障测寻

一、相位检测

新装电力电缆竣工验收时，以及运行中电力电缆重装接线盒、终端头或拆过接头后，必须检查电缆的相位。检查电缆相位的方法比较简单，一般用绝缘电阻表等检查，试验接线如图 4-8-6 所示。检查时，依次在 Ⅱ 端将芯线接地，在 Ⅰ 端用绝缘电阻表测量对地的通断，每芯测三次，共测九次，测后将两端的相位标记一致即可。

二、故障测寻

寻找电缆故障的方法很多，原理各异，其中最常用的有电桥法、脉冲示波器法、感应法、声测法等。应根据现场具体条件及电缆故障的性质选择检查方法。

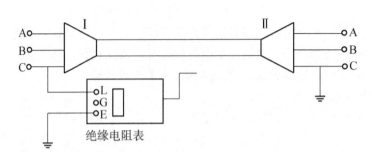

图 4-8-6　电缆相位检查接线示意图

（一）故障性质的确定

电缆的故障种类很多，有单一的接地故障、短路故障或断线故障，也有混合性的接地且短路故障等。各种故障按其故障处过渡电阻的大小，可分为高阻故障和低阻故障。一般情况下电缆故障分为以下五种类型：

（1）接地故障：电缆一芯或数芯接地。一般将电缆接地处对地电阻较低（10～100kΩ 以下）的故障，称为低阻接地故障；接地处对地电阻较高，须进行烧穿或用高压电桥进行测量的故障，称为高阻接地故障。

（2）短路故障：电缆两芯或三芯短路，或者两芯或三芯短路且接地。

（3）断线故障：电缆芯线被故障电流烧断或受机械外力拉断，形成完全断线或不完全断线的故障，也可分为高阻断线故障和低阻断线故障。一般将小于 1MΩ 的故障称为低阻断线故障；将能较准确地测出电缆的电容，须用电容量的大小来判断故障点的称为高阻断线故障。

（4）闪络性故障：这类故障多出现在电缆中间接头和终端头内，运行中发生，预防性试验中也可能发生。如试验时绝缘被击穿，形成间歇性放电；在特殊条件下，绝缘击穿后又恢复正常等。

（5）混合性故障：同时具有上述两种或两种以上故障的称为混合性故障。

（二）故障点位置测寻

电缆故障的性质确定后，要根据不同的故障，选择适当的方法测出电缆故障点的位置，这就是故障测距。有时由于仪表精度及电缆敷设路径的影响，往往测距只能判断出故障点可能的地段，找到可能地段后还应采取其他检测手段精确确定故障点的位置，这就是故障定位。常见的测距方法有电桥法、脉冲法、闪络法等，定位方法有声测法及音频电流感应法等。以下将简要介绍电桥法、脉冲法、闪络法三种测距方法，以及声测法这一定位方法。

1．电桥法

对于三相电力电缆绝缘故障，可借助于单臂（惠斯通）电桥来寻测故障点，测量方法如下。

（1）单相接地和两相接地短路故障点测量。

单相接地故障点测量的原理接线如图 4-8-7 所示。测量前在电缆的另一端（图 4-8-7 中的 B 端）用不小于电缆芯截面的导线将故障相电缆的缆芯和绝缘良好的一相电缆缆芯跨接，在 A 端将故障相电缆接在电桥 x_1 端子上，将已经接跨接线的良好相电缆接

在 x_2 端子上，上述接线的等值电路如图 4-8-8 所示。图 4-8-8 中以 x_2 经过良好相跨接线到故障点的电阻为 R_1，从 x_1 到电缆故障点的电阻为 R_2，R_e 为故障点的接地电阻。当电缆的长度为 l，截面为 S，导体电阻系数为 ρ 时有

$$R_1 = \rho_1 \frac{2l - l_x}{S_1}$$

$$R_2 = \rho_2 \frac{l_x}{S_2}$$

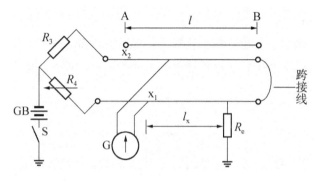

图 4-8-7　测量单相接地故障点原理接线图

l—电缆全长；l_x—从 v_1 到电缆故障点长度；R_e—故障点接地电阻，GB　直流电源，R_3、R_4—桥臂电阻

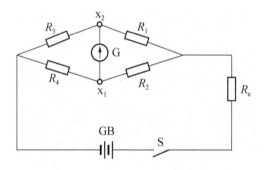

图 4-8-8　图 4-8-7 的等值电路图

调节电阻 R_4 和 R_3，使电桥达到平衡时，则有

$$\frac{R_3}{R_4} = \frac{\rho_1 \dfrac{2l - l_x}{S_1}}{\rho_2 \dfrac{l_x}{S_2}}$$

当电缆全长采用同一种导体材料和同一导线截面时，则 $\rho_1 = \rho_2$，$S_1 = S_2$，得

$$\frac{R_3}{R_4} = \frac{2l - l_x}{l_x}$$

$$l_x = \frac{R_4}{R_4 + R_3} \times 2l \tag{4-8-1}$$

式（4-8-1）即为计算故障点位置的公式。图 4-8-7 所示的 x_1 接故障相、x_2 接良

好相的接线，一般称为正接法。反之，如将 x_2 接故障相、x_1 接良好相，则称为反接法。同理，反接法计算公式为

$$l_x = \frac{R_3}{R_3 + R_4} \times 2l$$

一般情况下，为确保测量准确，应分别在电缆的两端各进行几次测量，取测量结果的平均值来确定电缆故障点的位置。

测量三相电力电缆中两相短路故障点，基本上和测量单相接地故障点一样，这里不再详述。

（2）三相短路故障点的测量。

三相短路或接地故障的测量方法及步骤与单相接地故障基本相同，不同之处在于这时没有良好的电缆芯线可以利用，所以须增设一对临时线，如图 4-8-9 所示。计算故障点距离时应考虑临时线的电阻。

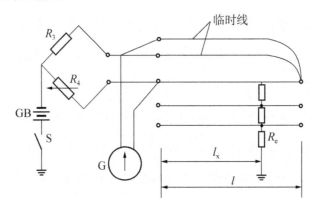

图 4-8-9　测量电缆三相短路接地故障点的接线图

（3）高阻接地故障点测量

故障测寻时，若故障相对地电阻达到 10kΩ 以上，即使电源电压采用 220V，一般的检流计灵敏度也不一定能满足要求，此时需要高压电源。因此，一般现场遇到高阻接地故障时，大多采用高压整流电源或大容量交流电源，将故障点进一步击穿，使故障点由高阻转化为低阻，然后按低阻故障测寻法测距。

现场一般多采用高压直流烧穿法，其接线与直流耐压试验相同。这种方法，仅供给流经故障点的有功电流，从而大大减小试验设备的体积，适于现场应用。烧穿开始时，在几万伏电压下保持几毫安至几十毫安电流，使故障电阻逐渐下降。此后，随电流的增加逐渐降低电压，使在几百伏电压下保持几安电流。在整个烧穿过程中电流应力求平稳，缓缓增大。

为避免给下一步用声测法定位造成困难，故障点对地电阻不应降得太低，1kΩ 左右即可。因为，电阻太低时故障点的声能也会随之下降。

2. 低压脉冲法

低压脉冲法探测电缆故障点的原理是由脉冲发生器发出一个脉冲波，通过引线把脉冲波送到故障电缆的故障相上，脉冲沿电缆缆芯传播，当传播到故障点时，由于电缆波阻发生变化，因而有一脉冲信号被反射回来，用示波器在测试端记录下发送脉冲和反射脉冲之

间的时间间隔，即可算出测试端距故障点的距离。其计算公式为

$$l_x = \frac{vt_x}{2}$$

式中　　l_x——从测量端到电缆故障点的距离，m；

　　　　t_x——发送脉冲和反射脉冲之间的时间间隔，μs；

　　　　v——脉冲波在电缆中的传播速度，m/μs。

脉冲波在电缆中的传播速度，与电缆的介电常数 ε 有关，ε 越大，则速度越慢。为了准确测量电缆故障的位置，对不同绝缘材料的电缆，应测量脉冲波波速。

若在测量时，电缆有一相是良好的，则可采用对比法进行测量，先测出良好相一次反射所需要的时间 t_{x1}，再测出故障相一次反射所需要的时间 t_{x2}，然后按下式进行计算

$$l_x = \frac{t_{x2}}{2}v = \frac{t_{x2}}{2} \times \frac{2l}{t_{x1}} = \frac{t_{x2}}{t_{x1}}l$$

至于电缆有断线故障时的反射波形，可能是反射脉冲与发送脉冲为同极性，也可能是反射脉冲与发送脉冲极性相反。

接地故障反射脉冲的大小和接地电阻值有关。接地电阻阻值越低，反射信号越大，当接地电阻大于 100Ω 时，其反射波明显减弱。因此，低压脉冲法不能测量高阻故障和闪络性故障。

3. 闪络法

对于高阻故障及闪络性故障，一般均须将故障点电阻烧低后方可测量故障点，既费时又费力。采用闪络法测量电缆高阻故障点及闪络性故障点却不必经过烧穿过程，可以用电缆故障闪络测试仪直接测量，因而缩短了电缆故障点的测量时间。

闪络法测量基本原理与低压脉冲法相似，也是利用脉冲波传播时在故障点产生反射的原理。测量时，在电缆上加上一直流高压或冲击高压，使故障点放电而形成一突跳电压波，此突跳电压波在电缆内从测试端到故障点之间来回反射，用闪络测试仪测出两次反射波之间的时间，用下式可计算出故障点的位置

$$l_x = \frac{1}{2}vt_c$$

式中　　l_x——故障点距测量端的距离，m；

　　　　t_c——脉冲波从测量端到故障点来回传播一次的时间，μs；

　　　　v——脉冲波在电缆中的传播速度，m/μs；波速 v 可通过测量得到。

4. 声测法

对于长电缆，按上述方法确定的故障点的位置一般总带有一定误差。为了更准确地测出故障点，减少开挖处理电缆的工作量，多采用声测法进行定点。该方法是目前电缆故障测试中应用最广泛而又最简便的一种方法。

声测法的测量接线如图 4 - 8 - 10 所示。通过直流高压对电容器充电，当电压达到某一数值时，经过放电间隙向故障相电缆芯放电，在电容器放电过程中，故障电阻相当于一个放电间隙，将产生火花放电，引起电磁波辐射和机械的音频振动。根据粗测时所确定的故障点大致位置，在地表面用声波接收器探头反复探测，找到地面振动最大、声音最大处即为电缆故障点的位置。

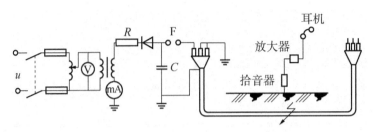

图 4 - 8 - 10　声测法测量接线图
C—储能电容；F—放电间隙；R—限流电阻

放电时的能量大小取决于电容器电容 C 的大小。因此，电容 C 越大，放电时的能量越大，定点时听到的声音也越大。

放电电压的大小，由放电间隙来控制。一般在试验时，将放电间隙调至一定位置，放电电压控制在 20～25kV 之间，每隔 3～4s 放电一次即可。

在用声测法测定故障点时，要注意以下几点：

（1）特别注意地线连接。电容器的接地线应直接和电缆的铅包地线连接，不应接公用接地极。试验变压器高压绕组的接地端不直接和电容器地线连接，应接公用接地极。

（2）对于断线故障，最好将电缆一端接地，利用对地击穿后声音较响来声测。

（3）外界声音干扰大的场所，可选在夜深人静时进行。

（4）断线和闪络故障常发生在中间接头，因此，在用脉冲法确定大致地段后，可用声测法定点，并着重检查中间接头。

近年来，国内故障测距、定点方法不断发展、不断改进，已经研制出多种先进的检测仪器，可以结合实际进行选用。

第九章　接地装置试验方法

第一节　接地电阻装置的组成与作用

电力设备的接地是保证人身安全及电力设备正常工作的重要部分。一般而言，把电力设备与接地装置连接起来，称为接地。接地按其作用分为四类：

（1）保护接地，指正常情况下将电力设备外壳及不带电金属部分的接地。如发电机、变压器等电力设备外壳的接地，属于保护接地。保护接地的接地电阻一般为 $1 \sim 10\Omega$。

（2）工作接地，指利用大地作导线或为保证正常运行所进行的接地。如三相四线制中的地线，变压器中性点接地等，就属于工作接地。工作接地的接地电阻一般为 $0.5 \sim 10\Omega$。

（3）防雷接地，指过电压保护装置或设备的金属结构的接地，如避雷器的接地，避雷针构架的接地等，也叫过电压保护接地。防雷接地的接地电阻大小直接影响过电压保护效果，一般电阻取 $1 \sim 30\Omega$。

（4）静电接地，为防止静电危险而设置的接地。静电接地的接地电阻一般小于30Ω。

接地装置由接地体和接地线组成。接地体多由角钢、圆钢等组成一定形状，埋入地中。接地线是指电力设备的接地部分与接地体连接用的金属导线，对不同容量不同类型的电力设备，其接地线的截面均有一定要求。接地线多用钢筋、扁铁、裸铜线等。

接地电阻，指电流通过接地装置流向大地受到的阻碍作用。所谓接地电阻就是电力设备的接地体对接地体无穷远处的电压与接地电流之比，即

$$R_e = \frac{U_j}{I_e}$$

式中　R_e——接地电阻，Ω；

　　　I_e——接地电流，A；

　　　U_j——接地体对接地体无穷远处的电压，V。

影响接地电阻的主要因素有土壤电阻率、接地体的尺寸形状及埋入深度、接地线与接地体的连接等。

土壤电阻率也称为土壤电阻系数，以每边长 1m 或 1cm 的正方体的土壤电阻来表示，其单位是 $\Omega \cdot m$ 或 $\Omega \cdot cm$。土壤电阻率与土壤本身的性质、含水量、化学成分、季节等有关。一般来讲我国南方地区土壤潮湿，土壤电阻率低一点，而北方地区尤其是土壤干燥地区，土壤电阻率高一些。

第二节　接地电阻的测量

一、接地电阻的测量方法

在各种小型接地装置的接地电阻测试中，一般采取接地摇表，如 ZC—8 等进行测量，

这是一种体积小、质量小、携带方便、准确度较高的仪表。

在对变电站等大型接地网接地电阻的测试中，一般采用三极法中的电压－电流表法进行测量，近年来又开始提出变频法、四极法等测量方法。用电压－电流表法和接地电阻表法测量接地电阻的接线如图4－9－1所示。

（一）电压－电流表法

电压－电流表法测量接线如图4－9－1a所示。

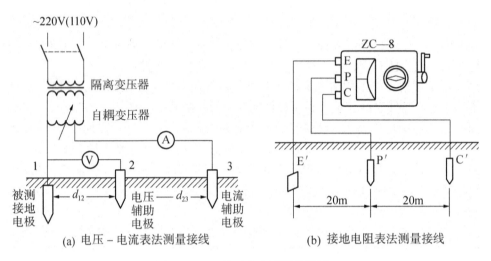

(a) 电压－电流表法测量接线　　　　(b) 接地电阻表法测量接线

图4－9－1　接地电阻测量接线图

地网接地电阻 $R_e = U/I$，其中：I 为注入测试电流中通过地网的散流部分，测试时须设置一个电流极；U 为地网中注入测试电流 I 所引起的地网电位升高，这个电位升高是相对零电位点的电位升高，为了获得零电位点，测试时须设置一个电位极（通常称为电压极）。将电流注入接地装置，测量该电流和接地极与电压极之间的电压即可计算得到接地电阻。接地装置、电流极和电压极组成的三极系统，在一条直线上或呈一个角度排列，当成一条直线时称为直线法，当成30°时称为30°夹角法，当成为一个其他角度时称为远离夹角法（反向法是远离夹角法中的一种）。

在美国颁布的接地装置测试标准 ANSI/IEEE 81—1983 中，规定电压极在接地装置和电流极之间的各点移动，分别测量出不同电压极位置对应的视在接地电阻，作出视在接地电阻随电压极位置改变时的变化曲线，曲线平坦段（零电位面的特点是它附近的电场强度最小）对应的接地电阻即为接地装置的接地电阻，其相关的示意图如图4－9－2所示。该方法又称为电位降法。

我国地网接地电阻测量采取的直线法(0.618法)实际上是电位降法的一种简易应用。

1. 直线法

测量接地电阻时，电压极和电流极可以布置在相同的方向，这就是我们常用的直线法。这时须寻找对应真实接地电阻的电压极位置，合理地布置测量电压极是准确测量接地电阻的关键。由于理论上的零电位应在无穷远处，现在将电压极移到电流极与接地装置之间零电位面，必然会引起测量误差，要消除这种误差，必须改变电压极的布置，根据推导（此处略）：当电压极打在接地装置与电流极连线的0.618处时，可以测得真实的接地电阻

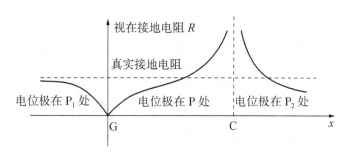

图 4－9－2　ANSI/IEEE 81—1983 规定的接地电阻测量示意图

值，这就是著名的 0.618 法则，该方法国内又称为补偿法。

图 4－9－3a 中示出的为电极直线法布置，一般选电流线长度 d_{13} 等于 $4D \sim 5D$，D 为接地网最大对角线长度，电压线长度 d_{12} 为 $0.618 d_{13}$ 左右。测量时还应将电压极沿接地网与电流极连线方向前后移动 d_{13} 的 5%，各测一次。若三次测得的电阻值接近，可以认为电压极位置选择合适。若三次测量值不接近，应查明原因（如电流极、电压极引线是否太短等）。在土壤电阻率均匀地区，d_{13} 可取 $2D$，d_{12} 可取 $1.2D$ 左右。

2．30°夹角法

30°夹角法也是补偿法的一种，采用等腰三角形电极布置，此时放线比较短，只需地网对角线的两倍左右即能满足测量要求。从直观来看，采用等腰三角形电极布置时，零电位面应该在夹角 $\theta = 60°$ 的地方，但同样由于本应在无穷远处的零电位面移近了，同样会造成测量误差。如果将电压极移至夹角为 29°左右（推导略），补偿一些电压值，则能消除测量误差，使测量结果正确，因此这种测量方法也称为"夹角补偿法"。图 4－9－3b 中示出的为电极三角形布置，一般选 $d_{12} = d_{13} > 2D$，夹角 $\theta \approx 30°$。测量时也应将电压极前后移动再测两次，共测三次。

须强调的是，无论是直线法还是夹角法都是基于均匀土壤模型推导出来的，因此，如果土壤电阻率不均匀，测试结果误差可能会很大。

由于一般低压 220V 由一火线一地线构成，若没有隔离变压器则火线端直接接到被测接地装置上，可能造成近似于调压器短路的情况产生，导致被测试验电流很大，因此须增设隔离变压器。

（二）接地电阻表测量法

图 4－9－1b 示出了接地电阻表的测量接线。接地电阻表的使用方法和原理类似于双臂电桥，使用时电阻表 C 端接电流极 C′引线，电阻表 P 端接电压极 P′引线，E 端接被测接地体 E′。当接地电阻表离被测接地体较远时，为排除引线电阻影响，同双臂电桥测量一样，将 E 端子短接片打开，用两根线 C_2、P_2 分别接被测接地体。

ZC—8 型接地电阻表如果设有四个端钮 C_1、P_1、C_2、P_2，还可用于测量土壤电阻率。测量小于 1Ω 的接地电阻时，应将 C_2、P_2 间连片打开，分别用导线连接到被测接地体上，以消除测量时连接导线电阻的附加误差。

须说明的是，制造厂生产的 ZC—8 型接地电阻表有 B 组和 T 组两种类型。B 组适用于普通气候条件；T 组适用于亚热带气候条件，即适合在环境温度为 $0 \sim 50℃$，相对湿度为 98% 以下的气候条件下使用。ZC—8 型接地电阻表的操作步骤见仪器使用说明书。

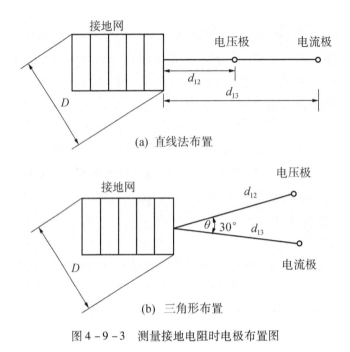

(a) 直线法布置

(b) 三角形布置

图 4 - 9 - 3　测量接地电阻时电极布置图

二、接地电阻测量注意事项

1. 提高测量精度的方法

准确测量地网接地电阻的关键有以下两点：①合理布置测量电压极；②准确测量通过接地网入地散流的测试电流部分。

通常，影响测量精度的原因可能有：零电位点找不准（电压极布置不合理）；电流线和电压线之间互感的影响；地网附近土壤结构呈现水平分层或垂直分层的不均匀性，导致不符合理论模型，存在原理性误差。如果土壤电阻率不均匀，零电位面就不一定在接地装置和电流极的中央，此时须通过实测找到零电位面的所在地。零电位面的特点是它附近的电场强度最小，所以可以将电压极前后移动，找出电压值变化最小的区域，例如每次移动找出电压值变化最小的区域就可以了。但这种方法也可能造成更大的误差，因为低土壤电阻率地带的电场强度也很小，找到的可能根本不是零等位面，而是低土壤电阻率地带。因此，补偿法不能根本解决土壤不均匀的影响的原理性突出缺点，在条件允许时尽量采用远离法。

所谓远离法是基于零电位点在无穷远处，除了接地装置和电流极之间存在零电位面，在接地装置左边无穷远处也是零位面，因此可以把电压极放在接地网左方很远处，理论分析表明，这时存在偏小的测量误差，应修正。远离法可以比较有效地消除土壤不均匀性的影响，而且避免了电流线对电压线之间互感的感应干扰。

此外，电压极和电流极可以在相反方向布置，这就是常用的反向法，这时可直接得到地网接地电阻值。反向法时，由于电压极不是零电位，电压表测量的电位差较实际值小而导致接地电阻测量结果比真实值偏小，实际应用时，须对测量值进行修正而得到真实值。分析表明，电压极引线越长，测量误差就越小。因此，反向法测量的接地电阻值可以作为接地电阻的下限。如果反向法测量结果仍然不能满足对接地电阻的要求，则该接地网的接地电阻肯定不能满足要求。《接地装置特性参数测量导则》（DL 475—2006）给出了远离法和反向法的修正公式。

2. 测量注意事项

（1）测量应选择在晴天、干燥天气下进行。采用电极直线布置测量时，电流线与电压线应尽量分开，不应缠绕交错。

（2）在变电站进行现场测量时，由于引线较长，应多人进行，不得甩扔引线。

（3）测量时接地电阻表无指示，可能是电流线断；指示很大，可能是电压线断或接地体与接地线未连接；接地电阻表指示摆动严重，可能是电流线、电压线与电极或接地电阻表端子接触不良，也可能是电极与土壤接触不良造成的。

第三节 土壤电阻率的测量

接地电阻的大小与土壤电阻率有很大关系，土壤电阻率是接地网设计的重要数据。土壤电阻率测量方法有三电极法和四电极法两种。

一、三电极法测量

在须测量土壤电阻率的地方，埋入一几何尺寸已知的接地体，用上节介绍方法测量接地电阻值，然后计算出该处的土壤电阻率。

常用的接地体为圆钢、钢管，垂直埋于深 1m 左右的土中。测量接地电阻时，电压极距电流极和被测接地体 20m 左右即可。依据电极尺寸及所测得的接地电阻，土壤电阻率计算式为

$$\rho = \frac{2\pi hR}{\ln \frac{4h}{d}} = \frac{hR}{0.367\lg \frac{4h}{d}}$$

式中　ρ——土壤电阻率，$\Omega \cdot m$；

　　　h——钢管或圆钢埋入土壤的深度，m；

　　　d——钢管或圆钢的外径，m；

　　　R——接地体的实测接地电阻，Ω。

用扁铁作为接地体时，土壤电阻率计算式为

$$\rho = \frac{2\pi lR}{\ln \frac{2l^2}{bh}} = \frac{lR}{0.367\lg \frac{2l^2}{bh}}$$

式中　ρ——土壤电阻率，$\Omega \cdot m$；

　　　l——扁铁的长度，m；

　　　h——扁铁中心线离地面的距离（埋深），m；

　　　b——扁铁宽度，m。

用三电极法测量时，接地体附近的土壤起决定性作用。这一方法测出的土壤电阻率，主要反映接地体附近土壤情况，必要时应在拟建接地网区域内多选几点测量。

二、四电极法测量

四电极法测量接线如图 4 - 9 - 4 所示。

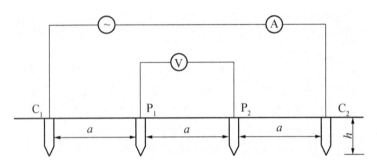

图 4 - 9 - 4　四电极法测量土壤电阻率接线图

四电极法测量土壤电阻率也可用具有四个端子的接地电阻表来测量。测量时用四根均匀的直径 1.0～1.5cm、长为 0.5m 的圆钢作电极，埋深 h 为 0.1～0.15m，电极间距离 a 保持为埋深 h 的 20 倍，即 a 为 2～3cm，则土壤电阻率计算式为

$$\rho = 2\pi a U/I \quad （电流、电压表法）$$

$$\rho = 2\pi a R \quad （接地电阻表法）$$

式中　ρ ——土壤电阻率，$\Omega \cdot m$；

　　　a ——电极间距离，m；

　　　U ——电压表读数，V；

　　　I ——电流表读数，A；

　　　R ——接地电阻表测量值，Ω。

四电极法测得的土壤电阻率反映的范围与电极间距离 a 有关，反映的深度随 a 的增大而增大，a 较小时所得土壤电阻率仅为大地表层的电阻率。测量时应选 3～4 点进行测量，取多次测量数值的平均值作为测量值。

应当指出，以上方法测得的土壤电阻率不一定是一年中的最大值，土壤电阻率与季节、天气等有关，应按下式进行校正，即

$$\rho = K\rho_0$$

式中　ρ ——设计所应用的土壤电阻率，$\Omega \cdot m$；

　　　K ——考虑季节及土地干燥程度的季节系数，如表 4 - 9 - 1 所示，测量时大地比较干燥则取表中的较小值，比较潮湿则取较大值；

　　　ρ_0 ——实测的土壤电阻率，$\Omega \cdot m$。

表 4 - 9 - 1　季节系数 K 值

埋深/m	K 值	
	水平接地体	2～3m 的垂直接地体
0.5 以下	1.4～1.8	1.2～1.4
0.8～1.0	1.25～1.45	1.15～1.3
2.5～3.0	1.0～1.1	1.0～1.1

第十章　线路参数测量方法

第一节　线路绝缘及对相试验方法

一、绝缘电阻测量

测量绝缘电阻，是检查线路绝缘状况是否良好、有无接地或相间短路等缺陷的重要手段。绝缘电阻测量应在沿线天气良好情况下（不能在雷雨天气）进行。首先将被测线路三相对地短接，以释放线路电容积累的静电荷，从而保证人身和设备安全。

测量时，应拆除三相对地的短路接地线，然后测量各相对地是否还有感应电压（测量表计用高内阻电压表，最好用静电电压表），若还有感应电压，应采取措施消除，以保证测试工作的安全和测量结果的准确。

测量线路的绝缘电阻，应在确知线路上无人工作，并得到现场指挥允许工作的命令后，将非测量的两相短路接地，用 2 500～5 000V 兆欧表，轮流测量每一相对其他两相及地间的绝缘电阻。因线路长，电容量较大，应在读取绝缘电阻值后，先拆除接于兆欧表 L 端子上的测量导线，再停摇兆欧表，以免反充电损坏兆欧表。测量结束应对线路进行放电。

根据测得的绝缘电阻值，应结合当时气候条件和线路具体情况进行综合分析，作出正确判断。

二、相色核对

通常对新建线路，应核对其两端相位是否一致，以免出于线路两侧相位不一致，在投入运行时造成短路事故。核对相色的具体方法见电缆相色核对的相关章节。

第二节　主要参数测量

一、线路参数及测试意义

众所周知：输电线路是一个分布参数 $[L、C、R(r)]$ 的组合，其任一相均可用如图 4-10-1 所示的无穷个 T 形网络的连接来表示。

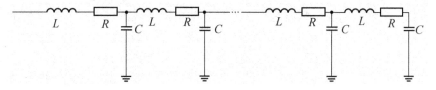

图 4-10-1　输电线路的 T 形网络模型

在只考虑工频激励的电力工程应用上，常常可将其简化为图 4 – 10 – 2 所示的模型。

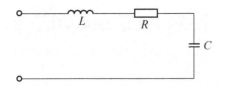

图 4 – 10 – 2　输电线路的集中参数模型

图 4 – 10 – 2 中的 L、R、C 就是常说的集中参数。依次分别为电工学上的自感、导线电阻、绝缘电阻、对地电容，集中参数是可以直接（经简单换算）测取的。

由于交流输电多为三相，相间有互感 L_m、有耦合电容 C_m，两条或几条线路长距离或小间距平行、交叉还会有不可忽略的 L_m 和 C_m，上述诸参数是影响电网正常运行和异常运行时的电流分配和电压分布的物理基础。为了测试、计算和分析的简明，在工程实践中引入了正序、零序等概念，将前述参数分别整合出了输电线路的各工频参数。

1. 正序阻抗 Z_1 和正序电阻 R_1

Z_1 和 R_1 可实测而得，再推算可得正序电抗 X_1、正序阻抗角 ϕ_1 等参数。其中，X_1 与线路长度成正比，其单位长度值（Ω/km）一般在 $0.36(1 \pm 25\%)$ 的范围内；R_1 的单位长度值主要取决于线径。

这一组参数对于计算电网故障时的短路电流、短路接地故障点的位置、计算正常运行时的潮流分配、电压损失、线损，计算继电保护定值、工频过电压的最大幅值，都是必不可少的。

2. 零序阻抗 Z_0 和零序电阻 R_0

Z_0 和 R_0 亦是实测可得的，通过推算可得零序电抗 X_0、零序阻抗角 ϕ_0 等参数。

这一组参数对于计算非全相短路电流、非全相开合时的电流、电压，并确定零序保护定值、过电压幅值、接地故障点位置亦是必不可少的。

然而，零序阻抗参数的值并不仅仅受制于线路本身的各要素，如导地线的线径、线间距、材质等，还显著地受制于从大地路径的各要素，如地质、地况及接地状况。这从以往的试验中零序计算值与实测值的偏差之大可得到印证，不仅体现了零序参数的复杂性及实测的必要性，而且用单位长度的值来表示会使零序阻抗参数的物理含义含混，应注意避免误导后续计算。

3. 正序电容 C_1、零序电容 C_0、相间电容 C_m

这三个电容值均可实测后推算得到，这三个参数（C_1、C_0、C_m）均与线路长度成正比。输电线路的正序电容值是计算系统充电功率、工频过电压和操作过电压水平，确定无功补偿容量的基础资料；相间电容是确定并联补偿电抗器中性点电抗器的电抗值和绝缘水平的必需数据。线路的电容参数亦是不接地系统配置消弧线圈的基础资料。因此，随着电网网架结构的完善（联网、多回路供电等），线路长度不断增加，上述三参数也相应增大。由于线径、线间距、杆塔高度、地形地表的不同，三个参数各自会有所不同，但其各自单位长度的值仅相差 2 ~ 3 倍而已。如用 pF/km 表示，架空输电线路的 C 在 6 000 ~ 18 000pF/km 内。容纳 $Y_C = 2\pi fC$，是电容的直接派生，可与电容等同使用。用交流法测取和换算出这三个电容参数的伴生参数，如电导 G、导纳、导纳角 Φ 等一般是不必要的。架空线路的电导（导纳中的有功分量）实际上主要是线路绝缘电阻的倒数，易受外绝缘表面的污秽性质、程度和空气湿度的影响，同一线路历次实测数值常彼此相差百十倍。更重要的是：电导与导纳相比，是一个对后者影响不大于 1% 的可忽略值，在工程上，导纳在数值上可以就认同于容纳。

4. 波阻抗 Z_b

通过 L_1 和 C_1 即可算出波阻抗 Z_b。波阻抗是计算系统功角，动、静稳定度，防雷保护配合的基础数据。

5. 相邻线路间的耦合电容 C_H 和互感抗 X_H

并行线路，尤其是同杆（塔）的多回路之间的电容 C_H 会寄生不可忽略的感应电压 U_G 和潜供电流 I_Q。过大的 I_Q 会使重合失败，使重燃过电压升高。

U_G 和 I_Q 可以在被测线路停运、相邻的其他线路运行的条件下实测，也可以在相邻线路都停运时，实测 C_H 后可算得。C_H、U_G、I_Q 的大小与相邻线路的相对位置和排列方式相关。例如，同杆架设的多回线路，有同一回的三相一字水平排列，也可能每回线路的三相竖直布置，也可能三角形布置。很显然，C_H 不一而定，因位而异。当各种条件相同时，并行线路的平行段越长，线间距越小，C_H 和 I_Q 就越大。而 U_G 是运行电压在所指线路（各相上也不一样）上的电容分压，C_H/C_0 越大，U_G 越高。长距离平行的相邻线路彼此间的感应电压有时高到上万伏。

此外，尽管将停运线路的一端接了地，另一端高压仍有高达几千伏的，甚至将停运线路的两端都接了地，停运的线路导线中仍可测到电流，这就是互感 L_m 的效应。上面的表述实际也指示了通过实测感应电压和感应电流的方法。同时记录运行线路当时的运行电流和被测线路的电压，则运行线路与被测线路各相的互感 L_H 和互感电抗 X_H 亦可一一算得。如果有机会将相邻线路全数停运，逐相（含同一回线路的相与相）一一测取 C_H 和 X_H（或 L_H），作为基础性的工程资料积累也是很有意义的。从工程应用的角度看，不必用互阻抗 Z_H 和互阻抗角 φ_0 等作为线路的特征参数，因为其有功分量均可视为零。

6. 线路工频参数的其他功用

实测输电线路的工频参数值，除了已述及的在运行上的各项计算功用之外，还有校核、验证、研究性的功用。如：根据 Z_1、L_1 或 X_1（同一回的相间值）、C_H 的分相值校核已建三相线路的对称性，必要时调整换相段，这对保证供电质量有益；根据 X_1、L_1、C_H 验算串、并联的无功补偿（含消弧装置）是否达到了设计的期望；根据 X_H、C_H 验算感应电压的大小及其对供电质量的影响等。

二、线路参数测试方法

1. 直流电阻

测量直流电阻，是为了检查输电线路的连接情况和施工是否遗留有缺陷。测量前，应根据线路的长度、导线的型号和截面初步估计线路电阻值，以便选择适当的测量方法和电源电压。一般采用较简单的电压－电流表法测量，尤其对有感应电压的线路更为必要。此外，也可用惠斯登电桥测量。电压－电流表法常用来测量较长的线路，电源可直接用变电站内的蓄电池。

测量时，先将线路始端接地，然后末端三相短路。短路连接应牢靠，短路线要有足够的截面。待始端测量接线接好后，拆除始端的接地线进行测量。接线原理如图4-10-3所示。

逐次测量 AB、BC 和 CA 相，并记录电压、电流值和当时线路两端气温。连续测量三次，取其算术平均值，并由以下各式计算每两相导线的串联电阻（如果用电桥测量，能直接测出两相导线的串联电阻）。然后换算成20℃时的相电阻，并按线路长度折算为每千米的电阻。

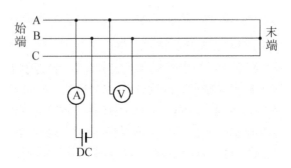

图4-10-3 电压-电流表法测量线路直流电阻接线图

$$\text{AB 相} \quad R_{AB} = \frac{U_{AB}}{I_{AB}}$$

$$\text{BC 相} \quad R_{BC} = \frac{U_{BC}}{I_{BC}}$$

$$\text{AC 相} \quad R_{AC} = \frac{U_{AC}}{I_{AC}}$$

2. 正序阻抗

如图4-10-4所示，将线路末端三相短路（短路线应有足够的截面，且连接牢靠），在线路始端加三相工频电源，分别测量各相的电流、三相的线电压和三相总功率。按测得的电压、电流取三个数的算术平均值；功率取功率表1和2的代数和（用低功率因数功率表），并按下式计算线路每相每千米的正序参数。

$$\text{正序阻抗} \quad Z_1 = \frac{U_{av}}{\sqrt{3}I_{av}} \cdot \frac{1}{L} \quad (\Omega/\text{km})$$

$$\text{正序电阻} \quad R_1 = \frac{P}{3I_{av}^2} \cdot \frac{1}{L} \quad (\Omega/\text{km})$$

$$\text{正序电抗} \quad X_1 = \sqrt{Z_1^2 - R_1^2} \quad (\Omega/\text{km})$$

$$\text{正序电感} \quad L_1 = \frac{X_1}{2\pi f} \quad (\text{H}/\text{km})$$

式中 P——三相功率，$P = P_1 + P_2$；

  U_{av}——三相电压平均值；

  I_{av}——三相电流平均值；

  L——线路长度；

  f——测量电源的频率。

在图4－10－4中，试验电源电压应按线路长度和试验设备来选择，对100千米及以下线路可用380V，100千米以上线路最好用1kV以上电压测量，以免由于电流过小引起较大测量误差。

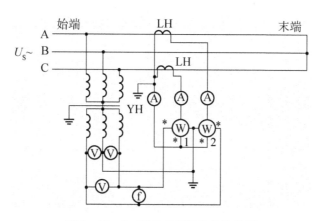

图4－10－4　测量正序阻抗的接线图

3. 零序阻抗

零序阻抗测量接线如图4－10－5所示，测量时将线路末端三相短路接地，始端三相短路接单相交流电源。根据测得的电流、电压及功率，按下式计算出每相每千米的零序参数。

$$零序阻抗　Z_0 = \frac{3U}{I} \cdot \frac{1}{L} \quad (\Omega/km)$$

$$零序电阻　R_0 = \frac{3P}{I^2} \cdot \frac{1}{L} \quad (\Omega/km)$$

$$零序电抗　X_0 = \sqrt{Z_0^2 - R_0^2} \quad (\Omega/km)$$

$$正序电感　L_0 = \frac{X_0}{2\pi f} \quad (H/km)$$

式中　　P——所测功率；

　　　　U、I——试验电压和电流；

　　　　L——线路长度；

　　　　f——测量电源的频率。

试验电源电压对同一线路来说，可略低于测量正序阻抗时的电压；电流不宜过小，以减小测量误差。

4. 正序电容

测量线路正序电容时，线路末端开路，首端加三相电源，两端均用电压互感器测量三相电压，见图4－10－6。在计算零序参数时，电压取始末端三相的平均值，电流也取三相的平均值，功率取两功率表的代数和（用低功率因数功率表测量），并按下列各公式计算好每相每千米线路对地的正序参数。

$$正序导纳 \quad y_1 = \frac{\sqrt{3}I_{av}}{U_{av}} \cdot \frac{1}{L} \quad (\Omega/km)$$

$$正序电导 \quad g_1 = \frac{P}{U_{av}^2} \cdot \frac{1}{L} \quad (\Omega/km)$$

$$正序电纳 \quad b_1 = \sqrt{y_1^2 - g_1^2} \quad (\Omega/km)$$

$$正序电容 \quad C_1 = \frac{b_1}{2\pi f} \cdot 10^6 \quad (\mu F/km)$$

式中　P——三相损耗总功率；

$\qquad U_{av}$——三相电压平均值；

$\qquad I_{av}$——三相电流平均值；

$\qquad L$——线路长度；

$\qquad f$——测量电源的频率。

　　试验电压不宜太低，最好用线路额定电压。测量时应用精度不低于 1 级的高压电压、电流互感器，接入二次侧的表计精度不低于 0.5 级。

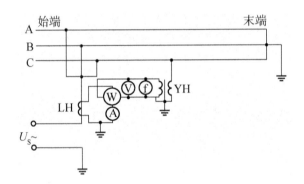

图 4-10-5　测量零序阻抗的接线图

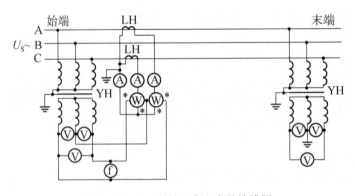

图 4-10-6　测量正序电容的接线图

5. 零序电容

　　如图 4-10-7 所示，将线路末端开路。始端三相短路，施加单相电源，在始端测量三相的电流，并测量始末端电压的算术平均值。每相导线每千米的平均对地零序参数可按以下各式求得。

$$零序导纳\qquad y_0 = \frac{I}{3U_{av}} \cdot \frac{1}{L} \quad (\Omega/km)$$

$$零序电导\qquad g_0 = \frac{P}{3U_{av}^2} \cdot \frac{1}{L} \quad (\Omega/km)$$

$$零序电纳\qquad b_0 = \sqrt{y_0^2 - g_0^2} \quad (\Omega/km)$$

$$正序电容\qquad C_0 = \frac{b_0}{2\pi f} \cdot 10^6 \quad (\mu F/km)$$

式中　　P——三相损耗总功率；

$\qquad U_{av}$——三相电压平均值；

$\qquad I$——三相零序电流之和；

$\qquad L$——线路长度；

$\qquad f$——测量电源的频率。

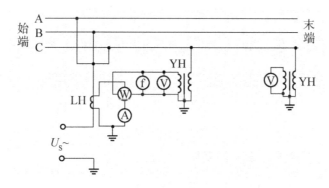

图 4 - 10 - 7　测量零序电容的接线图

6. 相间电容

利用前面测得的正序电容 C_1 及零序电容 C_0，即可计算出相间电容 C_{12}。线路在三相对称电压作用下，各相对地等值电容即是正序电容 C_1。对正序而言，三相电流之和为零，负载的等值中性点处于零电位，这相当于负载的中性点与导线对地电容（即零序电容）中性点连在一起，其等位电路如图 4 - 10 - 8 所示。

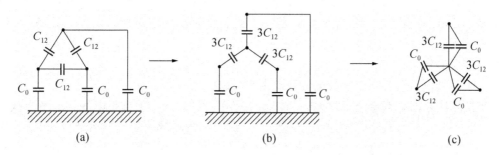

图 4 - 10 - 8　线路在三相对称电压作用下的等值电容

由图 4 - 10 - 8c 得各相对地等值电容为 $C_1 = 3C_{12} + C_0$，所以 $C_{12} = (C_1 - C_0)/3$。将前

面测得的 C_1 和 C_0 代入可得，$C_{12} = \dfrac{b_1 - b_0}{6\pi f} \cdot 10^6 (\mu F/km)$。

7. 波阻抗

采取相－地结合方式进行测量，测量接线如图 4 - 10 - 9 所示，虚框为消弧保护单元，在线路发送端用振荡器发送不同频率的信号，并通知对侧合上或断开开关 S。测量分三种情况进行，即 $Z_1 = Z_2 = 0$，$Z_1 = Z_2 = 400\Omega$ 和 $Z_1 = Z_2 = \infty$（Z_1，Z_2 为无感电阻）。

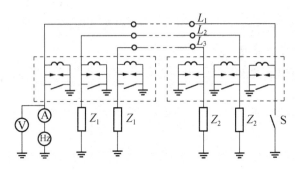

图 4 - 10 - 9　相－地结合阻抗特性测量接线图

在 S 合上时，信号发送用高频电压表和电流表测出短路电压 $U_{短}$ 和短路电流 $I_{短}$ 值，则 $Z_{短出} = U_{短}/I_{短}$；打开 S 时，测出开路值 $U_{开}$ 和 $I_{开}$，则 $Z_{开出} = U_{开}/I_{开}$，这样特性阻抗 $Z_{特入} = \sqrt{Z_{短出} \cdot Z_{开出}}$。

三、参数测试的主要干扰及提高精度的办法

输电线路工频参数测量中的干扰主要有静电分量、高频分量和工频分量三大类。其中静电感应分量是云中电荷、空间带电粒子等在输电线路上的感应电势，以电容耦合的方式为主，在测试接线完成后，测试电源内阻极低，静电感应分量可以直接对地泄放，对输电线路参数测量影响甚微。但是在雷雨天气，云中电荷累积，雷云电位升高，对线路放电的几率大增，如果发生雷击线路现象，将严重影响测试人员和设备的安全，此时应停止测试工作。

高频分量主要来自载波通讯、公网通讯、邻近线路或者变电站母线等高压设备电晕放电或者间隙放电。被测线路参数测试过程中，本线路载波通道停止工作，没有影响。其余各个高频分量通过屏蔽、接地处理及信号去耦电容基本可以消除，而且采用 47.5Hz 和 52.5Hz 信号进行测量，高频干扰信号极易分离，而且其幅值较小，对线路参数测量的影响可以完全消除。

工频分量包括电容耦合感应电势和电磁耦合感应电势。

当被测线路两端都悬空不接地时，如图 4 - 10 - 10 所示，邻近带电线路或者母线电场通过电容耦合在试验线路将感应一个电势，可看作在线路导线对地电容支路（C_{10}）中串接了一个等效的电感应电势 E_C。根据干扰线路电压等级和耦合紧密情况的不同，干扰电压值从几百伏到十几千伏不等（用静电电压表测量）。

线路平行走向或同杆架设时，带电运行线路产生的磁场将在被测线路上感应出电压，如图 4 - 10 - 11 所示，它正比于运行线路的电流 I_2 和两线路之间的互感 M_{21}，其作用相当

于在线路导线上沿纵向串接了一个磁感应电势 E_M，根据耦合紧密情况和干扰线路潮流变化，电磁感应干扰会发生变化。由于线路对地容抗很高，测试电源内阻极低，当线路一端接地时或者接入测试电源时，电容感应分量可直接对地泄放，对线路参数测量影响甚微，所以重点考虑纵向感应干扰电势的影响。

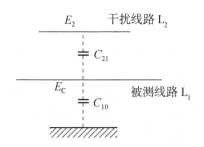

图 4 – 10 – 10　测量中电容耦合干扰示意图

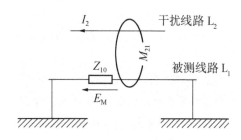

图 4 – 10 – 11　测量中电磁耦合干扰示意图

由于测量中被测线路短接和接地方式的不同，在各序参数测量中，感应干扰电压是不同的，但是可以综合等效为图 4 – 10 – 12 所示的电路。

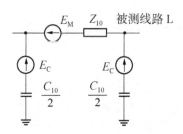

图 4 – 10 – 12　干扰等效电路示意图

输电线路工频参数测试中，干扰的工频分量影响最大，严重的情况下，电容耦合感应电压可以达到十几千伏，电磁耦合的感应电势引起的零序干扰电流可以达到数十安培，不仅严重影响测量的稳定度和准确度，也危及测试仪器设备和操作人员的安全，必须抑制其影响，才能保证参数测量可靠正确地完成。

在被测线路停电的情况下，消除工频干扰对线路参数测试的影响的方法主要有两种：传统的倒相移相法和新兴的异频测量法。

影响线路参数测试准确性的首要因素是感应电压，传统的测试方法采取的措施主要是提高试验电压，增大试验电流并加以倒换相序以抗"干扰"，这是一个方法，但试验电源将随着输电线路的长度增加而增大电源容量和质量，现场试验会感到十分不便。在此种情况下，可以采用异频电源进行测量，理论上可以完全消除分离工频干扰，得到稳定的各序参数实测结果。

一般的，有四个值得强调的影响线路参数测试准确性的因素：

（1）当测量较短的线路（如几千米以内）的阻抗（Z_1、Z_0）和较长线路（如几十千米以上）的电容（C_1、C_0、C_H）时，测试用的电压引线和电流引线应分开，并在被试线路侧（而不是试验电源侧）测取试验电压。

（2）测取较长（百千米以上）线路的阻抗（或电容）参数时，应在对侧同时读取电流（或电压），取首末两端的平均值供计算用。

（3）提高电压测试回路的内阻抗 Z_N，可使测得的感应电压 U_G 更接近真实。当 Z_N 较小时，所测得的感应电压 U_G 值将几乎正比于 Z_N。因此，测 U_G 宜用特高阻抗的电压表，如静电电压表等。

（4）根据零序保护分段和地质状况，在线路的相应位置增做 $1\sim2$ 次零序阻抗参数的实测。

四、主要安全措施

输电线路工频参数的测量除一般电气测试必须注意的种种安全问题之外，还有其特殊性，输电线路短则几千米，长则几百千米，由于电容 C_H/C_0 分压和电磁感应（X_H 和负荷电流）在各自身上产生的响应－感应电压，对测试人员和测试仪器的安全构成威胁，因此，防止感应电压危及人身安全是线路参数现场实测的第一要义。

现场测量应根据线路的实际情况和生产运行的实际需要，编制测试方案。不论测试哪条线路的哪项参数，进行测试接线前，必须一律先将被测线路良好接地。然后接好仪表，加电压（或通电流）前，才可拆去接地线。拆除测试引线前，须再次将线路可靠接地，切不可图省事，少做任何一个步骤。搭接和拆除临时接地线时，必须使用合理的绝缘操作杆。绝缘杆的长时耐受电压不得低于运行线路的额定电压。拉合接地刀闸时，必须穿戴合格的绝缘靴和绝缘手套。测取有相邻并行或交叉跨越较多，特别是有更高电压线路相邻或交叉线路的工频参数时，必须先测感应电压（注意：通过互感抗 X_H 感应过来的电压会随运行线路上的电流变大而变大）。

只要对测试准确度影响不大，尽可能接地。如：测试正序阻抗参数时，用三表法，对端的中性点可予接地；若正序阻抗测试时对端中性点无法接地，可采用两表法进行测量。零序干扰的影响，应用计算方法解析求得。

第十一章　高压绝缘子和套管试验方法

第一节　概　述

一、绝缘子

电力系统中大量使用的各种绝缘子主要承担绝缘和机械固定作用。绝缘子按形状和使用场所可分为悬式绝缘子、支柱绝缘子、棒式绝缘子、针式绝缘子、套管绝缘子、防污绝缘子等。从绝缘子材料构成上看，应用最广泛的是以瓷绝缘为主的瓷质绝缘子和玻璃绝缘子，近年来大量使用了以有机合成材料制成的合成绝缘子。

绝缘子除要求有良好的绝缘性能外，还要求有相当高的机械强度（抗拉、抗压、抗弯）。绝缘子在运行中，由于受电压、温度、机械力及化学腐蚀等作用，绝缘性能会劣化，出现一定数量的零值绝缘子，即绝缘电阻很低（一般低于 $300M\Omega$）的绝缘子。零值绝缘子的存在对电力系统安全运行是一种潜在的威胁。当电力系统出现过电压及工频电压升高等情况时，有零值绝缘子的绝缘子串易出现故障。因此，检测出不良绝缘子并及时更换是保证系统安全运行的重要工作。

二、套管

套管是电力系统广泛使用的一种电力设备。它的作用是使高压引线安全穿过墙壁或设备箱体与其他电力设备相连接。套管的使用场所决定了其结构要有较小的体积和较薄的绝缘厚度，尤其是套管法兰处（与墙壁及箱盖连接处）电场强度极不均匀，因而对其绝缘性能提出了较高要求。

套管按结构分为：

（1）纯瓷套管，适用于 10kV 及以下系统；

（2）充油型套管，适用于 35kV 及以下系统；

（3）油纸电容型套管，适用于 35kV 以上系统；

（4）胶纸电容型套管，适用于 35～220kV 系统。

按使用场所套管又可分为：

（1）穿墙套管，35kV 及以下多为纯瓷或充油式，35 kV 以上为胶纸或油纸式；

（2）变压器套管，35kV 及以下多为充油式，35 kV 以上为胶纸或油纸式。

第二节　绝缘子试验

一、测量电压分布

（一）绝缘子串电压分布规律

绝缘子串的电压分布通常可用其等值电路来描述。一个绝缘子就相当于一个电容，因此一个绝缘子串就相当于由许多电容组成的链形回路。虽然每个绝缘子的电容量相等，但组成绝缘子串后，每一片绝缘子分担的电压并不相同，这主要是由于每个绝缘子金属部分与杆塔（地）间及与导线间均存在大杂散电容（寄生电容）所造成的。

设绝缘子本身的电容为 C，其金属部分对杆塔的电容为 C_z，如图 4-11-1a 所示。由于存在这种电容，当有电位差时，就有一个电流经 C_z 流入接地支路，如图 4-11-1a 中箭头所示。流经 C_z 的电流分别要流经电容 C，这样，越靠近导线的电容 C 所流经的电流就越大。由于各绝缘子电容大致相等，则它们的电压降也就较大。

设绝缘子金属部分对导线的电容为 C_d，其等值电路如图 4-11-1b 所示。由于每个电容 C_d 两端均有电位差，因此就有电容电流流过，而且都必须经电容 C 到地构成回路，这样就使离导线越远的绝缘子所流过的电流越多，因此电压降越大。由于绝缘子金属部分对导线的电容 C_d 比其对地电容 C_z 小，因而流过的电流也小，所以产生的压降就相对较小。

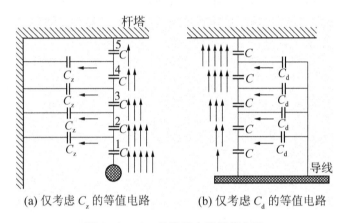

(a) 仅考虑 C_z 的等值电路　　(b) 仅考虑 C_d 的等值电路

图 4-11-1　绝缘子串的等值电路

实际的绝缘子串各个绝缘子上的电压分布应考虑两电容的共同作用。研究表明，离开导体侧时绝缘子两端电压降逐渐下降，当绝缘子靠近杆横担时，绝缘子电压降又升高，呈 U 形曲线分布。实测结果完全证明了这一点，绝缘子串愈长，电压分布越不均匀，越容易导致某些部位的绝缘损坏，所以测量其电压分布就更有意义。

（二）绝缘子串电压分布测量方法

上述是正常情况绝缘子串的电压分布规律。在运行中，当绝缘子串或支柱绝缘子中有一个或数个绝缘子劣化后，绝缘子串中各元件上的电压分布将与正常分布情况不同，电压分布曲线会发生畸变。畸变的形状随绝缘子劣化程度和劣化绝缘子的位置不同而异。当绝缘子串或支柱绝缘子中有劣化元件时，此元件上分担的电压将比正常时所分担的小，其降低的数值随劣化加深而增大，将原来作用在它上面的电压转移到串中其他绝缘子上，特别是与其靠近元件上的电压升高最多。因此，必须把劣化了的绝缘子及时检出。

测量电压分布的常见工具有短路叉、火花间隙检验杆等。

1. 短路叉

这是检测零值绝缘子最简便的工具。检测杆端部装上一个金属丝做成的叉子，把短路叉的一端靠在绝缘子的钢帽上，而当其另一端和下面绝缘子的钢帽将相碰时，其间的空气隙会产生火花。被测绝缘子承受的分布电压越高，火花的声音也越大，如果被测绝缘子是零值的，就不承受电压，因而就没有火花。短路叉不能测出电压分布的具体数值，但可以检查出零值绝缘子。

2. 火花间隙检验杆

火花间隙检验杆的测量部分是一个可调的放电间隙和一个小容量的高压电容器相串联，预先在室内校好放电间隙的放电电压值，并标在刻度板上，测杆在机械上可以旋转。这样，在现场当接到被测的绝缘子上后，便转动操作杆，改变放电间隙，直至开始放电，即可读出相应于间隙距离在刻度板上所标出的放电电压值。如果某一元件上的分布电压低于规定标准值，而相邻其他元件的分布电压又高于标准值时，则该元件可能有缺陷。为了防止因火花间隙放电短接了良好的绝缘元件而引起相对地闪络，可以用电容 C 与火花间隙串联后再接到探针上去。C 值约为 30pF，和一片良好的悬式绝缘子的电容值接近。因为和 C 串联的火花间隙的电容只有几皮法，所以 C 的存在基本上不会降低作用于间隙上的被测电压。

火花间隙检验杆的缺点是，动电极容易损伤而变形，放电电压受温度影响，检测结果分散性大，这些都使其检测的准确性差，而且测量时劳动强度较大，时间也较长。因此，它仅用于检验性测量，对于零值绝缘子的检测还是有效的。

二、测量绝缘电阻

清洁干燥的良好绝缘子，其绝缘电阻是很高的。瓷质有裂纹时，绝缘电阻一般也没有明显的降低。当龟裂处有湿气及灰尘、脏污入侵后，绝缘电阻将显著下降，仅为数百甚至数十兆欧，用兆欧表可以明显地检出。

《规程》规定，用 2 500V 兆欧表测量绝缘电阻时，多元件支柱绝缘子和每片悬式绝缘子的绝缘电阻不应低于300MΩ。测量多元件支柱绝缘子每一元件的绝缘电阻时，应在分层胶合处绕铜线，然后接到兆欧表上，以免在不同位置测得的绝缘子电阻数值相差太大而造成误判断。

三、交流耐压试验

交流耐压试验是判断绝缘子绝缘强度最直接的方法，交接试验时必须进行该项试验。预防性试验时，可用交流耐压试验代替测量电压分布和绝缘电阻，或用它来最终判断用上述方法检出的绝缘子。对于单元件的支柱绝缘子，交流耐压目前是最有效、最简易的试验方法。

各级电压的支柱绝缘和悬式绝缘子的交流耐压试验电压标准见《规程》相关规定。

交流耐压试验时应注意以下几点：

（1）按试验电压标准耐压1min，在升压和耐压试验过程中不发生跳弧为合格。

（2）在升压或耐压过程中，如发现下列不正常现象时应立即断开电源，停止试验，检查出不正常的原因：①电压表指针摆动很大；②发现绝缘子闪络或跳弧；③被试绝缘子发生较大而异常的放电声。

（3）对运行中的 35kV 变电所内的支柱绝缘子，可以连同母线进行整体耐压试验。但耐压试验完毕后，必须测量各胶合元件的绝缘电阻，以检出不合格的元件。

（4）对于穿墙套管绝缘子，应根据实际状态进行加压。对变压器出线套管，如系

35kV 电压级，试验时套管内应充满油，下半部应浸入绝缘油中再加压。总之，对各种不同类型的被试品均应根据《规程》要求及其具体情况进行加压。

第三节　套　管　试　验

套管是起隔离电位作用，便于高压引线穿过而采用的设备，套管的安全运行与否对系统安全运行有重要的影响。根据《规程》规定，套管的预防性试验项目及相关要求见表4-11-1。

表 4-11-1　套管的试验项目及相关要求

序号	项　目	要　求	说　明
1	主绝缘及电容型套管末屏对地绝缘电阻	（1）主绝缘的绝缘电阻值一般不应低于下列数值： 110kV 及以上：10 000MΩ 35kV：5 000MΩ （2）末屏对地的绝缘电阻不应低于 1 000 MΩ	（1）采用 2 500V 兆欧表 （2）变压器套管、电抗器套管的试验周期跟随变压器、电抗器 （3）以下情况应进行此试验： 红外检测套管发热 套管油位不正常或气体压力不正常
2	主绝缘及电容型套管对地末屏 $\tan\delta$ 与电容量	（1）20℃ 时的 $\tan\delta$ 值应不大于下表中数值：<table><tr><td colspan="2">电压等级/kV</td><td>20～35</td><td>110</td><td>220～500</td></tr><tr><td rowspan="4">电容型</td><td>油纸</td><td>1.0</td><td>1.0</td><td>0.8</td></tr><tr><td>胶纸</td><td>3.0</td><td>1.5</td><td>1.0</td></tr><tr><td>气体</td><td>—</td><td>1.0</td><td>1.0</td></tr><tr><td>干式</td><td>—</td><td>1.0</td><td>1.0</td></tr><tr><td rowspan="3">非电容型</td><td>充油</td><td>3.5</td><td>1.5</td><td>—</td></tr><tr><td>充胶</td><td>3.5</td><td>2.0</td><td>—</td></tr><tr><td>胶纸</td><td>3.5</td><td>2.0</td><td>—</td></tr></table>（2）电容型套管的电容值与出厂值或上一次试验值的差别超出 ±5% 时，应查明原因 （3）当电容型套管末屏对地绝缘电阻小于 1 000MΩ 时，应测量末屏对地 $\tan\delta$，其值不大于 2%	（1）油纸电容型套管的 $\tan\delta$ 一般不进行温度换算，当 $\tan\delta$ 与出厂值或上一次试验值比较有明显增长或接近左表数值时，应综合分析 $\tan\delta$ 与温度、电压的关系。当 $\tan\delta$ 随温度增加明显增大或试验电压由 10kV 升到 $U_{\rm m}/\sqrt{3}$ 时，且 $\tan\delta$ 增量超过 ±0.3% 时，不应继续运行 （2）测量变压器套管 $\tan\delta$ 时，与被试套管相连的所有绕组端子连在一起加压，其余绕组端子均接地，末屏接电桥，正接线测量 （3）对具备测试条件的电容型套管可以用带电测试电容量及 $\tan\delta$ 代替 （4）以下情况应进行此试验： 红外检测套管异常 套管油位不正常

序号	项 目	要 求	说 明
3	带电测试 $\tan\delta$ 及电容量	（1）可采用同相比较法，判断标准为： 同相设备介损测量值差值（$\tan\delta_X -\tan\delta_N$）与初始测量值差值比较，变化范围绝对值不超过 ±0.3%，电容量比值（C_X/C_N）与初始测量电容量比值比较，变化范围不超过 ±5% 同相同型号设备介损测量值差值（$\tan\delta_X - \tan\delta_N$）不超过 ±0.3% （2）采用其他测试方法时，可根据实际制定操作细则	对已安装了带电测试信号取样单元的电容型套管进行测量，超出要求时应： （1）查明原因 （2）缩短试验周期 （3）必要时停电复试
4	油中溶解气体色谱分析	油中溶解气体组分体积分数（μL/L）超过下列任一值时应引起注意，停电检查： H_2：500；CH_4：100； C_2H_2：1（220kV、500kV），2（110kV）	以下情况应进行此试验： （1）红外检测套管发热 （2）套管油位不正常
5	局部放电测量	（1）变压器及电抗器套管的试验电压为 $1.5U_m/\sqrt{3}$，对油浸纸式及胶浸纸式要求局放量不大于 20pC，对胶粘纸式可由供需双方协议确定 （2）其他套管的试验电压为 $1.05U_m/\sqrt{3}$，对油浸纸式及胶浸纸式要求局放量不大于 20pC，对胶粘纸式可由供需双方协议确定	（1）垂直安装的套管水平存放 1 年以上投运前宜进行本项目试验 （2）以下情况应进行此试验：怀疑套管存在绝缘缺陷时
6	红外检测	按《带电设备红外诊断应用规范》（DL/T 664—2008）执行	（1）用红外热像仪测量 （2）结合运行巡视进行 （3）以下情况应进行此试验：怀疑有过热缺陷时

上述试验项目中，带电测试项目将在本教程第六篇讲解，色谱分析及套管局放检测不是常规预防性试验项目，此处不做介绍，下面重点介绍绝缘电阻及套管介损测量。

一、绝缘电阻试验

测量绝缘电阻可以发现套管瓷套裂纹、本体严重受潮、劣化及末屏绝缘劣化、接地等缺陷。

对于已安装到变压器本体上的套管，摇测其高压导电杆对地绝缘电阻时应连同变压器本体一起进行，而摇测抽压小套管和末屏对地绝缘电阻可分别单独进行。由于套管受潮一般是从最外层电容层开始，因此测量小套管对地绝缘电阻具有重要意义。

二、套管介损及电容量测量

套管 $\tan\delta$ 和电容量的测量是判断套管绝缘状况的一项重要手段。由于套管体积较小，电容量较小（几百皮法），因此测量其 $\tan\delta$ 可以较灵敏地反映套管劣化受潮及某些局部缺陷。测量其电容量也可以发现套管电容芯层局部击穿、严重漏油、测量小套管断线及接触不良等缺陷。

现场一般采用介损电桥测量套管的 $\tan\delta$ 和电容量。

（一）单独套管试验

大多数电力设备中广泛使用着 35kV 及以上的油纸电容型或胶纸电容型套管。该类套管中有一部分带有专供测 $\tan\delta$ 用的小套管，即测量小套管（末屏），也有部分套管不带测量小套管。

当套管未安装到设备上或交接大修时从设备本体拆下来单独试验时，可采用西林电桥正接线法测量其 $\tan\delta$ 和电容量，测量时高压线接套管导电杆，电桥 C_X 线接测量小套管芯线，法兰接地。当套管没有测量小套管时，则只能采用反接法测量。

值得一提的是，只测量主电容的 $\tan\delta$ 和电容量，而不做测量末屏对地的 $\tan\delta$ 试验，是不全面的。试验证明：套管初期受潮，潮气和水分总是先进入最外层的电容层，测量小套管对地的 $\tan\delta$ 对反映套管初期进水受潮是很灵敏的，而只测量主电容层的 $\tan\delta$ 不一定能反映出来，给设备运行留下隐患。所以《规程》规定：当测量小套管对地绝缘电阻小于 1 000MΩ 时，则要求测量小套管对地的 $\tan\delta$。

（二）现场变压器套管试验

运行中的变压器套管已牢固安装于设备箱体中，套管内导电杆下部与变压器绕组相连接，预防性试验时，无法将套管与内部绕组连接拆开，因此测量时须采取特殊接线，以避免变压绕组电感、变压器本体电容对套管 $\tan\delta$ 和电容量测量的影响。

现场测量接线时，应将测量变压器绕组连同中性点全部短接后接电桥高压引线，电桥 C_X 线接被测量套管的末屏，分别测量各相套管的 $\tan\delta$ 和电容量，电桥用正接线测量。

从现场测量的准确性和安全性出发，测量套管 $\tan\delta$ 时最好将加压套管侧绕组连同中性点短接后接高压，其他非被试绕组短接后接地。如测量高压套管时，将高压绕组连同高压绕组中性点短接后接高压，中、低压绕组及其中性点短接后接地。

（三）影响套管 $\tan\delta$ 测量的因素

1. 试验接线的影响

如上所述，现场测量变压器套管 $\tan\delta$ 时未将变压器绕组短接，对测量结果有影响。研究表明，对于正常良好绝缘的胶纸电容型套管，正接线测得的 $\tan\delta$ 值比反接线测得值偏小或接近，电容量偏小；对于不良绝缘的，则正、反接线有明显差异。一般情况下，反接线较正接线测得的 $\tan\delta$ 值偏大。

2. 温度、湿度的影响

温度对套管 $\tan\delta$ 的影响与对其他设备 $\tan\delta$ 的影响一样。一般情况下，$\tan\delta$ 值随温度升高而增加，对于油纸绝缘的套管，《规程》规定一般不进行温度换算，这是因为油和纸的温度特性正好相反。

湿度对 $\tan\delta$ 的测量影响很大。研究表明：当相对湿度较大时，由于瓷套表面泄漏电导较大而产生了分流作用，结果使正接线 tanδ 测量值出现测量误差，严重时产生"－tanδ"测量值。

反接线测量套管 tanδ 时，当相对湿度较大时，表面泄漏电导与被试绝缘部件相并联，将造成 tanδ 测量值偏大的误差。

须注意的是，正接线偏小的测量误差往往不会引起注意，可能将一些 tanδ 不合格的套管误认为合格，而投入运行，而且由于每次测量时相对湿度的不同，使实测套管的 tanδ 值分散性较大。

反接线偏大的测量误差又可能造成误判断，将一些合格的套管判为不合格，造成不必要的套管检修或更换。

因此在测量 tanδ 时应注意环境湿度的影响。湿度较大时，应在采取烘干表面瓷裙、涂硅油等措施后再测量。

3．表面脏污的影响

表面脏污对 tanδ 测量的影响同湿度对 tanδ 测量的影响机理一样，可能造成正接线 tanδ 测量值偏差较大的误差和反接线测量值偏大的误差。

4．T 形干扰网络影响

同测量小电容量电流互感器一样，由于套管的电容量较小，一般为几百皮法，试验时套管附近的梯子、设备构架、试验人员、引线等对试验结果有一定影响，造成 tanδ 和电容量测量结果分散性大。因此，测量电容套管 tanδ 时应尽量使套管附近无梯子、构架等杂物或使杂物及试验人员远离被试套管，以提高测量准确度。

5．末屏对套管 tanδ 测量的影响

套管上设有专门供测量 tanδ 用的测量小套管，测量小套管的绝缘状况对正接线测量套管的 tanδ 有很大影响。

当末屏引线与地接触时，绝缘电阻为 0，这种情况下用电桥正接线测量套管 tanδ 时，C_x 被短接电桥 R_3 不起作用，电桥无法平衡，tanδ 无法测量。

对于未装在设备本体上的单独套管 tanδ 尚可用反接线测量，而对于装在设备本体上的变压器套管则无法用反接线测量其 tanδ 值。

当末屏内部引线开断时，电桥正接线测量时无信号或信号很弱，测量出套管电容量异常，应检修处理。

当末屏由于表面脏污或内部受潮造成绝缘电阻偏低时，由于偏低的绝缘电阻引起分流作用，将使测量的 tanδ 值产生偏小的测量误差。因此，现场测量套管 tanδ 前，应先摇测测量小套管绝缘电阻，绝缘电阻低的（小于 1 000MΩ）应查明原因。

第十二章　相序和相位试验方法

第一节　相序和相位的含义及测量的意义

在三相电力系统中，各相的电压或电流依其先后顺序分别达到最大值的次序，称为相序；三相电压（或电流）在同一时间所处的位置，就是相位，通常对称平衡的三相电压（或电流）的相位互差120°。

在三相电力系统中，规定以"A、B、C"标记区别三相的相序。当它们分别达到最大值的次序为 A、B、C 时，称作正相序；如次序是 A、C、B，则称为负相序。相应的向量图，如图4-12-1所示。

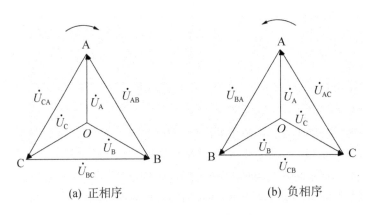

(a) 正相序　　　　　　　　　　(b) 负相序

图4-12-1　正、负相序向量图

在电力系统中，发电机、变压器等的相序和相位是否一致，直接关系到它们能否并列运行。同时，正、负相序的电源还直接影响电动机的转动方向。所以，常常须测量设备的相序和相位，以确定其运行方式。

第二节　相序测量方法

测量相序时，对于380V及以下系统，可采用量程合适的相序表直接测量；对于高压系统，应用电压互感器在低压侧测量。

常用的相序表有旋转式和指示灯式两种。旋转式相序表，是采用微型电动机（或其他转动机构），并在其轴上装有指示旋转方向的转盘，测量时借其转动方向的不同，即可判断被测三相的正、负相序。由电容和电感组成指示灯相序表的原理接线，如图4-12-2所示。

若 A 相负载为电容负载时，B、C 相为指示灯，当三相电压为正相序时，则 C 相的指示灯比 B 相暗；若三相电压为负相序时，其亮度相反。

若将 A 相负载换成电感线圈，B、C 相仍为指示灯，当三相电压为正相序时，则 C 相的指示灯比 B 相亮；若三相电压为负相序时，其亮度相反。

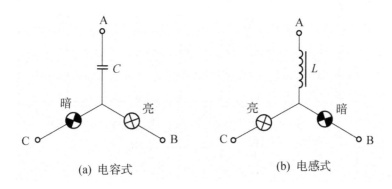

(a) 电容式　　　　　　　　　　　(b) 电感式

图 4 – 12 – 2　指示灯相序表的原理接线图

第三节　相位测量方法

测量相位，是在有电磁连接的同一系统并列或环接、土变压器并列及新线路投入时不可缺少的试验项目之一。测量相位的目的在于判断相位和相序，防止由于相位不一致，在并列时造成短路或出现巨大的环流而损坏设备，其测量方法如下。

一、利用三相电压互感器低压侧测量相位

1. 确定高压侧的相位

须确定双母线或分段母线的相位时，可利用系统中装设的三相电压互感器。如图 4 – 12 – 3 所示，在其低压侧利用电压表，依次测量 aa′、ab′、ac′、ba′、bb′、bc′、ca′、cb′ 和 cc′ 等九个数位，电压接近或等于零者，为同名端；电压为线电压者，为异名端。据此，则可判定对应端高压侧的相位。

测量时，两个电压互感器的变比、组别应相同。高压侧的电压要基本一致，互差应不大于 10%。

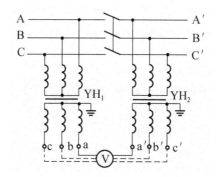

图 4 – 12 – 3　在三相电压互感器低压侧测定高压侧相位的试验接线图

2. 确定低压侧的相位

在同一高压电源上须确定三相电压互感器低压侧的相位时的试验接线如图 4 - 12 - 4 所示。测量时，按图 4 - 12 - 4 测量电压互感器低压侧任意两线端的电压，电压指示接近或为零者为同名端，约为线电压者为异名端。

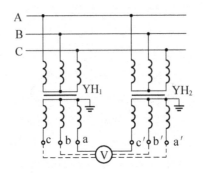

图 4 - 12 - 4　确定三相电压互感器低压侧相位的试验接线图

二、利用单相电压互感器确定高压侧的相位

1. 在有直接电联系的系统定相

在有直接电联系的系统（如环接）中，可外接单相电压互感器，直接在高压侧测定相位。此时在电压互感器的低压侧接入 0.5 级的交流电压表，其接线如图 4 - 12 - 5 所示。在高压侧依次测量 Aa、Ab、Ac、Ba、Bb、Bc、Ca、Cb 和 Cc 间的电压，根据测量结果，电压接近或等于零者为同相，约为线电压者为异相。

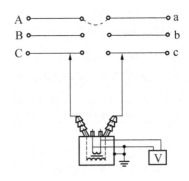

图 4 - 12 - 5　用单相电压互感器测定高压侧的相位

2. 在没有直接电联系的系统定相

在没有直接电联系（如两台须并列运行的变压器，变电站须并入系统等）的系统中，用外接单相电压互感器在高压侧测定相位时，为了避免测量中由于被测设备对地电容的容抗，与电压互感器的电抗匹配发生串联谐振造成事故。测量前应将某一对应端头（如 A 和 a，A 为运行系统的 A 相，a 为待定设备的 a 相）连接起来，如图 4 - 12 - 5 所示（此时要特别注意，应验明两系统确实无电联系，方可连接）。然后将两系统送电，再进行测量，依次读取 Bb、Bc、Cb 和 Cc 四个电压数值，判断相位的方法同上。为了避免对应端接错出现高电压损坏测量电压的互感器，最好用比被测电压高一级的电压互感器或用两个与被测电压同级的电压互感器串联测量。安全注意事项同在有直接电联系的系统定相。

3. 用电阻定相杆测定相位

用电阻定相杆测定相位时，将定相的两杆分别接向两侧，当电压表的指示接近或为零时，则对应的两侧属于同相；若电压表的指示接近或大于线电压时，则对应的两侧异相。

测量时，应按高压带电测量考虑有关的技术安全措施，如操作杆的绝缘、安全距离等，以保证人身和测量设备的安全。定相杆应放在恒温、恒湿的环境中保存。

第五篇
高压设备不拆引线试验方法

第一章 不拆引线试验的基础知识

第一节 不拆引线试验的意义

近年来，由于我国电网的快速发展，电网设备数量迅速增加，因此，每年须定期停电进行预防性试验的高压设备数量也越来越多，试验任务越来越重，因而现场试验人员对设备进行不拆引线试验的需求和渴望也越来越大。所谓不拆引线试验，是指在电气设备停电进行预防性试验时，不拆除设备一次主要引线前提下进行的常规电气试验，不包括拆除二次引线、末屏引线、铁芯引线及局部小范围内一次引线的拆除（如500kV主变35kV侧引线的拆除等）。按《规程》规定，试验时应拆除被试设备所连接的一次引线，即所谓的拆引线试验。由于110kV及以上电气设备电压等级高，引线直径粗，且扭曲力大，试验时拆接引线需吊车（升降车）和大量的人力、物力，既延长了停电时间，又因经常拆接引线而可能造成设备损坏及引起人员安全事故。为此，110kV及以上电气设备现场不拆引线进行预防性试验的研究工作就显得势在必行。《规程》总则也明确强调"如经证实可以采用不拆引线试验的宜采用不拆引线试验方式"。

多年现场高压设备预防性试验的经验表明：设备的预防性试验过程中花在拆装引线上的时间基本占到了试验时间的一半左右，如果能够在进行预防性试验时不拆设备引线，将大大地提高试验效率，节省大量的时间。另一方面，不拆引线试验还有很多好处，如避免发生拆引线问题而引起的设备接头接触不良、避免损坏设备、避免发生安全事故、降低劳动强度等，所以很多运行单位投入了大量力量研究不拆引线的电力设备预防性试验。

实践表明：虽然不拆引线的试验方法与拆除引线的试验可能会有些差异，但是完全可以通过一系列的技术革新和攻关来解决，在技术上完全具有可行性。如广州电网500kV设备不拆引线试验已有16年实践经验，16年的实践证明采用不拆引线方法进行预防性试验具备可行的基础，对提高试验工作的效率，降低设备损坏和折旧率，在减员增效等方面将具有不可估量的经济效益。

第二节 国内外研究现状

国外方面，由于欧、美、日等西方国家一般不进行定期停电预防性试验，主要通过严把设备验收关、加强电网建设、做好不停电监测及二次系统防护等措施来确保系统安全，因此这些国家对不拆引线试验研究较少。

国内方面，电力设备不拆一次引线试验研究已经进行多年并取得许多成果。我国在出现500kV电压等级以后，由于500kV设备拆除引线试验需要的人力、物力巨大，工作劳动强度大，因此，国内许多单位均开展了500kV设备不拆引线试验的尝试并取得了许多成果，涌现了一批有效的试验方法和能够抗干扰的试验仪器设备。国内北京供电局、山东省电力局和华东、华北、华中各电网公司及重庆供电局等均在500kV设备不拆引线试验方面取得了较好的成绩。

按《规程》规定，运行一定期限后将进行500kV电气设备预防性试验，一般采用拆除被试设备所连接的一次引线进行试验，即进行所谓的拆引线试验。由于500kV设备电压等级高，引线直径大，并多采用双分裂或四分裂导线，而且引线距离地面一般约为10m，加上接头附件等比较沉重，要拆除被试设备所连接的一次引线，非人力所能直接办到的。试验时拆、接引线需吊车、升降机和大量人力物力，这既延长了停电时间，又因经常拆接引线而可能造成设备及人员安全问题。为此，广州供电局曾在20世纪90年代对500kV电气设备进行了现场不拆引线试验方法的研究，提出了一个500kV设备不拆引线试验的试验方案并在实践中得到应用，经过近20年的预防性试验经验证明不拆引线对提高500kV设备试验的劳动生产率、降低试验事故、简化试验过程起到了积极的作用。表5-1-1是一组500kV设备拆引线与不拆引线试验绝缘电阻的对比试验结果。

表5-1-1 500kV主变绝缘电阻拆引线及不拆引线试验结果对比（带MOA、CVT、绝缘子）

单位：MΩ

序号	测试绝缘部位	兆欧表接线方式			说明	拆引线		不拆引线	
		L	E	G		R_{15s}	R_{60s}	R_{15s}	R_{60s}
1	高中压绕组对低压绕组、铁芯、外壳绝缘	高中压侧	低压侧、铁芯及地			12 080	14 990	10 990	10 200
2	高中压绕组对低压侧绝缘	高中压侧	低压侧		铁芯接地	19 700	22 900	20 900	21 300
3	高中压绕组对铁芯绝缘	高中压侧	铁芯		低压接地	15 730	21 900	11 500	16 240
4	高中压绕组及铁芯对低压侧绝缘	高中压侧、铁芯	低压侧	接地		12 200	40 400	13 900	32 000
5	低压绕组及铁芯对高中压绕组绝缘	低压侧、铁芯	高中压侧	接地		19 770	23 800	19 310	22 500

注：考虑到充放电时间比较长，没有进行10min绝缘电阻测试和极化指数测试。

从表5-1-1可以看出：由于主变高压侧并联的CVT、MOA、绝缘子、绝缘支柱在天气良好的条件下，绝缘电阻很高（上万兆欧），对主变本体高中压侧的绝缘电阻测试影响很小。还可以看出，用常规绝缘电阻测试方法可达到较满意不拆引线试验效果，替代拆引线试验。

但是，电力设备的不拆引线试验也存在着较多的问题。随着电力系统发展，出现了大量新的测试仪器，设备的制造质量也有了大幅度的改进，试验方法也取得了长足的进步。如20世纪90年代初进行大型变压器快速充电直流电阻的测量还十分困难，但现在已经十分普遍地实现了直流电阻的快速测量，特别是随着设备制造水平和运行维护水平的发展，电力设备的缺陷形式及因此造成事故的原因同以前相比有了很大的不同，常规预防性试验的有效性开始越来越值得推敲。因此，原有的不拆引线试验方案或方法已经不能适应现在电网发展形势的需要，进行符合现在电网发展情况的电力设备不拆引线试验研究、制定符合现有情况的不拆引线试验导则显得极为必要。特别是将不拆引线试验从500kV电压等级逐步扩充到110～220kV电压等级还须技术攻关，还有较多的问题需要解决，具体说来，国内外不拆引线试验存在的技术问题主要表现在以下几个方面：

（1）主要侧重在500kV设备不拆引线试验的研究上，对110～220kV电力设备的研究不多；侧重个别设备研究的较多，不同单位研究的重点设备各不相同，缺乏对所有设备的系统研究。

（2）目前，关于电力设备不拆引线试验的研究方法多种多样，各个企业都有各自的试验方法，基本上各自为战，彼此之间的测试数据缺乏可比性，没有一个统一的不拆引线试验的技术标准和技术导则。

（3）缺乏系统的理论分析和误差分析研究，在是否可以进行全面不拆引线试验的问题上缺乏深入的研究，没有权威的定论。电力行业标准和《规程》总则中提到了"如经证实可以采取不拆引线试验时宜采用不拆引线试验方式"，但均没有提出哪些设备可以采取不拆引线进行预防性试验，没有形成统一的不拆引线试验的技术导则，在不拆引线试验方面缺乏共识。

第三节　不拆引线试验主要研究内容

本教程论述的不拆引线试验研究的主要内容有：

（1）对电网110kV及以上主设备（开关、变压器、电流互感器、电压互感器、避雷器、耦合电容器）的预防性试验项目、试验方法进行研究，分析哪些设备、哪些试验项目可以通过不拆引线的方法进行预防性试验，试验的结果与拆除引线的预防性试验结果之间的误差是否在令人满意的范围内，两者对判断设备的健康状况是否具有一致性。

（2）分析研究哪些设备的哪些试验项目采用不拆引线进行预防性试验方法后会产生较大的误差，误差产生的原因有哪些，如何通过有效的措施消除这些误差，是否可以通过新技术的应用或试验方法的改进来达到不拆引线进行预防性试验的目的。

（3）通过对国内先进单位的预防性试验做法和系统缺陷事故的调研、通过实验室和现场的对比试验、通过相关的理论计算判断110kV及以上主设备是否具备进行不拆引线试验的可行性，是否可以全面推广不拆引线的试验方法。

（4）对不拆引线试验可能的抗干扰措施和方法进行了探讨，提出了在不拆引线试验前提下可能的试验方法和现场抗干扰的措施。

（5）规范了现场不拆引线试验的具体操作步骤，为标准化作业和员工培训提供了技术材料。

第四节　各类设备不拆引线试验可能影响的试验项目

一般而言，不拆引线试验主要影响到电气试验测试结果，而非电气试验测试结果基本不受影响。影响试验结果的几个主要因素有：

（1）由于不拆引线造成试验回路电容分布的改变；

（2）由于不拆引线造成泄漏电流的影响；

（3）感应电压的影响；

（4）电场干扰等。

经过初步分析与评估，我们筛选出 6 类设备的预防性试验项目及不拆引线影响情况来进行研究，见表 5 - 1 - 2 ～表 5 - 1 - 7。

表 5 - 1 - 2　变压器不拆引线试验对测试结果的影响评估

序号	试验项目	不拆引线影响
1	油中溶解气体色谱分析	无
2	绕组直流电阻	无
3	绕组绝缘电阻、吸收比、极化指数	有
4	绕组连同套管的介质损耗和电容值	有
5	套管介损耗和电容	有
6	绝缘油试验	无
7	铁芯绝缘电阻	无
8	夹件绝缘电阻	无
9	油中含水量	无
10	油中含气量	无

表 5 - 1 - 3　SF_6 断路器和 GIS 不拆引线试验对测试结果的影响评估

序号	试验项目	不拆引线影响
1	断路器和 GIS 内 SF_6 气体检测项目	无
2	SF_6 气体湿度	无
3	辅助回路和控制回路绝缘电阻	无
4	断口间并联电容器的绝缘电阻、电容量、介损	有
5	合闸电阻值和合闸电阻投入时间	无
6	分合闸电磁铁的动作电压	无
7	导电回路电阻	无

表 5 - 1 - 4　CVT 不拆引线试验对测试结果的影响评估

序号	试验项目	不拆引线影响
1	极间绝缘电阻	无
2	介损与电容量	有
3	油中溶解气体的色谱分析	无

表 5－1－5　PT 与 CT 不拆引线试验对测试结果的影响评估

序号	试验项目	不拆引线影响
1	绝缘电阻	有
2	介损	有
3	油中溶解气体的色谱分析	无

表 5－1－6　MOA 不拆引线试验对测试结果的影响评估

序号	试验项目	不拆引线影响
1	绝缘电阻	有
2	直流 1mA 电压（U_{1mA}）及 $0.75U_{1mA}$ 下泄漏电流	有
3	运行电压下的交流泄漏电流	无
4	底座绝缘电阻	无
5	检查放电计数器动作情况	无

表 5－1－7　套管不拆引线试验对测试结果的影响评估

序号	试验项目	不拆引线影响
1	主绝缘及电容型套管末屏对地绝缘电阻	无
2	主绝缘及电容型套管对地及末屏 $\tan\delta$ 与电容量	有
3	油中溶解气体的色谱分析	无

　　单纯地进行电力设备的不拆引线试验研究针对性不强，难以突出重点，意义也不大。进行不拆引线试验研究应该与《规程》的修编有效地结合起来。即通过大量的缺陷统计，对行之有效、方法简明的预防性试验项目应作为不拆引线试验研究的重点进行对比研究，对实践证明效果不佳的试验项目应放在预防性试验的次要位置或取消，同时对这些项目的预防性试验不拆引线研究也不应该作为重点。这样，就避免了大量的没有意义的研究工作。

　　经过对广州供电局 2001—2010 年缺陷数据统计分析，可以确定出 6 类设备的拆引线与不拆引线对比试验项目（见表 5－1－8），这些对比试验项目基本代表了目前主要电网设备电气试验预防性试验的主要内容。

表 5－1－8　各类设备不拆引线试验主要研究项目

设备类别	不拆引线试验研究项目
变压器	绕组绝缘电阻、吸收比、极化指数、绕组介损
SF_6 断路器	断口间并联电容器的绝缘电阻、电容量、介损
CT	介损及电容量
CVT	介损及电容量
MOA	直流 1mA 电压（U_{1mA}）及 $0.75U_{1mA}$ 下的泄漏电流
套管	套管介质损耗和电容

以上统计整理出来须重点进行拆引线与不拆引线对比试验的项目，是在《规程》和广州供电局2001—2010年缺陷统计分析的基础上，充分考虑不拆引线影响因素后筛选出的。值得注意的是，对于变压器"绕组泄漏电流"试验项目在《电力设备预防性试验规程》（DL/T 596—1996）中属于试验周期为1～3年的预试项目，但在《规程》中该试验为大修后试验项目，由于多年的实践证明该项目对发现设备缺陷的有效性较差，因此，已经在《规程》中不作为定期预防性试验项目，该项目也就没有必要再进行是否须拆引线试验的研究。

2001—2010年，广州电网仅发现两起变压器本体介损超标的案例，事实上，这两起本体介损超标的缺陷也可以通过变压器的油分析予以发现。因此，变压器本体绕组介损试验的有效性也较差，所以，对于变压器本体介损的不拆引线研究也显得意义不大。事实上，《电力设备预防性试验规程》（DL/T 596—1996）已经说明各地可以根据自行情况决定是否将该项目作为预防性试验项目，也认可了该项目对变压器绝缘的诊断意义不大，但为了严谨起见，本次项目研究仍将变压器本体绕组介损不拆引线试验作为研究内容之一。

第二章　不拆引线试验数学模型及误差分析

第一节　变压器不拆引线试验数学模型及误差分析

一、绕组连同套管的介质损耗和电容值

（一）500kV 变压器

1. 不拆引线测量模型——反接法

500kV 变压器通常为单相自耦变压器，高压绕组（500kV）与中压绕组（220kV）自耦，采用三相星形接线，低压绕组（35kV）三相外置三角形接线。

500kV 变压器不拆引线测量绕组连同套管的介质损耗与电容量时，可不拆除 500kV 与 220kV 侧引线，但是必须拆除中性点及 35kV 侧的引线。因为低压侧三角形接线，如果不拆除引线，将会把其他相低压电容引入测量回路。

高中压绕组对低压及地的介质损耗与电容量测量原理图如图 5－2－1 所示，低压绕组由于拆引线测量，此处略。

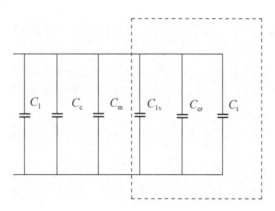

图 5－2－1　绕组连同套管的介质损耗和电容值不拆引线测量模型

C_1—母线对地电容；C_c—CVT 对地电容；C_m—500kV，220kV 侧 MOA 对地电容；C_{1v}—高中压绕组对低压绕组电容；C_{cr}—高中压绕组对铁芯电容；C_t—高中压绕组对油箱电容；虚线部分—绕组连同套管对地电容；C_1，C_c，C_m—被引入测量回路的干扰电容

此时，测量到的变压器高中压绕组连同套管的介质损耗与电容量结果如下：

$$C_{不拆引线} = C_1 + C_c + C_m + C_{1v} + C_{cr} + C_t = C_{拆引线} + C_{干扰}；$$

其中
$$C_{干扰} = C_1 + C_c + C_m，\quad C_{拆引线} = C_{1v} + C_{cr} + C_t；$$

$$\tan\delta_{不拆引线} = （C_{拆引线}\tan\delta_{拆引线} + C_{干扰}\tan\delta_{干扰}）/（C_{拆引线} + C_{干扰}）$$

在变电站内，由于变压器高压侧出线连接有 CVT、避雷器，因此采用反接法测量时，测量回路将会引入干扰，干扰包括 CVT 电容、避雷器对地电容、母线对地电容，其中

CVT 电容大约为 5 000pF，即 $C_c \approx 5\,000pF$；避雷器对地电容较小，而且在测量时可以解开避雷器下节的接地线，避雷器的影响可以忽略，即 C_m 忽略；母线对地电容 C_1 可以通过公式 $C_1 \approx 2\pi\varepsilon_0 L / \ln\dfrac{2h}{R}$ 粗略估算出 $C_1 = 100 \sim 1\,000pF$；而变压器绕组连同套管的电容量一般在 10 000pF 左右，因此电容量测量偏差较大，且不拆引线测量值远大于拆引线测量值。

由图 5 - 2 - 1 可知，不拆引线测量介质损耗时，实际测量值不仅包括了绕组连同套管对地介质损耗，还包括了 CVT 的介质损耗、避雷器的介质损耗、母线对地电容，其中 CVT 与母线对地电容对实际测量值影响较大。因此

$$\tan\delta_{\text{不拆引线}} = (C_{\text{拆引线}}\tan\delta_{\text{拆引线}} + C_{\text{干扰}}\tan\delta_{\text{干扰}})/(C_{\text{拆引线}} + C_{\text{干扰}})$$

可以简化为

$$\tan\delta_{\text{不拆引线}} = (C_{\text{拆引线}}\tan\delta_{\text{拆引线}} + C_c\tan\delta_{\text{cvt}})/(C_{\text{拆引线}} + C_c + C_1)$$

当变压器的介质损耗 $\tan\delta_{\text{拆引线}}$ 与 CVT 的介质损耗 $\tan\delta_{\text{cvt}}$ 接近时，即 $\tan\delta_{\text{拆引线}} \approx \tan\delta_{\text{cvt}}$

$$\tan\delta_{\text{不拆引线}} = (C_{\text{拆引线}}\tan\delta_{\text{拆引线}} + C_c\tan\delta_{\text{cvt}})/(C_{\text{拆引线}} + C_c + C_1)$$
$$\approx \tan\delta_{\text{拆引线}}(C_{\text{拆引线}} + C_c)/(C_{\text{拆引线}} + C_c + C_1)$$

可以推算出不拆引线测量值较拆引线测量值偏小 6% 左右。当变压器的介质损耗 $\tan\delta_{\text{拆引线}}$ 与 CVT 的介质损耗 $\tan\delta_{\text{cvt}}$ 相差较大时，则不拆引线测量值随 CVT 的介质损耗变化而变化。

2. 不拆引线测量模型——正接法

考虑到采用反接法测量时在高压侧将包括较多设备，试验数据不能真实反映主变的绝缘状况。因此我们采用分解测量的方法，将高、中压侧介损可分解为高中压绕组对铁芯，高中压绕组对低压绕组，高中压绕组对外壳三部分。其中，高中压绕组对铁芯，高中压绕组对低压绕组均可用正接法试验。采用这种测量方法的优点是测量准确度高，但是无法测量高中压绕组对外壳的介质损耗和电容量，但是考虑到高中压绕组对外壳的绝缘主要是变压器油，而变压器油的绝缘情况可以通过测量变压器油的击穿电压，介质损耗和微水来监视。不拆引线采用正接法测量高中压绕组对低压绕组、铁芯的介质损耗并监视变压器油的绝缘状态是可以真实反映变压器绝缘状态的。因此，采用分解方法进行测量可以较好地解决变压器本体介损的测量问题。

（二）110kV 与 220kV 变压器

110kV 与 220kV 变压器的拆引线模型与 500kV 一致，对于不拆引线模型由于 110kV 与 220kV 的高压侧如果没有 CVT，那么引入测量回路的干扰相对于 500kV 变压器大为减少，因此可以采用反接法测量。同时考虑到 110kV 与 220kV 变压器一般均为三相变压器，低压侧不拆引线并不影响测量。因此，110kV 与 220kV 变压器高、中、低压侧均可拆引线采用反接法测量。

二、绕组绝缘电阻、吸收比和极化指数

若按常规方法测量变压器绕组的绝缘电阻时，非被试绕组短路接地，但由于不拆高、中压侧引线，测量高、中压绕组对其余绕组及地的绝缘电阻时势必会将 CVT、MOA、高压和中压侧引线对地的绝缘电阻也测量进去，使测量结果偏小。但是当与主变高压侧并联的 CVT、MOA、绝缘子、绝缘支柱在天气良好的条件下，绝缘电阻很高（上万兆欧），对主

变本体的绝缘电阻测试影响较小，基本上可以不予考虑。

第二节 开关不拆引线试验数学模型及误差分析

以双断口断路器为例子进行分析，其等值电路如图 5 – 2 – 2 所示。

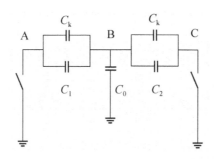

图 5 – 2 – 2 双断口断路器的 $\tan\delta$ 和电容值测量模型

C_k—断口间电容；C_1，C_2—均压电容；C_0—支持瓷瓶电容

不拆引线试验时采用正接法测量，试验时将断路器两侧接地刀闸打开，在等值电路的 B 点施加测量电压，A 点（或 C 点）接电桥即可测得各个断口并联电容器的电容与 $\tan\delta$。唯一须注意的是试验时试品是断口间电容与均压电容的并联，因此试验数据应在同样工况下比较判断才有效。

断口并联电容器的总电容：

$$C_x = C_1 + C_k \quad 或 \quad C_x = C_2 + C_k$$

断口并联电容器的总介损：

$$\tan\delta = 1/[\omega(C_1 + C_k)R_1] \quad 或 \quad \tan\delta = 1/[\omega(C_2 + C_k)R_2]$$

即可以推算得出以下结论：

$$C_{不拆引线} = C_{拆引线}$$

$$\tan\delta_{不拆引线} = \tan\delta_{拆引线}$$

现场采用这种方法发现了多起开关均压电容介损超标的缺陷。

第三节 CVT 不拆引线试验数学模型及误差分析

CVT 按不同的安装位置，可分为线路 CVT 和变压器出口 CVT 等，由于其安装位置不同，不拆引线预试的方法也就不同。

500kV CVT 的电气原理图如图 5 – 2 – 3 所示。

一、线路 CVT

1. 不拆引线测量 C_{11} 电容和介质损耗

线路侧 CVT 由于不经过隔离开关，直接与线路相连，且线路预试时直接接地，故 CVT 上节只能采用反接法测量，测量模型如图 5 – 2 – 4 所示。

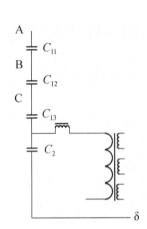

图 5 - 2 - 3　500kV CVT 电气原理图

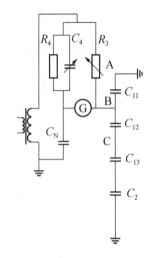

图 5 - 2 - 4　反接屏蔽法测量 C_{11} 模型

C_{11} 采用反接屏蔽法测量，C_{11} 首端即 A 点接地，C_{11} 末端即 B 点接电桥，C_{12} 末端即 C 点接屏蔽极。由于 C_{12} 两端电位基本相等，C_{12} 中无电流通过，对测量没有影响，只有 C_{11} 中的电流流经桥路，所以能够测出 C_{11} 的电容量和 $\tan\delta$。

$$C_{11\text{不拆引线}} = C_{11\text{拆引线}}$$

$$\tan\delta_{11\text{不拆引线}} = \tan\delta_{11\text{拆引线}}$$

2. 不拆引线测量 C_{12} 电容和介质损耗

C_{12} 采用正接法测量，C_{12} 末端 C 点外施电压，C_{11} 末端 B 点接电桥，如图 5 - 2 - 5 所示。由于 CVT 一次引线接地，使得电桥 R_3 桥臂上并联上电容 C_{11}。

忽略 C_{11} 的损耗，根据电桥平衡原理 $Z_1 Z_4 = Z_2 Z_3$，可以求出

$$R_{12} = \frac{R_3(C_4 R_4 - C_{11} R_3)}{C_N R_4(1 + \omega^2 C_{11}^2 R_3^2)}$$

$$C_{12} = \frac{C_N R_4(1 + \omega^2 C_{11}^2 R_3^2)}{R_3(1 + \omega^2 C_4 C_{11} R_3 R_4)}$$

$$\tan\delta = \frac{\omega C_4 R_4 - \omega C_{11} R_3}{1 + \omega^2 C_4 C_{11} R_3 R_4}$$

由于 $\omega C_4 R_4 \ll 1$，$\omega C_{11} R_3 \ll 1$，所以上式可以简化为

$$R_{12} = \frac{R_3(C_4 R_4 - C_{11} R_3)}{C_N R_4}$$

$$C_{12} = \frac{C_N R_4}{R_3}$$

$$\tan\delta = \omega C_4 R_4 - \omega C_{11} R_3$$

由于

$$C_{11} \approx C_{12}$$

$$\tan\delta_{12} = \omega C_4 R_4 - \omega C_{11} R_3 \approx \omega C_4 R_4 - \omega C_{12} R_3 \approx \omega C_4 R_4 - \omega C_N R_4 \approx \omega C_4 R_4$$

即可以推算出以下结论

$$C_{12\text{不拆引线}} \approx C_{12\text{拆引线}}$$

$$\tan\delta_{12不拆引线} \approx \tan\delta_{12拆引线}$$

3. 不拆引线测量 C_{13} 电容和介质损耗

C_{13} 可以采用正接线自激法测量，如图 5-2-6 所示。

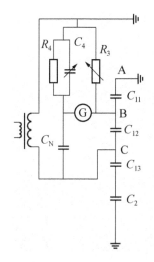

图 5-2-5 正接法测量 C_{12} 模型

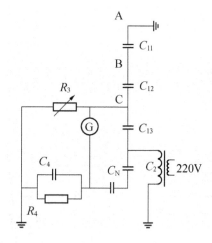

图 5-2-6 正接线自激法测量 C_{13} 模型

根据图 5-2-6，可以看到此时的接线方式对电桥有两方面影响：（1）C_2 被串入标准电容支路；（2）C_{11}、C_{12} 与 R_3 桥臂并联。

对于（1）的影响，可以分析如下：

标准电容支路在串入了 C_2 后，电容量与 $\tan\delta$ 分别变为

$$C = \frac{C_2 C_N}{C_2 + C_N} = \frac{C_N}{1 + \dfrac{C_N}{C_2}} \approx C_N$$

$$\tan\delta = \frac{C_2 \tan\delta_N + C_N \tan\delta_2}{C_2 + C_N} = \frac{\tan\delta_N + \tan\delta_2 C_N / C_2}{1 + C_N / C_2} \approx \tan\delta_N = 0$$

由此可见（1）的影响可以忽略。

对于（2）的影响，可以同前面的分析：

$$C_{13} = \frac{C_N R_4}{R_3}$$

$$\tan\delta_{13} \approx \omega C_4 R_4$$

即可以得出以下结论

$$C_{13不拆引线} \approx C_{13拆引线}$$

$$\tan\delta_{13不拆引线} \approx \tan\delta_{13拆引线}$$

4. 不拆引线测量 C_2 电容和介质损耗

从图 5-2-7 可以看出，在这种情况下由于 CVT 高压电容的接入使得进入桥臂的电流被分流。对图 5-2-7 进行简化分析，如图 5-2-8 所示，可将 C_{13} 分成 C'_{13} 和 C''_{13}，并引入虚拟电桥 G'。当电桥 G 和 G' 同时达到平衡时，等值电路可以简化成图 5-2-8d 所示电路。由此可见只要求解出 C'_{13}，即可根据电桥平衡原理求解出 C_2 的电容量和 $\tan\delta$。

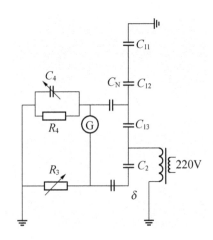

图 5-2-7　正接线自激法测量 C_2 模型

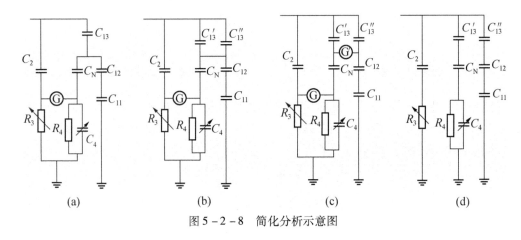

图 5-2-8　简化分析示意图

首先来考查虚拟电桥 G'的影响，将 R_4、C_4 并联回路变换成串联回路，然后与 C_N 串联。由此可以计算出 $R_4 /\!/ C_4$、C_N 桥臂的电容量 C_N' 和 $\tan\delta'$。

$$C_N' = \frac{C_N}{1 + \dfrac{\omega C_4 R_4 \times \omega C_N R_4}{1 + (\omega C_4 R_4)^2}} \approx C_N$$

$$\tan\delta_N' = \tan\delta_N + \omega C_N R_4 \approx 0$$

由此可见 $R_4 /\!/ C_4$、C_N 桥臂可等效为 C_N。

当虚拟电桥 G'平衡时有

$$C_{13}' \times C' = C_{13}'' \times C_N$$

其中 C' 为 C_{11} 与 C_{12} 的串联电容值

$$\tan\delta_{13}' + \tan\delta' = \tan\delta_{13}'' + \tan\delta_N$$

由此可以解出

$$C_{13}' \approx C_{13} C_N / C'$$

$$\tan\delta_{13}' \approx \tan\delta_{13} - \tan\delta'$$

然后考查电桥 G 的影响，此时准电容桥臂的电容量与 $\tan\delta$ 可以计算如下

$$C_N'' \approx C_{13}/(C_{13} + C') \times C_N$$

$$\tan\delta_N'' \approx \frac{C'}{C_{13} + C'} \times (\tan\delta_{13} - \tan\delta')$$

综合以上分析可以看出

$$C_2 \approx \frac{C_N'' R_4}{R_3} = \frac{R_4}{R_3} C_N \times C_{13}/(C_{12} + C')$$

C_2 的实际值需要经过折算才能得到。即

$$C_{2不拆引线} \approx C_{2拆引线} \times C_{13}/(C_{13} + C')$$

只有当 C_{11}、C_{12}、C_{13} 介质损耗差别不大时，电桥读数近似为 C_2 介质损耗。即当 C_{11}、C_{12}、C_{13} 介质损耗差别不大时 $\tan\delta_{2不拆引线} \approx \tan\delta_{2拆引线}$。

二、变压器出口侧 CVT

变压器出口侧 CVT 测量时可以将接地刀闸打开，采用正接法测量即可得到 C_{11} 的实际值，其余部分的测量方法与线路 CVT 类似，自激法测量时标准电容变为 $C_{13}/\!/C_N$ 或 $C_2/\!/C_N$。

第四节　MOA 不拆引线试验数学模型及误差分析

220kV MOA 一般是两节叠装，500kV MOA 一般是三节叠装，现以三节叠装 MOA 为例进行说明。

一、上节不拆引线测量

由于上节 MOA 顶部是通过接地刀闸接地或通过临时接地线接地，因此无法安装微安表，如图 5 - 2 - 9 所示。试验时直流发生器接在上节 MOA 底部，同时在上节 MOA 底部与下节 MOA 底部接微安表，上节 MOA 的泄漏电流为 $I_{上节} = I_1 - I_2$。

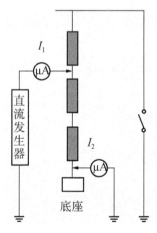

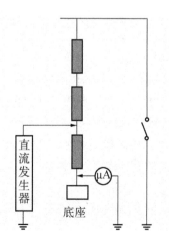

图 5 - 2 - 9　上节测量示意图　　　　　　图 5 - 2 - 10　下节测量示意图

二、下节不拆引线测量

下节的泄漏电流的测量很直观，流经微安表的电流即是下节 MOA 的泄漏电流，可以直接地读出读数，如图 5 - 2 - 10 所示。

三、中间节不拆引线测量

比较直接测量中间节泄漏电流的方法如图 5 - 2 - 11 所示。但是考虑到三节的 U_{1mA} 都很接近，无论从上端或下端加压，都有可能使另一节提前进入非线性区，泄漏电流大幅增大，使直流发生器的容量不够。为此，图 5 - 2 - 11 测量方式不满足时，还可以采用图 5 - 2 - 12 所示的电位支撑法。根据不同底座的绝缘状况，解开 MOA 至放电计数器的连线，通过在底座支撑 6 ~ 10kV 的 MOA，来提高下节的 MOA 的拐点（图 5 - 2 - 12 中的微安表作监视电流用）。

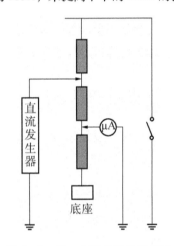

图 5 - 2 - 11　中间节测量示意图

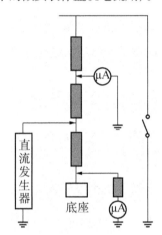

图 5 - 2 - 12　中间节测量支撑法示意图

第五节　CT 不拆引线试验数学模型及误差分析

110kV 及以上的 CT 大多是电容型电流互感器，末屏用小套管引出，用正接法测量，不拆引线测量值即是被试品实际值，如图 5 - 2 - 13 所示。因此，不拆引线试验对油纸电容型电流互感器测量结果没有影响，即

$$C_{不拆引线} = C_{拆引线}$$
$$\tan\delta_{不拆引线} = \tan\delta_{拆引线}$$

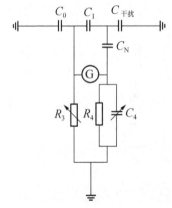

图 5 - 2 - 13　CT 介质损耗和电容值不拆引线测量模型

C_0—CT 末屏对地电容；C_1—CT 主电容；C_N—标准电容；

$C_{干扰}$——次引线及与之相连设备对地电容

第六节　套管不拆引线试验数学模型及误差分析

对套管进行不拆引线测量时，与被试套管相连的所有绕组端子连在一起加压，其余绕组端子均接地，末屏接电桥，采用正接法测量，如图 5－2－14 所示。虽然会引入一次引线对地电容，但是由于此时一次引线对地电容是并联在电源与地之间的，并不影响电桥平衡，因此不拆引线对测量套管电容量和 tanδ 无影响。但必须注意，若按测量单套管 tanδ 的方法而不注意变压器线圈连接的影响，则会出现较大的测量误差。产生测量误差的原因，则是由于绕组的电感和空载损耗而引起的，即由于测量时绕组接线不正确产生的。误差的大小与变压器的容量、结构和套管型式有关。为了消除和减少测量误差，应将与被试套管相连的所有绕组端子连在一起加压，其余绕组端子均接地。

$$C_{不拆引线} = C_{拆引线}$$

$$\tan\delta_{不拆引线} = \tan\delta_{拆引线}$$

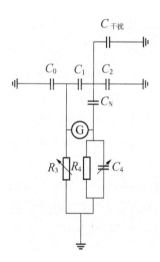

图 5－2－14　套管的介质损耗和电容值不拆引线测量模型

C_0—末屏对地电容；C_1—套管主电容；C_2—绕组对地电容；

C_N—标准电容；$C_{干扰}$——次引线及与之相连设备对地电容

第三章 现场拆引线与不拆引线试验的对比数据分析

用来进行拆引线与不拆引线试验的试验数据有两种类型，一种是在同一工况下进行的对比试验，如 CT、MOA、CVT 的试验数据，由于是在同一工况下进行的对比试验，该数据的差异很小，能很好地证明不拆引线试验的可行性；第二种试验数据是预防性试验数据，将不拆引线的预防性试验数据与拆引线的预防性试验数据或交接试验数据进行对比，由于预试周期较长，测量时工况存在一定差异，因此数据对比存在一定差异，但整体上看仍能说明各个试验项目不拆引线试验的可行性。

第一节 变压器拆引线与不拆引线试验的对比数据分析

一、试验方案

选取 3 台 500kV 主变（9 相），4 台 220kV 主变，1 台 110kV 主变进行拆引线与不拆引线对比试验。试验项目包括绕组连同套管介质损耗与电容量，绕组绝缘电阻。

对于 500kV 变压器试验，只拆除中性点与低压套管引线，500kV 与 220kV 套管引线不拆除；对于 220kV 与 110kV 变压器试验，只拆除中性点套管引线，高中低套管引线均不拆除。测量绕组连同套管介质损耗与电容量时采用反接法接线。

由于变电站部分停电时感应电压较高，在对变压器进行试验接线时，应先合上接地刀闸，在接好线后，被试设备上的感应电荷可通过试验回路对地泄漏，从而降低了被试设备上的感应电压值，在开始试验前拉开接地刀闸。

二、试验结果

变压器拆引线与不拆引线试验的结果见表 5 – 3 – 1 和表 5 – 3 – 2。

表 5 – 3 – 1　变压器绕组连同套管介质损耗与电容对比试验

设备名称	试验位置	$\tan\delta/\%$		C_X/pF	
		拆引线	不拆引线	拆引线	不拆引线
增城 500kV#2 主变 A 相	高中 – 低地	0.20	0.34	17 707.8	26 206
增城 500kV#2 主变 B 相	高中 – 低地	0.20	0.39	17 682.4	25 892
增城 500kV#2 主变 C 相	高中 – 低地	0.10	0.41	17 688.9	25 902
北郊 500kV#1 主变 A 相	高中 – 低地	0.23	0.17	17 980.0	32 041
北郊 500kV#1 主变 B 相	高中 – 低地	0.19	0.13	17 980.0	31 920
北郊 500kV#1 主变 C 相	高中 – 低地	0.20	0.21	21 000.0	32 215
北郊 500kV#2 主变 A 相	高中 – 低地	0.20	0.09	18 010.0	31 042

设备名称	试验位置	tanδ/%		C_X/pF	
		拆引线	不拆引线	拆引线	不拆引线
北郊 500kV#2 主变 B 相	高中 – 低地	0.21	0.13	17 980.0	32 727
北郊 500kV#2 主变 C 相	高中 – 低地	0.19	0.08	18 070.0	32 575
开元 220kV#2 主变	高中 – 低地	0.06	0.08	10 790.0	11 020
	中 – 高低地	0.07	0.07	17 590.0	17 992
	低 – 高中地	0.06	0.13	26 430.0	28 344
嘉禾 220kV#2 主变	高 – 中低地	0.10	0.16	14 680.0	14 890
	中 – 高低地	0.08	0.2	21 700.0	21 500
	低 – 高中地	0.15	0.3	28 450.0	28 450
棠下 220kV#2 主变	高 – 中低地	0.16	0.12	16 192.0	16 200
	中 – 高低地	0.14	0.12	24 953.0	24 960
	低 – 高中地	0.19	0.15	39 815.0	40 150
田心 220kV#2 主变	高 – 中低地	0.29	0.38	11 850.0	13 880
	中 – 高低地	0.27	0.22	19 380.0	19 590
	低 – 高中地	0.34	0.26	25 210.0	25 520
远景 110kV#1 主变	高 – 低地	0.28	0.21	9 096.0	9 080
	低 – 高地	0.42	0.29	15 940.0	15 910

表 5 - 3 - 2 变压器绕组绝缘电阻对比试验

设备名称	试验位置	R_{60s}拆引线测量/MΩ	R_{60s}不拆引线测量/MΩ
增城 500kV#2 主变 A 相	高中 – 低地	100 000	4 740
增城 500kV#2 主变 B 相	高中 – 低地	100 000	9 400
增城 500kV#2 主变 C 相	高中 – 低地	100 000	5 488
北郊 500kV#1 主变 A 相	高中 – 低地	52 500	20 125
北郊 500kV#1 主变 B 相	高中 – 低地	45 000	7 635
北郊 500kV#1 主变 C 相	高中 – 低地	52 500	17 117
北郊 500kV#2 主变 A 相	高中 – 低地	56 935	18 096
北郊 500kV#2 主变 B 相	高中 – 低地	55 308	18 647
北郊 500kV#2 主变 C 相	高中 – 低地	32 534	18 647
开元 220kV#2 主变	高 – 中低地	43 921	46 345
	中 – 高低地	33 429	27 159
	低 – 高中地	24 401	9 010

设备名称	试验位置	R_{60s}拆引线测量/MΩ	R_{60s}不拆引线测量/MΩ
嘉禾 220kV#2 主变	高 - 中低地	61 650	40 112
	中 - 高低地	57 150	52 837
	低 - 高中地	48 150	29 046
棠下 220kV#2 主变	高 - 中低地	76 500	29 281
	中 - 高低地	90 000	33 158
	低 - 高中地	48 600	39 041
田心 220kV#2 主变	高 - 中低地	3 600	3 307
	中 - 高低地	2 907	3 647
	低 - 高中地	2 948	4 042
远景 110kV#1 主变	高 - 低地	49 777	32 100
	低 - 高地	41 237	18 000

三、数据分析

1. 变压器绕组连同套管介质损耗与电容量对比试验分析

由表 5 - 3 - 1 的数据可见，500kV 变压器绕组连同套管介质损耗与电容量不拆引线测量结果与拆引线测量结果有较大差异，尤其是电容量的差距很大。其原因是由于反接法测量，试验回路带有 CVT、避雷器、母线等设备，考虑到 500kV CVT 电容量大，对试验结果影响最严重，直接导致电容量的测量误差很大。

220kV 与 110kV 变压器绕组连同套管介质损耗与电容不拆引线试测量结果与拆引线测量结果偏差较小，电容量偏差一般在 100pF 左右。由此可见，如果 220kV 变压器高压侧没有 CVT，那么母线、互感器、避雷器对试验结果影响较小。

2. 变压器绕组绝缘电阻对比试验分析

由表 5 - 3 - 2 的数据可见，变压器绕组绝缘电阻的不拆引线测量结果与拆引线测量结果有一定差异，由于测量回路带有互感器、避雷器等设备，实际测量结果是多个设备的绝缘电阻。因此不拆引线测量结果比拆引线测量结果小，但一般不影响判断设备的绝缘状况。

第二节　断路器拆引线与不拆引线试验的对比数据分析

一、试验方案

选取 500kV 断路器 3 组，220kV 断路器 1 组，进行拆引线与不拆引线对比试验。试验项目是均压电容的介质损耗与电容量。断路器可以采用不拆引线正接法测量均压电容的介质损耗与电容量，但多次测量的加压位置应尽量保持相同。

由于变电站部分停电时感应电压较高，在对断路器进行试验接线时，应先合上接地刀闸，在接好线后，被试设备上的感应电荷可通过试验回路对地泄漏，从而降低了被试设备上的感应电压值，在开始试验前拉开接地刀闸。

如果现场干扰严重，可以在被试断路器均压电容器同相的另一断口侧及邻相两侧挂接地线，减小断路器断口间及对地间的耦合电容对被试品的影响，减小或消除干扰电流，可使大部分干扰电流经过地线直接流入大地。

二、试验结果

断路器拆引线与不拆引线试验的结果如表 5 - 3 - 3 所示。

表 5 - 3 - 3　断路器均压电容的介质损耗与电容量对比试验

设备名称	$\tan\delta/\%$		C_X/pF	
	拆引线	不拆引线	拆引线	不拆引线
500kV 蓄增甲线断路器 A 相	0.17/0.15	0.11/0.13	989.6/981.6	997.8/1 009.8
500kV 蓄增甲线断路器 B 相	0.21/0.17	0.34/0.33	988.4/988.6	1 008.7/1 007.0
500kV 蓄增甲线断路器 C 相	0.15/0.19	0.33/0.33	982.5/998.1	1 016.0/1 000.0
500kV 增城#3 变高 A 相	0.20/0.20	0.35/0.21	984.7/979.5	1 008.0/966.4
500kV 增城#3 变高 B 相	0.20/0.19	0.30/0.40	980.7/984.3	1 012.8/1 054.0
500kV 增城#3 变高 C 相	0.20/0.20	0.42/0.42	982.1/975.5	992.0/1 050.0
500kV 增城#2 变高 A 相	0.10/0.10	0.33/0.32	990.7/982.1	1 003.0/1 003.6
500kV 增城#2 变高 B 相	0.10/0.10	0.32/0.32	988.2/982.1	1 005.5/966.0
500kV 增城#2 变高 C 相	0.10/0.10	0.33/0.31	987.0/986.4	1 006.0/1 008.0
220kV 棠下#1 变高 A 相	0.03/0.05	0.13/0.32	2 616.0/2 600.0	2 569.0/2 590.0
220kV 棠下#1 变高 B 相	0.03/0.02	0.06/0.31	2 578.0/2 557.0	2 577.0/2 598.0
220kV 棠下#1 变高 C 相	0.20/0.04	0.22/0.35	2 626.0/2 553.0	2 612.0/2 595.0

注：试验数据包括两个均压电容。

三、数据分析

由表 5 - 3 - 3 数据可见，断路器均压电容的电容量拆引线测量值与不拆引线试验测量值基本吻合，差别很小，介质损耗存在一定偏差，但是偏差在允许的范围之内。实际进行不拆引线试验时，由于多次重复试验时的条件是相同的，当测试结果出现大幅度偏差时，可以进行拆引线诊断试验来查明原因。

第三节　CVT 拆引线与不拆引线试验的对比数据分析

一、试验方案

选取 500kV CVT 2 组（线路 CVT 1 组，变压器出口侧 CVT 1 组），220kV CVT 2 组进行拆引线与不拆引线对比试验，试验项目是电容的介质损耗与电容量。

CVT 根据安装位置可以分为线路 CVT 和变压器出口侧 CVT，由于位置不同不拆引线试验方法也不同。对于线路 CVT，测量 C_{11} 只能采用反接屏蔽法，中间几节电容可以用正接法测量；C_{13}（三节）或 C_{14}（四节）采用自激法测量；C_2 如须测量也采用自激法；对于变压器出口侧 CVT，测量 C_{11} 时可以将接地刀闸打开，采用正接法测量，其他各节的测量方法同线路 CVT。

二、试验结果

CVT 拆引线与不拆引线试验的结果见表 5-3-4。

表 5-3-4　CVT 的介质损耗与电容量对比试验

设备名称			$\tan\delta/\%$		$C_{\mathrm{x}}/\mathrm{pF}$	
			拆引线	不拆引线	拆引线	不拆引线
北郊 500kV#1 变高 CVT	A 相	C_{11}	0.08	0.059	20 350	20 634
		C_{12}	0.05	0.058	20 390	20 519
		C_{13}	0.08	0.057	20 660	20 416
		C_{14}	0.01	0.081	20 300	20 605
	B 相	C_{11}	0.05	0.058	20 280	20 487
		C_{12}	0.08	0.058	20 450	20 608
		C_{13}	0.05	0.055	20 380	20 592
		C_{14}	0.07	0.087	20 218	20 448
	C 相	C_{11}	0.05	0.057	20 350	20 519
		C_{12}	0.05	0.063	20 250	20 492
		C_{13}	0.05	0.056	20 160	20 875
		C_{14}	0.03	0.100	20 400	20 406
北郊 500kV 北增乙线 CVT	A 相	C_{11}	0.08	0.010	20 420	20 330
		C_{12}	0.05	0.170	20 530	20 440
		C_{13}	0.08	0.150	20 270	20 180
		C_{14}	0.04	0.010	20 470	20 160
	B 相	C_{11}	0.05	0.010	20 420	20 330
		C_{12}	0.05	0.110	20 340	20 486
		C_{13}	0.08	0.080	20 130	20 478
		C_{14}	0.04	0.010	20 530	20 360
	C 相	C_{11}	0.08	0.020	20 370	20 290
		C_{12}	0.08	0.160	20 240	20 260
		C_{13}	0.08	0.150	20 210	20 230
		C_{14}	0.04	0.010	20 560	20 370

续表 5 - 3 - 4

设备名称			tanδ/%		C_X/pF	
			拆引线	不拆引线	拆引线	不拆引线
北郊 220kV 北嘉乙线 CVT	A 相	C_{11}	0.05	0.100	14 494	14 614
		C_{12}	0.09	0.290	14 544	14 764
	B 相	C_{11}	0.05	0.300	14 474	15 002
		C_{12}	0.07	0.130	14 575	14 489
	C 相	C_{11}	0.04	0.280	14 683	14 736
		C_{12}	0.09	0.100	14 416	14 546
荔城 220kV 增荔乙线 CVT	A 相	C_{11}	0.08	0.164	10 000	10 281
		C_{12}	0.01	0.089	9 960	9 845
	B 相	C_{11}	0.13	0.051	9 937	9 857
		C_{12}	0.12	0.073	9 987	10 212
	C 相	C_{11}	0.12	0.058	10 040	9 893
		C_{12}	0.11	0.038	9 995	9 866

三、数据分析

由表 5 - 3 - 4 数据可见，500kV、220kV CVT 各节耦合电容的电容量拆引线测量值与不拆引线试验测量值基本吻合，差别很小，介质损耗存在一定偏差。

第四节　MOA 拆引线与不拆引线试验的对比数据分析

一、试验方案

MOA 不拆引线试验由于是在高压侧测量电流，所以高压引线要用屏蔽线，并注意高压引线与避雷器的角度，以减少瓷套表面泄漏电流。对于中间节的测量应注意绝缘底座的绝缘情况，当天气潮湿、底座绝缘低时，支撑法测量效果不佳。

二、试验结果

MOA 拆引线与不拆引线试验的结果见表 5 - 3 - 5。

表 5 - 3 - 5　MOA 的 U_{1mA} 与 0.75U_{1mA} 的泄漏电流对比试验

设备名称			U_{1mA}/kV		0.75U_{1mA} 的泄漏电流/μA	
			拆引线	不拆引线	拆引线	不拆引线
500kV 变电站 某线路避雷器	A 相	上	203.1	204.8	46.0	42.0
		中	205.5	207.8	48.0	52.0
		下	206.0	207.9	44.0	45.5

设备名称			U_{1mA}/kV		$0.75U_{1mA}$ 的泄漏电流/μA	
			拆引线	不拆引线	拆引线	不拆引线
500kV 变电站某线路避雷器	B 相	上	203.5	204.2	46.0	42.0
		中	206.0	208.1	49.0	48.0
		下	206.5	208.7	37.0	40.0
	C 相	上	209.0	211.9	45.0	35.0
		中	206.0	208.0	48.0	43.0
		下	207.0	209.1	48.0	41.0
220kV 变电站某变高避雷器	A 相	上	170.4	171.1	31.0	25.0
		下	170.4	171.0	26.0	20.0
	B 相	上	170.1	171.0	39.0	34.0
		下	171.0	171.5	26.0	25.0
	C 相	上	169.0	170.3	39.0	27.0
		下	170.8	171.1	21.0	18.0

三、数据分析

由表 5 - 3 - 5 数据可见，500kV、220kV MOA 拆引线与不拆引线试验测量值基本吻合，但个别情况可能偏差较大，这时应拆引线进行校核。

第五节　CT 拆引线与不拆引线试验的对比数据分析

一、试验方案

对 CT 进行不拆引线试验前，应先合上接地刀闸，在接好线后，被试设备上的感应电荷可通过试验回路对地泄漏，从而降低了被试设备上的感应电压值，在开始试验前拉开接地刀闸。试验电源高压端接 CT 一次绕组，测量线接 CT 末屏，加压 10kV，正接法测量。

二、试验结果

CT 拆引线与不拆引线试验的结果见表 5 - 3 - 6。

表 5 - 3 - 6　CT 的介质损耗与电容量对比试验

设备名称		tanδ/%		C_X/pF	
		拆引线	不拆引线	拆引线	不拆引线
棠下站 110kV 棠化线 CT	A 相	0.3200	0.319	935.5	935.1
	B 相	0.3120	0.312	1 015.0	1 015.0
	C 相	0.3100	0.310	962.9	963.2

设备名称		tanδ/%		C_X/pF	
		拆引线	不拆引线	拆引线	不拆引线
110kV 嘉禾站嘉均线 CT	A 相	0.315 0	0.312	840.1	839.6
	B 相	0.205 0	0.202	794.8	794.2
	C 相	0.258 0	0.260	821.1	821.6
500kV 北增乙线 CT	A 相	0.180 0	0.190	972.2	960.0
	B 相	0.180 0	0.180	960.3	954.6
	C 相	0.150 0	0.170	968.5	963.2

三、数据分析

由表 5 - 3 - 6 数据可见，CT 拆引线测量值与不拆引线试验测量值基本吻合。

第六节 套管拆引线与不拆引线试验的对比数据分析

一、试验方案

对套管进行不拆引线试验采用正接法测量，被试套管相连的所有绕组端子短接后接试验电源高压端，其余绕组端子均接地，测量线接套管末屏。

二、试验结果

套管拆引线与不拆引线试验的结果见表 5 - 3 - 7。

表 5 - 3 - 7 套管的介质损耗与电容量对比试验

设备名称			tanδ/%		C_X/pF	
			拆引线	不拆引线	拆引线	不拆引线
增城 500kV#2 主变 A 相		高压	0.20	0.47	413.0	409.4
		中压	0.20	0.46	366.0	363.5
		中性点	0.20	0.32	330.0	324.0
		低压 1	0.20	0.37	681.5	686.6
		低压 2	0.20	0.32	685.5	691.3
棠下 220kV #2 主变	高压	A 相	0.37	0.33	480.7	486.0
		B 相	0.39	0.34	482.2	493.0
		C 相	0.37	0.33	474.9	480.8
	高压中性点		0.40	0.41	355.9	339.8
	中压	A 相	0.31	0.31	459.8	465.4
		B 相	0.38	0.37	465.8	471.7
		C 相	0.31	0.30	460.5	464.6
	中压中性点		0.31	0.32	461.4	465.6

设备名称			tanδ/%		C_X/pF	
			拆引线	不拆引线	拆引线	不拆引线
田心 220kV #2 主变	高压	A 相	0.27	0.33	329.1	337.0
		B 相	0.31	0.36	336.3	341.0
		C 相	0.27	0.31	327.9	329.5
	高压中性点		0.33	0.36	342.7	339.2
	中压	A 相	0.32	0.33	485.1	487.3
		B 相	0.36	0.34	480.8	482.7
		C 相	0.32	0.34	483.0	484.9
	中压中性点		0.30	0.33	463.9	466.4
远景 110kV #1 主变	高压	A 相	0.26	0.31	241.2	241.6
		B 相	0.33	0.26	249.4	249.7
		C 相	0.27	0.24	239.9	241.9
	高压中性点		0.40	0.73	199.7	200.0
山村 110kV #1 主变	高压	A 相	0.75	0.49	287.6	288.5
		B 相	0.40	0.34	292.3	293.8
		C 相	0.33	0.31	287.4	288.3
	高压中性点		0.36	0.36	201.7	200.8

三、数据分析

由表 5 - 3 - 7 数据可见，套管拆引线测量值与不拆引线试验测量值基本吻合，由于采用正接线方式进行测量，使得测量的结果具有较高的精度，可以采用不拆引线试验达到预防性试验的目的。

第七节　干扰较大时不拆引线试验数据分析

须说明的是，上述各节测量数据均是在现场干扰不大的情况下获得的，当现场干扰较大时，不拆引线测量可能带来较大的测量误差。下面以一个现场实际测量案例进行分析。

某单位采用某仪器厂商生产的 M8000 抗干扰电桥对某变电站 500kV 第一串联络 CT B 相进行介损试验时，在 10kV 电压下不拆引线试验所得数据分散性很大，介损在 0.1%～8% 之间变化，明显与出厂数据不符，电容量在 176 ～ 213pF 范围变化（出厂值应为212pF）。由于测试数据重复性很差，为消除外界干扰影响，又分别更换了三相电源及调换电源极性进行试验，所得数据依然分散性很大。从数据分析上看，其表现出来的现象明显是与电场干扰有关，由于各种抗干扰措施都没有效果，为了降低干扰电压对测量的影响，提高测量准确度，采用了提高试验电压进行测量的抗干扰措施，即通过高电压下介损测量提高抗干扰能力（大幅度提高了信号/干扰幅度比值），由于条件所限，所加电压最高只能加到 150kV。试验数据如表 5 - 3 - 8、表 5 - 3 - 9、表 5 - 3 - 10 所示，为使试验结果更具有可比性，故每一电压等级下重复测量几次以做比较。

表 5 - 3 - 8　B 相 CT 第一次试验数据

外施电压/kV	电容量/pF	介质损失角/%
10	212.8	2.613、2.532
20	213.0	0.357、0.847
40	212.6	0.745、0.369、0.388
60	212.6	0.393、0.662、0.384
80	212.4	0.432、0.638、0.429
100	212.2	0.626、0.476、0.482
120	212.6	0.552、0.550、0.552
140	212.6	0.596、0.595、0.593
150	212.8	0.600、0.599、0.603

表 5 - 3 - 9　B 相 CT 第二次试验数据（电源相序与第一次相序相反）

外施电压/kV	电容量/pF	介质损失角/%
10	211.4	0.819、0.820、0.815
80	212.2	0.491、0.489、0.490
120	212.4	0.608、0.608、0.610
150	212.6	0.644、0.643、0.645

表 5 - 3 - 10　B 相第三次试验数据（电源恢复第一次试验时的相序）

外施电压/kV	电容量/pF	介质损失角/%
10	213.2	0.023、0.017、0.015
80	212.4	0.403、0.402、0.403
120	212.6	0.538、0.537、0.713
150	212.6	0.595、0.595、0.587
10	213.0	2.380、2.440

从以上数据可以看出：当外施电压在 120kV 以下时数据重复性很差，分散性很大，说明现场干扰确实很大；当电压在 120kV 及以上时，数据重复性开始变好。从正反相试验结果分析，当电压加到 150kV 时正反相数据还不完全一样，说明在这一试验电压下电场干扰对测量还有一定的影响。电压越高数据越趋稳定，但介损有上升的趋势。电压越高介损越靠近实际值，从表 5 - 3 - 8 数据看出电压从 140kV 到 150kV 变化，介损升高的绝对值为 0.005%，实测两电压下介损较接近，说明电场干扰的影响已经较少。因此，提高试验电压对抗干扰试验比较有效。

通过现场对比试验可以看出：在现场干扰很大的情况下，采取测量高电压下介损，提高信号与干扰幅度的比值可以较好地消除现场干扰，是不拆引线情况下较好的抗干扰措施和试验方法。

第八节 简 要 结 论

一、变压器

不拆引线测量变压器绕组连同套管的介质损耗与电容量时，对于出口带 CVT 的变压器（一般 220kV 以上），如果采用反接法，测量误差很大。建议采用正接法，将高、中压侧对低压绕组及地的介损可分解为高、中压绕组对铁芯，高、中压绕组对低压绕组，高、中压绕组对外壳三部分，前两部分采用正接法测量，第三部分通过测量变压器油的绝缘性能实现；对于出口不带 CVT 的变压器，如果采用反接法，测量误差较小，不拆引线测量值与拆引线测量值基本吻合；不拆引线测量变压器绕组绝缘电阻，不拆引线测量值偏小，建议采用屏蔽法测量。

二、断路器

不拆引线测量断路器均压电容的介质损耗与电容量时，不拆引线测量值与拆引线测量值基本吻合，满足测量要求。如果现场干扰严重，可以在被试断路器均压电容器同相的另一断口侧及邻相两侧挂接地线，减小由于不拆引线造成断路器断口间及对地间的耦合电容对被试品的影响。

三、CVT

不拆引线测量线路 CVT 的介损和电容量时，不拆引线测量值与拆引线测量值基本吻合（不包括 C_2），满足测量要求；不拆引线测量变压器出口侧 CVT，不拆引线测量值与拆引线测量值基本吻合，满足测量要求。

四、MOA

不拆引线测量 MOA，不拆引线测量值与拆引线测量值基本吻合，满足测量要求。环境湿度大或 MOA 表面污秽对试验有影响，试验前应对 MOA 表面进行清洁。高压引线要用屏蔽线，并注意高压引线与 MOA 的角度，以减少瓷套表面泄漏电流。MOA 底座绝缘电阻对试验有影响。

五、CT 与套管

不拆引线测量 CT，不拆引线测量值与拆引线测量值基本吻合，满足测量要求。不拆引线测量套管，不拆引线测量值与拆引线测量值基本吻合，满足测量要求。当现场干扰较大时，建议采取高电压下介损方法进行测量。

第六篇
高压设备状态监测新技术及检测仪器

第一章　变压器局部放电带电测试技术及检测仪器

第一节　变压器局部放电带电测试的必要性

大型电力变压器是整个电力系统中最重要、造价最高的设备之一，同时也是变电站核心设备，它的运行状况与电力系统安全运行有直接关系。变压器故障一般可分为三类：机械故障、导体过热故障和绝缘故障。

统计分析表明，大型变压器的运行可靠性较大程度取决于其绝缘的可靠性。局部放电使得电力变压器绝缘劣化，严重时可能导致设备绝缘击穿，是引起变压器故障的主要原因之一。所以应该密切关注变压器中的局部放电现象，确认局部放电的发生并对它进行准确定位对系统的安全稳定运行显得极其重要。随着设备制造水平的提高和电力系统发展的需要，进行大型变压器局部放电带电诊断技术的应用研究已是刻不容缓，其主要原因如下：

（1）随着大型变压器设备制造水平的提高和电力系统运行维护水平的发展，运行中大型变压器的缺陷形式及其导致的变压器事故后果同以前相比有了较大的差异，持续的设备结构改进及优化要求变压器的诊断技术必须与设备制造水平保持同步发展。

（2）目前大型变压器执行的是状态检修，须实时对缺陷的性质和严重程度进行综合评价，以随时了解设备的绝缘状态。从目前的诊断技术来看，变压器的局部放电诊断试验是最能够反应变压器能否继续运行的一个重要指标，也是其状态评估的一个重要指标，对大型电力变压器进行局部放电试验是变压器开展状态检修的一个必要条件。

（3）广州供电局实践表明：变压器预试中常规电气试验占到了试验总工作量的90%，而发现的缺陷仅占到5.77%，采用变压器局部放电带电诊断技术结合其他的带电测试技术可以适当地延长电气试验的预防性试验周期，甚至完全取代停电预试，从而极大地提高劳动生产率，解决困扰电力系统多年的人员不足与工作量大幅度增长的矛盾。

（4）化学试验能够发现大量的缺陷，但其往往只能够对电力变压器的缺陷进行定性分析，很难具体说明故障或缺陷的原因，且很难对缺陷进行定位，不能准确判断设备是否具备继续运行的条件，必须结合其他试验对变压器缺陷进行进一步的诊断。变压器局部放电带电诊断技术能够弥补化学试验中缺陷不能定位的缺点，因此开展变压器局部放电的诊断试验极为必要。

第二节　变压器局部放电带电测试技术基本原理

电力变压器内发生局部放电现象时，不但会产生高频脉冲电信号，同时还会伴随着爆裂状的声发射现象，产生超声波信号。产生的高频电气扰动或声波信号，将向所有与其有连接的电气回路或空间区域传播，利用连接到设备端子上的测试装置接收到放电或超声信号，可对变压器局部放电进行定量或定性检测。

当进行超声定位测量时，将探头固定在被测变压器油箱表面，按国家标准的局部放电试验程序对变压器施加试验电压（也可以直接对运行中的变压器进行测量），一旦变压器内部产生局部放电时，探头和检测阻抗均可测量到与局部放电有关的超声波信号和电信号。当变压器内部产生超声波信号后，该超声波信号穿过绝缘介质到达变压器箱壁的传感器上有两条途径：一条是直接传播，即超声波的纵向波穿过绝缘介质、变压器油等到油箱内壁，并透过钢板到达传感器；另一条是以纵向波传到油箱内壁，后沿钢板按横向波传播到传感器，此波为复合波。通过在变压器油箱外安装多个探头，根据放电源到各个探头的距离不同所产生的时延差值，可利用空间解析几何方法定位局部放电源的位置。

基于超声波测试的物理机理，超声波测试可以检测到变压器不同部位的多种放电故障。主要包括以下三类：① 围屏爬电，线圈绝缘压板及端部放电，各种引线放电；② 磁屏蔽、分接开关放电；③ 潜油泵放电，变压器油流静电。但须说明的是，超声局部放电监测对线圈深部的缺陷往往是不够灵敏的。

超声局部放电检测目前还没有标准的定量方法。虽然很难将放电脉冲定量成视在放电电荷，并以此作为表征局部放电的标准量，但从能量转换关系中，可以推导出声压与视在放电电荷之间的定性关系，并以此作为局部放电量大小的参考，其关系式为。

$$q = KQ_A^n$$

式中，q 为视在放电电荷；K 为常数；n 为取 $1 \sim 2$；Q_A 为仪器读数。

第三节　变压器超声波局部放电带电测试仪器简介

变压器超声波局部放电带电测试仪器的典型结构框图如图 6-1-1 所示。

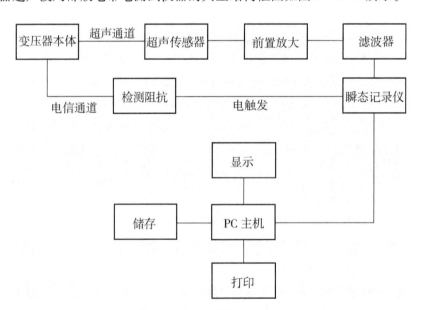

图 6-1-1　变压器超声波局部放电带电测试仪器结构框图

变压器超声波局部放电带电测试仪器一般包括以下部件：

（1）传感器：一般用压电陶瓷晶片，灵敏度要求高。

（2）前置放大器：将传感器接收到的信号进行放大。

（3）滤波器：其通频带在 40～300kHz 之间，将由励磁噪声、散热器风扇及油循环油泵、磁滞引起的噪声滤去。

（4）瞬态记录仪：A/D 转换，前置或延时触发，波形打印，能迅速自动地将测量得到的数据进行处理与分析，显示测量结果。

（5）主机：包括数据记录、波形绘制、显示、打印等功能。

（6）定位系统软件：包括信号采集及处理，如双曲面定位、球面定位、延时自动读出和定位图示等软件。

变压器超声波局部放电带电测试仪器的功能要求如下：

（1）能定性分析有无局部放电带电并判别局部放电强弱，估算局部放电量范围。

（2）能够进行局部放电位置的定位。

（3）能够进行背景噪声和局部放电信号的 FFT 频谱分析。

（4）能够对局部放电进行软件分析判断，对局部放电图谱进行数据库管理。

（5）可以进行软硬件滤波。

（6）能够三维显示局部放电点的空间位置图及坐标，能够显示局部放电频谱图及现场实测干扰频谱图，具有存储、输出及打印功能。

（7）配备判断是否存在局部放电的基本判据、分析软件和定位软件，具备自动判断及人工诊断双重功能。

（8）硬件具备扩展功能，软件具备升级功能；具备仪器故障自动检测功能；仪器具有过压、过流、过热及掉电保护功能；仪器具备软、硬件双重滤波功能。

变压器超声波局部放电带电测试仪器的使用过程中须注意如下事项：

（1）因非电气量测试法与电气量测试法所测量得出的局部放电信号无可对比参量，一般情况下先采用电气量测试法或气相色谱法先进行放电源的粗略定位后，再采用变压器超声波局部放电带电测试仪进行定位测量。

（2）超声定位方程至少有 4 个变量，检测时探头尽可能多于 4 个。若仅用 4 个探头时，如有一路探头超声信号出现错误，很可能导致定位误差过大或失败。

（3）应注意探头接收超声波信号的入射角度，避免复合波引起定位误差过大，让最有效的纵波通过探头。

（4）应定好一个基准坐标，以便各探头坐标测量准确，避免由此造成较大的定位误差。

（5）超声波定位对于变压器本体表面的放电进行测试时，效果很明显，放电源位于变压器绝缘深部时，信号很难收到，检测成功率较低。

第四节　变压器局部放电带电测试技术现场应用案例

一、某变电站 500kV #1 主变局部放电检测实例

该主变是一台单相自耦三绕组变压器，2003 年投运后开始有乙炔产生，并有缓慢增长趋势。2005 年 7 月，进行停电局放试验时，在很低电压就出现较强放电信号，后放电信号消失，加压到 1.3 倍的运行电压时放电量维持在 200～300pC 之间。2006 年 8 月该主变色谱分析结果为：氢：25μL/L；甲烷：4.3μL/L；乙烷：0.6μL/L；乙烯：4.2μL/L；乙炔：7.6μL/L；总烃：16.2μL/L。显示该主变存在放电现象。

2006 年 8 月 30 日，利用停电局放检测机会，同时采用超声带电检测法对该主变进行局放检测和定位，超声波测试采用了 16 个传感器。

第一次加压试验时，"脉冲电流法"局放测量系统检测到主变存在较大局部放电量，超声波局放系统也同时检测到比较强烈的放电信号。放电具有间歇性，每当外加电压触发出现局放信号后，"放电"会持续一段时间，但不是每次加压都会触发出现"局放"信号。测量定位系统检测到的局放信号主要来自布置在高压线圈附近的传感器。

为准确定位，通过改变传感器的位置，使传感器尽量接近放电源，然后进行第二次加压试验，检测到的图谱如图 6-1-2、图 6-1-3 所示。根据图谱判断为高压引线部分可能存在悬浮放电，由图 6-1-3 可知，放电点主要集中在高压套管那一侧，高度大概在变压器中部位置。

检测完毕后进入变压器检查发现是由于高压引线的静电屏和引线的连接脱落，造成悬浮电位引起了这一故障，如图 6-1-4 所示。

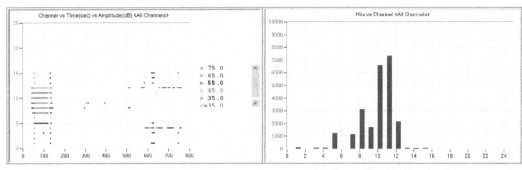

(a) 信号幅度值 - 时间图　　　　　　(b) 信号频数 - 通道图

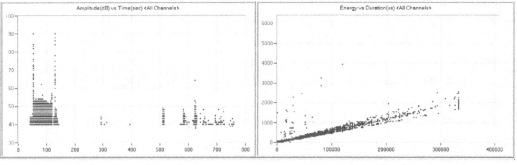

(c) 通道 - 时间 - 幅度值图　　　　　(d) 信号能量 - 持续时间图

图 6-1-2　局放特征信号图

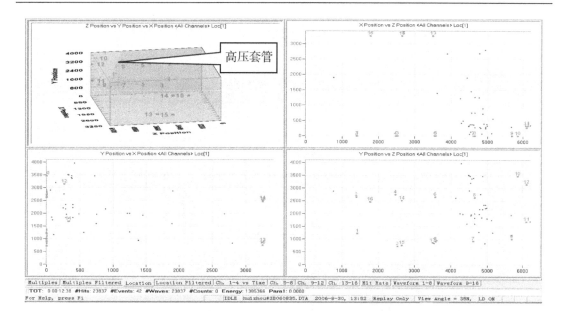

图 6 - 1 - 3　局放定位图

图 6 - 1 - 4　故障原因分析图

二、某电厂 500kV #1 主变局部放电检测实例

某电厂 500kV #1 主变型号为：ODWF - 18/525kV - 340MVA。投运后开始有乙炔产生，并有缓慢增长趋势。2005 年预试时发现本体油乙炔体积分数严重超标（15.11μL/L）。2006 年 1 月，在空载状态下进行了超声波局部放电检测。检测采用了 16 个传感器，从检测得到的特征信息图显示：超声波局部放电信号的幅值均在 45～65dB 范围内，放电信号连续且比较稳定，检测到的超声撞击谱图与标准谱图吻合，波形符合与工作电源频率（50Hz）相关的特征模式，显示内部存在严重局部放电现象且放电强度较大。如图 6 - 1 - 5、图 6 - 1 - 6 所示，变压器内部的放电具有强局部放电特征；如图 6 - 1 - 7 所示，#10、#14 和#16 通道的放电信号比较集中，局部放电主要分布在变压器箱体的上半部分，对应在变压器 C 相绕组的上半部分；图 6 - 1 - 8 是 9～16 通道的波形图，波形图与局部放电特征相吻合。

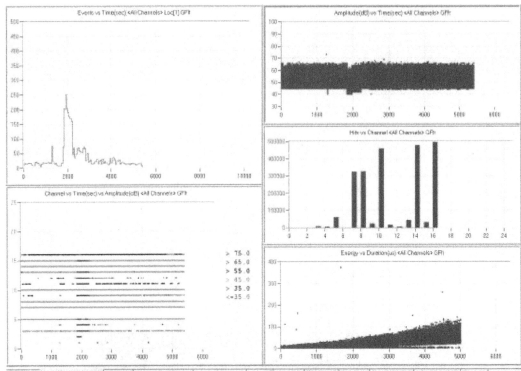

图 6-1-5　特征信息图

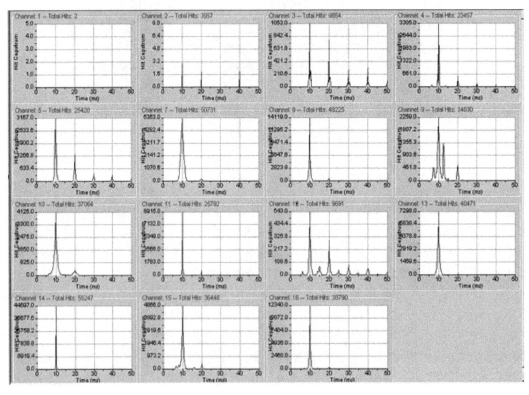

图 6-1-6　撞击谱图

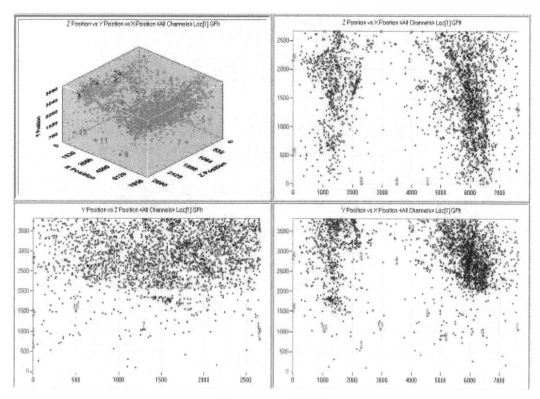

图 6 - 1 - 7　定位图

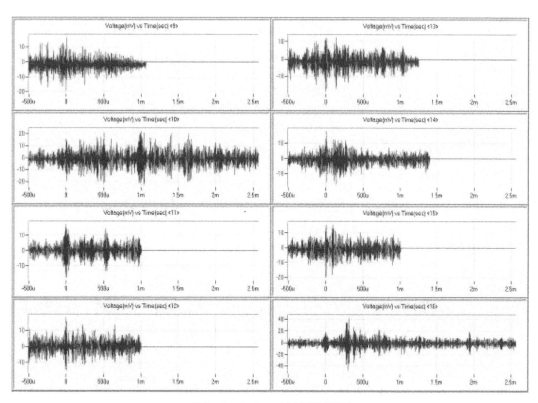

图 6 - 1 - 8　9 ～ 16 通道波形图

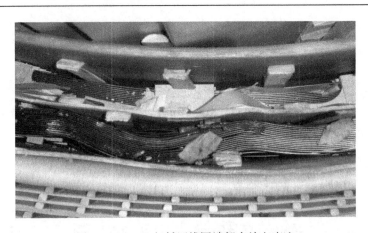

图 6－1－9　C 相低压线圈端部有放电痕迹

　　变压器经诊断确认存在局部放电和严重缺陷后，退出运行。经解体检查发现：该变压器 C 相低压线圈的端部（出线部位及其层间和匝间）均有明显的放电痕迹（见图 6－1－9）。分析结论与局部放电检测得到的结果一致，实际放电点位置与超声波局部放电测试系统得到的定位结果基本一致。

第二章　GIS 局部放电带电测试技术及检测仪器

第一节　GIS 局部放电带电测试的必要性

GIS 在大中城市电网中的应用愈来愈广泛。但近年来国内外的运行情况表明，GIS 在使用中事故率仍然偏高，其中因局部放电引发的故障占 50% 以上。因此，对 CIS 局部放电进行带电或在线测试极为必要，通过测试可以及时发现 GIS 内存在的绝缘缺陷，避免重大绝缘事故的发生，它既是减少事故行之有效的手段，也是实现 GIS 由"计划检修"转为"状态检修"的基础。

与常规电气设备相比，GIS 在运行可靠性方面仍存在一些不利因素：① 全部设备完全封闭在金属外壳中，不能依靠人的感官发现故障的早期征兆；② GIS 体积小，各设备的安排十分紧凑，一个设备的故障容易波及临近设备，使故障扩大；③ 因金属外壳的全封闭性，较难进行故障定位，给处理故障造成困难。

进行 GIS 绝缘状态综合评价方法研究和应用，是实施状态监测和状态维修的必要步骤。超高频、超声、SF_6 气体组分分析等各种 GIS 设备监测方法的综合应用，能够对 GIS 绝缘状态进行预测分析，为运行维护人员决定是否要进行解体检修及检修何处提供了科学依据。

第二节　常见的 GIS 局部放电带电测试方法及原理

一、超高频法局部放电带电测试技术

GIS 设备内部的局部放电常发生在充满高压 SF_6 气体的狭小空间内，且在极短（纳秒级）的时间内，迅速衰减湮灭。局部放电脉冲的快速上升前沿包含频率高达 1GHz 的电磁波，因为 GIS 气室的共振作用，进而形成多种模式的超高频谐振电磁波。由于 GIS 气室就像一个低损耗的微波共振腔，PD 信号的振荡波在气室中存在的时间得以延长，可以长达 1ms，得使安装在 GIS 设备上的内置/外置耦合器有足够的时间俘获这些信号。在检测到 GIS 设备有局部放电现象，并通过分析波形确定缺陷的种类后，可以通过准确监测局部放电信号从不同方向到达检测仪耦合器的时间差来进行局部放电的定位。

基于超高频法的 GIS 检测技术具有以下特点：

（1）传感器接收 UHF 频段信号（0.3～3GHz），避开了电网中主要电磁干扰的频率，具有良好的抗电磁干扰能力；

（2）GIS 设备的同轴结构非常适合超高频电磁信号的传播，能够实现良好的检测灵敏度；

（3）根据放电脉冲的波形特征和 UHF 信号的频谱特征，可进行故障类型诊断；

（4）超高频传感器和 GIS 设备没有直接的电气联系，不影响设备的正常运行；

（5）根据电磁脉冲信号在 GIS 设备内部传播的特点，利用传感器接收信号的时差，可进行故障定位。

二、超声波法局部放电带电测试技术

GIS 内部产生局部放电信号的时候，会产生冲击的振动及声音，因此可以通过在腔体外壁上安装超声波传感器来测量局部放电信号。

超声波定位法的基本方法是通过测量局部放电产生的超声信号传播到多个不同位置的超声传感器的时延或时间差，根据时延和超声波传播速度（多传感器时可作为变量），利用空间解析几何的方法计算局部放电源的位置，实现绝缘缺陷定位。由于超声波在电力设备常用材料介质中衰减较大，其测量有效范围较小，但能实现绝缘缺陷的准确定位。

基于超声波法的 GIS 检测技术具有以下特点：

（1）传感器与 GIS 设备的电气回路无任何联系；

（2）抗电气干扰能力强，定位准确度高。

三、SF_6 气体组分分析

与传统开关设备相比，气体绝缘开关（GIS）具有高稳定性、使用寿命长和占地面积小的优点。然而，在经过数年的运行之后，也会产生故障并且损坏设备。设备中正常运行的断路器会产生电弧，设备的长时间局部放电也能产生电弧，这些电弧会导致设备中绝缘气体的分解。在这个分解过程中，部分有毒和有腐蚀性的气体就会产生。水蒸气和氧气的存在也是这些有毒气体产生的条件。

动态离子色谱（IMS）法的工作原理就是在一定的气体压力下，不同的离子在电场中具有的不同的漂移时间。由于不同的离子具有不同的质量、带电负荷和不同几何结构，因此它们在电场中的漂移速度就不同，从而可以将它们加以区分。

离子在电场中漂移一段时间后，就会被一个监测器（法拉第盘）捕捉到，并且放出一个取决于时间的信号。通过比较纯净的 SF_6 气体和被污染的 SF_6 气体的动态离子谱图，可以看出 SF_6 混合气体存在的一个衰变。因此，峰时间的漂移可以看成是一种有用的信号。峰时间位置的右移对应着气体中存在的分解产物的不同结构。由于离子的多样性，并且其在电场中的漂移性能不同，所以出现了不同的时间漂移，这也就证明了气体不纯，即含有杂质。与红外光谱法相比，这种测试的主要目标是在气体杂质总含量和最大峰时间漂移值之间建立一种对应关系，可以通过这种对应关系确定 SF_6 气体的质量和被污染水平。

动态离子色谱法已经发展成为了一种成熟的用于快速检测载气中痕量杂质总量的有效方法。此外，其非常高的灵敏度、稳定可靠的运行及快速的数据采集系统（单个图谱的采集时间不超过100ms）使得它与其他传统的分析方法相比有巨大的优势。另外，这种设备的使用几乎不受使用地点的限制，使用人员也不需要是特别专业的人员。

第三节　GIS 局部放电带电测试仪器简介

一、超高频法局部放电带电测试仪器

GIS 局部放电超高频带电测试仪器一般由传感单元、信号采集单元、通讯单元和诊断分析单元四部分构成，典型结构如图 6 - 2 - 1 所示。带电测试装置分析诊断系统可为便携式高端分析仪，如示波器和频谱仪，也可为便携式诊断系统。在局部放电分析和诊断中，可设置专门测量通道，测量空间干扰，用于干扰脉冲识别。

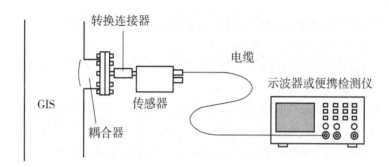

图 6 - 2 - 1　GIS 局部放电超高频带电测试仪器

GIS 局部放电超高频带电测试仪器的功能要求如下：

（1）能检测 GIS 中的局部放电，如金属颗粒、悬浮电位部件、毛刺、固体绝缘内部缺陷、固体绝缘表面脏污等典型局部放电信号。

（2）提供两个及以上超高频传感器，且对于双通道或多通道高精度的示波器，其采样率要求高于或等于 1GS/s。

（3）提供高精度触发功能。

（4）定位精度：对于直线型 GIS 结构（如母线），其定位精度不应大于 ±5cm；对于有拐角的 GIS 结构（如出线间隔 L 形结构），其定位精度不应大于 ±10cm。

（5）利用典型样本库进行对比分析，也可利用神经网络、模糊诊断、遗传算法等诊断系统对现场典型局部放电类型进行识别，具有局部放电模式库和识别算法。

（6）实验室噪声信号和模拟局部放电信号识别正确率：>95%。

（7）变电站现场噪声信号识别正确率：>80%。

（8）变电站现场局部放电信号识别正确率：>70%。

（9）应能根据设定的时间和项目保存历史检测数据。

（10）应具有不同时间段的横向比较功能，如局部放电信号幅值、放电量、脉冲重复频率等参数不同时期内平均值的对比功能。

（11）具有暂态高压保护功能，保证设备受到高电压冲击时不被损坏。

GIS 局部放电超高频带电测试仪器的使用过程中须注意如下事项：

（1）测试时，传感器须具有一定的屏蔽措施，或是对 GIS 绝缘子处进行相关屏蔽。

（2）传感器自身的检测频带设置应避开典型的干扰频带。

（3）灵敏度要求须结合具体的 GIS 变电站进行现场检定，现场提供 GIS 变电站传感器灵敏度检定报告。

二、超声波法局部放电带电测试技术

GIS 局部放电超声波带电测试仪器一般由传感单元、信号采集单元、通讯单元和诊断分析单元四部分构成。

传感单元：包含超声传感器、放大器和滤波器等环节；信号采集单元：对局部放电超声波传感器输出的模拟信号进行采样，获得局部放电的数字信号；通讯单元：通讯网络完成带电测试装置各个功能单元之间的通讯，满足抗干扰和抵抗过电压等电磁兼容性能的需要；分析诊断单元：包含参数设置、结果显示、分析及诊断、数据存储等功能单元。

GIS 局部放电超声波带电测试仪器的功能要求如下：

（1）能明显检测 GIS 内部自由颗粒、机械振动等信号。

（2）提供多种模式包括连续模式、相位模式等测量方式。

（3）传感器灵敏度范围为 20 ~ 100 kHz。

（4）带有同步装置，能与变频试验设备连接。

（5）应提供 GIS 局部放电精确定位的功能，对放电源的定位误差不应大于 ±10cm。

（6）应具有初步局部放电类型识别，最起码应具备典型局部放电的超声信号样本库。

（7）须具备超声波信号检测、波形回放、波形统计、人工定位和自动定位功能。

（8）同步实时显示超声波波形图、幅值时间相位统计图谱。

（9）应基本能够基于局部放电信号的幅值、发生频度、局部放电类型和局部放电发展趋势，对局部放电的严重程度做出判断。

（10）装置应具有良好的抑制电磁干扰功能。

（11）具有暂态高压保护功能，保证设备受到高电压冲击时不被损坏。

GIS 局部放电超声波带电测试仪的使用过程中须注意如下事项：

（1）在现场使用时易受周围环境噪声的影响，特别是设备本身如果产生一定的机械振动，会使超声检测产生较大的误差。

（2）超声传感器监测有效范围较小，在局部放电定位时，须对 GIS 进行逐点检测，工作量非常大，现场应用较为不便。

三、SF_6 气体动态离子分析仪

SF_6 气体动态离子分析仪器主要包括以下部件：离子动态分光计、电源部件、信号放大器、湿敏元件、压力传感器、温度传感器、密封阀、结合流量计的针状阀、数据采集卡、样品袋。进行 SF_6 分解产物的分析时，各部件的连接方式如图 6 - 2 - 2 所示。

SF_6 气体动态离子分析仪的功能参数如下：

（1）测试范围（污染物体积分数）：0 ~ 5 000μL/L；

（2）测试精度：±2%；

（3）气体湿度范围：- 50 ~ + 10℃（露点）；

（4）气体湿度的测试精度：在 - 40℃ ~ + 10℃ 的露点范围 ±2℃；在 < - 40℃ 的露点范围 ±4℃。

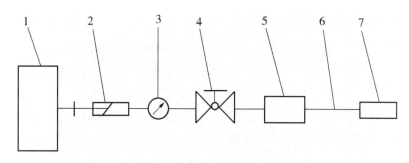

图 6-2-2　SF_6 分解产物分析试验连接图

1—待测电气设备；2—气路接口（连接设备与仪器）；3—压力表；4—仪器入口阀门；

5—SF_6 气体分解产物分析仪；6—仪器排气管；7—集气袋

在 SF_6 气体动态离子分析仪的使用过程中须注意如下事项：

（1）确保在运行设备前将房间的门窗打开，若长时间使用该设备，须保证良好的通风环境。

（2）测试分解物的含量不能超过限值，不然会损坏设备。

（3）检查设备取样接头，对取样接头进行清理，确定没有灰尘或凝结物排出。如果有灰尘或凝结物存在，必须等排出物没有后才能进行测试，否则放弃该次试验。

（4）该设备的使用过程中不能关闭气体的出口阀门。

（5）关闭设备上的阀门时防止用力过猛导致阀门损坏，造成气体泄漏。

（6）若出现测量值偏低或偏高现象，可能是传感器标定值漂移所导致，须联系厂家重新标定分析仪。

第四节　GIS 局部放电带电测试技术现场应用案例

2010 年 3 月 11 日，试验人员在某 220kV 变电站开展避雷器带电测试的过程中，发现 110kV#3 变中 GIS 间隔避雷器气室存在异常响声和振动，初步分析判断该气室存在严重缺陷，当日即对该间隔设备开展超高频局放测试、超声波局放测试和 SF_6 气体组分分析等试验。

一、超高频法局部放电带电测试

现场对该间隔 6 个盆式绝缘子进行检测，传感器布置如图 6-2-3 所示，在 B2 处信号幅值最大，其测试结果如图 6-2-4、图 6-2-5 所示。测试过程中发现，越靠近 B2 绝缘子信号越强，空气中距离 B2 越远信号较弱，由此可以推断检测到的信号确实来源于避雷器气室内部，分析软件判断该 GIS 间隔避雷器气室存在严重的局部放电缺陷，类型为悬浮电极放电。

二、超声波法局部放电带电测试

对该间隔所有气室进行超声波局部放电信号检测，检测结果如表 6-2-1 所示。避雷器气室检测到较强超声波信号，信号幅值达到 70dB，隔离气室次之。分析判断该 GIS 间隔避雷器气室存在较严重的局部放电缺陷。

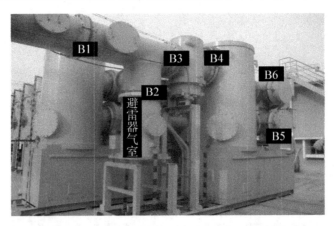

图6-2-3　110kV #3 变中 GIS 间隔局放传感器布置图

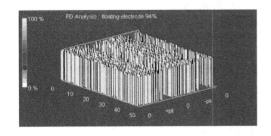

图6-2-4　超高频检测图谱

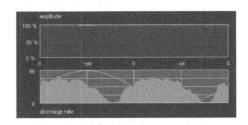

图6-2-5　峰值显示图谱

表6-2-1　110kV #3 变中 GIS 间隔避雷器气室超声波局放测试情况

气室名称	避雷器气室	隔离气室	套管气室	1034 刀闸气室	103 开关气室
信号强度/dB	70	55	35	25	20

三、SF₆ 气体组分分析结果

对该间隔所有气室进行水分含量及 SF$_6$ 分解物检测，检测结果如表6-2-2所示。

由表6-2-2可知，各气室的微水体积分数均在国标值之下，属于正常范围，没有形成设备隐患。在对上述三个气室进行了多项综合检测之后，发现只有避雷器气室存在大量的 H$_2$S、SO$_2$、HF 及 SOF$_2$。而在裸金属低能量放电和电晕放电的情况下，一般 H$_2$S 较少或检测不出，只有在局部放电情况较严重的情况下，才能检测出一定含量的 H$_2$S 组分。此外，通过动态离子检测发现，主母线气室的最大污染分解产物体积分数高达1 200 μL/L，属于中度污染程度，说明在该气室中可能存在电弧放电。最后，通过 DPD 检测发现 SO$_2$ 和 SOF$_2$ 的总体积分数为310μL/L，超出正常值60多倍。考虑到设备内吸附剂的作用，正常状态下产生的 SF$_6$ 气体分解物会被吸收，只在持续不正常的状态下分解物的体积分数才会继续增加，由此说明避雷器气室内可能存在持续的高能量放电。再结合设备内 SF$_6$ 气体分解物的体积分数与缺陷类型及其严重程度的关系，可以看出该气室内存在较严重的绝缘缺陷。

表 6-2-2　GIS 间隔各气室不同气体含量（综合检测）

气室	检测项目							
	H_2O /($\mu L \cdot L^{-1}$)	(SO_2 + SOF_2) /($\mu L \cdot L^{-1}$)	H_2S(综合 分析仪) /($\mu L \cdot L^{-1}$)	SO_2(综合 分析仪) /($\mu L \cdot L^{-1}$)	H_2S 体积分数 (比色管)/%	SO_2 体积分数 (比色管)/%	HF 体积分数 (比色管)/%	最大污染 分解产物 /($\mu L \cdot L^{-1}$)
瓷套	203	—	—	—	—	—	—	—
管道	202	3	0	0	0	0	0	0
隔离气室	180	5	0	0	0	0	0	0
避雷器	189	310	25	65	>0.16	>0.16	>0.16	1 200
开关	186	—	—	—	—	—	—	—
上母线	243	—	—	—	—	—	—	—
下母线	220	—	—	—	—	—	—	—

四、解体分析

为查找故障，在厂家技术人员的指导下，检修人员打开避雷器气室的盆式绝缘子，此时发现 C 相避雷器导电杆随着盆式绝缘子一同升起，其他两相正常。C 相避雷器导电杆的连接螺栓已被烧蚀，不能够再起到固定作用，与退出运行前检测到严重的局部放电相吻合。C 相静触头的均压环没有紧固，用少许力气即可把它摇动，与退出运行前发现异常响声和振动相吻合，如图 6-2-6、图 6-2-7 所示。在气室内部发现沉淀物（见图 6-2-8），可能为 SF_6 气体与高压连杆或螺栓发生化学作用后生成的氟化物或硫化物，说明内部有高能量放电。

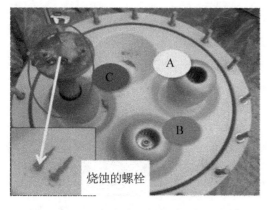

图 6-2-6　#3 变中间隔避雷器气室上部

图 6-2-7　#3 变中间隔避雷器气室下部

239

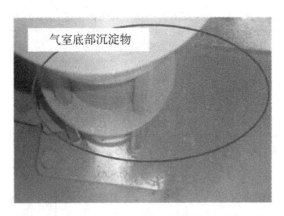

气室底部沉淀物

图 6-2-8 #3 变中间隔避雷器气室底部沉淀物

第三章　开关柜局部放电带电测试技术及检测仪器

第一节　开关柜局部放电带电测试的必要性

统计分析表明，开关柜的运行可靠性很大程度上取决于其绝缘可靠性。随着制造水平的提高和运行维护水平的发展，运行中开关柜的缺陷形式及因此造成事故的原因同以前有了很大不同。广州电网近十年的缺陷统计表明：常规电气预防性试验发现开关柜早期潜伏的绝缘缺陷的例子已经较少，而因局部放电缺陷扩大造成事故的例子却明显增多。因此，新的形势要求开关柜的诊断技术必须同步跟上制造、维护水平的发展，在现场大力开展开关柜局部放电带电检测显得极为必要。

当高压电气产生局部放电现象时，会产生电磁波、超声波、发光、发热、臭氧等现象，对开关柜进行带电局部放电检测主要是通过测量上述信号，来对局部放电信号进行识别和衡量。目前主流的检测方法为电测量法（暂态地电压、超高频、高频电流测量法）、超声波测量法，而由于引起发热的因素很多，因此热测量法可作为局部放电检测的辅助手段。由于上述两种检测方法均是通过测量局部放电发生时的某种物理现象来进行局部放电测量的，而不同类型的放电现象所呈现的物理现象是有所差异的。因此，在进行局部放电的测量时，不能只使用其中一种检测方法进行测量，而应该综合进行测量，以便准确地识别和测量局部放电信号。

第二节　开关柜局部放电带电测试技术基本原理

一、超声波法局部放电带电测试技术

局部放电时总会伴随着声发射现象，其产生的声波在各个频段都有散射。一般认为，当局部放电发生后，在电场力或压力的作用下，放电部位的气体会发生膨胀和收缩的现象，这个现象将会引起局部体积变化。这种体积的变化，在外部产生疏密波，即产生声波。通常局部放电在气体中产生的声波频率约为数千赫兹，而在液体、固体中产生的声波频率约在几十到几百千赫兹。

局部放电过程中影响气泡产生超声波的主要因素有两个：一是放电时刻的电场力，在较低电压情况下，气泡在脉冲电场力的作用下将产生衰减的振荡运动，在气泡振动的作用下，周围的介质中将产生超声波；二是放电以后产生的热引起气泡膨胀而产生的压力。在较高过电压的作用下，气泡在高压下放电击穿，形成很细的非均匀的火花通道，通道内的气体被强烈电离和加热，气体的加热引起放电通道的膨胀，其膨胀速度一般为声速的数量级，经过几个微秒的时间，放电通道横截面达到它的最大值，即火花放电的增长过程。随着能量的释放，放电空间的电场强度减弱，最后放电熄灭。当下一次能量积累后，进行第

二次放电。

在实际的局部放电中，超声波的产生往往是以上两种因素同时作用的结果。通过检测局部放电产生的超声波信号来判定局部放电的方法称为局部放电的超声波检测法。开关柜的噪声主要集中在低频段，大多在 20kHz 以下，故其超声波局部放电的检测应避开干扰频率范围而以高频率为对象。但频率越高，声波在传送过程中的衰减越大，因此开关柜超声波局部放电检测的频率一般在数十到数百千赫兹。典型的超声波传感器的中心频率在 40kHz 附近，通常固定在被检测开关柜的外壳上，利用压电晶体作为声电转化元件。当其内部发生放电时，局部放电产生的声波信号（主要是超声部分）传递到开关柜表面时，由超声波传感器将超声信号转换为电信号，并进一步放大后传到采集系统，以达到检测局部放电的目的。同时，可通过在开关柜表面布置多个声波发射传感器组成定位检测阵列，通过计算声波发射信号到达各个传感器的时差就可以对放电部位的三维位置进行定位。

超声波检测最明显的优点是没有强烈的电磁干扰，但是开关柜内的游离颗粒对柜壁的碰撞可能对检测结果造成干扰。同时，由于开关柜内部绝缘结构复杂，超声波衰减严重，在绝缘内部发生的放电则有可能无法被检测到。

二、地电波（TEV）局部放电带电测试技术

TEV 的产生及检测原理：绝缘结构中若存在局部电场较高（场强分布不均匀）或因制造工艺不完善、运行中绝缘有机物分解、固体绝缘受机械力作用发生开裂等原因形成缺陷，运行中的这些部位就容易出现绝缘击穿现象，发生局部放电。此外在金属导体（或半导体）电极的尖锐边缘处，或具有不同特性的绝缘层间，也是局部放电容易发生的部位，高压系统组件在运行中由于绝缘介质中气泡或杂质的存在将导致局部场强增大、局部放电发生。这种放电不断蔓延和发展，会引起绝缘的损伤，如任其发展，会导致绝缘丧失介电性能而造成事故。为了减小设备尺寸，使得结构更加紧凑，开关柜制造厂家在制造中采用了大量的绝缘材料，如环氧浇注的 CT、PT、静触头盒、穿墙套管、相间隔板等。如果这些绝缘材料内部存在局部放电，放电电量先聚集在与放电点相邻的接地金属部分，形成电流脉冲并向各个方向传播。对于内部放电，放电电量聚集在接地屏蔽的内表面，因此，如果屏蔽层是连续时通常无法在外部检测到放电信号。但实际上，屏蔽层通常在绝缘部位、垫圈连接处、电缆绝缘终端等部位出现破损而导致不连续，这样高频信号就会传输到设备外层，形成暂态对地电压，简称 TEV。我们可以通过特制的电容耦合探测器捕捉这个 TEV 信号（测量方法见图 6-3-1），从而得出局部放电的幅值（dB）和放电脉冲频率。

检测的局部放电源定位方法：测试过程中，确定局部放电发生的具体位置非常重要，将两个或多个探测器安装在开关柜金属箱体的不同位置，利用局部放电脉冲信号先后到达不同探测器的差别，由微处理器对输入信息进行处理并直接输出到液晶显示器上，由此可得到有关局部放电发生位置的相关信息，定位示意如图 6-3-2 所示。

通过两只电容耦合探测器检测放电点发出的电磁波瞬间脉冲所经过的时间差来确定放电活动的位置，原理是采用比较电磁脉冲分别到达每只探测器所需要的时间。系统指示哪个通道先被触发，进而表明哪只探测器离放电点的电气距离较近。脉冲是以光速或接近光速进行传播的，所以必须能够分辨很小的时间差，通常为微秒级。

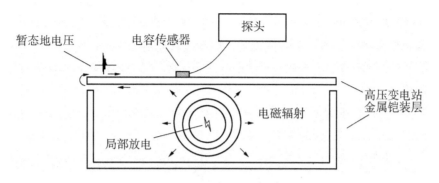

图 6 - 3 - 1　TEV 的产生及检测示意图

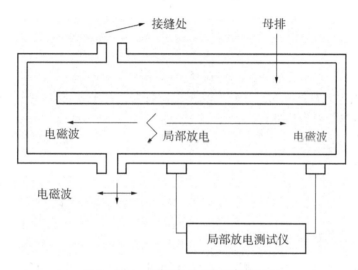

图 6 - 3 - 2　TEV 定位方法的基本原理

　　TEV 检测方法的干扰抑制方法：外部电磁波也会在开关柜金属壳体上产生 TEV 信号，因此，必须把干扰信号很好地判别出来，因干扰信号同时也会在其他金属制品（如：金属门、窗、栅栏等）上产生 TEV 信号，所以可以首先在上述金属制品上测量干扰 TEV 信号，然后在设备的金属壳体上测量，通过对比得出设备局部放电活动程度；或利用局部放电监测仪所附的多组探测器模拟一个干扰信号，处理器在对数据进行处理时，将干扰信号的影响考虑到输出结果中去。

第三节　开关柜局部放电带电测试仪器简介

一、超声波法局部放电带电测试仪器

开关柜超声波局部放电测试仪器一般包括以下几个部分：

（1）主机：一般为手持式，包含显示面板，音量和频率调整的控制模块，数据储存模块，耳机插孔，电池，输出/输入端口，触发开关和模块插座；

（2）隔音耳机：被设计为能够遮蔽在工业环境中经常发生的噪声，以便用户能容易地听见设备检测出的超声波信号；

（3）橡胶聚焦探头：圆锥形的橡胶盾，用于遮蔽离群超声波；

（4）听诊器（接触式）模块：一根作为"波导管"的金属棒，与固体进行接触以检测超声波信号。

开关柜超声波局部放电典型仪器检测过程如图 6-3-3 所示。

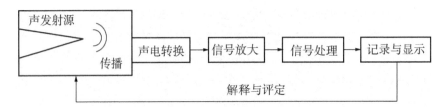

图 6-3-3　开关柜超声波局部放电典型仪器检测过程图

开关柜超声波局部放电带电测试仪器在使用过程中须注意如下事项：

（1）进行超声波背景检测时，若发现干扰值较大，首先应消除一些电子设备和灯光所产生的影响，再进行背景值的检测；

（2）应检测高压室门口、靠窗部位的超声波值，取平均值作为背景值，并在记录纸相应位置标记出最高的超声波值；

（3）在测量完所有的数据后，应根据记录数据对现场的局部放电情况进行判断，对怀疑部位进行进一步确认，有条件的话应采用其他方法进行综合判断。

二、地电波局部放电带电测试仪器

开关柜地电波局部放电带电测试仪器按持续测试时间长短可分为长周期式局部放电测试仪和短周期式局部放电测试仪。短周期式局部放电测试仪一般为集成的手持式主机，长周期式局部放电测试仪一般由以下部件组成：

（1）主机：信号处理单元，闪存插口，显示屏，功能键，键盘，电源插孔，模块插座，报警触点等；

（2）多条等长度的双屏蔽同轴电缆；

（3）高精度探测器若干；

（4）可伸缩天线若干；

（5）固定基座若干。

开关柜地电波局部放电测试仪器的使用过程中应注意如下事项：

（1）测试时，在启用探头之前应该确保电气仪器金属外壳接地。

（2）测试时确保高压部分与仪器、探头和操作员之间的安全间隙。

（3）在测试过程中以机械方式（如摇晃或敲击）、电气方式（如加大电压）或物理方式（如加热）来进行干扰。

（4）在空间窄小的角落中工作时，必须小心谨慎，因为临近其他的接地平面可以影响读数的精度，尽可能距离与传感器所在平面垂直的金属体 30cm 以上。

（5）手机、RF 发射机、视频显示器以及无屏蔽的电子器件产生的直流至 1GHz 频率范围内的强烈电磁干扰可以影响读数。将设备放在自由空气中离开任何导电表面至少 1m 处就可以测量本地电磁场。

（6）进行某些测量时，局部放电值可能会发生波动，因此应放置在测量点上，等其稳定后再读取数据。

第四节　开关柜局部放电带电测试技术现场应用案例

2010 年 6 月 11 日，对某开关房内开关柜进行局部放电测试，结果为局部放电超标（地电波检测结果显示幅值接近 20dB，超声波检测结果显示超过 8dB，接近 15dB）、红外正常。

2010 年 7 月初，对该开关房内的开关柜进行状态复测，结果为局部放电超标（地电波检测结果显示幅值接近 20dB，超声波检测结果显示超过 8dB，接近 15dB）且能够确认放电源来自开关柜内部，红外结果正常。巡视时再次发现电房内有异响和异味。

2010 年 7 月 27 日，对开关柜施行检修。之后电房内开关柜状态监测各项合格，运行正常。

事后，对更换后的开关柜内部情况进行检查。如图 6 - 3 - 4 所示，发现开关柜电缆进线沟潮湿，电缆进线室内电缆三岔口夹有螺丝，周围落有大量水珠。分析认为是由于螺丝的存在使得周围局部放电畸变引发电晕放电，且在电场的静电作用下螺丝周围更容易吸附水分形成大量细密水珠进而又激发水珠电晕放电，最终致使该区域有局部发白现象。母线室电极与支柱绝缘子结合处电化学有明显腐蚀。

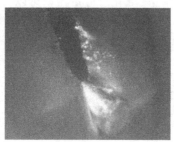

图 6 - 3 - 4　被检测的开关柜电缆室内部

第四章　避雷器带电测试技术及检测仪器

第一节　避雷器带电测试技术背景及原理

氧化锌避雷器在运行中由于其阀片老化、受潮等原因，容易引起故障，严重时可能发生爆炸，影响系统的安全运行。由于氧化锌避雷器进行预防性试验时必须停运主设备，会影响电网的运行可靠性，且有时受到运行方式的限制无法停运主设备，导致避雷器不能按时预试。因此，进行避雷器带电测试极为必要。目前，国内预试规程对氧化锌避雷器的测试主要有以下三个项目：

（1）绝缘电阻；

（2）直流 U_{1mA} 及 $0.75U_{1mA}$ 下泄漏电流测试；

（3）运行电压下交流泄漏电流及阻性分量测试（有功分量和无功分量）。

前两项测试必须停电进行，第三项是带电测试，利用氧化锌避雷器的带电测量，测得避雷器阻性电流与总电流的比值，即氧化锌避雷器的阻性电流分量，可以判断避雷器的受潮及老化状况。因氧化锌避雷器在阀片老化、受热和冲击破坏以及内部受潮时，氧化锌避雷器的有功损耗加剧，泄漏电流中的阻性电流分量会明显增大，从而在氧化锌避雷器内部产生热量，使得氧化锌避雷器阀片进一步老化，破坏氧化锌避雷器内部稳定性。通过带电测量有功分量，能及时发现有问题的氧化锌避雷器，可以将设备故障杜绝在萌芽状态。

第二节　避雷器带电测试仪器简介及检测案例

一、避雷器带电测试仪器简介

避雷器带电测试仪器一般由以下几个部件组成：

（1）主机；

（2）电压信号取样线；

（3）电流信号取样线；

（4）电源线；

（5）保险管；

（6）绝缘杆；

（7）专用保护器。

避雷器带电测试仪器的现场接线图如图 6 - 4 - 1 所示。

避雷器带电测试仪器的使用过程中应注意如下事项：

（1）设备除通过接地导线接地外，外壳也必须接地；

（2）试验人员在接线时，必须和带电体保持足够的安全距离；

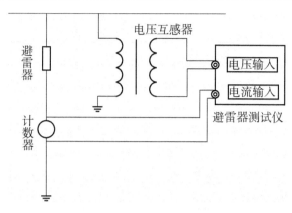

图 6-4-1 避雷器带电测试仪接线图

（3）必要时由运行人员配合取参考信号，且在电压互感器二次非保护绕组抽取，抽取端子应作标示；

（4）做好接线线夹和电压测量回路防短路措施，电压回路应安装电压隔离装置；

（5）保证足够的测量时间，判断测试结果异常时，应采取措施消除测试仪器、测试接线、环境条件及其他外部干扰的影响；

（6）注意先停止仪器测量，后关闭电源开关。

二、测试案例

（一）基本情况

2009 年 7 月 15 日，在对某变电站 110kV #1 变中出线避雷器进行一次例行带电测试中，发现 A 相避雷器的阻性电流及全电流异常增大，全电流为 2.976mA，阻性电流为 4 000μA，具体数值见表 6-4-1。

表 6-4-1 避雷器带电测试数据

设备名称	运行电压/kV	测试内容	A 相	B 相	C 相
#1 变中出线避雷器	35	全电流/mA	2.976	0.327	0.334
		阻性电流/μA	4 000	72	63
		φ	15°	79.7°	82.2°

（二）测试数据分析

该避雷器最近两次带电测试的数据如表 6-4-2 所示。

交流电压下，避雷器的泄漏电流包含阻性电流（有功分量）和容性电流（无功分量），在正常工频运行电压下，氧化锌避雷器泄漏电流一般为 0.5～1.0 mA，以容性为主，阻性电流仅占 10%～20%。根据《规程》规定，氧化锌避雷器阻性电流比往年增大 50% 时要求进行停电试验，增大 30%～50% 时要进行重点监控。该避雷器 A 相全电流增长了 869.38%，而阻性电流则更是增长了 124 倍，并且阻性电流值已超过全电流，φ 为 15°。根据经验，$\varphi < 75°$ 时，避雷器性能劣化，可见该避雷器 A 相存在非常严重的缺陷，应立即退出运行。B、C 两相与上次对比，没有明显变化，可继续运行。

表6-4-2　避雷器最近两次带电测试数据

测试内容	测试时间	A 相	B 相	C 相
全电流/mA	本次	2.976	0.327	0.334
	上次	0.307	0.305	0.297
阻性电流/μA	本次	4 000	72	63
	上次	32	34	22
φ	本次	15°	79.7°	82.2°
	上次	80.5°	80.2°	82.5°

（三）检查试验情况

1. 外观检查

该避雷器为某电瓷厂1994年产品，型号是Y5W1-45/126，额定电压为45kV。经检查发现避雷器上端有一裂缝，而且缝隙有雨水流入的痕迹，说明该氧化锌避雷器已经受潮，如图6-4-2所示。

(a) 避雷器全图　　　　　　　　　　　　(b) 避雷器局部放大图

图6-4-2　受潮避雷器

2. 绝缘电阻及直流泄漏电流测试

该避雷器为#1变中出线避雷器，运行电压为35kV。为确认避雷器是否已经受潮，测量其绝缘电阻及泄漏电流，测试数据见表6-4-3。

表6-4-3　避雷器的绝缘电阻及泄漏电流（退运后检查）

测试内容	A 相	
	本次	上次
绝缘电阻/MΩ	0.16	10 000
U_{1mA}/kV	30	71
75% U_{1mA} 的泄漏电流/μA	>1 000	53.35

由测试数据可知，该避雷器的绝缘电阻只有0.16MΩ，比上次的测量结果10 000MΩ严重减少了；直流1mA下的参考电压也比上次明显减少，75% U_{1mA} 的泄漏电流比上次明显增大。因此，多项试验结果表明，该避雷器已经严重受潮、老化，证实了避雷器泄漏电流带电测试和红外测温结果的正确性。

第五章　电容型设备带电测试技术及检测仪器

第一节　电容型设备带电测试的必要性

绝缘缺陷和绝缘击穿是导致电容型设备退出运行的主要原因。因此，对电容型设备加强监督极为必要。长期以来，电容型设备执行的是定期预试制度，这种制度对提高设备运行维护水平、及时发现缺陷、减少事故起到了积极作用。但随着系统快速发展，这种制度的执行出现了一些新问题。一是普遍出现了试验工作量大幅增长与人员相对减少的矛盾；二是由于制造水平的提高和运行维护水平的发展，常规停电预试发现的缺陷已越来越少，其有效性越来越值得推敲。因此，大力推广电容型设备带电测试工作显得越来越重要。通过带电测试技术的应用，一方面可以提高预试的有效性；另一方面也可适当放宽停电试验周期甚至取代停电试验，提高劳动生产率，具有极大的经济效益。

第二节　电容型设备带电测试技术基本原理

电容型设备的带电测量有以 PT 或 CVT 二次电压为基准信号的绝对值测量和采用同相电容型设备为参考信号的相对测量两种方法。绝对值测量结果比较直观，但精度不太理想。大量测试数据表明：绝对值测量方法测得的电容量结果比较稳定，同停电预试数据比较接近，但介损带电测试结果与停电预试数据不具有可比性，这是因为与停电试验相比，带电测试影响因素更多，测试结果分散性更大。带电测试结果稳定性差、分散性偏大，一直是影响电容型设备带电测试大规模应用的主要因素。近年来，随着传感器和数字测量技术的发展，测试系统的稳定性有很大提高，而测试结果的分散性依然存在。测试环境的变化，如温度、电压、负荷等外在因素的波动是造成测试结果不确定的主要原因。

同相比较法的引入较好地解决了这个问题。所谓"同相比较法"是指测量变电站中同相电容型设备之间的介质损耗差值和电容量比值，并根据其介损差值和电容比值的变化量来判断设备的绝缘状态。采用同相比较法进行电容型设备带电测试需要两个同相的电容型设备，其中一台作为被测设备，另一台作为参考设备，由直接串联在两台同相电容设备末屏接地线上的测量引线测量参考电流和被测电流，计算它们之间的介损差值（$\Delta \tan\delta = \tan\delta_X - \tan\delta_N$）及电容量比值（$C_X/C_N$）。

测试仪自动测量并计算两台设备之间的介损差值 $\Delta \tan\delta$ 及电容量比值并显示，可以根据 $\Delta \tan\delta$ 及 C_X/C_N 的大小、变化趋势判断设备的劣化情况。

由于外部环境（如温度等）、运行情况（如负荷等）甚至干扰的变化而导致测量结果的波动会同时作用在标准设备和被试设备上，它们之间的相对变化将保持稳定，因而较好地消除了外部干扰因素的影响，使得测量结果具有较高的测量灵敏度和稳定性。

国内外多年带电测试研究表明：相对于测量结果的分析，发展趋势的判断更为重要。

采用相对测量、综合分析的诊断方法能更有效地消除外部因素对测量结果的影响。IEEE推出的带电测试导则明确强调了相对测量可能比绝对测量有更高精度，特别是采用计算机系统，将几个试品相比较时效果可能更好。

同相比较法的接线图如图6-5-1所示。

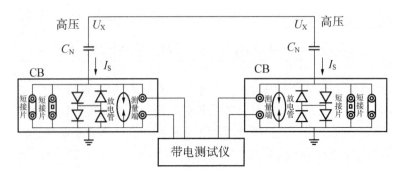

图6-5-1　同相比较法接线图

CB—信号取样保护单元

第三节　电容型设备带电测试仪器简介

电容型设备带电测试仪器一般包括一台主机和数根导线，其现场接线图如图6-5-2所示。

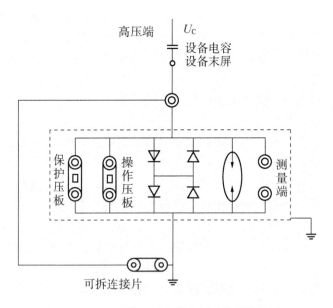

图6-5-2　电容型设备带电测试仪器接线图

电容型设备带电测试仪器的使用过程中应注意如下事项：

（1）试验装置接地线应用专用线夹固定，并确保接地线与试验装置接地点可靠连接。

（2）接线时应先接试验装置接地线，再接测试线，再断开末屏接地单元。

（3）恢复接线时，应先恢复末屏接地单元确保电容型设备末屏可靠接地后，拆除测试线，再拆除试验装置临时接地线。

（4）试验线路收线时，禁止抛接试验线路，收线时试验线路应与带电部位保持足够的安全距离。

（5）若测试结果与允许值相差较大，则应检查选择的测试量程是否合适或核实参考电容型设备和被试电容型设备的电容量是否相差较大。若相差较大，应改用与被试电容型设备的出厂电容量相差不大的电容型设备作为参考进行测试。

第四节　电容型设备带电测试技术现场应用案例

某变电站 110kV 电流互感器已安装带电测试端子箱 33 相，其中以 110kV #1 变中电流互感器为基准设备进行带电测试的有 15 相，以 #2 变中电流互感器为基准设备进行测试的有 12 相。

表 6-5-1、表 6-5-2、表 6-5-3 分别是对 3 台 2000—2004 年投运的 CT 采用同相比较法进行带电测试与停电预试的测试数据对比表。

表 6-5-1　110kV 某甲线 A 相 CT 带电测试与停电测试数据

| 被测设备 X | | | 110kV 某甲线 CT A 相 | | | | |
| 基准设备 N | | | 110kV #2 变中 CT A 相 | | | | |
测试时间	$\Delta\tan\delta$/%	(C_X/C_N) 1	$\tan\delta_X$/%	$\tan\delta_N$/%	C_X/pF	C_N/pF	(C_X/C_N) 2
2000 年 8 月	0.084	0.943 5	0.31	0.25	836.8	889.6	0.940 6
2001 年 3 月	0.078	0.945 5	0.27	0.13	835.6	910.2	0.918 0
2004 年 8 月	0.083	0.987 3	0.25	0.19	842	893	0.942 9

注：$\tan\delta_X$、$\tan\delta_N$ 分别为停电预试时被试设备与基准设备介损的绝对值；C_X、C_N、(C_X/C_N) 2 分别为停电预试时被试设备与基准设备电容量的绝对值及电容量的比值；$\Delta\tan\delta$、(C_X/C_N) 1 则为带电测试时测得的介损差值和电容量比值，下同。

表 6-5-2　110kV 某甲线 B 相 CT 带电测试与停电测试数据

| 被测设备 X | | | 110kV 某甲线 CT B 相 | | | | |
| 基准设备 N | | | 110kV #2 变中 CT B 相 | | | | |
测试日期	$\Delta\tan\delta$/%	(C_X/C_N) 1	$\tan\delta_X$/%	$\tan\delta_N$/%	C_X/pF	C_N/pF	(C_X/C_N) 2
2000 年 8 月	−0.010	0.972 3	0.21	0.34	790.3	812.1	0.973 2
2001 年 3 月	−0.008	0.972 5	0.19	0.21	787.4	831.6	0.946 8
2004 年 8 月	−0.070	0.990 2	0.18	0.27	794.1	815.8	0.974 4

表 6-5-3 110kV 某甲线 C 相 CT 带电测试与停电测试数据

被测设备 X			220kV #2 线路 CT A 相				
基准设备 N			220kV #1 变高 CT A 相				
测试日期	$\Delta\tan\delta$/%	(C_X/C_N) 1	$\tan\delta_X$/%	$\tan\delta_N$/%	C_X/pF	C_N/pF	(C_X/C_N) 2
2000 年 9 月	0.023	1.062 1	0.30	0.28	894.9	842.7	1.061 9
2001 年 3 月	0.030	1.062 5	0.24	0.13	894.5	867.2	1.031 5
2004 年 8 月	0.025	1.062 7	0.28	0.23	896.8	843.8	1.062 8

从表 6-5-1 可以看出：该线路 2000 年、2001 年、2004 年停电预试的 $\Delta\tan\delta$（基准设备与被测设备的介损绝对差值）分别为 0.06%、0.14%、0.06%，停电测得的（C_X/C_N）2 则分别为 0.940 6、0.918 0、0.942 9；而带电测试测得的 $\Delta\tan\delta$ 分别为 0.084%、0.078%、0.083%，（C_X/C_N）1 则分别为 0.943 5、0.945 5、0.987 3。四年来停电预试多次重复试验测得的 $\Delta\tan\delta$ 最大偏差为 0.08%，（C_X/C_N）2 最大偏差为 0.02；而带电测试多次重复试验测得的 $\Delta\tan\delta$ 最大偏差为 0.006%，（C_X/C_N）1 最大偏差为 0.042。经比较可以看出停电预试重复试验 $\Delta\tan\delta$ 的波动要小于 0.1%，而（C_X/C_N）2 的波动要小于 5%，而同期的带电测试 $\Delta\tan\delta$ 的波动同样也小于 0.1%，（C_X/C_N）1 的波动要小于 5%。也就是说：带电测试的分散性和停电预试的分散性都非常小，测试结果的一致性、稳定性非常好，或者说带电测试的分散性和停电测试的分散性非常相近。同直接绝对值测量结果相比较，同相比较法带电测试测得的分散性明显偏小。表 6-5-2、表 6-5-3 得出的结论与表 6-5-1 相同。

如前所述：测试结果分散性大，测量数据不稳定是影响电容型设备带电测试大规模推广的一个主要障碍。采用同相比较法进行测量后，在不同外在环境下测量结果的分散性大大降低，测量稳定性大幅度提高。这样，就为其现场进入实用化阶段打下了基础。可以用带电测试间接反映停电试验相对变化规律（非绝对值），为延长试验周期创造条件。

应该注意的是，$\Delta\tan\delta$ 在带电与停电情况下实测值并不完全相等，但是多次带电测试的分散性与多次停电试验的分散性几乎相同，可见同相比较法可以较好地消除外界环境变化引起的测量数据的波动。一般的，正常情况下一台良好绝缘的 CT 多次带电测试数据偏差应在一定的范围内，如果某次测试得到的数据超出了这个偏差范围，就应对其中的原因进行分析。

这个结论与广东电力科学研究院统计全省测试数据得出的结论一致。在大量统计数据的基础上，《广东省电容型设备带电测试导则》已给出同相比较法带电测试分散性的门槛参考数值：介损的分散性一般不大于 0.3%，C_X/C_N 的分散性一般不大于 5%，超过这个范围应查明原因。

须说明的是，上述结论隐含了一个前提：即被测设备与基准设备没有同样劣化速率，即没有同时绝缘不合格且介损或电容量同步变化这种情况。如出现这种情况，上述结论存在缺陷。好在出现这种情况的概率很小，几乎不可能大规模出现，并不会妨碍带电测试的应用。

第六章 电缆设备带电测试技术及检测仪器

第一节 电缆设备带电测试的必要性

由于在节省线路走廊、美化城市环境等方面的优越性，电力电缆已经在各大中城市得到了广泛的使用。预计在今后十年，交联聚乙烯电缆的年需求量约为 1 000km。为了准确检验电缆的安装质量并及时发现运行中的缺陷，保证电缆线路的安全运行，必须对电缆进行交接及预防性试验。

目前，电力电缆的交接或预防性试验主要有直流耐压试验、工频交流耐压试验、超低频耐压试验以及振荡波电压试验等四种方法。国内外专家普遍认为直流法由于残余电荷等方面的影响已经不适合作为交联聚乙烯电缆的耐压试验方法。交流耐压是目前国内外运用得较多的一种电缆耐压试验方法。不过，这种检测方法对试验设备的容量要求较高，且对于高压电缆线路，更大容量的试验设备很难得到满足，也不利于现场实际操作。电缆的超低频耐压试验所需时间非常长，且变频装置笨重，均不利于现场试验。直流耐压试验、工频交流耐压试验及超低频耐压试验方法一定程度上均会对电缆绝缘尤其是交联聚乙烯绝缘的性能产生影响，属于损伤性试验。对电缆线路的安全稳定运行构成了潜在的威胁。由于在无损伤性、便于现场操作等方面的突出优点，振荡波电压法在检测电缆局部放电领域受到行业内越来越多的关注。但振荡波法是停电试验，为了减少电缆因试验而带来的停电时间，电缆设备带电测试技术受到了广泛的关注。

第二节 电缆设备带电测试技术基本原理

对电缆进行带电局部放电检测时，仪器须通过信号耦合的方法，将由绝缘劣化而产生的放电信息耦合到观测系统当中。用于电缆局部放电的检测方法主要有声发射法和电磁耦合法，其中电磁耦合法使用的传感器可分成电容型、电感型、超高频和金属膜传感器等。

（一）声发射检测法

电力电缆内部发生局部放电现象时会伴有声波发射现象，故使用超声波传感器能够探测出电缆及其附件中的局部放电现象。超声波检测法避免了仪器与高压电缆之间的直接电气连接，适用于电缆不需断电的局部放电在线检测。

（二）电容型带状传感器

电容型带状传感器通常安装在电缆终端或者电缆接头，由包裹在电缆绝缘外半导电层表面的环状金属带构成。高频局部放电脉冲会穿透半导体材料层向外泄漏，并被带状传感器检测到。电容型带状传感器的检测灵敏度与带状金属片的面积成正比，但受到安装环境的制约，另外还应和外屏蔽层保持距离以保证能够检测到信号。

（三）高频电流传感器（HFCT）

高频电流传感器法是常用的电缆局部放电信号的检测方法，使用 Rogowski 线圈耦合局部放电脉冲电流流过通路周围产生的电磁场信号。HFCT 安装方便，且信号带宽可根据检测需要调整，但 HFCT 仅适用于电缆外屏蔽层有接地线的情况，对于有完全屏蔽的电缆，HFCT 套在电缆本体外难以检测到局部放电信号。

（四）电感型带状传感器

电感型带状传感器围绕在电缆的护套外层，只适用于外屏蔽层为螺旋导线结构的电缆，局部放电电流在外屏蔽层的螺旋导线中流动时可分解为沿电缆表面切向和沿电缆轴向两个方向的电流分量，其中轴向电流分量可在包绕电缆表面的带状传感器上产生感应电压。该传感器具有很宽的信号耦合频率带宽，但电缆外屏蔽层与电感型带状传感器的互感较小，所以灵敏度较低。

（五）超高频（UHF）传感器

电缆或者电缆附件内发生局部放电时，会向周围空间辐射出超高频电磁波，在电缆头附件外装设屏蔽腔体，根据 UHF 信号耦合途径的不同，在腔体内放置电容型和电感型的 UHF 传感器，能够耦合到电缆接头内发生局部放电所泄漏的高频电磁脉冲。

（六）方向耦合传感器（DCS）

方向耦合传感器安装在外半导体层和金属屏蔽层之间，装有金属带状片，并且在两个端口引出测量接头。当脉冲前行波经过方向传感器时，两个端口的电容耦合量极性相同，而电感耦合量极性相反，当电容耦合和电感耦合叠加在一起时，会出现一端信号比另外一端信号大很多的现象。通过端口的信号反应，能够分辨来自外部的噪声以及发生自电缆接头内部的局部放电信号。

第三节　典型电缆设备带电测试仪器简介

目前应用比较广泛的电缆带电测试仪器采用高频电流传感器法，一般由以下几个部件组成：

（1）转发器单元。带有一个组合输入/输出用于传感器耦合，内置硬件局部放电监测电路和编码脉冲输入，用于快速检测。

（2）测量单元。检测来自转发器单元的编码信号，确定受测试电缆局部放电相对转发器单元的位置。

（3）高频电流互感器。检测局部放电信号及从转发器单元注入编码脉冲。

（4）同轴电缆（50Ω），带有 BNC 接头。提供多套（长度递增），以适应更加困难的环境。

（5）电缆接头。用于同轴电缆的延长。

第七章　红外测温技术及检测仪器

第一节　红外测温技术背景及原理

在电力系统的各种电气设备中，导流回路部分存在大量接头、触头或连接件，若导流回路的连接处发生故障导致接触电阻增大，当负荷电流通过时，必然会导致局部过热。如果电气设备的绝缘部分出现性能劣化，将会引起绝缘介质损耗增大，在运行电压作用下也会出现过热。具有磁回路的电气设备，会因为磁回路漏磁、磁饱和等因素造成铁损增大，引起局部环流或涡流发热。如避雷器等电气设备，会因为泄漏电流增大而导致温度分布异常。总之，许多电力设备的故障往往以其相关部位的温度或热状态变化为征兆表现出来。

世界上所有物体都在持续向外发射人眼看不见的红外辐射能量，而且，物体的温度越高，发射的红外辐射能量越强。通过检测电力设备运行中发射的红外辐射能量，将其转换成相应的电信号，再经过专门的系统进行处理，就可以清晰地描绘电力设备的温度分布状态。由于不同性质、不同部位和不同严重程度的故障，会导致设备产生具有不同空间分布特征的温升效应，故通过分析红外测温信息，就能够有效地对设备的隐患属性、具体位置和严重程度做出定量的判定。这就是电力设备运行状态中进行红外监测的基本原理。

第二节　红外测温仪器简介

一、红外辐射测温仪

红外辐射测温仪简称红外测温仪，是一种非成像型的红外温度检测与诊断仪器。它只能测量设备表面上某点附近区域内的平均温度，俗称为红外点温计。在不要求精确测量设备表面二维温度分布的情况下，与其他类型的红外诊断仪器相比，红外测温仪具有结构简单、价格便宜、使用方便等优点。因此，在基层电力管理部门、电厂和大型电力用户中，红外测温仪被广泛使用，但其缺点是检测效率低，容易出现较大测量误差。

红外测温仪的基本结构包括光学系统、电信号放大及处理系统、结果显示系统和其他附件部分（包括目标瞄准器电源与整体机械结构）等几个主要功能部分。

1. 光学系统

红外测温仪的光学系统（或称为辐射接收系统）的首要功能是搜集被测目标发射的红外辐射能量，并且把它汇聚在红外探测器的光敏面上。为了尽可能多地接收目标的辐射能量，要求光学系统有较大的相对光学孔径（D/F），其中 D 为光学系统的通光孔径，F 为光学系统焦距。光学系统的第二个用途是限定测温范围，阻止非被测目标的辐射能量入射到探测器上。红外测温仪的一个重要参数是距离系数，即测量距离 L 与视场范围内与视场光轴垂直的目标线度 d 之比（如图 6 - 7 - 1 所示），当测量小目标(如架空输电线路导线接头等)温度时，必须选用距离系数大的测温仪，距离系数取决于红外测温仪的光学系统。

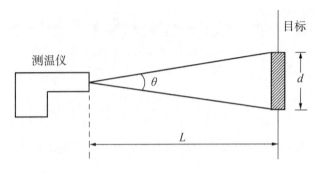

图 6 - 7 - 1　红外测温仪的距离系数与视场

有些红外测温仪的光学系统具有第三种功能，即限定光谱范围。这种测温仪的光学系统通常配有适当的滤光片，可根据需要分别选用截止滤光片、带通滤光片、窄带滤光片或双色滤光片等。

根据工作方式不同，光学系统分为调焦式和非调焦式（固定焦点式）。为了使结构简单和降低造价，多数红外测温仪采用非调焦式光学系统，当其与检测目标之间的距离发生变化时，视场范围内目标上的被测面积将随检测距离发生变化。但是，在目标充满测温仪视场的情况下，并不影响测温结果。

为便于将测温仪对准被测的目标部位，红外测温仪的光学系统应配有可见光瞄准光标或激光瞄准装置，以便构成瞄准器。另外，为了检测大型电气设备的某些内部故障，测温仪应配备有红外光导纤维。

2. 红外探测器

红外探测器是红外测温仪的核心部分，主要实现将接收到的目标红外辐射能量转换成输出电信号的功能。

3. 电信号处理系统

不同种类、测温范围和测温精度的红外测温仪，使用的探测器和设计原理各异。因此，它们的信号处理方式彼此也不相同。但就一般而论，红外测温仪信号处理系统必须具备以下功能：

（1）放大探测器输出的微弱电信号；

（2）抑制非目标辐射的干扰噪声和系统噪声；

（3）线性化输出处理；

（4）目标表面发射率修正；

（5）环境温度补偿；

（6）提供计算机处理的模拟信号、进行 A/D 和 D/A 转换。

有的红外测温仪功能较少，信号处理系统比较简单。有的测温仪功能较多（如能够显示最大值、最小值、平均值等测试结果，提供输出打印功能等），信号处理系统也相应的复杂些。随着微型计算机技术的发展，许多红外测温仪的信号处理、线性化和发射率修正等，都采用微型计算机完成，不仅能够改良测温仪的结构和性能，而且还能逐步实现测温智能化。

4. 显示系统

红外测温仪的显示系统功能为显示目标温度的测量结果。早期的显示系统多采用普通表头显示方式，目前几乎都采用发光二极管、数码管或液晶等数字显示方式。为便于应用，部分红外测温仪显示系统还配有记录仪或输出打印装置。

二、红外行扫描仪

红外行扫描仪有结构简单、坚固、携带方便、无须制冷、设备投资少、使用成本低、输出信号容易判读、可进行实时评价及逾限报警等优点，因此在很多场合常代替红外热像仪进行电力设备故障检测。

红外行扫描仪有多种类型，但在电力系统中，主要采用结构小巧的便携式行扫描仪。它以充电式电池供电，既可由使用者手持操作，也可安装在三脚架或其他固定支架上进行连续工作。

早期的系统主要使用单透镜反射式可互换扫描镜在水平面上完成扫描过程，因该扫描镜透射可见光，操作者能用肉眼或照相机取景器看到视场内目标的真实可见光图像。扫描镜前表面反射红外辐射，即将目标发射的红外辐射反射并会聚到红外探测器光敏面上。探测器转换的电信号经放大处理后反馈给一组发光二极管（LED）列阵，信号幅值越高，LED 列阵中发光元件的位置也越高。因此，当扫描镜对其视场水平方向完成一次行扫描时，随着目标相应空间位置的不同温度分布，瞬时输出电压不断变化，LED 列阵中不同的发光元件开始发光或熄灭。由 LED 列阵产生的模拟迹线，被扫描镜背表面反射出去，并在显示屏上与目标的真实可见光景物视场图像叠加，产生一条供温度读出用的红色热模拟迹线。此外，行扫描器还显示出一条辅助迹线，以表示扫描线在目标上的位置，这条辅助迹线也叠加在目标景物的可见光视场图像上。这种重叠显示方法可使操作者同时观察到真实的目标可见光图像和一个叠加在目标相应空间位置的行热模拟迹线，迹线的幅值代表与其重合的可见光景物相应位置的温度分布。为进一步准确判定目标设备的热异常部件位置，可在垂直、水平或斜向等任意方向上重新进行单行扫描。

进行永久性数据记录时，可使用联装的记录照相机拍摄。通常操作者只须手持扫描器对准目标扫描观察，当发现热异常并须记录下来时，可把装有记录照相机的行扫描器固定在三脚架上，操作人员从照相机取景器看到可见光图像后，根据环境光强调整曝光和距离，待获得满意的图像和热分布模拟迹线后，再拍摄有热分布迹线数据的目标图像照片。

三、红外热像仪

通常将利用光学 - 精密机械的联合运动，完成对目标的二维扫描并摄取目标红外辐射能量而成像的装置称为光机扫描式红外热成像系统。这种系统可分为两大类，其基本原理相同，但在术语含义、应用场合与性能要求上都有很大差异。其中一类是用于军事目标成像的红外前视系统，只要求对目标清晰成像，不用定量测量温度，强调高取像速率和空间分辨率。另一类则是工业、医疗、交通和科研等民用领域使用的红外热像仪，它在很多场合不仅要求对物体表面的热场分布进行清晰成像（显示物体表面的温度分布细节），而且还要给出温度分布的精确测量，主要强调测量灵敏度。

红外热像仪不仅能用于非接触式测温，还可实时显示物体表面温度的二维分布与变化情况，又有稳定、测温迅速、分辨率高、直观、不受电磁干扰，以及信息采集、存贮、处理和分析方便等优点。所以，尽管它比红外测温仪、行扫描器等装置的结构复杂、价格贵、功耗大，但在许多领域都得到了广泛应用。尤其在电力设备故障检测中，更是一种有效的精密诊断仪器。

红外热像仪的基本结构由摄像头、显示记录系统和外围辅助装置等组成。摄像头主要包括接收光学系统、扫描机构、红外探测器、前置放大器和视频信号预处理电路。显示记录系统取决于热像仪的用途，通常采用 CRT 显示器或与电视兼容的监视器。记录装置可以用普通照相机、快拍照相机或磁卡与磁带录像机等。外围辅助装置包括电源、同步机构、图像处理与分析系统等。

红外热像仪的工作过程是把被测物体表面温度分布借助红外辐射信号的形式，经光学系统和光机扫描机构成像在红外探测器上，再由探测器将其转换为视频电信号。这个微弱的视频电信号经前置放大器和进一步放大处理后，送至终端显示器，显示出被测物体表面温度分布的热影像。应该指出，红外热像仪能够显示出物体热图像的原因，关键在于首先将物体按一定规律进行分割，即把要观测的景物空间按水平和垂直两个方向分割成若干个小的空间单元，光学系统依次扫过各空间单元，并将各空间单元的信号再组合成整个景物空间的图像。因此，在此过程中探测器在任一瞬间实际上只接收某一个景物空间单元的辐射。扫描机构依次使用光学系统对景物空间做二维扫描，光学系统按时间先后依次接收二维空间中各景物单元信息，该信息经放大处理后变成一维时序信号，该信号再与同步机构送来的同步信号合成后送到显示器，显示出完整的景物热图像。

第三节　红外测温案例分析

一、变压器低压套管及线耳位置发热

1. 基本情况

2010 年 8 月 27 日，某公变房的变压器 A、C 相低压套管及线耳位置发热。

2. 测试结果

运行人员利用红外成像仪，发现变压器低压套管及线耳位置温度异常，同时发现该线耳位置出现发黑现象，如图 6-7-2 所示。经初步分析，认为可能线耳与低压套管的连接位置接触不良，导致接触电阻增大，引起发热。

3. 检查消缺

运行人员于 2010 年 9 月，申请计划停电对该变压器进行检修，对线耳位置进行紧固及打磨处理。复测后，该变压器缺陷已消除。

二、低压隔离开关过热

1. 基本情况

2010 年 7 月 15 日，运行人员对某 F9 全线进行红外检测，发现一支#03 杆（S11-630kV·A）台架低压出线刀闸温度异常。

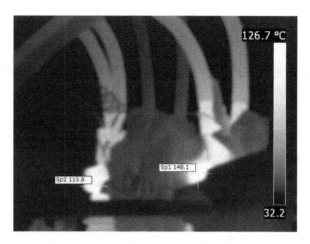

图 6 – 7 – 2　低压套管及线耳位置红外热成像图

2. 测试结果

C 相最高温度 89℃，其红外成像图片如图 6 – 7 – 3 所示。变压器（S11 – 630kV·A）低压负荷电流当时最高为 892A。热源均从电源侧处较明显，应为接触不良造成。

3. 检查消缺

停电检修后，发现 A、B 相发热原因为低压刀闸负荷侧（现场为台架）保险片与紧固螺丝接触面电阻过大发热所致。经现场勘察，接触电阻过大原因为刀闸螺丝孔周边的氧化物及熔片残渣未能完全清洁干净以至接触电阻过大导致发热。C 相的原因为刀闸熔断片紧固位两侧位置的氧化物及熔片残渣均未能完全清洁干净所致。

当日现场将刀闸接触面打磨干净后，重新安装。重测后，温度正常。

图 6 – 7 – 3　#03 杆红外热成像图

三、高压刀闸发热

1. 基本情况

2010 年 3 月 3 日，运行人员对某 F37 线路进行红外监测，发现#01 杆红相刀闸红外热成像异常。

2. 测试结果

某 F37 线路 #01 杆红相刀闸红外热成像异常，温度为 33.2℃，当时环境温度为 12℃，其余黄相、绿相为 14℃。图 6-7-4 为#01 杆红相刀闸红外热成像图，其发热原因为动刀压力弹簧锈蚀严重，导致静触头与动刀之间压力减小，接触电阻增大，详见图 6-7-5。

3. 检查消缺

2010 年 3 月 12 日对某 F37 线路 #01 杆红相刀闸进行更换，重新测试后，温度正常。

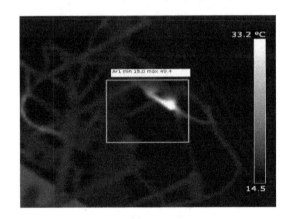

图 6-7-4   #01 杆刀闸红外热成像图

图 6-7-5   #01 杆红线刀闸解体图

四、高压避雷器发热

1. 基本情况

2010 年 2 月 25 日，运行人员对某 F22 沿线架空线路进行红外检测，发现#40 杆红相避雷器本体红外热成像异常。

2. 测试结果

#40 杆红相避雷器本体温度为 19.3℃，A 相为 12℃，B 相为 13℃，红相避雷器温度高于其余两相。图 6-7-6 为避雷器红外热成像图，图 6-7-7 为其实物图。

3. 检查消缺

2010 年 3 月 29 日结合停电将 #40 杆三相避雷器全部更换。对换下来的避雷器进行试验。U_{1mA} 为 17kV，75% U_{1mA} 的电流为 97mA，超过《规程》规定限值（50mA）几乎一倍。分析原因，可能为避雷器内部受潮，流过阀片泄漏电流过大，导致发热，如不及时处理最终会发展为避雷器爆炸。更换后经复测，三相避雷器红外成像温度相同，同为 13℃。

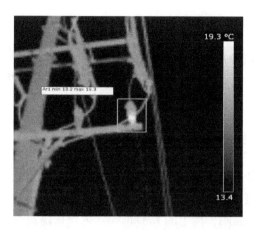

图 6 - 7 - 6　#40 杆红相避雷器红外热成像图

图 6 - 7 - 7　#40 杆红相避雷器实物图

第八章　电缆振荡波局部放电检测技术

第一节　振荡波局部放电检测技术及原理

由于在无损伤性、便于现场操作等方面的突出优点，振荡波（OWTS）电压法在检测电缆局部放电领域受到行业内越来越多的关注。振荡波电压法，即 Oscillating waveform 或 Damped AC Voltage，该技术已出现约二十年时间。其间，荷兰的 E. Gulski 等人对振荡波法试验装置的研制开展了大量的工作，我国的罗俊华、日本的 Katsumi Uchida 等人在振荡波电压法与其他三种试验技术的等效性研究方面也进行了深入探索。近几年，由于快速关断开关等问题得到解决，美国、荷兰、日本、新加坡及中国北京、苏州、上海等地的电力部门才开始引入这种方法，也先后证明该方法在检测电力电缆方面尤其是中压及配电电缆系统绝缘状态方面的有效性。

一、几种电缆常见试验方法比较

目前，电力电缆的交接或预防性试验主要有直流耐压试验、工频交流耐压试验、超低频耐压试验以及振荡波电压试验等四种方法。国内外专家普遍认为直流法由于残余电荷等方面的影响已经不适合作为交联聚乙烯电缆的耐压试验方法。交流耐压是目前国内外运用得较多的一种电缆耐压试验方法。不过，这种检测方法对试验设备的容量要求较高，且对于高压电缆线路，更大容量的试验设备很难得到满足，也不利于现场实际操作。电缆的超低频耐压试验所需时间非常长，且变频装置笨重，均不利于现场实现。直流耐压试验、工频交流耐压试验及超低频耐压试验方法一定程度上均会对电缆绝缘尤其是交联聚乙烯绝缘的性能产生影响，属于损伤性试验。这对于电缆线路的安全稳定运行构成了潜在的威胁。

武高所曾分别利用直流耐压、交流耐压、0.1Hz 超低频及 5～8kHz 的振荡波四种试验方法对一条运行 12 年存在大量水树枝的电缆进行了比较和研究，发现振荡波电压方法总体优于其他方法。日本电科院也曾在实验室条件下比较研究了超低频和振荡波对检测交联聚乙烯电缆中电树枝缺陷的有效性，发现振荡波电压法可控性优于超低频，不会加速缺陷的发展。但是，对于上述研究成果均为实验室环境下的结果，检测过程中如何获得起始放电电压、振荡波电压法对水树枝、电树枝等缺陷的检出效果，应在实际应用中作进一步观察。

二、振荡波电压法基本原理

振荡波电压法的基本原理是利用电缆与电感的串联谐振原理，使振荡电压在多次极性变换过程中促使电缆缺陷激发出局部放电信号，通过高频耦合器测量该信号从而达到检测目的。振荡波电压试验接线回路如图 6-8-1 所示，整个试验回路分为两个部分：一是直流充电回路；二是电缆与电感充放电过程，即振荡过程。这两个回路之间通过快速关断开关实现快速转换。振荡回路如图 6 - 8 - 2 所示,其中,L 是线圈电感,C 是电缆等效电容,R 是振荡回路电阻。

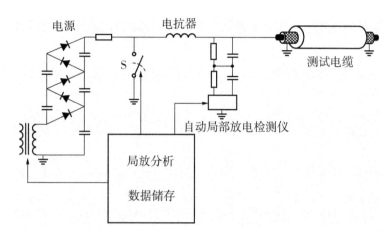

图 6 - 8 - 1 振荡波局放测试接线图

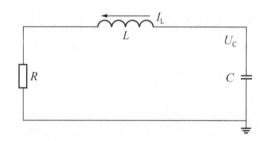

图 6 - 8 - 2 振荡波局放测试振荡回路

如图 6 - 8 - 2 所示的振荡回路为二阶零输入回路,满足下列方程:

$$LC \frac{\mathrm{d}^2 U_C}{\mathrm{d}t^2} + RC \frac{\mathrm{d}U_C}{\mathrm{d}t} + U_C = 0$$

求解上述方程,得

$$U_C = A_1 \mathrm{e}^{p_1 t} + A_2 \mathrm{e}^{p_2 t},$$

其中

$$p_1 = -\frac{R}{2L} + \sqrt{\left(\frac{R}{2L}\right)^2 - \frac{1}{LC}}, \quad p_2 = -\frac{R}{2L} - \sqrt{\left(\frac{R}{2L}\right)^2 - \frac{1}{LC}}$$

由于 R 为振荡回路本身的电阻值非常小,一般不超过 50Ω,因此,可以认为

$$R \ll 2\sqrt{\frac{L}{C}}, \quad f \approx \frac{1}{2\pi}\sqrt{\frac{1}{LC}}$$

且振荡回路品质因素

$$Q = \frac{X_L}{R} = \frac{\omega L}{R} = \frac{1}{R}\sqrt{\frac{L}{C}}$$

令

$$\delta = \frac{R}{2L}, \quad \omega^2 = \frac{1}{LC} - \left(\frac{R}{2L}\right)^2, \quad \omega_0 = \sqrt{\delta^2 + \omega^2}, \quad \beta = \arctan\left(\frac{\omega}{\delta}\right)$$

可解得

$$U_{C} = \frac{U_{0}\omega_{0}}{\omega}e^{-\delta t}\sin(\omega t + \beta), \quad i = \frac{U_{0}}{\omega L}e^{-\delta t}\sin\omega t$$

为进一步掌握振荡波电压法各参数之间的关系以及影响特性，现对上述振荡波回路进行分析说明如下：

衰减常数 δ 与电感 L 及 R 有关系，一次振荡电压持续时间一般不超过 300ms。振荡电压在多次极性变换过程中电缆缺陷处会激发出局部放电信号，通过高频耦合器测量该信号从而达到检测放电的目的。施加电压一定时，电缆等效电容越大，充电时间越长；电缆一定时，施加电压越高，所需充电时间越长，但总的时间不超过 5min，因此直流预充电对电缆的影响较小。

理论分析表明：电缆等效电容越大或电感取值越大，振荡频率越低，同时振荡回路品质因素越低。为尽量提高品质因素，电缆等效电容一定时，选取更小的电感较合适。当测试电缆很短时，由于线圈电感限制，振荡频率极有可能超过 1kHz，可以通过并联系统电容的方法来降低，使振荡频率不至于过大。

振荡中利用行波法对局放信号进行定位。测试一条长度为 L 的电缆，假设在距测试端 x 处发生局部放电，则局放脉冲会沿电缆向两个相反方向传播，其中一个脉冲经过时间 t_1 到达测试端；另一个脉冲向非测试端（电缆的另一端）传播，在电缆末端发生反射，之后再向测试端传播，经过时间 t_2 到达测试端，如图 6-8-3 所示。根据两个脉冲到达测试端的时间差，即可计算局部放电发生位置。

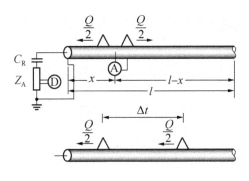

图 6-8-3　行波测试法

三、振荡波局放测试设备的使用及判断

1. 特征信息的记录

可能用来评估电缆绝缘状态的特征量有局放起始电压（PDIV）、局放熄灭电压（PDEV）、局放水平（PD）、局放集中程度（PD intensity）、局放类型（PD kind）、局放重复程度（PD repetition），以及局放定位图谱（PD location mappings）及局放水平与施加振荡电压的变化趋势等。

大量的案例分析表明：局放集中程度、局放重复性及局放定位图谱的电缆缺陷发现率分别为 75%、80%、71%，表明利用单个特征量均不能百分百地发现电缆缺陷。因此，电缆绝缘状态的评估尚须结合多个特征量与检测经验综合考虑。测试信息获取越充分，越有利于对电缆绝缘状态的整体判断。为便于分析局放信息，应记录背景干扰，尤其是地网噪声水平。同时，应掌握电缆局放现场测试典型背景噪声的时频特性，以便准确判断局放信号。有时现场电缆的局放幅值不超过 100pC，地网的噪声水平可能大于 100pC，这时将无法判断出局放信号。因此，现场测试若干扰太大，可以考虑延期测试。

2. 回路参数与耦合器带宽选择

振荡回路参数的合理选择关系到电缆局放检测的效果。根据前面的推导，对振荡回路，当电缆一定时，谐振频率与匹配电感存在不同选择。目前，IEEE Standard 400TM—2001 中对谐振范围没有硬性的规定，只是提到谐振频率有可能从 1Hz ～ 1kHz。虽然国外有实验室研究表明频率对电缆缺陷处激发局部放电没有太大影响，但是从回路品质因素、检测效果等方面考虑，也应选择最佳的谐振频率。

此外，PD 耦合传感器参数的合理选择也关系到电缆局放定位的效果。对于短电缆或者长电缆（长度超过 4km）对端缺陷局放的定位，PD 耦合器带宽因为入射脉冲与反射脉冲时间间隔很小，因此需要较高频带，一般根据实际情况可选 10MHz 以上；对于长电缆、混接电缆、T 形中间接头或接头数量多等情况，脉冲衰减较明显，因此 PD 耦合传感器带宽选择较低水平（可选择不超过 10MHz），检测效果则会相对好。

3. 加压方式

为获得合理局放起始电压及局放水平，应采取谨慎的加压方式。通过对检测案例的统计表明：对油纸绝缘电缆，大多数情况下局放起始电压低于运行电压，而对交联聚乙烯电缆，局放起始电压低于或高于运行电压分别占 29%、36%。与油纸绝缘电缆相比，发现交联聚乙烯电缆缺陷需要更高的施加电压，甚至超过 $2U_0$。从国外关于中压电缆的现场检测情况看，振荡电压可以最高加至 $2U_0$ 甚至更高一些。

四、现场操作流程与要点

局部放电测试前，应将被试电缆断电、接地放电、隔离附近带电设施，与被试电缆连接的 PT、避雷器等电缆附件应拆除。检查电缆头外观，清洁表面污垢，必要时用无水酒精对电缆终端头进行清洁。检查电缆护层应可靠接地。

1. 测量绝缘电阻并检查相色（核相）

采用兆欧表对电缆进行绝缘电阻检测并检查相色。兆欧表应平稳放置，接线正确，高压导线应绝缘良好。绝缘电阻测试环节，需要将环境的湿度进行记录，因为绝缘电阻参数不仅与电缆长度有关系，而且阻值还可能受到湿度的影响。

2. 用脉冲反射仪测试电缆长度和接头位置

首先按照仪器使用说明书接好线，然后按电缆原始长度选择合适量程，测出电缆全长，测试时应仔细测量，数据用于电缆放电量的校准。再准确测量中间接头的位置，以便于最终判断局部放电位置。

3. 振荡波系统进行局部放电校准及加压测试

局部放电校准应从高往低依次进行，现场检测时一般最低可校验至 100pC，大多数情况下校验至 300pC 即可。校准时为保证达到良好的局部放电定位效果，不同量程下校验参数应尽量保持一致，以免不同局部放电实测信号出现的位置分散。

（1）设备接线操作步骤如下：① 将高压单元主接地与变电站主接地相连；② 将放电

棒与变电站主接地相连；③ 将高压开关控制连线连接至控制盒；④ 将直连网线连接至笔记本电脑；⑤ 将高压测试电缆连接好；⑥ 将高压单元电源线与电源连接。为了保证测试效果，应将高压测试电缆的屏蔽与被测电缆的屏蔽相连，而不是直接与主接地相连。

（2）启动设备：① 开启高压单元开关，等待高压单元连接面板上黄灯熄灭后启动笔记本电脑；② 点击电脑桌面上 OWTS 图标，将笔记本电脑与高压单元连接；③ 出现 OWTS 系统测试界面。

（3）输入被测电缆明细。启动 OWTS 测试界面后按要求输入被测电缆有关参数。

（4）局部放电校准。将局部放电校准仪连线的接线端分别夹在被测电缆的线芯和屏蔽上。局部放电校准仪的输出频率有 100Hz 和 400Hz，一般将频率设定在 100Hz。如发现无法校准请检查输出频率。

4. 进行 OWTS 测试

加压的推荐步骤为：0kV 下测量环境干扰；按 $0.3U_0$、$0.5U_0$、$0.7U_0$、$0.9U_0$、U_0、$1.1U_0$、$1.3U_0$、$1.5U_0$、$1.7U_0$ 逐级加压并保存每次有效的测试数据；U_0、$1.5U_0$、$1.7U_0$ 等级下各测量 3 次；再次测量 U_0、0kV 并保存。一相测试完毕后，对被测电缆和高压单元放电并换相测试。每一相试验结束时，关闭高压单元，将被测电缆接地。

5. 数据分析与判断

有关标准规定，对于交联聚乙烯电缆要求试验过程中不应出现明显的局部放电，视在放电量不应超过 10pC 或 5pC，高压电缆现场要求无可测的局部放电。但一般的 10kV 电缆振荡波电压法测试系统在良好环境下，环境噪声水平一般为 20～30pC，而对于站端或公路旁的测量，环境噪声水平有时能达到 100pC 的水平。因此，虽然对交联聚乙烯电缆的局部放电指标有着严格的规定，但是由于现场检测环境条件、测试仪器灵敏度及工程施工质量等诸多因素的影响，对于 10kV 运行中配电电缆而言，很难满足 IEC 标准中高压电缆测试过程的环境要求。并且，对于振荡波电压法而言，由于其施加电压可以达到 $2U$ 的大小，所以也会有运行电压下无可测局部放电，而在更高的电压下出现局部放电现象的情况。因此，振荡波电压法检测电缆是否正常或处于缺陷状态，须以大量实践为基础。确定分析结果是否由电缆局部放电导致，可参考以下几点进行判断：

（1）放电幅值和次数随着电压的升高而增加；

（2）局部放电定位结果在图谱上形成一条线，集中性较强；

（3）局部放电相位谱图呈现 180° 特征；

（4）能够较明显地区分出入射波和反射波。

影响 OWTS 电缆局部放电检测和定位装置检测准确性的因素主要包括以下四个：一是测试数据的准确性，主要是由于外界随机脉冲型的干扰进入检测系统，或加压端子连接不好，产生放电脉冲；二是在分析判断时入射波和反射波的选择不正确；三是测试过程中未及时改变量程；四是高压试验电缆长度。针对以上四个影响因素，应该认真做好以下几个方面的工作：① 为确保测试数据的准确性，在试验前，应该注意试验端子安全距离是否足够，表面是否清洁、光滑；② 对数据进行分析判断时，所选择的反射波应波形比入射波宽、幅值比入射波小，波形形状基本相似；③ 测试时应及时改变量程，对超量程保存下来的数据进行处理时，应手动调整入射波的起点，避免误判；④ 当 50m 或 25m 长的高压试验电缆由于接线产生局部放电时，将误判断为离电缆对端 2～3 倍试验电缆长度位置有局部放电。如果该电缆确实存在局部放电，此信号将使真正的信号波形畸变而漏掉重要信息或误判断。这就要求我们在选择反射波时应注意和校对信号仔细对比，如果还存在疑问可以采取在电缆两端进行测量的方法加以区分。

第二节　振荡波局部放电检测案例

2010 年 4 月 8 日，在对某条电缆进行振荡波局部放电检测时发现该电缆中间接头位置三相分别存在集中性局部放电现象，PD 达到 300pC 左右，且 $1.7U_0$ 时达到 280pC，U_0 及以下时 A 相达到 150pC。下面是测量与解体的过程。

1. 波形校准

利用信号发生器对检测系统进行校准，图 6 - 8 - 4 为始端施加幅值 100pC 的标准脉冲，系统接收到的入射波和反射波，信号衰减较大。

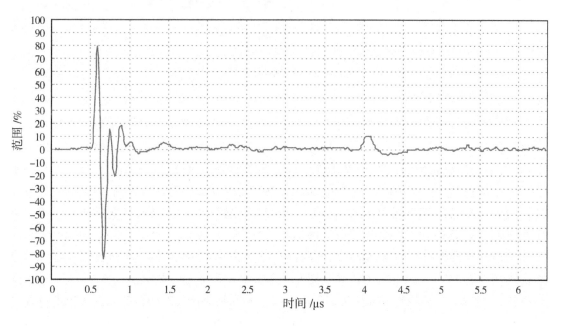

图 6 - 8 - 4　波形校准

2. 检测背景干扰水平

当施加电压为零时，利用局放测试系统检测背景干扰水平大部分处于 100pC 以下。从图 6 - 8 - 5 可以看出，背景干扰水平整体水平较低。

3. 局放测试

按照 $0.1U_0$、$0.3U_0$、$0.5U_0$、$0.7U_0$、U_0、$1.3U_0$、$1.5U_0$ 至 $1.7U_0$ 加压顺序施加电压，记录每次测试的波形。试验过程中振荡频率为 370Hz 左右。电缆振荡波检测典型时域波形如图 6 - 8 - 6 所示。

4. 数据分析

试验结束时，复测电缆绝缘电阻，合格。之后，对采集到的数据进行了分析，在不同施加电压下，A、B、C 相分析计算得到的 $\tan\delta$ 为 0.1%，介质损耗基本不随电压变化。该

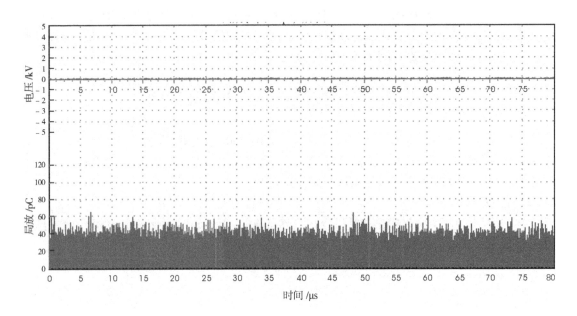

图 6 - 8 - 5　未施加电压时背景干扰水平

条电缆典型局部放电信号如图 6 - 8 - 7 所示。

第一次检测结果表明在距离测试端 142m 左右位置存在集中性放电现象，该位置正好是中间接头所在处。从图 6 - 8 - 7a 可以看出：A、B、C 三相施加电压达到 $1.7U_0$ 时，中间接头位置的局部放电视在放电量幅值分别达到了 280pC、135pC、275pC；A、B、C 三相施加电压达到 U_0 时，中间接头位置的局部放电视在放电量幅值分别达到了 150pC、48pC、32pC（U_0 为局部放电起始电压）。从图 6 - 8 - 7b 可以看出：在 142m 位置的三相累积放电次数已经达到了 155 次，且 U_0 及以下达到 46 次。

为进一步积累现场检测经验，两周后再次进行了跟踪测试。第二次检测结果再次表明在距离测试端 142m 左右位置存在集中性放电现象，如图 6 - 8 - 8 所示。从图 6 - 8 - 8a 可以看出，A、B、C 三相施加电压达到 $1.7U_0$ 时，中间接头位置的局部放电视在放电量幅值分别达到了 1 500pC、0pC、1 650pC；A 相的局部放电起始电压在 U_0 左右，C 相的局部放电起始电压在 $1.3U_0$。从图 6 - 8 - 8b 可以看出：在 142m 位置的三相累积放电次数达到 32 次，且 U_0 及以下达到 10 次。有关专家认为应对该条电缆施行检修并随即更换了电缆接头。更换缺陷中间接头后，原有的集中性局部放电区域已经消失且未发现新的缺陷。

5. 解体检查结果与分析

事后，对缺陷中间接头进行解体，未发现明显的爬电痕迹，但发现了以下问题：一是接头金属垫层内侧有几乎贯穿性白蚁蚕食通道，如图 6 - 8 - 9 所示。二是三相铜屏蔽表面有明显锈蚀，见图 6 - 8 - 10。其中一相的热缩管与主绝缘界面存在气隙，见图 6 - 8 - 11。

第一、二次检测的地网状况、终端防电晕处理效果及施加电压步骤均相似，但两次检测到的局部放电次数、幅值不相同。第一次的放电次数多、幅值低，而第二次的放电次数相对少、幅值非常高。除去放电带有一定随机性的因素外，两次检测结果一定程度上反映了缺陷分别所处的两个不同发展阶段。

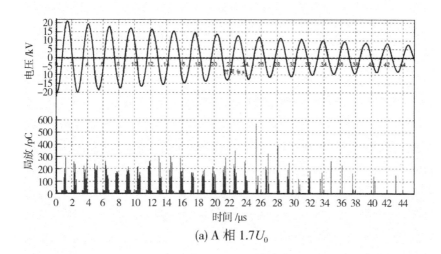

(a) A 相 1.7U_0

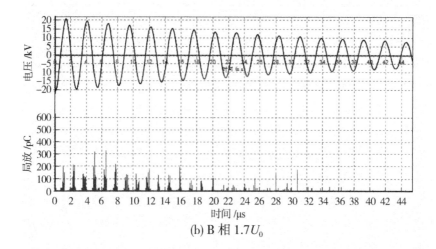

(b) B 相 1.7U_0

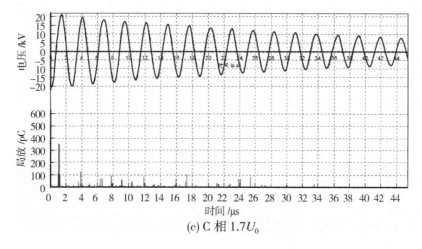

(c) C 相 1.7U_0

图 6 - 8 - 6　典型测量时域波形

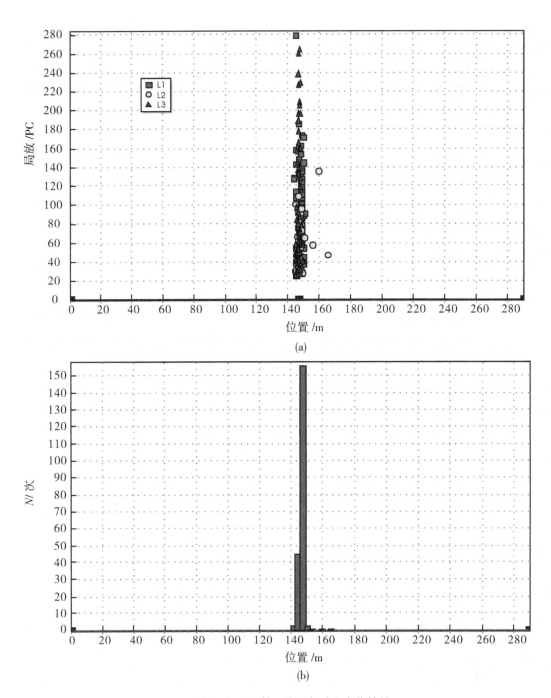

图 6 - 8 - 7　第一次局部放电定位结果

两次检测周期间隔为两周，而局部放电幅值却由不到 300pC 增加到超过 1 500pC，幅值增加明显，如表 6 - 8 - 1 所示。分析认为，热缩管收缩不均匀导致与主绝缘界面存在气隙是外部振荡电压激励下缺陷处能检测出局部放电的重要因素。更换中间接头后复测结果正常已经能够说明缺陷就在接头处。

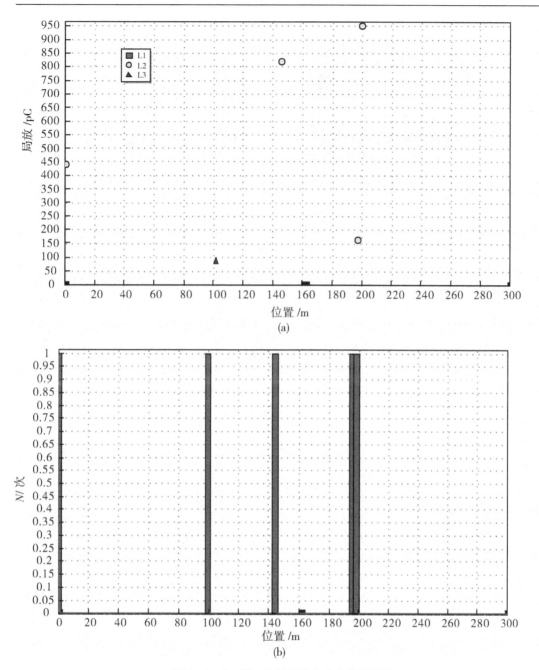

(a)

(b)

图 6-8-8　第二次局部放电定位检测结果

图 6-8-9　垫层内有明显白蚁通道

271

图6-8-10　铜屏蔽表面有锈蚀　　　　图6-8-11　热缩管内存在气隙

表6-8-1　施加电压和局部放电幅值比较

施加电压		第一次检测/pC	第二次检测/pC
U_0	A	150	320
	B	48	0
	C	32	0
$1.7U_0$	A	280	1 500
	B	135	0
	C	275	1 650

第七篇
电气试验基本试题

第一章　试验技能考评试题库

第一节　试验安全知识试题

一、判断题

1. 主变停电测套管介损应填写第一种工作票。（　　）

2. 高压断路器不停电外观检查应填写第一种工作票。（　　）

3. 高压试验工作不得少于两人。（　　）

4. 在同一电气连接部分，高压试验的工作票发出后，禁止再发出第二张工作票。（　　）

5. 因试验需要断开设备接头时，拆前应做好标记，接后应进行检查。（　　）

6. 试验装置的高压引线应尽量缩短，必要时用绝缘物支持牢固。（　　）

7. 试验装置低压回路中的电源开关，为保证装置可靠工作，禁止安装过载自动掉闸装置。（　　）

8. 试验现场应装设遮拦或围栏，无须悬挂任何标示牌，并派人看守。（　　）

9. 试验现场中被试设备两端不在同一地点时，另一端在装设遮拦并悬挂醒目标志的情况下可不派人看守。（　　）

10. 不得在带电导线、带电设备、变压器、油断路器附近将火炉或喷灯点火。（　　）

11. 变更接线或试验结束时，应首先断开试验电源，放电，并将升压设备的高压部分短路接地。（　　）

12. 高压试验时，未装接地线的大电容被试设备，无须放电即可直接试验。（　　）

13. 高压直流试验时，每告一段落或试验结束时，应将设备对地放电数次并短路接地。（　　）

14. 试验结束时，试验人员应对被试设备进行检查和清理现场，无须拆除自装的安全措施。（　　）

15. 高压试验前，被试设备的金属外壳无须接地。（　　）

16. 电压表、携带型电压互感器和其他高压测量仪器的接线和拆卸无须断开高压回路者，可以带电工作。（　　）

17. 使用电压互感器进行工作时，先应用绝缘工具将电压互感器接到高压侧，然后将低压侧所有接线接好。（　　）

18. 使用携带型仪器的测量工作，连接电流回路的导线截面，应适合所测电流数值。（　　）

19. 使用携带型仪器的测量工作，连接电压回路的导线截面，应不得小于 1.0mm^2。（　　）

20. 非金属外壳的仪器，应与地绝缘。（　　）

21. 高压试验时，所有测量用装置均应设遮拦和围栏，并悬挂"止步，高压危险！"的标示牌。（　　）

22. 携带型仪器测量用的导线长度不足时，可以驳接。（　　）

23. 值班人员在高压回路上使用钳形电流表的测量工作，应由两人进行。（　　）

24. 非值班人员在高压回路上使用钳形电流表进行测量时，无须办票。（　　）

25. 工作许可人可兼任该项工作的工作负责人。（　　）

26. 工作票中的接地线安装位置属于关键词，不能修改。（　　）

27. 使用钳形电流表测量低压熔断器（保险）的电流时，无须采取防护隔离措施即可直接进行测量。（　　）

28. 在测量高压电缆各相电流时，电缆头线间距离在 150mm 以上，即可进行。（　　）

29. 使用钳形电流表测量高压电缆各相电流时，有一相接地的情况下，严禁测量。（　　）

30. 使用摇表测量高压设备绝缘，应由两人担任。（　　）

31. 使用摇表测量绝缘用的导线，应使用绝缘导线，其端部应有绝缘套。（　　）

32. 使用摇表测量绝缘时，只要将被测设备从各方面断开后，无须验电，即可进行。（　　）

33. 在使用摇表测量绝缘前后，必须将被试设备对地放电。（　　）

34. 使用摇表测量线路绝缘时，不必取得对方允许即可进行。（　　）

35. 在有感应电压的线路上（同杆架设的双回线路）测量绝缘时，必须将另一回线路同时停电，方可进行。（　　）

36. 雷电时，严禁测量线路绝缘。（　　）

37. 在带电设备附近测量绝缘电阻，测量人员和摇表安放位置必须选择适当，保持安全距离，以免摇表引线或引线支持物触碰带电部分。（　　）

38. 在带电设备附近测量绝缘电阻，移动引线时，必须注意监护，防止工作人员触电。（　　）

39. 雷电时，禁止在室外变电所或室内的架空引入线上进行检修和试验。（　　）

40. 上下传递物件应用绳索拴牢传递，但可以上下抛掷小工具。（　　）

41. 在带电的电流互感器二次回路上工作时，严禁将电流互感器二次侧开路。（　　）

42. 在带电的电流互感器二次回路上工作时，不得将回路的永久接地点断开。（　　）

43. 高压试验接线要经第二人复查后，方可通电。（　　）

44. 接地线与检修部分之间可以连有断路器。（　　）

45. 在高压设备上工作，必须完成保证工作人员安全的组织措施和技术措施。（　　）

46. 在高压回路上测量时，可用导线从钳形电流表另接表计测量。（　　）

47. 测量时若须拆除遮拦，应在拆除遮拦后立即进行。工作结束，应立即将遮拦恢复原位。（　　）

48. 在带电的电压互感器二次回路上工作时，应严格防止短路或接地。（　　）

49. 在带电的电压互感器二次回路上工作前，必要时，停用有关保护装置。（　　）

50. 在具有电气连接部分的两个不同工作地点进行加压试验，由于距离较远，试验人员可以约时停、送电。（ ）

51. 工作票有破损不能继续使用时，应补填新的工作票。（ ）

52. 高压设备发生接地时，室内不得接近故障点 4m 以内。（ ）

53. 雷雨天气，须巡视室外高压设备时，应穿绝缘鞋，并不得靠近避雷器和避雷针。（ ）

54. 用绝缘棒拉合隔离开关（刀闸），可以不戴绝缘手套。（ ）

55. 雷电时禁止进行户外操作。（ ）

56. 装、拆接地线均应使用绝缘棒和戴绝缘手套。（ ）

57. 在高压设备上工作验明无电压后即可开展工作。（ ）

58. 在电气设备上工作，保证安全的技术措施应全部由工作班人员自行完成。（ ）

59. 工作间断和转移及终结制度是在电气设备上工作保证安全的组织措施之一。（ ）

60. 填用第二种工作票的工作，无须履行工作许可手续。（ ）

61. 高压电力电缆停电的工作可以填用第二种工作票。（ ）

62. 高压室的照明回路上进行工作无须将高压设备停电者或做安全措施者应填用第二种工作票。（ ）

63. 只要有领导在场监督，在电气设备上工作就可以不用填写工作票。（ ）

64. 在无人值班的设备上工作时，两份工作票均由工作负责人收执。（ ）

65. 一个工作负责人在同一变电站内的同一时段内只能持有一张工作票。（ ）

66. 在同一电气连接部分用同一工作票依次在几个工作地点转移工作时，全部安全措施由运行人员开工前一次做完，无须再办理转移手续。（ ）

67. 两份工作票中的一份必须经常保存在工作地点，由工作负责人收执，另一份由值班员收执，按值移交。（ ）

68. 在转移工作地点时，工作负责人无须向工作人员交代带电范围、安全措施和注意事项。（ ）

69. 若一个电气连接部分或一个配电装置全部停电，则所有不同地方的工作，可以发给一张工作票，但要详细填明主要工作内容。（ ）

70. 事故抢修工作可不用工作票，但在开始工作前，应按《规程》有关的规定做好安全措施，并应指定专人负责监护。（ ）

71. 工作票上所列的工作地点，以一个电气连接部分为限。（ ）

72. 电气工作人员只要可以参加《电业安全工作规程》考试，无论考试是否及格，都可以上岗从事电气工作。（ ）

73. 事故停电，在未拉开有关隔离开关（刀闸）和做好安全措施以前，可以触及设备或进入遮拦。（ ）

74. 工作票签发人可以兼任所签工作票中的工作负责人。（ ）

75. 工作负责人不可以填写工作票。（ ）

76. 为便于现场修改，确保与现场要求一致，工作票可用铅笔填写。（ ）

77. 所有不同地点的工作，可以填写一张工作票。（ ）

78. 若一个电气连接部分或一个配电装置全部停电，即使在不同地点工作，工作票也不用详细填明主要工作内容。（ ）

79. 运行中的自动装置直流电源临时拆开，须办理二次设备及回路工作安全技术措施单。（ ）

80. 工作票中保护连接片的编号不属于关键词，填写时可以修改，但不能超过 3 处。（ ）

81. 工作票中接地线的安装位置属于关键词，不能修改。（ ）

82. "工作许可人是否合适"是工作票签发人的安全责任。（ ）

83. 外单位人员进入变电站工作时，可以使用自己单位的工作票。（ ）

84. 对接收的工作票中所列内容有很小的疑问，工作票接收人无须向工作负责人询问清楚。（ ）

85. 在工作票中工作内容或工作地点不清时，值班负责人应拒绝接收工作票。（ ）

86. 室外单一间隔工作，应在工作地点四周设置围栏。（ ）

87. 工作许可人可兼任该项工作的工作负责人。（ ）

88. 对本单位班组，工作许可人可以只在值班室向工作负责人交代所完成的安全措施并办理许可手续。（ ）

89. 一个工作负责人在同一变电站内的同一许可工作时段内只能持有一张工作票。（ ）

90. 同一工作人员参加另外一项工作时，应在"备注"栏注明人员变动情况。（ ）

91. 在不须变更或增设安全措施的情况下，工作负责人可自行增加工作任务。（ ）

92. 工作负责人可以根据工作自行变更安全措施。（ ）

93. 工作许可人可以根据系统运行需要自行变更安全措施。（ ）

94. 设备试验过程中因工作需要变更安全措施时，应经工作许可人同意，但无须在工作票内反映。（ ）

95. 在无人值班变电站持变电第二种工作票工作，且无须值班人员现场办理安全措施时，可以使用电话许可。（ ）

96. 当同一工作票多班组工作时，工作负责人不必进行安全技术措施交底，由各班组负责人分别执行。（ ）

97. 工作班成员无须关心现场安全措施是否适应实际工作。（ ）

98. 工作班成员在工作中无须关心其他成员的工作安全。（ ）

99. 在部分停电时，只有在安全措施可靠，人员集中在一个工作地点，不致误碰导电部分的情况下，工作负责人方能参加工作。（ ）

100. 工作许可人如发现工作人员危及人身及设备安全的情况时，应向工作负责人提出改正意见，但不能暂时停止工作。（ ）

101. 工作期间，工作负责人若因故必须离开工作地点时，应指定能胜任的人员临时代替。（ ）

102. 当日工作间断时，所有安全措施必须拆除。（ ）

103. 工作间断后，第二天恢复工作前，工作负责人无须重新检查安全措施。（ ）

104. 检修工作结束前，对设备试加工作电压，工作人员可留在工作地点。（ ）

105. 工作票中工作终结时间只超过计划工作时间 2min，该工作票不必办理延期手续。（　　）

106. 工作延期手续应由工作负责人向值班负责人申请办理。（　　）

107. 全部工作完毕后，部分工作人员仍在清理工作现场，工作负责人也可办理工作终结手续。（　　）

108. 工作负责人在办理完终结手续后，发现原检修设备有问题，可在未送电前继续进行工作。（　　）

109. 二次措施单在相应工作终结时盖"工作终结"印章。（　　）

110. 工作票中"_____变电站第×种工作票"填写变电站名称时不用填写电压等级。（　　）

111. 第一、二种工作票的计划工作时间，按工作需要填写。（　　）

112. 工作票中计划工作时间不包括停送电操作所需的时间。（　　）

113. 工作票的计划工作时间没有超过 15 天，若工作任务不能按批准期限完成，通过办理延期手续可以超过 15 天时间。（　　）

114. 工作班成员不包括参与工作的厂家人员、吊车驾驶员。（　　）

115. 工作票"工作要求的安全措施"中"断路器（开关）"栏只填写设备编号。（　　）

116. 工作票"工作要求的安全措施"中"应投切相关直流电源（空气开关、熔断器、连接片）、低压及二次回路"栏，连接片不用填写名称。（　　）

117. 填写工作票时，应合接地开关须注明编号，装设的接地线须注明确实地点。（　　）

118. 变电第三种工作票不用签发。（　　）

119. 安全技术交底单应作为附件和工作票一并保存。（　　）

120. 外单位（包括多经企业）办理工作票时实行双签发。（　　）

二、单项选择题

1. 开关停电进行高压试验，应填用（　　）工作票。
A. 第一种　　　　　　　　　　B. 第二种　　　　　　　　　　C. 第三种

2. 事故抢修、紧急缺陷处理，当设备在（　　）内无法恢复时，则应办理工作票。
A. 8h　　　　　　　　　　　　B. 12h　　　　　　　　　　　C. 24h

3. 高压试验现场应装设遮拦或围栏，向外悬挂（　　）的标示牌，并派人看守。
A. "禁止攀登，高压危险！"
B. "止步，高压危险！"
C. "禁止合闸，有人工作！"

4. 加压前必须认真检查试验接线、测试装置状态，保证均正确无误，通知有关人员离开被试设备，并取得（　　）许可，方可加压。
A. 值班调度员　　　　　　　B. 工作票签发人　　　　　　　C. 试验负责人

5. 使用携带型仪器在高压回路上进行工作，需要高压设备停电或做安全措施的，应填用（　　）工作票。

A. 第三种　　　　　　　B. 第二种　　　　　　　C. 第一种

6. 除使用特殊仪器外，所有使用携带型仪器的测量工作，均应在电流互感器和电压互感器的（　　）进行。

A. 高压侧　　　　　　　B. 低压侧　　　　　　　C. 高、低压两侧

7. 连接设备的各侧均有明显的断开点或可判断的断开点，须检修的设备已接地，该一次设备处于（　　）状态。

A. 热备用　　　　　　　B. 冷备用　　　　　　　C. 检修

8. 非值班人员在高压回路上使用钳形电流表进行测量时，应（　　）。

A. 填写第一种工作票

B. 填写第二种工作票

C. 不用填写工作票

9. 使用钳形电流表时，应注意钳形电流表的（　　）。

A. 机械强度　　　　　　B. 抗冲击能力　　　　　C. 电压等级

10. 在带电的电流互感器二次回路上工作必须使用（　　）短接电流互感器的二次绕组。

A. 短路片或短路线　　　B. 熔断丝　　　　　　　C. 导线缠绕

11. 工作票签发人（　　）担任该项工作的工作班成员。

A. 可以　　　　　　　　B. 不得　　　　　　　　C. 必须

12. 停电的电压互感器进行二次回路通电试验时，应防止（　　）。

A. 一次设备对试验结果的影响

B. 由二次侧向一次侧反充电

C. 由一次侧向二次侧充电

13. 电气设备分为高压和低压两种，其中高压电气设备是指其对地电压在（　　）以上者。

A. 110V　　　　　　　　B. 250V　　　　　　　　C. 36V

14. 电气设备分为高压和低压两种，其中低压电气设备是指其对地电压在（　　）及以下者。

A. 380V　　　　　　　　B. 400V　　　　　　　　C. 250V

15. 电气工作人员的体格检查约（　　）一次。

A. 四年　　　　　　　　B. 三年　　　　　　　　C. 两年

16. 电气工作人员必须具备的条件，其中不正确的是（　　）。

A. 经医师鉴定有妨碍工作的病症

B. 具备必要的电气知识

C. 熟悉《电业安全工作规程》的有关部分，并经考试合格

17. 电气工作人员对《电业安全工作规程》应（　　）考试一次。

A. 每四年　　　　　　　B. 每两年　　　　　　　C. 每年

18. 因故间断电气工作连续（　　）以上者，必须重新温习《电业安全工作规程》，并经考试合格后，方能恢复工作。

A. 三个月　　　　　　　B. 二个月　　　　　　　C. 一个月

19. 临时参加劳动的人员（管理人员、临时工等）经过安全知识教育后，下现场可以（　　）。

A. 担任工作负责人　　　　B. 参加指定的工作　　　　C. 单独工作

20. 《电业安全工作规程》规定绝缘手套的试验周期是（　　）。

A. 六个月　　　　　　　　B. 一年　　　　　　　　C. 两年

21. 雨天操作室外高压设备时，绝缘棒应有（　　），还应穿绝缘靴。

A. 防雨罩　　　　　　　　B. 延长节　　　　　　　　C. 尾部接地

22. 停电更换保险器后，恢复操作时，应（　　）。

A. 戴安全带

B. 戴防毒面具

C. 绝缘手套和护目眼镜

23. 装卸高压保险器，必要时使用绝缘夹钳，并站在（　　）上。

A. 金属梯台　　　　　　　B. 水泥地板　　　　　　　C. 绝缘垫或绝缘板

24. 在发生人身触电事故时，为了解救触电人，可以（　　）。

A. 不经许可，即行断开有关设备的电源，但事后必须立即报告上级

B. 不经许可，即行断开有关设备的电源，事后无须立即报告上级

C. 经许可后，即行断开有关设备的电源，事后无须报告上级

25. 凡高处作业必须使用安全带，当使用（　　）以上长绳（后背绳）时，应加装缓冲器。

A. 1m　　　　　　　　　　B. 2m　　　　　　　　　　C. 3m

26. 全部停电的工作，系指室内高压设备全部停电（包括架空线路与电缆引入线在内），并且通至邻接（　　）的门全部闭锁，以及室外高压设备全部停电（包括架空线路与电缆引入线在内）。

A. 工具室　　　　　　　　B. 休息室　　　　　　　　C. 高压室

27. 在梯子上工作时，梯子与地面的倾斜度应为（　　）左右。

A. 30°　　　　　　　　　　B. 60°　　　　　　　　　　C. 80°

28. 下列哪一项是在电气设备上工作保证安全的组织措施之一（　　）。

A. 设备轮换制度　　　　　B. 工作票制度　　　　　　C. 交接班制度

29. 下列哪一项是在电气设备上工作保证安全的组织措施之一（　　）。

A. 停电申请制度　　　　　B. 交接班制度　　　　　　C. 工作许可制度

30. 下列条件下，填用第一种工作票的工作为（　　）。

A. 二次系统工作无须将高压设备停电者

B. 与邻近带电设备安全距离足够者

C. 高压电力电缆须停电摇测绝缘的工作

31. 填用第一种工作票的工作为（　　）。

A. 高压设备上工作须全部停电或部分停电者

B. 控制盘和低压配电盘、配电箱、电源干线上的工作

C. 带电作业和在带电设备外壳上的工作

32. 下列哪些工作，应填用第二种工作票（　　）。

A. 高压设备上工作须全部停电或部分停电者

B. 主变停电更换高压侧 A 相套管

C. 高压电力电缆不须停电的工作

33. 避雷器带电测试工作，应填用（　　）工作票。

A. 变电站第一种工作票

B. 变电站第二种工作票

C. 变电站第三种工作票

34. 非运行人员用钳形电流表测量高压回路的电流，应填用（　　）。

A. 变电站第一种工作票

B. 变电站第二种工作票

C. 变电站第三种工作票

35. 什么情况下，可以执行口头或电话命令进行工作（　　）。

A. 事故应急抢修　　　　　　B. 一般缺陷处理　　　　　　C. 计划检修

36. 为防止误操作，高压电气设备都应加装（　　）。

A. 监视装置

B. 防误操作的闭锁装置

C. 自动控制装置

37. 如施工设备属于（　　），则允许在几个电气连接部分共用一张工作票。

A. 同一电压、位于同一楼层同时停送电

B. 同一电压、位于同一楼层且不会触及带电体时

C. 同一电压、位于同一楼层、同时停送电且不会触及带电体时

38. 开工前工作票内的全部安全措施（　　）。

A. 视工作进度分步落实

B. 可分多次做完

C. 应一次做完

39. 设备或电气系统带有电压，其功能有效，但没有带负荷，该一次设备处于（　　）状态。

A. 运行　　　　　　　　　　B. 热备用　　　　　　　　　　C. 冷备用

40. 接地线应用多股软铜线，其截面应符合短路电流的要求，但不得小于（　　）。

A. $20mm^2$　　　　　　　　　B. $25mm^2$　　　　　　　　　C. $30mm^2$

41. 电气工作的"两票"是指（　　）。

A. 工作票和操作票

B. 操作票和继保安全措施票

C. 工作票和继保安全措施票

42. 要变更工作班成员时，须经（　　）同意，完成对新工作人员进行安全交底手续后，新工作人员才可进行工作。

A. 工作票签发人　　　　　　B. 工作负责人　　　　　　C. 工作许可人

43. 下列所述哪一项不是在电气设备上安全工作的组织措施（　　）。

A. 工作许可制度　　　　　　B. 工作监护制度　　　　　　C. 工作轮岗制度

44. 下面不属于工作负责人（监护人）安全责任的是（　　）。

A. 正确安全地组织工作

B. 督促、监护工作人员遵守《电业安全工作规程》

C. 工作必要性

45. 工作许可人在完成施工现场的安全措施后，还应会同（　　）到现场再次检查所做的安全措施，以手触试，证明检修设备确无电压。

A. 工作负责人　　　　　　B. 工作票签发人　　　　　　C. 专责工程师

46. 全部工作完毕后，应由（　　）清扫、整理现场。

A. 值班人员　　　　　　　B. 值班人员与工作班共同　　C. 工作班

47. 工作期间，工作负责人若因故暂时离开工作现场时，应指定（　　）临时代替。

A. 能胜任的工作人员　　　B. 运行人员　　　　　　　　C. 操作人员

48. 当日工作间断时，工作班人员应从工作现场撤出，所有安全措施保持不动，工作票应（　　）。

A. 交由工作许可人执存

B. 由工作负责人执存

C. 保存在站内

49. 在停电的电气设备上工作时保证安全必须要完成的技术措施是（　　）。

A. 停电、验电、装设接地线

B. 停电、验电、装设遮拦和悬挂标示牌

C. 停电、验电、装设接地线、装设遮拦和悬挂标示牌

50. 将检修设备停电，与停电设备有关的变压器和电压互感器必须从（　　）断开，防止向停电检修设备反送电。

A. 高、低压两侧　　　　　B. 高压侧　　　　　　　　　C. 低压侧

51. 验电时，在检修设备进出线两侧应（　　）验电。

A. 一相　　　　　　　　　B. 两相　　　　　　　　　　C. 三相

52. 对于可能送电至停电设备的各方面或停电设备可能产生感应电压的都要装设（　　）。

A. 遮拦　　　　　　　　　B. 围栏　　　　　　　　　　C. 接地线

53. 在门型架构的线路侧进行停电检修，如工作地点与所装接地线的距离小于（　　），工作地点虽在接地线外侧，也可不另装接地线。

A. 20m　　　　　　　　　B. 10m　　　　　　　　　　C. 15m

54. 在配电装置上，接地线应装在该装置导电部分的规定地点，这些地点的油漆必须刮去，并做（　　）标记。

A. 红色　　　　　　　　　B. 黄色　　　　　　　　　　C. 黑色

55. 在电力生产工作中生产人员要做到"三不伤害"，即（　　）。

A. 不伤害电网、不伤害设备、不伤害他人

B. 不伤害自己、不伤害他人、不被他人伤害

C. 不伤害设备、不伤害工具、不伤害他人

56. 在一经合闸即可送电到工作地点的断路器（开关）和隔离开关（刀闸）的操作把

手上，均应悬挂（　　）的标示牌。

 A. "禁止合闸，有人工作！"

 B. "止步，高压危险！"

 C. "在此工作！"

57. 高压开关柜内手车开关拉出后，隔离带电部位的挡板封闭后禁止开启，并设置（　　）的标示牌。

 A. "止步，高压危险！"

 B. "在此工作！"

 C. "禁止合闸，有人工作！"

58. 在工作人员上下铁架或梯子上，应悬挂（　　）的标示牌。

 A. "从此上下！"

 B. "在此工作！"

 C. "从此进出！"

59. 在工作地点设置（　　）的标示牌。

 A. "止步，高压危险！"

 B. "在此工作！"

 C. "从此进出！"

60. 装有 SF_6 设备的配电装置室和 SF_6 气体实验室，必须装设强力通风装置。风口应设置在室内（　　）。

 A. 顶部   B. 中部   C. 底部

61. 工作人员进入 SF_6 配电装置室，必须先通风（　　），并用检漏仪测量 SF_6 气体含量是否合格。

 A. 10min   B. 15min   C. 5min

62. 带电的电气设备着火不得使用（　　）灭火。

 A. 干式灭火器   B. 泡沫灭火器   C. 二氧化碳灭火器

63. 对注油设备不能使用（　　）灭火。

 A. 泡沫灭火器   B. 干燥的沙子   C. 水

64. 在带电的电流互感器二次回路上工作时，必须有专人监护，使用绝缘工具，并站在（　　）上。

 A. 绝缘垫   B. 木质地板   C. 塑料地板

65. 在已停电的电流互感器二次回路上进行升流试验时，应（　　）。

 A. 办理第一种工作票

 B. 办理第二种工作票

 C. 无须办理工作票

66. 试验装置的低压回路中应有两个＿＿＿电源开关，并加装过载＿＿＿装置（　　）。

 A. 串联，自动报警

 B. 并联，自动报警

 C. 串联，自动掉闸

67. 高压试验在全部加压过程中，（　　）应站在绝缘垫上。

A. 操作人员   B. 监护人   C. 工作负责人

68. 工作未完成，其工作票已办理一次延期手续，应（　　）。

A. 结束原工作票，重新办理工作票

B. 在"备注"栏办理延期手续

C. 更改计划工作时间以满足工作需要

69. 电压表、携带型电压互感器和其他高压测量仪器的接线和拆卸无须断开高压回路者，应使用（　　）绝缘导线。

A. 抗干扰的   B. 耐磨损的   C. 耐高压的

70. 携带型仪器的金属外壳应（　　）。

A. 包扎绝缘   B. 可靠接地   C. 采取屏蔽措施

71. 钳形电流表应保存在（　　）室内，使用前要擦拭干净。

A. 潮湿的   B. 干燥的   C. 低温的

72. 220kV 设备不停电时安全距离为（　　）。

A. 1.0m   B. 1.5m   C. 3.0m

73. 10kV 设备不停电时安全距离为（　　）。

A. 0.7m   B. 1.0m   C. 1.5m

74. 110kV 设备不停电时安全距离为（　　）。

A. 1.0m   B. 1.5m   C. 3.0m

75. 500kV 设备不停电时安全距离为（　　）。

A. 2.0m   B. 3.0m   C. 5.0m

第二节　试验技能知识试题

一、判断题

1. GIS 设备进行耐压试验时，GIS 中的 MOA 可以连同 GIS 母线一块进行耐压试验。（　　）

2. GIS 设备进行耐压试验时，GIS 中的 PT 可以连同 GIS 母线一块进行耐压试验。（　　）

3. GIS 设备的预防性试验须进行交流耐压试验。（　　）

4. GIS 设备不允许进行直流耐压试验。（　　）

5. 进行 GIS 设备耐压试验的前后都应测量绝缘电阻。（　　）

6. 只有气体试验合格后 GIS 设备才能够进行交流耐压试验。（　　）

7. GIS 设备中开关的接触电阻不应大于出厂值的120%。（　　）

8. 在现场进行 GIS 的交流耐压试验时开关的断口无须进行耐压试验。（　　）

9. GIS 设备进行耐压试验时如果 GIS 中的 MOA 无法与母线断开，则应先进行耐压试验再安装 MOA。（　　）

10. GIS 内部如果存在甚高频局部放电信号，放电信号可以通过盆式绝缘子处传递出来，通过测量这些信号可以判断是否存在严重的局部放电。（　　）

11. 通过 GIS 中 SF_6 气体分解物的测量可以间接判断 GIS 内部是否存在严重的电弧放电。（　　）

12. GIS 耐压试验之前，进行净化试验的目的是使设备中可能存在的活动微粒杂质迁移到低电场区，并通过放电烧掉细小微粒或电极上的毛刺、附着的尘埃，以恢复 GIS 绝缘强度，避免不必要的破坏。（　　）

13. GIS 的含义是全封闭组合电器或气体绝缘变电站。（　　）

14. GIS 变电站的使用大大缩小了电气设备的占地面积和空间体积。（　　）

15. 电容型套管的电容值与出厂值或上一次测量数据相比超出 ±5% 时应查明原因。（　　）

16. 当电容型套管末屏对地的绝缘电阻小于 1 000MΩ 时，应测量末屏对地的介损。（　　）

17. 油纸电容型套管的介损值一般不进行温度换算。（　　）

18. 南方电网规定，对于油纸型套管一旦发现乙炔，应该立即停止运行，进行检查。（　　）

19. 对于套管，在必要时应该进行局部放电试验。（　　）

20. 《规程》规定：对于有效接地系统电力设备的接地电阻一般要求 $R \leqslant 2\,000/I$ 或 $R \leqslant 0.5\Omega$（$I > 4\,000A$ 时）。（　　）

21. 《规程》规定：对于有效接地系统电力设备的接地电阻在高土壤电阻率地区，在技术经济上极不合理时，允许有较大数值但不得大于 5Ω，且必须保证接触电压、跨步电压不超过允许数值、不发生高电位引外和低电位引内。（　　）

22. 《规程》规定：电力设备接地引下线与地网不得有断开、松脱或严重腐蚀等现象。（　　）

23. 四极法测得的土壤电阻率与电极间的距离无关。（　　）

24. 用三极法测量土壤电阻率只反映了接地体附近的土壤电阻率。（　　）

25. 测量发电厂和变电所的接地电阻时，其电极若采用直线布置法，则接地体边缘至电流极之间的距离，一般应取接地体最大对角线长度的 4～5 倍，至电压极之间的距离取上述距离的 0.5～0.6 倍。（　　）

26. 测量变电站的接地电阻时，入地的电流越大，测量的结果越准确。（　　）

27. 测量接地电阻时，测量线之间的互感电压对测量的结果有影响。（　　）

28. 测量接地电阻时，为了消除工频干扰的影响，可以采用异频法进行测量。（　　）

29. 测量接地电阻时，采用倒相法可以消除零序电流的影响。（　　）

30. 在用对相棒进行对相时，如果两根对相棒连接在同一相位上，则对相棒之间的微安表电流为零。（　　）

31. 对相棒使用之前必须先测量绝缘电阻，只有绝缘电阻合格后方能够进行对相操作。（　　）

32. 在对相时，对相人员必须站在绝缘垫上进行操作。（　　）

33. 对相棒必须保存在恒温、恒湿的环境中。（　　）

34. 在雷雨时，严禁在架空线路上进行核相。（　　）

35. 在同杆双回线路上测量绝缘电阻或核相时，如果另一回线路带电，必须停电后才

能进行上述操作。（　　　）

36. 运行单位应定期对变电站地网进行开挖，以检查地网腐蚀的严重程度。（　　　）

37. 在变电站的边缘地方，跨步电压的数值要比站内跨步电压的数值大。（　　　）

38. 运行中 GIS 设备中的 MOA 不能够进行阻性电流的带电测试。（　　　）

39. 电力生产和建设必须实施全过程、全方位的技术监督和管理。（　　　）

40. 对于基建工程发现的设备缺陷未及时消除的，运行验收人员有权拒绝签字。（　　　）

41. 根据《规程》规定，同间隔设备的试验周期相同。（　　　）

42. 对于预防性试验发现的缺陷，基层试验人员有权越级上报。（　　　）

43. 根据《规程》规定，110kV 设备经过交接试验后 6 个月未投运的重新投运前应进行绝缘项目的试验。（　　　）

44. 根据《规程》规定，220kV 设备调整预防性试验周期须经南方电网审查批准后方可执行。（　　　）

45. 如果不拆引线试验不影响对试验结果的相对判断时，宜采用不拆引线试验方法。（　　　）

46. 非金属外壳的仪器，应与地绝缘。（　　　）

47. 所有并入南方电网的发供电企业、电力用户的电力设备都必须符合国家、行业的技术标准并按照国家、行业、南方电网有关技术标准开展技术监督工作。（　　　）

48. 所有基建工程都必须执行严格的监理工作制度。（　　　）

49. 对于进口设备的交接试验，应按照合同规定的标准执行。（　　　）

50. 所有基建工程投产后，施工单位应及时向运行单位和技术监督单位提交所有施工过程和设备的相关技术资料。（　　　）

51. 无载调压变压器在变更分接头位置后应测量直流电阻。（　　　）

52. 总烃含量低的变压器设备不宜采用相对产气速率进行判断。（　　　）

53. 500kV 主变投产后一天应进行色谱试验。（　　　）

54. 南方电网规定，对于 220kV 变压器测量绝缘电阻使用的兆欧表输出电流宜大于 3mA。（　　　）

55. 吸收比和极化指数应进行温度换算。（　　　）

56. 变压器油温的测量应以下层油温为准。（　　　）

57. 同一变压器各绕组的介损要求值不同。（　　　）

58. 变压器套管油与本体油是相通的。（　　　）

59. 220kV 变压器在基建工程投运前应在现场测量局部放电。（　　　）

60. 运行中变压器铁芯的接地电流一般不大于 1A。（　　　）

61. 真空开关中的绝缘介质是空气。（　　　）

62. 目前，真空开关主要应用在 35kV 及以下的中低电压等级。（　　　）

63. 根据《规程》规定，所有真空开关的预防性试验周期为 6 年。（　　　）

64. 真空开关的真空度破坏后，绝缘水平将显著降低。（　　　）

65. 开关的回路电阻测量时要求测量的电流大于 100A。（　　　）

66. 通过真空度的测量可以反映真空开关灭弧室的绝缘强度。（　　　）

67. 220kV 开关一般都要求装设合闸电阻。（　　　）

68. 开关的并联电容的主要作用是改善开关断口间的电压分布。（　　　）

69. 目前，系统中 110kV 及以上的开关主要是 SF_6 开关。（　　　）

70. SF_6 开关应定期测量气体中的水分含量。（　　　）

71. 变压器运行严重老化后，油中糠醛含量会明显增加。（　　　）

72. 变压器直流电阻严重超标后，色谱分析的结果会有明显变化。（　　　）

73. 利用超声波带电局部放电的测量可以判断变压器内部是否存在严重的局部放电现象。（　　　）

74. 开关预防性试验项目同交接试验项目一般不同。（　　　）

75. 开关压力表在开关的交接试验时必须进行校验。（　　　）

76. 定开距开关的开断距离一般是固定不变的。（　　　）

77. 开关的对地耐压与断口耐压的试验电压是一样的。（　　　）

78. 真空开关的绝缘电阻一般不低于 300MΩ。（　　　）

79. SF_6 开关的年漏气率一般不大于 1%。（　　　）

80. 所有的 SF_6 开关都是可以带电测量微水含量的。（　　　）

81. 变电站主接地网的接地阻抗测试必须在架空输电线路和 10kV 电缆线路敷设进变电站之前完成交接试验。（　　　）

82. 采用摇表（或接地电阻测试仪）可直接得到接地电阻的读数，因此不用单独测量电压和电流，也不用布放电流线和电压线。（　　　）

83. 采用摇表（或接地电阻测试仪）由于输出测试电流小，不用布放那么长的电压线和电流线。（　　　）

84. "补偿法"是基于均匀土壤模型推导出来的，因此，如果土壤电阻率不均匀，测试结果误差也会很大。（　　　）

85. 《接地参数特性参数测量导则》（DL/T 475—2006）明确要求：大型接地装置一般不宜采用直线法测量。如果条件所限而必须采用时，应注意使电流线和电位线保持尽量远的距离，以减小互感耦合对测量结果的影响。（　　　）

86. 对于运行的无法拆除避雷线和电缆外护套与接地网连接的变电站，采用类工频小电流法并结合避雷线分流的测量以剔除避雷线分流的影响，获得较为真实的变电站接地电阻，为运行变电站接地网状态评估提供正确的依据。（　　　）

87. 测量避雷线（包括 OPGW 光纤地线）、10kV 电缆出线的接地外皮和接地的变压器中性点的分流是工频大电流法的优点之一，因为地中零序电流同样可以流经避雷线，倘若在异频下测量将很难区分零序电流和测量电流。（　　　）

88. 在电工技术中，如无特别说明，凡是讲交流电动势、电压和电流都是指它们的平均值。交流仪表上电压和电流的刻度一般也是指平均值。（　　　）

89. 过电压可分为大气过电压和谐振过电压。（　　　）

90. 兆欧表的内部结构主要由电源和测量机构两部分组成，测量机构常采用磁电式流比计。（　　　）

91. 电源产生的电功率总等于电路中负载接受的电功率和电源内部损耗的电功率之和。（　　　）

92. 介质的偶极子极化是非弹性、无损耗的极化。（　　）

93. 空气的电阻比导体的电阻大得多，可视为开路，而气隙中的磁阻比磁性材料的磁阻大，但不能视为开路。（　　）

94. 电阻值不随电压、电流的变化而变化的电阻称为非线性电阻，其伏安特性曲线是曲线。（　　）

95. 电阻值随电压、电流的变化而变化的电阻称为线性电阻，其伏安特性曲线是直线。（　　）

96. SF_6 气体是一种无色、无味、无臭、无毒、不燃的惰性气体，化学性质稳定。（　　）

97. 大气过电压可分为直接雷击和感应雷电过电压两种。（　　）

98. 气体间隙的击穿电压与多种因素有关，但当间隙距离一定时，击穿电压与电场分布、电压种类及棒电极极性无关。（　　）

99. 固体介质的击穿场强最高，气体介质次之，液体介质最低。（　　）

100. 单相变压器接通正弦交流电源时，如果合闸瞬间加到一次绕组的电压恰巧为最大值，则其空载励磁涌流将会很大。（　　）

101. 红外诊断电力设备内部缺陷是通过设备外部温度分布场和温度的变化进行分析比较或推导来实现的。（　　）

102. 能满足系统稳定及设备安全要求，能以最快速度有选择地切除被保护设备和线路故障的继电保护，称为主保护。（　　）

103. 为降低系统电压，解决夜间负荷低谷时段无功过剩导致系统电压偏高的问题，在满足相应限制因素条件下，可以让发电机进相运行。（　　）

104. 用来提高功率因数的电容器组的接线方式有三角形连接、星形连接。（　　）

105. 变压器负载损耗中，绕组电阻损耗与温度成正比，附加损耗与温度成反比。（　　）

106. SF_6 气体湿度较高时，易发生水解反应生成酸性物质，对设备造成腐蚀；加上受电弧作用，易生成有毒的低氟化物。故对灭弧室及其相通气室的气体湿度必须严格控制，在交接、大修后及运行中应分别不大于 $150\mu L/L$ 及 $300\mu L/L$。（　　）

107. GIS 耐压试验时，只要 SF_6 气体压力达到额定压力，则 GIS 中的电磁式电压互感器和避雷器均允许连同母线一起进行耐压试验。（　　）

108. GIS 耐压试验之前，进行净化试验的目的是使设备中可能存在的活动微粒杂质迁移到低电场区，并通过放电烧掉细小微粒或电极上的毛刺、附着的尘埃，以恢复 GIS 绝缘强度，避免不必要的破坏或返工。（　　）

109. 电力系统在高压线路进站串阻波器，防止载波信号衰减，利用的是阻波器并联谐振，使其阻抗对载波频率为无穷大。（　　）

110. 通过空载损耗试验，可以发现由于漏磁通导致的变压器油箱局部过热。（　　）

111. 由于红外辐射不可能穿透设备外壳，因而红外诊断方法，不适用于电力设备内部由于电流效应或电压效应引起的热缺陷诊断。（　　）

112. 在外施交流耐压试验中，存在着发生串联谐振过电压的可能，它是由试验变压器漏抗与试品电容串联构成的。（　　）

113. 局部放电试验测得的是"视在放电量"，不是发生局部放电处的"真实放电量"。（　　）

114. 对运行中变压器进行油中溶解气体色谱分析，有任一组分含量超过注意值则可判定为变压器存在过热性故障。（　　）

115. 当变压器有受潮、局部放电或过热故障时，一般油中溶解气体分析都会出现氢含量增加。（　　）

116. 直流试验电压的脉动因数等于电压的最大值与最小值之差除以算术平均值。（　　）

117. 四极法测得的土壤电阻率与电极间的距离无关。（　　）

118. 用三极法测量土壤电阻率只反映了接地体附近的土壤电阻率。（　　）

119. 由于串级式高压电磁式电压互感器的绕组具有电感的性质，所以对其进行倍频感应耐压试验时，无须考虑容升的影响。（　　）

120. 工频高电压经高压硅堆半波整流产生的直流高电压，其脉动因数与试品直流泄漏电流的大小成反比，与滤波电容（含试品电容）及直流电压的大小成正比。（　　）

121. 已知 LCLWD3—220 电流互感器的 C_X 约为 800pF，则正常运行中其电流为 30～40mA。（　　）

122. 电容型设备如耦合电容器、套管、电流互感器等，其电容屏间绝缘局部层次击穿短路后，测得的电容量 C_X 变大。（　　）

123. 少油电容型设备如耦合电容器、互感器、套管等，严重缺油后，测量的电容量 C_X 变大。（　　）

124. 变压器进水受潮后，其绝缘的等值相对电容率 ε_r 变小，使测得的电容量 C_X 变小。（　　）

125. SF_6 断路器和 GIS 交接和大修后，交流耐压或操作冲击耐压的试验电压为出厂试验电压的80%。（　　）

二、单选题

1. 110kV GIS 设备现场耐压试验的试验电压为（　　）。
A. 230kV　　　　　　　B. 184kV　　　　　　　C. 161kV　　　　　　　D. 316kV

2. 220kV GIS 设备现场耐压试验的试验电压为（　　）。
A. 230kV　　　　　　　B. 184kV　　　　　　　C. 161kV　　　　　　　D. 316kV

3. GIS 现场耐压试验时 CT 的二次线圈应（　　）。
A. 短路接地　　　　　B. 开路　　　　　　　　C. 开路接地　　　　　　D. 接地

4. GIS 设备现场耐压试验的线电压下的老炼时间为（　　）。
A. 3min　　　　　　　B. 1min　　　　　　　　C. 15min　　　　　　　D. 5min

5. GIS 设备现场耐压试验的运行电压下的老炼时间为（　　）。
A. 3min　　　　　　　B. 1min　　　　　　　　C. 15min　　　　　　　D. 5min

6. 对三相共筒的 GIS 母线进行交流耐压试验，要求进行（　　）试验。
A. 相间和相对地　　　B. 三相对地　　　　　　C. 相间绝缘　　　　　　D. 单相对地

7. 对三相独立（分相）的 GIS 设备进行交流耐压试验，要求进行（　　）试验。

A. 相间和相对地　　　　B. 三相对地　　　　C. 相间绝缘　　　　D. 单相对地

8. GIS 中的绝缘气体是（　　　）。

A. 空气　　　　　　　　B. 氮气　　　　　　　C. SF_6　　　　　　D. 其他气体

9.《规程》规定套管的预防性试验周期是（　　　）。

A. 3 年　　　　　　　　B. 1 年　　　　　　　C. 6 年　　　　　　D. 2 年

10.《规程》规定 110kV 及以上套管的绝缘电阻一般不低于（　　　）。

A. 10 000MΩ　　　　　B. 1 000MΩ　　　　　C. 5 000MΩ　　　　D. 500MΩ

11. 一般的，套管末屏的绝缘电阻不低于（　　　）。

A. 10 000MΩ　　　　　B. 1 000MΩ　　　　　C. 5 000MΩ　　　　D. 500MΩ

12. 110kV 油纸电容型套管介损数据一般不大于（　　　）。

A. 1.0　　　　　　　　B. 0.8　　　　　　　C. 2.0　　　　　　D. 1.5

13. 220～500kV 油纸电容型套管介损数据一般不大于（　　　）。

A. 1.0　　　　　　　　B. 0.8　　　　　　　C. 2.0　　　　　　D. 1.5

14. 采用同相比较法对套管进行带电测试，同相设备介损测量差值与初始测量差值比较，变化范围绝对值一般不超过（　　　）。

A. 1.0%　　　　　　　B. 0.3%　　　　　　　C. 2.0%　　　　　　D. 1.5%

15. 采用同相比较法对套管进行带电测试，同相设备电容量比值与初始电容量比值比较，变化范围绝对值一般不超过（　　　）。

A. 5%　　　　　　　　B. 3%　　　　　　　　C. 10%　　　　　　D. 8%

16. 广州供电局规定，有效接地系统电力设备投运（　　　）年后应测量接地电阻。

A. 6　　　　　　　　　B. 3　　　　　　　　C. 1　　　　　　　D. 2

17. 测量接地电阻时，电压极应移动不少于 3 次，当 3 次测得电阻值的互差小于（　　）时，即可取其算术平均值，作为被测接地体的接地电阻值。

A. 1%　　　　　　　　B. 5%　　　　　　　　C. 10%　　　　　　D. 15%

18. 采用反向法测量地网的接地电阻，测得的数据与真实的数据相比（　　　）。

A. 偏大　　　　　　　B. 偏小　　　　　　　C. 相等　　　　　　D. 不能确定

19. 接地电阻的测量应在每年（　　　）进行。

A. 雷雨季节前　　　　B. 雷雨季节后　　　　C. 任意时间　　　　D. 不能确定

20. 测量变电站的接地电阻时，构架上的架空地线对测量结果（　　　）。

A. 有影响　　　　　　B. 无影响　　　　　　C. 视情况而定　　　　D. 不能确定

21. 测量变电站的接地电阻时，电流线一般取地网对角线的（　　　）。

A. 4～5 倍　　　　　　B. 1～2 倍　　　　　　C. 6～7 倍　　　　　D. 任意倍数

22. 在电力系统，当两路电源并网时，为确保安全，必须进行（　　　）。

A. 对相　　　　　　　B. 核相　　　　　　　C. 绝缘测量　　　　D. 泄漏电流测量

23. 在基建工程线路施工完毕后，为确保线路两侧标示牌完全一致，必须进行(　　　)。

A. 对相　　　　　　　B. 核相　　　　　　　C. 绝缘测量　　　　D. 泄漏电流测量

24. 在两台变压器变低母线桥对相，称为（　　　）。

A. 一次对相　　　　　B. 二次对相　　　　　C. 绝缘测量　　　　D. 泄漏电流测量

25. 在两台 PT 的次级线圈对相，称为（　　）。

A. 一次对相　　　　　B. 二次对相　　　　　C. 绝缘测量　　　　　D. 泄漏电流测量

26. GIS 设备中的开关断口的试验电压比对地的试验电压（　　）。

A. 高　　　　　　　　B. 低　　　　　　　　C. 相等　　　　　　　D. 不知道

27. GIS 中 PT 的交流试验电压不能超过 PT 正常运行电压的（　　）。

A. 1.3 倍　　　　　　B. 1.5 倍　　　　　　C. 2 倍　　　　　　　D. 3 倍

28. 开关柜超声波法的主要频带范围一般为（　　）。

A. 10Hz～1kHz　　　　　　　　　　　　B. 20kHz～80kHz

C. 100kHz～150kHz　　　　　　　　　　D. 200kHz～250kHz

29. 音频和超声波的主要频带范围（　　）。

A. 相同　　　　　　　B. 不相同　　　　　　C. 小于　　　　　　　D. 大于

30. 局部放电视在放电量的单位为（　　）。

A. pC　　　　　　　　B. J　　　　　　　　　C. kg　　　　　　　　D. A

31. 以下放电类型中，（　　）为电晕放电波形。

32. 以下放电类型中，非电气方法为（　　）。

A. 地电波法　　　　　B. 超声波法　　　　　C. 脉冲电流法　　　　D. 超高频法

33. 利用开关柜地电波方法测试时，数值大于（　　）可认为存在异常。

A. 10dB　　　　　　　B. 20dB　　　　　　　C. 40dB　　　　　　　D. 50dB

34. 利用开关柜超声波方法测试时，数值大于（　　）须引起注意。

A. −7dB　　　　　　　B. 7dB　　　　　　　C. 15dB　　　　　　　D. 35dB

35. 利用超声波方法一般能检出开关柜内（　　）类型的缺陷。

A. 绝缘电阻偏低　　　　　　　　　　　　B. 绝缘子内部开裂

C. 母排发热　　　　　　　　　　　　　　D. 绝缘子表面有水珠

36. 当开关柜局部放电测试异常时，应（　　）周期复测和跟踪。

A. 缩短　　　　　　　B. 延长　　　　　　　C. 不变　　　　　　　D. 不一定

37. 利用地电波电压法进行开关柜局放测量时，传感器应与柜面（　　）接触。

A. 垂直　　　　　　　B. 平行　　　　　　　C. 打斜　　　　　　　D. 不

38. 开关柜局放带电测试，应记录环境（　　）。

A. 温度　　　　　　　B. 湿度　　　　　　　C. 温度和湿度　　　　D. 压力

39. 开关柜内部绝缘子表面存在爬电现象，一般可用（　　）检出。

A. 超声波　　　　　　B. 地电波　　　　　　C. 红外　　　　　　　D. 紫外

40. 开关柜局部放电带电测试，应办理（　　）工作票。

A. 第一种　　　　　　B. 第二种　　　　　　C. 第三种　　　　　　D. 不用办理

41. 开关柜地电波的主要频带范围一般为（　　）。

A. 10kHz～10MHz　　　　　　　　　　　B. 3MHz～70MHz

C. 60MHz～100MHz D. 300MHz～3GHz

42. 下列气体中不是总烃含量的气体是（　　　）。

A. C_2H_2 B. C_2H_4 C. C_2H_6 D. H_2

43. 《规程》规定，运行中220kV变压器的色谱试验周期为（　　　）。

A. 6个月 B. 3个月 C. 1年 D. 3年

44. 变压器运行中的总烃超过（　　　）时应引起注意。

A. 150μL/L B. 100μL/L C. 50μL/L D. 250μL/L

45. 220kV变压器运行中的乙炔超过（　　　）时应引起注意。

A. 1μL/L B. 5μL/L C. 3μL/L D. 150μL/L

46. 220kV变压器运行中的H_2超过（　　　）时应引起注意。

A. 1μL/L B. 5μL/L C. 3μL/L D. 150μL/L

47. 变压器直流电阻的预防性试验周期是（　　　）年。

A. 1 B. 5 C. 3 D. 6

48. 220kV变压器的吸收比一般不低于（　　　）。

A. 1.3 B. 1.5 C. 3 D. 10

49. 变压器绕组变形的预防性试验周期是（　　　）年。

A. 1 B. 5 C. 3 D. 6

50. 220kV变压器直流电阻相间的差值一般不大于平均值的（　　　）。

A. 1% B. 2% C. 3% D. 4%

51. 干式变压器一般为（　　　）电压等级。

A. 10kV B. 110kV C. 220kV D. 500kV

52. 变低真空开关的试验周期是（　　　）年。

A. 1 B. 3 C. 6 D. 2

53. 开关的直流电阻一般不大于出厂数值的（　　　）。

A. 150% B. 120% C. 200% D. 300%

54. 开关的辅助回路的绝缘电阻一般不小于（　　　）。

A. 5MΩ B. 2MΩ C. 100MΩ D. 1MΩ

55. 反映开关同期性能的试验项目是（　　　）。

A. 回路电阻 B. 开关速度

C. 开关分合闸时间 D. 绝缘电阻

56. 下列试验项目中，是预防性试验项目的是（　　　）。

A. 回路电阻 B. 开关速度

C. 开关分合闸时间 D. 开关弹跳

57. 开关的回路电阻测量使用的仪器设备是（　　　）。

A. 单臂电桥 B. 双臂电桥 C. 介损电桥 D. M形电桥

58. 开关的合闸电阻的数值范围一般是（　　　）。

A. 几百欧 B. 几千欧 C. 几兆欧 D. 几微欧

59. 开关的回路电阻测量时使用的电流应（　　　）。

A. 不小于100A B. 不小于5A C. 不小于50A D. 无所谓

60. 电容器开关的预防性试验周期是（　　　）。

A. 3 年　　　　　　　　B. 6 年　　　　　　　　C. 1 年　　　　　　　　D. 2 年

61. SF_6 开关的灭弧室使用的灭弧介质是（　　　）。

A. 空气　　　　　　　B. SF_6 气体　　　　　C. 真空　　　　　　　D. 绝缘油

62. 在进行红外测试时，有以下步骤须遵循：①重点、温度异常点精确测温；②全面测温；③环境检测。应遵循的正确顺序为（　　　）。

A. ③①②　　　　　　B. ②③①　　　　　　　C. ③②①　　　　　　　D. ②①③

63. 对变压器进行红外诊断，应开变电站（　　　）。

A. 第一种工作票　　　　　　B. 第二种工作票　　　　　　C. 第三种工作票

64. 在红外诊断对环境的要求中，下列说法不恰当的为（　　　）。

A. 环境温度一般不宜低于5℃，相对湿度一般不大于85%

B. 最好在阳光充足，天气晴朗的天气进行

C. 检测电流致热型的设备，最好在高峰负荷下进行。否则，一般应在不低于 30% 的额定负荷下进行

D. 在室内或晚上检测应避开灯光的直射，最好闭灯检测

65. 在对红外热像仪拍摄的图像进行分析时，采用的是表面温度判别法，下列解释准确的是（　　　）。

A. 同组三相设备、同相设备之间及同类设备之间对应部位的温差进行相比较

B. 与红外测试的历史数据作相比较

C. 在一段时间内使用红外热像仪连续检测某被测设备，观察设备温度随负载、时间等因素变化的方法

D. 将所测得温度与环境的温差和设备运行规定值相比较

66. 红外检测中，精确检测要求设备通电时间不小于（　　　）。

A. 2h　　　　　　　　B. 4h　　　　　　　　C. 6h　　　　　　　　D. 8h

67. 使用红外热像仪检测绝缘子表面污秽放电情况最好在空气湿度（　　　）情况下进行。

A. 小于85%　　　　　B. 大于85%　　　　　C. 小于60%　　　　　D. 与湿度无关

68. 与纯金属相比，金属氧化物红外辐射的发射率（　　　）。

A. 更低　　　　　　　B. 更高　　　　　　　C. 相等　　　　　　　D. 不一定

69. 与抛光铸铁相比，完全生锈的铸铁的红外辐射发射率（　　　）。

A. 更低　　　　　　　B. 更高　　　　　　　C. 相等　　　　　　　D. 不一定

70. 一般 220kV 及以上交（直）流变电站每年不少于（　　　）红外检测。

A. 1 次　　　　　　　B. 2 次　　　　　　　C. 3 次　　　　　　　D. 4 次

71. 在对以下设备进行红外检测时，（　　　）不须进行精确检测。

A. 避雷器　　　　　　B. 电缆终端　　　　　C. 电流互感器　　　　D. 导线接头

72. 新建、改扩建或大修后的电气设备，应在投运带负荷后不超过（　　　）内进行一次红外检测。

A. 24 小时　　　　　　B. 1 周　　　　　　　C. 1 个月　　　　　　D. 3 个月

73. 相对温差判断法主要适用于（　　　）。

A. 电压致热型设备   B. 电流致热型设备

C. 综合致热型设备   D. 任何类型设备

74. （ ）用于分析同一设备不同时期的温度场分布，找出设备致热参数的变化，判断设备是否正常。

A. 图像特征判断法   B. 同类比较判断法

C. 实时分析判断法   D. 档案分析判断法

75. （ ）指设备最高温度超过国标规定的最高允许温度的缺陷。

A. 一般缺陷   B. 严重缺陷   C. 危急缺陷   D. 严重以上缺陷

76. 金属导线热点温度大于80℃，属于（ ）。

A. 一般缺陷   B. 严重缺陷   C. 危急缺陷   D. 严重以上缺陷

77. 无间隙金属氧化物避雷器交接试验的直流参考电压不应大于出厂值的（ ）。

A. ±2%   B. ±5%   C. ±10%   D. ±20%

78. 带串联间隙金属氧化物避雷器本体在0.75倍直流1mA参考电压下的泄漏电流不应大于（ ）。

A. 20μA   B. 50μA   C. 80μA   D. 150μA

79. 金属氧化物避雷器本体绝缘电阻一般应不小于（ ）。

A. 2MΩ   B. 5MΩ   C. 100MΩ   D. 2 500MΩ

80. U_{1mA}实测值与初始值或制造厂规定值比较，变化不应大于（ ）。

A. ±2%   B. ±5%   C. ±10%   D. ±20%

81. 变电站金属氧化物避雷器应有（ ）与主接地网不同地点连接的接地引下线，且每根接地引下线均应符合热稳定的要求。

A. 1根   B. 2根   C. 3根   D. 4根

82. 运行变电站架空地线和10kV电缆外皮对测试电流的分流应在（ ）状态下进行。

A. 工频   B. 异频   C. 类工频   D. 直流

83. 采用补偿法测量接地电阻包括（ ）。

A. 直线法   B. 异频法   C. 30°夹角法   D. 反向法   E. 远离法

84. 采用反向法测量得到地网接地电阻的（ ）。

A. 平均值   B. 最大值   C. 下限值   D. 有效值

85. 采用反向法，电流线和电压线均布线5倍接地网对角线时，修正系数取（ ）。

A. 1.0   B. 0.95   C. 0.85   D. 0.8125   E. 0.5

86. 在实测接地阻抗时必须考虑架空线路避雷线、电缆出线的接地外皮以及接地的变压器中性点的影响，将对测试电流进行分流，导致不解开避雷线的接地电阻测量结果（ ）。

A. 偏大   B. 偏小   C. 基本不变   D. 视具体情况判断

87. 隔离开关转头的热点温度大于130℃，属于（ ）。

A. 一般缺陷   B. 严重缺陷   C. 危急缺陷   D. 严重以上缺陷

88. 断路器中间触头的热点温度大于80℃，属于（ ）。

A. 一般缺陷   B. 严重缺陷   C. 危急缺陷   D. 严重以上缺陷

89. 红外检测正常绝缘子串的温度分布呈（　　）。

　　A. 不对称的马鞍形　　　　　　　　　B. 直线形

　　C. 正态分布　　　　　　　　　　　　D. 正弦波形

90. 红外检测瓷绝缘子时发现，发热点温度比正常绝缘子要低，该缺陷属于（　　）。

　　A. 芯棒受潮　　　　　　　　　　　　B. 表面污秽程度严重

　　C. 低值绝缘子　　　　　　　　　　　D. 零值绝缘子

91. 红外检测电缆终端时发现，以护层接地连接为中心发热，温差为 7℃，可能性最大的缺陷类型为（　　）。

　　A. 电缆头受潮　　B. 内部局部放电　　C. 接地不良　　　　D. 内部介质受潮

92. 充油套管的红外热像特征是油面有一明显的水平分界线，其缺陷为（　　）。

　　A. 缺油　　　　　　　　　　　　　　B. 介质损耗增大

　　C. 内部局部放电　　　　　　　　　　D. 套管表面污秽程度严重

93. 图像特征判断法主要适用于（　　），根据同类设备的正常状态和异常状态的热成像图，判断设备是否正常。

　　A. 电压致热型设备　　　　　　　　　B. 电流致热型设备

　　C. 综合致热型设备　　　　　　　　　D. 任何类型设备

94. 对正常运行 500kV 及以上架空线路和重要的 220kV 架空线路接续金具，每年宜检测（　　）次。

　　A. 1　　　　　　　　B. 2　　　　　　　　C. 3　　　　　　　　D. 4

95. 对运行中的悬式绝缘子串劣化绝缘子的检出测量，不应选用（　　）的方法。

　　A. 测量电位分布　　　　　　　　　　B. 火花间隙放电

　　C. 红外测量　　　　　　　　　　　　D. 测量介质损耗因数 $\tan\delta$

96. 电容器电容量的大小与施加在电容器上的电压（　　）。

　　A. 的平方成正比　　　　　　　　　　B. 的一次方成正比

　　C. 无关　　　　　　　　　　　　　　D. 成反比

97. 非正弦交流电的有效值等于（　　）。

　　A. 各次谐波有效值之和的平均值　　　B. 各次谐波有效值平方和的平方根

　　C. 一个周期内的平均值乘以 1.11

98. 电介质绝缘电阻与温度的关系是（　　）。

　　A. 与温度无关　　　　　　　　　　　B. 随温度升高而增大

　　C. 随温度升高而减少

　　D. 以某一温度为界限，大于该值，随温度升高而增大，小于该值随温度升高而减少

99. 电晕放电是一种（　　）。

　　A. 自持放电　　　　B. 非自持放电　　　　C. 电弧放电　　　　D. 均匀场中放电

100. 三相对称负载的功率，其中角是（　　）的相位角。

　　A. 线电压与线电流之间　　　　　　　B. 相电压与对应相电流之间

　　C. 线电压与相电流之间　　　　　　　D. 相电压与线电流之间

101. 超高压系统三相并联电抗器的中性点经小电抗器接地，是为了（　　）。

　　A. 提高并联补偿效果　　　　　　　　B. 限制并联电抗器故障电流

C. 提高电网电压水平　　　　　　　D. 限制"潜供电流"和防止谐振过电压

102. 超高压输电线路及变电所，采用分裂导线与采用相同截面的单根导线相比较，下列项目中哪项是错的（　　　）。

A. 分裂导线通流容量大些　　　　　B. 分裂导线较易发生电晕，电晕损耗大些

C. 分裂导线对地电容大些　　　　　D. 分裂导线结构复杂些

103. 三相四线制的中线不准安装开关和熔断器是因为（　　　）。

A. 中线上无电流，熔体烧不断

B. 中线开关接通或断开对电路无影响

C. 中线开关断开或熔体熔断后，三相不对称负载承受三相不对称电压作用，无法正常工作，严重时会烧毁负载

D. 安装中线开关和熔断器会降低中线的机械强度，增大投资

104. 兆欧表输出的电压是（　　　）电压。

A. 直流　　　　　B. 正弦交流　　　　　C. 脉动的直流　　　　　D. 非正弦交流

105. 下列各项中，（　　　）不属于改善电场分布的措施。

A. 变压器绕组上端加静电屏　　　　B. 瓷套和瓷棒外装增爬裙

C. 纯瓷套管的导电杆加刷胶的覆盖纸　　D. 设备高压端装均压环

106. 系统短路电流所形成的动稳定和热稳定效应，对系统中的（　　　）可不予考虑。

A. 变压器　　　　B. 电流互感器　　　　C. 电压互感器　　　　D. 断路器

107. 气体继电器保护是（　　　）的唯一保护。

A. 变压器绕组相间短路　　　　　　B. 变压器绕组对地短路

C. 变压器套管相间或相对地短路　　D. 变压器铁芯烧损

108. 如果把电解电容器的极性接反，则会使（　　　）。

A. 电容量增大　　　B. 电容量减小　　　C. 容抗增大　　　D. 电容器击穿损坏

109. 中性点直接接地系统中，零序电流的分布与（　　　）有关。

A. 线路零序阻抗　　　　　　　　　B. 线路正序阻抗与零序阻抗之比值

C. 线路零序阻抗和变压器零序阻抗　D. 系统中变压器中性点接地的数目

110. 一个 10V 的直流电压表表头内阻 $10k\Omega$，若要将其改成 250V 的电压表，所需串联的电阻阻值应为（　　　）。

A. $250k\Omega$　　　B. $240k\Omega$　　　C. 230Ω　　　D. 220Ω

111. 变压器绕组匝间绝缘属于（　　　）。

A. 主绝缘　　　　B. 纵绝缘　　　　C. 横向绝缘　　　　D. 外绝缘

112. 高频阻波器的作用是（　　　）。

A. 限制短路电流

B. 补偿线路电容电流

C. 阻止高频电流向变电所母线分流

D. 阻碍过电压行波沿线路侵入变电所、降低入侵波陡度

113. 连接电灯的两根电源导线发生直接短路故障时，电灯两端的电压（　　　）。

A. 升高　　　　B. 降低　　　　C. 不变　　　　D. 变为零

114. 变色硅胶颜色为（　　　）时，表明该硅胶吸附潮已达饱和状态。

A. 蓝　　　　　　　　B. 白　　　　　　　　C. 黄　　　　　　　　D. 红

115. 用万用表检测二极管时，宜使用万用表的（　　）档。

A. 电流　　　　　　　B. 电压　　　　　　　C. 1kΩ　　　　　　　D. 10Ω

116. 超高压断路器断口并联电阻是为了（　　）。

A. 提高功率因数　　　B. 均压　　　　　　　C. 分流　　　　　　　D. 降低操作过电压

117. 通过负载损耗试验，能够发现变压器的诸多缺陷，但不包括（　　）缺陷。

A. 变压器各结构件和油箱壁，由于漏磁通所导致的附加损耗过大

B. 变压器箱盖、套管法兰等的涡流损耗过大

C. 绕组并绕导线有短路或错位

D. 铁芯局部硅钢片短路

118. 目前对金属氧化物避雷器在线监测的主要方法中，不包括（　　）。

A. 用交流或整流型电流表监测全电流

B. 用阻性电流仪损耗仪监测阻性电流及功率损耗

C. 用红外热摄像仪监测温度变化

D. 用直流试验器测量直流泄漏电流

119. 330～550kV 电力变压器，在新装投运前，其油中含气量（体积分数）应不大于
（　　）。

A. 0.5%　　　　　　　B. 1%　　　　　　　　C. 3%　　　　　　　　D. 5%

120. 下列描述红外热像仪特点的各项中，项目（　　）是错误的。

A. 不接触被测设备，不干扰、不改变设备运行状态

B. 精确、快速、灵敏度高

C. 成像鲜明，能保存记录，信息量大，便于分析

D. 发现和检出设备热异常、热缺陷的能力差

121. 下列描述红外线测温仪特点的各项中，项目（　　）是错误的。

A. 是非接触测量、操作安全、不干扰设备运行

B. 不受电磁场干扰

C. 不比蜡试温度准确

D. 对高架构设备测量方便省力

122. 测量两回平行的输电线路之间的互感阻抗，其目的是为了分析（　　）。

A. 运行中的带电线路，由于互感作用，在另一回停电检修的线路产生的感应电压，
是否危及检修人员的人身安全

B. 运行中的带电线路，由于互感作用，在另一回停电检修的线路产生的感应电流，
是否会造成太大的功率损耗

C. 当一回线路发生故障时，是否因传递过电压危及另一回线路的安全

D. 当一回线路流过不对称短路电流时，由于互感作用在另一回产生的感应电压、
电流，是否会造成继电保护装置误动作

123. 额定电压 500kV 的油浸式变压器、电抗器及消弧线圈应在充满合格油，静置一
定时间后，方可进行耐压试验，其静置时间如无制造厂规定，则应是（　　）。

A. ≥84h　　　　　　B. ≥72h　　　　　　C. ≥60h　　　　　　D. ≥48h

124. 用直流电桥测量直流电阻，其测得值的精度和准确度与电桥比例臂的位置选择（　　）。

A. 有关　　　　　　　B. 无关　　　　　　　C. 成正比　　　　　　　D. 成反比

125. 变压器负载损耗测量，应施加相应的额定电流，受设备限制时，可以施加不小于相应额定电流的（　　）。

A. 25%　　　　　　　B. 10%　　　　　　　C. 50%　　　　　　　D. 75%

三、多项选择题

1. 交联聚乙烯电缆主绝缘交接和预防性试验的项目有（　　）。

A. 交流耐压　　　　B. 直流耐压　　　　C. 绝缘电阻　　　　D. 泄漏电流

2. 电力电缆绝缘电阻与（　　）等因素有关。

A. 温度　　　　　　B. 截面　　　　　　C. 长度　　　　　　D. 湿度

3. 与电缆电容电流成正比的是（　　）。

A. 导纳　　　　　　B. 电压　　　　　　C. 频率　　　　　　D. 电容

4. 橡塑绝缘电缆是指采用（　　）绝缘电缆。

A. 聚氯乙烯　　　　B. 黏性油纸　　　　C. 交联聚乙烯　　　　D. 乙丙橡胶

5. 交联聚乙烯电缆具有良好的电气绝缘性能，主要表现在（　　）。

A. 击穿强度高　　　B. 介质损耗小　　　C. 耐热性高　　　　D. 绝缘电阻高

6. 电缆线路最薄弱的环节一般是（　　）。

A. 本体绝缘　　　　B. 终端头　　　　　C. 中间接头　　　　D. 外力损伤处

7. 电缆绝缘介质在直流电压作用下的电流包含（　　）。

A. 充电电流　　　　B. 电容电流　　　　C. 吸收电流　　　　D. 电导电流

8. 电缆的电导电流的大小与（　　）有关。

A. 绝缘表面脏污、受潮程度　　　　　　B. 绝缘内部杂质的含量或开裂与否

C. 绝缘的几何尺寸、形状和材料　　　　D. 介质内部的极化

9. 测量架空线路参数正序阻抗用的电流互感器，其准确等级适用的是（　　）。

A. 0.1　　　　　　B. 0.2　　　　　　C. 0.5　　　　　　D. 1

10. 电缆绝缘在直流电压下，其电导电流的大小与被试绝缘（　　）有关。

A. 表面的脏污、受潮程度　　　　　　B. 形状和材料

C. 是否分层或开裂　　　　　　　　　D. 内部杂质的含量

11. 电缆绝缘电阻的测量数值一般随（　　）而变化。

A. 时间　　　　　　B. 温度　　　　　　C. 长度　　　　　　D. 电容的大小

12. 电缆绝缘电阻与（　　）有关。

A. 温度　　　　　　B. 截面　　　　　　C. 长度　　　　　　D. 湿度

13. 与电缆电容电流成正比的是（　　）。

A. 电压　　　　　　B. 导纳　　　　　　C. 频率　　　　　　D. 电容

14. 在绝缘试验中，下面哪几个试验属于绝缘特性试验（　　）。

A. 交流耐压试验　　　　　　　　　　　B. 绝缘电阻试验

C. 介损试验　　　　　　　　　　　　　D. 局部放电试验

15. 关于氧化锌避雷器的性能，下面哪几种说法正确（　　　）。

A. 不用串联火花间隙　　　　　　　　　B. 不存在老化现象

C. 可以制成直流避雷器　　　　　　　　D. 可以对大容量电容器组进行保护

16. 我国目前决定电气设备绝缘水平而进行绝缘配合时所不采用的方法是（　　　）。

A. 惯用法　　　　B. 统计法　　　　C. 简化统计法　　　　D. 概率统计法

17. 我国 220kV 及以下系统，一般不以（　　　）来决定系统的绝缘水平。

A. 雷电过电压　　　　　　　　　　　　B. 操作过电压

C. 谐振过电压　　　　　　　　　　　　D. 最大运行电压

18. 在电力变压器的铁芯柱上，同一相的高压绕组与低压绕组的相对关系表述错误是（　　　）。

A. 高压绕组套在低压绕组之外　　　　　B. 低压绕组套在高压绕组之外

C. 高压绕组在低压绕组之上　　　　　　D. 高压绕组在低压绕组之下

19. 关于电力变压器静电极，以下哪几个说法是正确的（　　　）。

A. 减小了绕组端部的电场

B. 减小了与高压绕组中第一个线饼的各匝间的电容

C. 使高压第一个线饼的匝间电位分布大为改善

D. 对起始几个线饼间的起始电压分布有所改善

20. 电容式套管的电容芯子的绝缘中，工作场强的选取不取决于（　　　）。

A. 长期工作电压下不应发生有害的局部放电　　　B. 一分钟工频耐压

C. 工频干试电压　　　　　　　　　　　　　　　D. 冲击试验电压

21. 电介质极化在工程实践中产生的影响有几种，即（　　　）。

A. 增大电容器电容量绝缘的吸收现象　　B. 电介质的电容电流

C. 介质损耗　　　　　　　　　　　　　D. 杂散损耗

22. 电介质的损耗包括（　　　）几种性质。

A. 电导　　　　B. 游离　　　　C. 极化　　　　D. 电离

23. 放入电场中的固体电介质，随电场强度的增加，电流将会出现（　　　）三个阶段。

A. 欧姆定律　　　B. 曲线上升　　　C. 电流激增　　　D. 电流下降

24. 电力变压器的绝缘分为（　　　）。

A. 外绝缘　　　　B. 内绝缘　　　　C. 纵绝缘　　　　D. 主绝缘

25. 油浸电力变压器的主绝缘材料有（　　　）。

A. 变压器油　　　B. 绝缘纸　　　　C. 绝缘支架　　　D. 绝缘绑带

26. 断路器就对地绝缘方式分为（　　　）。

A. 落地金属箱（罐）型　　　　　　　　B. 瓷瓶支持型

C. 绝缘油型　　　　　　　　　　　　　D. SF_6 气体型

27. 变压器铁芯常见的故障有（　　　）。

A. 铁芯多点接地　　　　　　　　　　　B. 穿芯螺杆与铁芯间的绝缘损坏

C. 铁芯表面局部被金属短接　　　　　　D. 铁芯松动

28. 变压器绕组常见故障有（　　　）。

A. 匝间开路　　　　　B. 对地绝缘击穿　　　C. 相间绝缘击穿　　　D. 绕组和引线断裂

29. 电压互感器常见故障有（　　　　）。

A. 过电流　　　　　　　　　　　　　B. 过电压

C. 错误接线　　　　　　　　　　　　D. 密封不良进水受潮

30. 耦合电容器的常见故障有（　　　　）。

A. 绝缘进水受潮　　　B. 局部放电　　　　C. 电容元件损坏　　　D. 漏油

31. 氧化锌避雷器的常见故障主要有（　　　　）。

A. 整体受潮　　　　　B. 阀片老化　　　　C. 局部放电

32. 电缆常见故障可分为（　　　　）类型。

A. 开路故障　　　　　B. 低阻故障　　　　C. 高阻故障　　　　D. 断路故障

33. 影响接地电阻的主要因素是（　　　　）。

A. 土壤电阻率　　　　　　　　　　　B. 接地体的尺寸

C. 接地体埋入地下的深度　　　　　　D. 接地体埋入地下的宽度

34. 变压器内绝缘故障有（　　　　）。

A. 绕组匝间绝缘击穿短路　　　　　　B. 绕组相间放电与击穿

C. 绕组对地放电与击穿　　　　　　　D. 铁芯多点接地

35. 变压器绕组匝间击穿短路的原因有（　　　　）。

A. 绝缘局部受潮造成绝缘强度降低

B. 导线存在毛刺、尖角局部场强过高，引起局部放电损坏绝缘

C. 绕制导线绝缘时留下的缺陷

D. 过电压

36. 导致变压器绕组对地绝缘击穿的原因有（　　　　）。

A. 变压器进水受潮，绝缘能力降低　　B. 油面下降或绝缘老化

C. 大气过电压或操作过电压　　　　　D. 过电流

37. 分接开关的主要故障有（　　　　）。

A. 触头接触不良引起发热烧坏　　　　B. 分接开关相间触头放电

C. 分接开关各触头放电　　　　　　　D. 分接开关卡涩

38. 电容式套管的常见故障有（　　　　）。

A. 绝缘受潮　　　　　B. 局部放电　　　　C. 过热

39. 套管的局部放电主要是（　　　　）的原因造成的。

A. 工艺不良　　　　　B. 维护不当　　　　C. 结构本身　　　　D. 材料

40. SF_6 断路器常出现的问题有（　　　　）。

A. SF_6 气体微水超标　　B. SF_6 气体泄漏　　　C. SF_6 气体性能下降

41. 交联聚乙烯电缆的特殊故障主要有（　　　　）。

A. 由化学品引起的化学树老化　　　　B. 水引起的水树老化

C. 开路故障

42. 干式变压器是一种环氧浇注式变压器，具有（　　　　），不存在渗漏油问题，且有防火、防爆等优点，干式变压器将有着广阔的应用前景。

A. 体积小　　　　　　B. 自身损耗小　　　C. 噪声小　　　　　D. 温升低

43. 变压器内部保护方法有如下几种（　　）。

A. 静电极　　　　　　B. 静电线匝　　　　　C. 纠结式绕法　　　　D. 增加横向电容

44. 变压器的主绝缘可分为（　　）。

A. 高、低压绕组之间、相间或绕组对铁芯柱间及对地绝缘

B. 绕组对铁扼的绝缘

C. 引线绝缘即引线或分接开关等对地或对其他绕组的绝缘

D. 铁芯对地绝缘

45. 断路器具有如下优点（　　）。

A. 灭弧能力强、介电强度高、绝缘性能好，断口电压可以做得很高

B. 介质恢复速度特别快，因此开断近区故障的性能特别好

C. SF_6 气体的电弧分解物中不含有碳等影响绝缘能力的物质，无腐蚀性，触头在开断电弧中烧损极其轻微

D. SF_6 气体不易产生分解产物

46. 110kV SF_6 断路器的机械特性试验一般是指测量断路器的（　　）。

A. 固有分、合闸时间及同期差

B. 分、合闸速度

C. 测量断路器操作机构的分闸电磁铁和合闸接触器的最低动作电压

D. 弹跳时间

47. SF_6 气体的泄漏会造成如下危害（　　）。

A. 由于 SF_6 气体价格昂贵，气体泄漏造成直接经济损失

B. 降低断路器的绝缘、灭弧能力，并污染环境，损害人员的健康

C. 降低设备的绝缘性能

D. 断路器跳闸

48. 在线监测对（　　）。

A. 缓慢发展的绝缘缺陷最为有效

B. 突发性设备事故的诊断最为有效

C. 介于缓慢发展与突发性故障之间的缺陷最为有效

D. 随机故障最为有效

49. 下列选项中，不会引起电容型的电容量变大超出规定值的是（　　）。

A. 内部受潮　　　　　　　　　　　　　B. 内部缺油

C. 电容屏有短路现象　　　　　　　　　D. 电容屏有开路现象

50. 有些绝缘结构具有（　　）作用。

A. 机械承载　　　　　B. 结构连接　　　　　C. 电气绝缘　　　　　D. 电气连接

四、简答题

1. 按被测量名称分，常用的电气测量仪表有哪几种？

2. 描述电气设备外绝缘污秽程度的参数主要有哪几个？

3. 如何根据变压器直流电阻的测量结果对变压器绕组及引线情况进行判断？

4. 如何测量 CVT 主电容 C_1 和分压电容 C_2 的介损？

5. 现场进行 GIS 交流耐压试验时应特别注意什么？

6. 大修时对有载调压开关应做哪些试验，大修后应做哪些检查调试？

7. 进行大容量被试品工频耐压时，当被试品击穿时电流表指示一般是上升，但有时也会下降或不变，为什么？

8. 变压器铁芯多点接地的原因及特征是什么？

9. 金属氧化物避雷器（MOA）运行中出现劣化的征兆有哪几种？

10. 试验中有时发现绝缘电阻较低，泄漏电流大而被认为不合格的被试品，为何同时测得的 $\tan\delta$ 值还合格呢？

11. 变压器进行感应耐压试验的目的和原因是什么？

12. 现场测量变电站接地电阻时应注意什么？

13. 如何用电流表、电压表测量地网的接地电阻？

14. 通过空载特性试验，可发现变压器的哪些常见缺陷？

15. 用兆欧表测量大容量试品的绝缘电阻时，测量完毕为什么兆欧表不能骤然停止，而必须先从试品上取下测量引线后再停止？

16. 测量串级式 PT $\tan\delta$ 时，常规法要二、三次线圈短接，而自激法、末端屏蔽法、末端加压法却不许短接，为什么？

17. 直流泄漏试验可以发现哪些缺陷，现场试验中应注意什么？

18. 在测量泄漏电流时如何克服被试品表面泄漏电流的影响？

19. 高压试验加压前应注意些什么？

20. 高压试验现场应做好哪些现场安全措施？

21. 变压器直流电阻三相不平衡系数偏大的常见原因有哪些？

22. 为什么测量直流电阻时，用单臂电桥要减去引线电阻，用双臂电桥不用减去引线电阻？

23. 变压器做交流耐压试验时，非被试绕组为何要接地？

24. 耦合电容器和电容式电压互感器的电容分压器的试验项目有哪些？

25. 做大电容量设备的直流耐压试验时，充放电有哪些注意事项？

26. 对一台 110kV 级电流互感器，预防性试验应做哪些项目？

27. 高压断路器主要由哪几部分组成？

28. 简述应用串并联谐振原理进行交流耐压试验方法。

29. 测量变压器局部放电有何意义？

30. 过电压是怎样形成的，会造成哪些影响？

31. 什么叫变压器的接线组别，测量变压器的接线组别有何要求？

32. 变压器绕组绝缘损坏的原因有哪些？

33. 为什么介质的绝缘电阻随温度升高而减小，金属材料的电阻却随温度升高而增大？

34. 在工频交流耐压试验中，如何发现电压、电流谐振现象？

35. 测量工频交流耐压试验电压有几种方法？

36. 对变压器进行联结组别试验有何意义？

37. 氧化锌避雷器有什么特点？

38. 变压器负载损耗试验为什么最好在额定电流下进行？

39. 变压器空载试验为什么最好在额定电压下进行？

40. 交流电压作用下的电介质损耗主要包括哪几部分，是怎么引起的？

41. 工频交流耐压试验的意义是什么？

42. 什么是介质的吸收现象？

43. 简述测量高压断路器导电回路电阻的意义。

44. 测量直流高压有哪几种方法？

45. 直流泄漏试验和直流耐压试验相比，其作用有何不同？

46. 影响绝缘电阻测量的因素有哪些，各产生什么影响？

47. 在预防性试验时，为什么要记录测试时的大气条件？

48. 现场测量 $\tan\delta$ 时，往往出现负值，阐述产生负值的原因。

49. 测量 $\tan\delta$ 值有何意义？

50. 影响介质绝缘强度的因素有哪些？

51. 泄漏和泄漏电流的物理意义是什么？

52. 高压设备外壳接地有何作用？

53. 绝缘的含义和作用分别是什么？

54. 串、并联电路中，电流、电压的关系是怎样的？

55. 什么是线性电阻，什么是非线性电阻？

56. 基本电路由哪几部分组成？

57. 什么是电气设备的交接试验？

58. 试述铜屏蔽层电阻比的试验方法。

59. 交联聚乙烯绝缘电缆绝缘中含有微水，对电缆安全运行会产生什么危害？

60. 用兆欧表测量电缆绝缘电阻应如何接线？

61. 兆欧表的转速对测量有什么影响？

62. 耐压前后为什么要测量电缆绝缘电阻？

63. 交联聚乙烯电缆具有哪些优点？

64. 10kV 三芯交联电缆终端的铠装层和铜屏蔽层应如何接地？

65. 直流耐压试验方法对于交联聚乙烯电缆来说存在很多缺点，主要有哪几方面？

66. 简述变频串联谐振试验电源的原理。

67. 为什么要测量电缆及所连接的架空线路工频参数？

68. 电力电缆运行中要承受哪些过电压？

第二章　电气试验考评模拟试题

第一节　电气试验专业技能考试模拟试卷一

部门：　　　　　　　　班组：　　　　　　　　姓名：

题目	单选题	多选题	简答题	计算题	识绘图题	总分
得分						

一、单选题（共 19 题，每题 1 分）

1. 电介质在电场作用下产生吸收电流的主要原因是（　　　）。

A. 电子式极化、离子式极化　　　　　　B. 电子式极化、偶极子式极化

C. 夹层式极化、偶极子式极化　　　　　D. 偶极子式极化、电子式极化

2. SF_6 气体具有较高绝缘强度的主要原因之一是（　　　）。

A. 无色无味性　　　B. 不燃性　　　C. 无腐蚀性　　　D. 电负性

3. 磁感应强度 $B = F/IL$（B 为磁感应强度，F 为导体所受电磁力，I 为导体中的电流，L 为导体的有效长度）所反映的物理量间的依赖关系是（　　　）。

A. B 由 F、I 和 L 决定　　　　　　B. F 由 B、I 和 L 决定

C. I 由 B、F 和 L 决定　　　　　　D. L 由 B、F 和 I 决定

4. 如已知非正弦电路的 $u = 100 + 20\sqrt{2}\sin(100\pi t + 45°) + 10\sqrt{2}\sin(300\pi t + 55°)$（V），$i = 3 + \sqrt{2}\sin(100\pi t - 15°) + \sin(200\pi t + 10°)$（A），则 $P = $（　　　）。

A. 310W　　　　B. 320W　　　　C. 315W　　　　D. 300W

5. 对 220kV 及以下系统，一般以雷电过电压决定系统的绝缘水平，即以避雷器的（　　　）为基准确定设备的绝缘水平。

A. 持续运行电压　　B. 额定电压　　　C. 交流参考电压　　D. 残压

6. 变压器负载损耗测量，应施加相应的额定电流，受设备限制时，可以施加不小于相应额定电流的（　　　）。

A. 25%　　　　　B. 10%　　　　　C. 50%　　　　　D. 75%

7. 用额定电压 10kV 的试验变压器，测量电容量为 20 000pF 试品的 $\tan\delta$ 时，在下列试验变压器容量中最小可选择（　　　）。

A. 0.5 kV·A　　　B. 1.0 kV·A　　　C. 1.5 kV·A　　　D. 2.0 kV·A

8. 变压器空载试验中，额定空载损耗 P_0 及空载电流 I_0 的计算值和变压器额定电压 U_N 与试验施加电压 U_0 比值（U_N/U_0）之间的关系，在下列各项描述中，（　　　）项最准确（其中，U_0 的取值在 0.1～1.05 倍 U_N 之间）。

A. P_0、I_0 与（U_N/U_0）成正比

B. P_0 与 (U_N/U_0) 成正比；I_0 与 (U_N/U_0) 成正比

C. P_0 与 $n(U_N/U_0)$ 成比例；I_0 与 $m(U_N/U_0)$ 成比例，而 $n=1.9\sim2.0$，$m=1\sim2$

D. 当 $(U_N/U_0)=1.0$ 时，P_0 及 I_0 的计算值等于试验测得值

9. 局部放电试验中，典型气泡放电发生在交流椭圆的（   ）。

A. 一、二象限　　　　B. 一、三象限　　　　C. 一、四象限　　　　D. 二、四象限

10. 采用末端屏蔽法测量一台 110kV 串级式 PT 的 $\tan\delta$ 及电容量 C，当在 R_4 两端并联一只 796Ω 的电阻，在 QS1 电桥平衡时，面板的读数分别为 $\tan\delta$ 和 R_3，那么真实的 $\tan\delta$ 应等于（   ）。

A. $1/5\tan\delta$　　　　B. $5\tan\delta$　　　　C. $1/6\tan\delta$　　　　D. $6\tan\delta$

11. 当湿度为 20℃时，定值导线的电阻规定为（   ）。

A. (0.35 ± 0.01) Ω　　　　　　　　　B. (0.035 ± 0.01) Ω

C. (3.5 ± 0.1) Ω　　　　　　　　　　D. (0.035 ± 0.001) Ω

12. 通常接地电阻表的量程是按（   ）的比例进行递减的。

A. 1/10　　　　　　B. 1/5　　　　　　C. 1/100　　　　　　D. 1/50

13. 电磁系仪表因为（   ）效应，测量直流时的误差较测量交流时的大。

A. 涡流　　　　　　B. 磁滞　　　　　　C. 静电　　　　　　D. 频率

14. （   ）系指全部带有电压或一部分带有电压及一经操作即带有电压的电气设备。

A. 运行中的电气设备　　　　B. 运用中的电气设备　　　　C. 备用中的电气设备

15. 《电业安全工作规程》将电气设备分为高压和低压两种，设备对地电压在（   ）者为高压。

A. 380V 以上　　　　B. 250V 以上　　　　C. 10kV 及以上

16. 电气工作人员的体格检查约（   ）一次。

A. 一年　　　　　　B. 两年　　　　　　C. 三年

17. 电气工作人员必须具备的条件，其中不正确的是（   ）。

A. 经医师鉴定有妨碍工作的病症

B. 具备必要的电气知识

C. 熟悉《电业安全工作规程》的有关部分，并经考试合格

18. 电气工作人员对《电业安全工作规程》应（   ）考试一次。

A. 每 4 年　　　　　B. 每 1 年　　　　　C. 每 2 年

19. 电气工作人员因故间断电气工作连续（   ）以上者，必须重新进行《电业安全工作规程》考试，合格后方能恢复工作。

A. 1 个月　　　　　B. 2 个月　　　　　C. 3 个月

二、多选题（共 14 题，每题 1.5 分）

1. 电缆绝缘介质在直流电压作用下的电流包含（   ）。

A. 充电电流　　　　B. 电容电流　　　　C. 吸收电流　　　　D. 电导电流

2. 影响介质老化的因素概括起来有（   ）。

A. 电压的长期作用　　　　　　　　B. 电流的作用

C. 化学作用　　　　　　　　　　　D. 机械的作用

3. 变压器的空载试验能发现的缺陷是（　　　）。

A. 绕组匝间短路 B. 铁芯叠片间的绝缘缺陷

C. 穿芯螺杆和压板的绝缘缺陷 D. 绕组对外壳的绝缘缺陷

4. 下面哪几种方法能测量变压器的接线组别（　　　）。

A. 变比电桥法 B. 直流法 C. 双电压表法 D. 相位表法

5. 下列对变压器局部放电试验所测得的视在放电量表述错误的有（　　　）。

A. 比真实放电量大 B. 与真实放电量无关

C. 比真实放电量小 D. 与真实放电量相等

6. 空载试验是测量变压器空载损耗和空载电流的，而导致损耗和电流增大的原因主要有（　　　）。

A. 硅钢片间绝缘不良 B. 某一部分硅钢片短路

C. 铁芯局部开路 D. 硅钢片松动，甚至出现气隙

7. 变压器的主绝缘可分为（　　　）。

A. 高、低压绕组之间、相间或绕组对铁芯柱间及对地绝缘

B. 绕组对铁扼的绝缘

C. 引线绝缘即引线或分接开关等对地或对其他绕组的绝缘

D. 铁芯对地绝缘

8. 测量线路参数正序阻抗用的电流互感器，其准确等级适用的是（　　　）。

A. 0.1 B. 0.2 C. 0.5 D. 1

9. 进行交联电缆交流耐压试验时，试验电压可以（　　　）。

A. 用静电电压表测量 B. 在试验变压器的低压侧测量

C. 用电容分压器测量 D. 用阻容分压器测量

10. 任何工作人员发现有违反《电业安全工作规程》并足以危及人身和设备安全的现象，应（　　　）。

A. 立即报告 B. 立即制止 C. 立即提醒

11. 《规程》所规定的电缆油中溶解气体组分体积分数的注意值为（　　　）。

A. 可燃气体总量，$1\,500\mu L/L$

B. H_2，$500\mu L/L$

C. CH_4，$200\mu L/L$；C_2H_6，$200\mu L/L$；C_2H_4，$200\mu L/L$；C_2H_2，痕量

D. CO，$100\mu L/L$；CO_2，$1\,000\mu L/L$

12. 油中溶解气体分析能检测与判断变压器等充油电气设备内部的潜伏性故障的原因是（　　　）。

A. 故障下产气的累计性 B. 故障下产气的速率

C. 故障下产气的特征性 D. 故障下产气的时间性

13. 几个电容器串联连接时，其总电容量等于（　　　）。

A. 各串联电容量的倒数和 B. 各串联电容量之和

C. 各串联电容量之和的倒数 D. 各串联电容量之倒数和的倒数

14. 如果流过电容 $C=100\mu F$ 的正弦电流 $i_C=15.7\sqrt{2}\sin(100\pi t-45°)$（A）。则电容两端电压的解析式为（　　　）。

A. $u_C = 500\sqrt{2}\sin(100\pi t + 45°)$（V）　　B. $u_C = 500\sqrt{2}\sin(100\pi t - 90°)$（V）

C. $u_C = 500\sqrt{2}\sin(100\pi t - 135°)$（V）　　D. $u_C = 500\sqrt{2}\sin 100\pi t$（V）

三、简答题（共 4 题，每题 5 分）

1. 变压器铁芯多点接地的主要原因及表现特征是什么？

2. 变压器绕组绝缘损坏的原因有哪些？

3. 在预防性试验时，为什么要记录测试时的大气条件？

4. 交流电压作用下的电介质损耗主要包括哪几部分，怎么引起的？

四、计算题（共 3 题，每题 5 分）

1. 已知某串联谐振试验电路的电路参数电容 $C = 0.56\mu F$、电感 $L = 18H$、电阻 $R = 58\Omega$，试求该电路的谐振频率及品质因数 Q。

2. 如右图所示，配电构架高 21m，宽 10m。要在构架旁装设独立避雷针一座，避雷针距构架最远距离不超过 5m，其接地电阻 $R = 5\Omega$。试计算避雷针最低高度（取整数）。

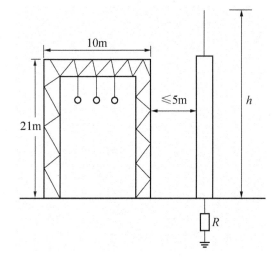

3. 某台变压器，油量为 20t，第一次取样进行色谱分析，乙炔体积分数为 $2.0\mu L/L$，相隔 24h 后又取样分析，为 $3.5\mu L/L$。求此变压器乙炔体积分数的绝对产气速率（油品的密度为 $0.85g/cm^3$）。

五、识绘图题（共 3 题，每题 5 分）

1. 已知 T 为铁芯，N_1、N_2 为变压器的一次、二次绕组，R 为负载，画出变压器的原理图，并标出电流、电压方向。

2. 画出用两只功率表测量三相三线制电路三相功率的接线图。

3. 测量 220kV 电容式电压互感器的介损和电容量。画出使用介损仪，采用自激法测量主电容 C_1 的介损、电容量和分压电容 C_2 的介损、电容量的试验接线图。

第二节　电气试验专业技能考评模拟试卷二

部门：　　　　　　　　　班组：　　　　　　　　　姓名：

题目	单选题	多选题	简答题	计算题	识绘图题	总分
得分						

一、单选题（共 19 题，每题 1 分）

1. 在接地体径向地面上，水平距离为（　　）的两点间的电压称为跨步电压。

A. 0.4 m　　　　　　B. 0.6 m　　　　　　C. 0.8 m　　　　　　D. 1 m

2. 电晕放电是一种（　　）。

A. 自持放电　　　　B. 非自持放电　　　　C. 电弧放电　　　　D. 均匀场中放电

3. 流注理论未考虑（　　）的现象。

A. 碰撞游离　　　　B. 表面游离　　　　C. 光游离　　　　　D. 电荷畸变电场

4. 气体间隙的工频击穿电压随间隙距离的增加（　　）。

A. 在短间隙时非线性增长而长间隙时线性增长

B. 在短间隙时线性增长而长间隙时有趋于饱和的趋势

C. 在长短间隙下都呈线性增长

D. 没有什么变化

5. 采用频率为 150Hz 的试验电源对变压器进行感应耐压试验，持续时间 t 应为（　　）。

A. 60s　　　　　　　B. 40s　　　　　　　C. 30s　　　　　　　D. 20s

6. 变压器的激磁涌流是（　　）。

A. 含有非周期分量的衰减振荡电流　　　　B. 纯直流电流

C. 幅值很高的稳态正弦电流　　　　　　　D. 正常的额定输入电流

7. 大容量变压器三芯五柱式铁芯芯柱是旁轭或上下轭截面的（　　）倍。

A. $1/\sqrt{2}$　　　　B. $1/\sqrt{3}$　　　　C. $\sqrt{2}$　　　　D. $\sqrt{3}$

8. 110kV 电力变压器的操作波耐压试验，《规程》推荐使用的操作波耐压值为（　　）。

A. 220kV　　　　　　B. 275kV　　　　　　C. 315kV　　　　　　D. 375kV

9. 电缆变频谐振交流耐压试验，当在谐振状态时，在电缆绝缘两端的电压等于（　　）。

A. 电抗器的电压　　　　　　　　B. 电源电压与电路品质因数 Q 的乘积

C. 电源电压　　　　　　　　　　D. 电源电压与电路品质因数 Q 的比值

10. 用 0.1Hz 作为交联电缆交流耐压试验电源，理论上可以将试验变压器的容量降低到（　　）。

A. 1/50　　　　　　　B. 1/100　　　　　　C. 1/500　　　　　　D. 1/1 000

11. 被测量的电流是 0.45A 左右，为使测量结果更准确些，应选用（　　）电流表。

A. 上限为 5A 的 0.1 级 B. 上限为 0.5A 的 0.5 级
C. 上限为 2A 的 0.2 级 D. 上限为 1A 的 0.5 级

12. 电磁系电压表误差调整时，若对其量限附加电阻增减，其值一般不应超过（　　）。

A. 1 倍仪表准确度等级 B. 2 倍仪表准确度等级
C. 0.5 倍仪表准确度等级 D. 1.5 倍仪表准确度等级

13. （　　）电阻应采用双桥测量。

A. 750Ω B. 0.15Ω C. 1 500Ω D. 10 000Ω

14. 超高压系统三相并联电抗器的中性点经小电抗器接地，是为了（　　）。

A. 提高并联补偿效果 B. 限制并联电抗器故障电流
C. 提高电网电压水平 D. 限制"潜供电流"和防止谐振过电压

15. 超高压输电线路及变电所，采用分裂导线与采用相同截面的单根导线相比较，下列项目中（　　）项是错的。

A. 分裂导线通流容量大些 B. 分裂导线较易发生电晕，电晕损耗大些
C. 分裂导线对地电容大些 D. 分裂导线结构复杂些

16. 三相四线制的中线不准安装开关和熔断器是因为（　　）。

A. 中线上无电流，熔体烧不断
B. 中线开关接通或断开对电路无影响
C. 中线开关断开或熔体熔断后，三相不对称负载承受三相不对称电压作用，无法正常工作，严重时会烧毁负载
D. 安装中线开关和熔断器会降低中线的机械强度，增大投资

17. 兆欧表输出的电压是（　　）电压。

A. 直流 B. 正弦交流 C. 脉动的直流 D. 非正弦交流

18. 下列各项中，（　　）不属于改善电场分布的措施。

A. 变压器绕组上端加静电屏 B. 瓷套和瓷棒外装增爬裙
C. 纯瓷套管的导电杆加刷胶的覆盖纸 D. 设备高压端装均压环

19. 变压器绕组匝间绝缘属于（　　）。

A. 主绝缘 B. 纵绝缘 C. 横向绝缘 D. 外绝缘

二、多选题（共 14 题，每题 1.5 分）

1. 电介质的损耗包括（　　）几种性质。

A. 电导 B. 游离 C. 极化 D. 电离

2. 放入电场中的固体电介质，随着场强度的增加，电流将会出现（　　）三个阶段。

A. 欧姆定律 B. 曲线上升 C. 电流激增 D. 电流下降

3. 电缆常见故障可分为（　　）类型。

A. 开路故障 B. 低阻故障 C. 高阻故障 D. 断路故障

4. 受制作环境影响，电缆线路最薄弱的环节是（　　）。

A. 本体绝缘 B. 终端头 C. 中间接头 D. 外力破坏

5. 与电缆电容电流成正比的是（　　）。

A. 电压　　　　　　B. 导纳　　　　　　C. 频率　　　　　D. 电容

6. 耦合电容器的局部放电可通过（　　），监测其电容量的变化予以检测。

A. 介损测量　　　　B. 现场的带电测量　　C. 电容量测量

7. 耦合电容器的绝缘受潮可通过（　　）予以检测。

A. 绝缘电阻测量　　B. 介损测量　　　　　C. 电容量测量

8. 测振传感器根据接触方式可分为（　　）。

A. 感应式　　　　　B. 压电式　　　　　C. 电容式　　　　D. 电感式

9. 按误差性质分类，误差可分为（　　）。

A. 绝对误差　　　　B. 系统误差　　　　C. 偶然误差　　　D. 粗大误差

10. 测量电缆绝缘电阻及吸收比，可初步判断电缆绝缘是否（　　）。

A. 受潮　　　　　　B. 产生气泡　　　　C. 老化　　　　　D. 局部放电

11. 进行交联聚乙烯电缆交流耐压试验时，试验电压可以（　　）。

A. 用静电电压表测量　　　　　　　　B. 在试验变压器的低压侧测量

C. 用电容分压器测量　　　　　　　　D. 用阻容分压器测量

12. 目前主要采用（　　）进行交联电缆耐压试验。

A. 0.1Hz 电源　　　　　　　　　　B. 工频电源

C. 直流高压电源　　　　　　　　　　D. 变频串联谐振电源

13. 测量线路参数正序阻抗用的电流互感器，其准确等级适用的是（　　）。

A. 0.1 级　　　　　B. 0.2 级　　　　　C. 0.5 级　　　　D. 1 级

14. 绝缘试品的充电电流的大小取决于被试绝缘的（　　）。

A. 几何尺寸　　　　B. 形状　　　　　　C. 表面状态　　　D. 材料

三、简答题（每题 5 分，共 4 题）

1. 电击穿的机理是什么，它有哪些特点？

2. 测量接地电阻时应注意什么？

3. 下图接线是什么试验接线？

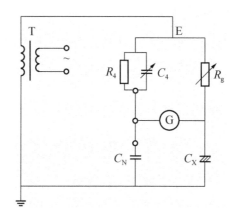

4. 对大容量试品进行交流耐压试验为什么要在高压侧测量电压？

四、计算题（共3题，每题5分）

1. 如下图所示，已知：$E_1 = 230V$、$R_1 = 1\Omega$、$E_2 = 215V$、$R_2 = 1\Omega$、$R_3 = 44\Omega$，试求 I_1、I_2、I_3 及各电阻上消耗的功率？

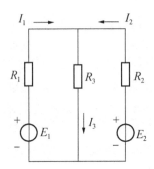

2. 下面为"末端屏蔽法"测量 JCC—110 型串级式电压互感器 $\tan\delta$ 的试验结果，试计算之，并通过（1）、（2）项结果近似估计支架的 C_X 及 $\tan\delta$（忽略瓷套及油的影响）。

（1）X、X_D 及底座（垫绝缘）接 C_X 线，R_4 上并联 3 184Ω，$R_3 = 2\,943\Omega$，$\tan\delta = 4.7\%$；

（2）X、X_D 接 C_X 线，底座接地，R_4 上并联 3 184Ω，$R_3 = 4\,380\Omega$，$\tan\delta = 1.5\%$；

（3）底座接 C_X 线，X、X_D 接地，R_4 上并联 1 592Ω，$R_3 = 8\,994\Omega$，$\tan\delta = 16.8\%$。

3. 某变压器，油量40t，油中溶解气体分析结果如下，请运用"三比值法"判断可能存在何种故障。（油的密度为 0.895g/cm^3）

分析时间	油中溶解气体体积分数/（μL·L^{-1}）							
	H$_2$	CO	CO$_2$	CH$_4$	C$_2$H$_4$	C$_2$H$_6$	C$_2$H$_2$	总烃
2006 年 07 月	93	1 539	2 598	58	27	43	0	128
2006 年 11 月	1 430	2 000	8 967	6 632	6 514	779	7	13 932

五、识绘图题（共3题，每题5分）

1. 画出三相变压器的"Y，dＩＩ"组别接线图，并标出极性。

2. 画出用一只功率表测量直流功率的接线图（负载为 R，直流电源用 E、r 串联表示）。

3. 画出交流耐压试验接线图并指明各部分名称。

第三节 电气试验专业技能考评模拟试卷三

部门： 班组： 姓名：

题目	单选题	多选题	简答题	计算题	识绘图题	总分
得分						

一、单选题（共 19 题，每题 1 分）

1. 雷击线路附近大地时，当线路高 10m，雷击点距线路 200m，雷电流幅值 40kA，线路上感应雷过电压最大值 U_G 约为（　　　）。

A. 25kV   B. 50kV   C. 100kV   D. 200kV

2. 避雷器到变压器的最大允许距离（　　　）。

A. 随变压器多次截波耐压值与避雷器残压的差值增大而增大

B. 随变压器冲击全波耐压值与避雷器冲击放电电压的差值增大而增大

C. 随来波陡度增大而增大

D. 随来波幅值增大而增大

3. 变压器、电磁式电压互感器感应耐压试验，按规定当试验频率超过 100Hz 后，试验持续时间应减小至按公式 $t = 60 \times 100/f$ 计算所得的时间（但不少于20s）执行，这主要是因为（　　　）。

A. 要防止铁芯磁饱

B. 绕组绝缘薄弱

C. 铁芯硅钢片间绝缘太弱

D. 绕组绝缘介质损耗增大，热击穿可能性增加

4. 若设备组件之一的绝缘试验值为 $\tan\delta_1 = 5\%$，$C_1 = 250pF$；而设备其余部分绝缘试验值为 $\tan\delta_2 = 0.4\%$，$C_2 = 10\,000pF$，则设备整体绝缘试验时，其总的 $\tan\delta$ 值与（　　　）接近。

A. 0.3%   B. 0.5%   C. 4.5%   D. 2.7%

5. 对 10kV 电缆做直流耐压试验，当高压硅整流器截止的时候，它本身承受的电压是试验电压的（　　　）。因此，高压硅整流器的峰值电压不得超过其额定反峰电压的1/2。

A. 2 倍   B. 1 倍   C. 1/2 倍   D. 不一定

6. 一般电流互感容性泄漏电流器产生误差主要是因为存在着（　　　）所致。

A. 容性泄漏电流   B. 负荷电流   C. 激磁电流   D. 泄漏磁通

7. 电流互感器二次侧开路，则（　　　）。

A. 铁芯磁通不变   B. 一次电流减小

C. 一次电流增大   D. 铁芯饱和、匝间电势幅值很高

8. 电流互感器铭牌上所标的额定电压是指（　　　）。

A. 二次绕组对地的绝缘电压

B. 一次绕组的额定电压

C. 一次绕组对地的绝缘电压

D. 一次绕组对二次绕组和对地的绝缘电压

9. 带并联电阻的避雷器，进行电导电流测试时，并联电阻在通过 1mA 以内的电流时，其非线性系数为（　　）。

A. 0.20～0.35　　　B. 0.25～0.40　　　C. 0.3～0.45　　　D. 0.35～0.50

10. 用末端屏蔽法测量 110kV 串级式电压互感器的 tanδ 时，在试品底座法兰接地、电桥正接线、C_X 引线接试品 X、X_D 端条件下，其测得值主要反映的是（　　）的绝缘状况。

A. 一次绕组对二次绕组及地

B. 铁芯支架

C. 处于铁芯下芯柱的 1/2 一次绕组对二次绕组之间

D. 处于铁芯下芯柱的 1/2 一次绕组端部对二次绕组端部之间

11. 用万用表检测二极管时，应使用万用表的（　　）。

A. 电流挡　　　B. 电压挡　　　C. 1kΩ 挡　　　D. 10Ω 挡

12. 有 9 只不等值的电阻，误差彼此无关，不确定度均为 0.2Ω，当将它们串联使用时，总电阻的不确定度是（　　）。

A. 1.8Ω　　　B. 0.6Ω　　　C. 0.2Ω　　　D. 0.02Ω

13. 两只 100Ω 的 0.1 级电阻箱并联后，其合成电阻的最大可能误差是（　　）。

A. 0.1%　　　B. 0.05%　　　C. 0.2%　　　D. 0

14. 从变压器（　　）试验测得的数据中，可求出变压器阻抗电压百分数。

A. 空载损耗和空载电流　　　B. 电压比和联结组标号

C. 交流耐压和感应耐压　　　D. 负载损耗和短路电压及阻抗

15. 三相变压器的零序阻抗大小与（　　）有关。

A. 其正序阻抗大小　　　B. 其负序阻抗大小

C. 变压器铁芯截面大小　　　D. 变压器绕组联结方式及铁芯结构

16. 电网中的自耦变压器中性点必须接地是为了避免当高压侧电网发生单相接地故障时，在变压器（　　）出现过电压。

A. 高压侧　　　B. 中压侧　　　C. 低压侧　　　D. 高、低压侧

17. 系统发生 A 相金属性接地短路时，故障点的零序电压（　　）。

A. 与 A 相电压同相　　　B. 与 A 相电压相位差 180°

C. 超前于 A 相电压 90°　　　D. 滞后于 A 相电压 90°

18. 变压器中性点经消弧线圈接地是为了（　　）。

A. 提高电网的电压水平　　　B. 限制变压器故障电流

C. 补偿电网系统单相接地时的电容电流　　　D. 消除"潜供电流"

19. 在变压器高、低压绕组绝缘纸筒端部设置角环，是为了防止端部绝缘发生（　　）。

A. 电晕放电　　　B. 辉光放电　　　C. 沿面放电　　　D. 局部放电

二、多选题（共 14 题，每题 1.5 分）

1. 绝缘的缺陷通常分为（　　）。

A. 集中性缺陷　　　　B. 分布性缺陷　　　　C. 贯穿性缺陷　　　　D. 分部缺陷

2. 电力系统中的内部三种过电压有（　　　）。

A. 谐振过电压　　　　B. 工频电压升高　　　　C. 操作过电压　　　　D. 高频电压升高

3. 电压互感器常见故障有（　　　）。

A. 过电流　　　　　　　　　　　　　　B. 过电压

C. 错误接线　　　　　　　　　　　　　D. 密封不良进水受潮

4. 可以反映真空开关绝缘水平的试验项目是（　　　）。

A. 真空度测量　　　　B. 绝缘电阻　　　　C. 耐压试验　　　　D. 回路电阻

5. 对 SF_6 气体绝缘的开关设备进行交流耐压试验的过程中，应进行"老炼"试验步骤，其作用是（　　　）。

A. 对 SF_6 气体进行老化

B. 将 SF_6 气体中的自由粒子和杂质迁移到低电场区域

C. 通过放电烧掉细小的微粒或电极上的毛刺及附着的尘埃

D. 提高设备内固体绝缘件的绝缘强度

6. 测量土壤电阻率的方法有（　　　）。

A. 三极法　　　　B. 四极法　　　　C. 单极法　　　　D. 双极法

7. 金属氧化物避雷器的阻性电流带电测试，应用的原理有（　　　）。

A. 三次谐波法　　　　　　　　　　　B. 参考电压信号补偿法

C. 外加电流法　　　　　　　　　　　D. 电场畸变法

8. 电磁系仪表主要有（　　　）几种类型。

A. 排斥型　　　　B. 吸引型　　　　C. 排斥 – 吸引型

9. 下列（　　　）仪表的标尺与被测量值的平方成正比。

A. 电磁系　　　　B. 电动系　　　　C. 静电系　　　　D. 数字系

10. SF_6 气体的泄漏会造成如下危害（　　　）。

A. 由于 SF_6 气体价格昂贵，气体泄漏造成直接经济损失

B. 降低高压设备的绝缘水平和断路器的灭弧能力，并污染环境，损害人员的健康

C. 降低设备的绝缘性能

D. 断路器跳闸

11. 对 SF_6 气体绝缘 GIS（HGIS）、开关的电气设备进行检漏，认为没有泄漏的标准是（　　　）。

A. 无明显漏点　　　　　　　　　　　B. 1 年漏气率小于 1%

C. 漏点小于 $30\mu L/L$ 　　　　　　　D. 按制造厂要求

12.《规程》规定（　　　），须对变压器油进行水分测量。

A. 注入变压器前后的新油

B. 电压等级为 110kV 以上运行一年的

C. 绕组绝缘电阻（吸收比、极化指数）测量异常

D. 发生渗漏油情况时

13. 影响电缆绝缘电阻测量的因素有（　　　）。

A. 温度　　　　B. 湿度　　　　C. 放电时间　　　　D. 绝缘老化

14. 电缆绝缘电阻的数值随（　　）的变化而变化。

A. 时间　　　　　　　　B. 温度　　　　　　　　C. 长度　　　　　　　　D. 电容的大小

三、简答题（共 4 题，每题 5 分）

1. 简述应用串并联谐振原理进行交流耐压试验方法。

2. 进行大容量被试品工频耐压试验时，当被试品击穿时电流表指示一般是上升，但为什么有时也会下降或不变？

3. 为什么 GIS 设备一般不进行直流耐压试验？

4. 交流耐压试验时应注意什么？

四、计算题（共 3 题，每题 5 分）

1. 如右图所示，已知 $U = 220V$、$I_1 = 10A$、$I_2 = 5\sqrt{2}A$，试用三角函数表示各正弦量，并计算 $t = 0$ 时的 u、i_1 和 i_2 值。

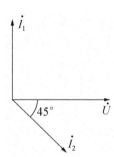

2. 一台电容分压器高压臂 C_1 由四节（$n = 4$）100kV、$C = 0.006\ 6$ μF 的电容器串联组成，低压臂 C_2 由两节 2.0kV、2.0μF 的电容器并联组成，测量电压 U_1 为交流 400kV，求高低压臂 C_1、C_2 的值 C_1、C_2、分压比 K 和低压臂上的电压值 U_2。

3. 某台变压器，油量为 20t，第一次取样进行色谱分析，乙烯体积分数为 4.0μL/L，相隔 3 个月后又取样分析，乙烯体积分数为 5.5μL/L。求此变压器乙烯的相对产气速率。

五、识绘图图（共 3 题，每题 5 分）

1. 画出变压器"Y，dⅠⅠ"连接组的相量图和接线图。

2. 画出用一只功率表测量三相四线制电路三相交流功率的接线图（图中，三相负载相等，均为 Z）。

3. 画出直流耐压试验接线图。

第四节 电气试验专业技能考评模拟试卷四

部门：　　　　　　班组：　　　　　　姓名：

题目	单选题	多选题	简答题	计算题	识绘图题	总分
得分						

一、单选题（共 19 题，每题 1 分）

1. 电力系统发生短路故障时，其短路电流为（　　）。

A. 电阻电流　　　　B. 容性电流　　　　C. 电感电流　　　　D. 电容、电感电流

2. 变压器在额定电压下，二次开路时在铁芯中消耗的功率为（　　）。

A. 铜损　　　　B. 无功损耗　　　　C. 铁损　　　　D. 热损

3. 10kV 中性点不接地系统的容性电流大于（　　），应装设消弧线圈补偿装置。

A. 10A　　　　B. 15A　　　　C. 20A　　　　D. 30A

4. 三相变压器的短路阻抗 Z_k、正序阻抗 Z_1 与负序阻抗 Z_2 三者之间的关系是（　　）。

A. $Z_1 = Z_2 = Z_k$　　　　　　　　　　B. $Z_k = Z_1 = 1/2Z_2$

C. $Z_1 = Z_k = \sqrt{3}Z_2$　　　　　　　　D. $Z_1 = Z_2 = 1/2Z_k$

5. 用末端屏蔽法测量 220kV 串级式电压互感器的 $\tan\delta$，在试品底座法兰对地绝缘、电桥正接线、C_X 引线接试品 X、X_D 及底座条件下，其测得值主要反映（　　）的绝缘状况。

A. 一次绕组及下铁芯支架对二次绕组及地

B. 处于下铁芯下芯柱的 1/4 一次绕组及下铁芯支架对二次绕组及地

C. 处于下铁芯下芯柱的 1/4 一次绕组端部对二次绕组端部之间的及下铁芯支架对壳之间

D. 上下铁芯支架

6. 测量串级式电压互感器绝缘支架介质损耗因数时，可选择的接线方式是（　　）。

A. 自激法　　　　B. 末端加压法　　　　C. 末端屏蔽法　　　　D. 反接法

7. JCC—220 型电压互感器运行中下铁芯电位为（　　）。

A. 1/4U　　　　B. 3/4U　　　　C. 1/2U　　　　D. U

8. TYD220/$\sqrt{3}$ 电容式电压互感器，其额定开路的中间电压为 13kV，若运行中发生中间变压器的短路故障，则主电容 C_1 承受的电压将提高约（　　）。

A. 5%　　　　B. 10%　　　　C. 15%　　　　D. 20%

9. 中性点非有效接地系统，电磁式电压互感器励磁特性试验的试验电压应取（　　）。

A. 1.1 倍　　　　B. 1.3 倍　　　　C. 1.5 倍　　　　D. 1.9 倍

10. 电容式电压互感器的中间开路分压系数等于（　　）。

A. C_1/C_2　　　　B. C_2/C_1　　　　C. $(C_1 + C_2)/C_2$　　　　D. $(C_1 + C_2)/C_1$

11. 在测量误差的分类当中，误差大小和符号固定或按一定规律变化的是（　　）。

317

A. 系统误差　　　　　B. 随机误差　　　　　C. 粗大误差　　　　　D. 绝对误差

12. 检定 0.2 级变送器的检定装置，装置中输出测量用仪表允许的测量误差不超过（　　）。

A. ±0.05%　　　　　B. ±0.02%　　　　　C. ±0.01%　　　　　D. ±0.1%

13. 电动系仪表的刻度特性（　　）。

A. 是不均匀的

B. 是均匀的

C. 电流、电压表是不均匀的，功率表刻度基本上是均匀的

D. 电流、电压表是均匀的，功率表刻度是不均匀的

14. 在下列常用吸附剂中，吸附表面积最大的是（　　）。

A. 活性白土　　　　　B. 硅胶　　　　　C. 活性氧化铝　　　　　D. 高铝微球

15. 在 SF_6 气体被电弧分解的产物中，（　　）毒性最强，其毒性超过光气。

A. SF_4　　　　　B. S_2F_{10}　　　　　C. S_2F_2　　　　　D. SO_2

16. 绝缘油击穿电压试验用的油杯，其电极间距为 2.5mm，其电极直径和厚各为（　　）。

A. 20mm，5mm　　　　　　　　　　　　B. 25mm，4mm

C. 30mm，5mm　　　　　　　　　　　　D. 35mm，4mm

17. 游丝属弹性元件，除应具有足够的强度和所需的刚度外，还应满足（　　）。

A. 弹性力的稳定性　　　　　　　　　　B. 外界腐蚀气体的抗腐蚀能力

C. 将被测量转换为力时所具有的准确性　　D. 良好的焊接性

18. 目前对金属氧化物避雷器在线监测的主要方法中，不包括（　　）方法。

A. 用交流或整流型电流表监测全电流

B. 用阻性电流仪损耗仪监测阻性电流及功率损耗

C. 用红外热摄像仪监测温度变化

D. 用直流试验器测量直流泄漏电流

19. 330～550kV 电力变压器，在新装投运前，其油中含气量（体积分数）应不大于（　　）。

A. 0.5%　　　　　B. 1%　　　　　C. 3%　　　　　D. 5%

二、多选题（共 14 题，每题 1.5 分）

1. 现场在强电场干扰下测量电介质的 $\tan\delta$ 目前采用的新方法有（　　）。

A. 分级加压法　　　　　　　　　　　　B. 屏蔽法

C. 变频法　　　　　　　　　　　　　　D. 桥体加反干扰源法

2. 测量绕组电阻回路的时间常数，由（　　）决定。

A. 电阻　　　　　B. 电感　　　　　C. 电容　　　　　D. 电压

3. 下面哪些工作属于金属氧化物避雷器的带电测试（　　）。

A. 用钳形电流表测量避雷器在运行状态下的工作电流

B. 将避雷器解体并逐片测量氧化锌阀片伏安特性

C. 在避雷器未投入运行前，对避雷器施加直流高压，测量其泄漏电流

D. 用专用仪器测量避雷器在运行状态下的阻性电流峰值

4. 电力变压器的绝缘分为（　　）。

A. 外绝缘　　　　　　B. 内绝缘　　　　　　C. 纵绝缘　　　　　　D. 主绝缘

5. 影响介质老化的因素概括起来有（　　）。

A. 电压的长期作用　　B. 电流的作用　　　　C. 化学作用　　　　　D. 机械的作用

6. 110kV SF$_6$ 断路器的机械特性试验一般是指测量断路器的（　　）。

A. 固有分、合闸时间及同期差

B. 分、合闸速度

C. 测量断路器操作机构的分闸电磁铁和合闸接触器的最低动作电压

D. 弹跳时间

7. SF$_6$ 断路器具有如下优点（　　）。

A. 灭弧能力强、介电强度高、绝缘性能好，断口电压可以做得很高

B. 介质恢复速度特别快，因此开断近区故障的性能特别好

C. SF$_6$ 气体的电弧分解物中不含有碳等影响绝缘能力的物质，无腐蚀性，触头在开断
电弧中烧损极其轻微

D. SF$_6$ 气体不易产生分解产物

8. 常用电工仪表的准确度等级主要有（　　）。

A. 0.1 级　　　　　　B. 0.2 级　　　　　　C. 0.5 级　　　　　　D. 1.0 级

9. 电测指示仪表测量机构在工作时有（　　）。

A. 角度力矩　　　　　B. 转动力矩　　　　　C. 反作用力矩　　　　D. 阻尼力矩

10. 引起容量计量的误差的因素有（　　）。

A. 玻璃量器的洁净程度　　　　　　　　B. 液面的调定和观察

C. 液体流出时间掌握不当　　　　　　　D. 操作时的液体温度及环境温度的影响

11. 10kV 开关柜的预防性试验项目有（　　）。

A. 绝缘电阻测量　　　　　　　　　　　B. 回路电阻测量

C. 交流耐压试验　　　　　　　　　　　D. 泄漏电流测量

12. 变压器油的防劣化措施有（　　）。

A. 安装热虹吸器　　　　　　　　　　　B. 隔膜密封

C. 充氮保护　　　　　　　　　　　　　D. 添加 T501

13. 黏度通常表示方法有（　　）。

A. 动力黏度　　　　　B. 运动黏度　　　　　C. 时间黏度　　　　　D. 条件黏度

14. 原子吸收光谱仪的主要组成是（　　）。

A. 光源　　　　　　　B. 原子化器　　　　　C. 分光系统　　　　　D. 检测系统

三、简答题（共 4 题，每题 5 分）

1. 过电压是怎样形成的，它有哪些危害？

2. 测量工频交流耐压试验电压有几种方法？

3. 何谓"容升"现象？

4. 对 GIS 进行耐压试验时应注意哪些注意事项？

四、计算题（共 3 题，每题 5 分）

1. 对一个对地电容为 360pF 的 110kV GIS 间隔进行工频交流耐压试验（GIS 间隔中 PT、MOA 通过刀闸与母线相连，可以拉开，试验电压为 184kV），请计算需要的试验变压器容量。

2. 已知 110kV 电容式套管介损 $\tan\delta$ 在 20℃ 时的标准不大于 1.5%，在电场干扰下，用倒相法进行两次测量，第一次 $R_{31} = 796\Omega$，$\tan\delta_1 = 4.3\%$；第二次 $R_{32} = 1\,061\Omega$，$\tan\delta_2 = -2\%$。分流器为 0.01 档，试验时温度为 30℃，试问这只套管是否合格？（30℃ 时 $\tan\delta$ 换算至 20℃ 时的换算系数为 0.88）

3. 某变压器，油量 40t，油中溶解气体分析结果如下表，求：

（1）变压器的绝对产气速率？（每月按 30 天计）

（2）判断是否存在故障？（油品的密度为 0.895g/cm³）

分析日期	油中溶解气体体积分数/($\mu L \cdot L^{-1}$)							
	H_2	CO	CO_2	CH_4	C_2H_4	C_2H_6	C_2H_2	总烃
2006 - 07 - 01	93	1 539	2 598	58	27	43	0	128
2006 - 11 - 01	1 430	2 000	8 967	6 632	6 514	779	7	13 932

五、识绘图题（共 3 题，每题 5 分）

1. 画出三相变压器"Y，y"接线组的相量图和接线图。

2. 下图接线测量的是什么物理量？

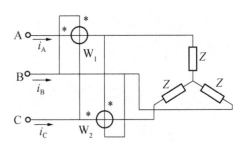

3. 画出测量 CVT 分压电容 C_2 和 $\tan\delta_2$ 的接线图（CVT 由 C_1、C_2 两节电容组成且 C_1、C_2 两节电容之间无引出端子）。

第五节　电气试验专业技能考评模拟试卷五

部门：　　　　　　　班组：　　　　　　　姓名：

题目	单选题	多选题	简答题	计算题	识绘图题	总分
得分						

一、单选题（共 19 题，每题 1 分）

1. 在感性负载两端并联容性设备是为了（　　　）。
   A. 增加电源无功功率　　　　　　　　　B. 减少负载有功功率
   C. 提高负载功率因数　　　　　　　　　D. 提高整个电路的功率因数

2. 有两个带电量不相等的点电荷 Q_1、Q_2（$Q_1 > Q_2$），它们相互作用时，Q_1、Q_2 受到的作用力分别为 F_1、F_2，则（　　　）。
   A. $F_1 > F_2$　　　　B. $F_1 < F_2$　　　　C. $F_1 = F_2$　　　　D. 无法确定

3. 已知 R、L、C 串联电路中，电流 $\dot{I}$ 滞后端电压 $\dot{U}$，则下面结论中正确的是（　　　）。
   A. $X_C > X_L$　　　　B. $X_C < X_L$　　　　C. $L = C$　　　　D. 电路呈谐振状态

4. 关系式 $U_{ab} = -E + IR$ 满足下列所示电路的（　　　）图。

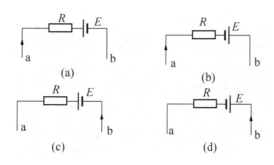

(a)　　　　　　　　　(b)

(c)　　　　　　　　　(d)

   A.（a）　　　　B.（b）　　　　C.（c）　　　　D.（d）

5. 在运行工作中须进行定期零值检测的悬式绝缘子类型是（　　　）。
   A. 绝缘子　　　　B. 瓷质绝缘子　　　　C. 玻璃绝缘子　　　　D. 棒式绝缘子

6. 采用串联谐振试验装置对开关设备进行现场交流试验时，测量试验电压应使用电容分压器，而不应使用阻容分压器，是因为（　　　）。
   A. 阻容分压器测量不准确
   B. 阻容分压器容易在试验过程中击穿损坏
   C. 阻容分压器有可能使试验装置的输出电压达不到试验所需的电压
   D. 阻容分压器会使试验装置产生极高的且失控的谐振过电压，损坏试验装置以及被试设备

7. 测量 500kV 的断路器灭弧室断口间并联的合闸电阻，应使用量程为（　　　）的测试仪器。

　　A. $10 \sim 1\,000\mu\Omega$　　　B. $1 \sim 1\,000m\Omega$　　　C. $1 \sim 1\,000\Omega$　　　D. $1 \sim 1\,000k\Omega$

8. 测量接地电阻时，电压极应移动不少于三次，当三次测得电阻值的互差小于（　　）时，即可取其算术平均值，作为被测接地体的接地电阻值。

　　A. 1%　　　　　　B. 5%　　　　　　C. 10%　　　　　　D. 15%

9. 按照《电气装置安装工程电气设备交接试验标准》（GB/T 50150—2006）的要求，当变压器电压等级为 35kV 及以下时，宜采用（　　）进行绕组的变形试验。

　　A. 低电压阻抗法　　B. 频率响应法　　C. 空载电流法　　D. 带电测试法

10. 根据《电气装置安装工程电气设备交接试验标准》（GB 50150—2006），橡塑绝缘电缆耐压试验的谐振频率应控制在（　　）。

　　A. $30 \sim 70Hz$　　B. $40 \sim 60Hz$　　C. $35 \sim 65Hz$　　D. $20 \sim 300Hz$

11. 在电测量指示仪表中，常见的阻尼装置有（　　）。

　　A. 空气式、感应式两种　　　　　　　　B. 空气式、动圈框式两种

　　C. 动圈框式、感应式两种　　　　　　　D. 空气式、感应式、动圈框式两种

12. 绝缘电阻表手摇发电机的电压与（　　）成正比关系。

　　A. 转子的旋转速度

　　B. 永久磁铁的磁场强度

　　C. 绕组的匝数

　　D. 永久磁铁的磁场强度、转子的旋转速度和绕组的匝数三者

13. 如果电动系功率表的电压回路加 500V 直流电压，电流回路通以频率为 50Hz、5A 的交流电流，则功率表读数为（　　）。

　　A. 2 500W　　　　B. 4 330W　　　　C. 0W　　　　　　D. 2 000W

14. 测量两回平行的输电线路之间的互感阻抗，其目的是为了分析（　　）。

　　A. 运行中的带电线路，由于互感作用，在另一回停电检修线路产生的感应电压，是否危及检修人员的人身安全

　　B. 运行中的带电线路，由于互感作用，在另一回停电检修的线路产生的感应电流，是否会造成太大的功率损耗

　　C. 当一回线路发生故障时，是否因传递过电压危及另一回线路的安全

　　D. 当一回线路流过不对称短路电流时，由于互感作用在另一回线路产生的感应电压、电流，是否会造成继电保护装置误动作

15. 额定电压 500kV 的油浸式变压器、电抗器及消弧线圈应在充满合格油，静置一定时间后，方可进行耐压试验，其静置时间如无制造厂规定，则应是（　　）。

　　A. ≥84h　　　　　B. ≥72h　　　　　C. ≥60h　　　　　D. ≥48h

16. 用直流电桥测量直流电阻，其测得值的精度和准确度与电桥比例臂的位置选择（　　）。

　　A. 有关　　　　　B. 无关　　　　　C. 成正比　　　　　D. 成反比

17. 变压器负载损耗测量，应施加相应的额定电流，受设备限制时，可以施加不小于相应额定电流的（　　）。

　　A. 25%　　　　　B. 10%　　　　　C. 50%　　　　　D. 75%

18. 能够限制操作过电压的避雷器是（　　）避雷器。

A. 普通阀型　　　　　　　　　　B. 保护间隙

C. 排气式（管型）　　　　　　　D. 无间隙金属氧化物

19. 有效接地系统的电力设备接地引下线与接地网的连接情况检查周期不超过（　　）年。

A. 2　　　　　　　B. 3　　　　　　　C. 5　　　　　　　D. 6

二、多选题（共 14 题，每题 1.5 分）

1. 电气设备的接地可以分为（　　）。

A. 工作接地　　　　B. 保护接地　　　　C. 防雷接地　　　　D. 直接接地

2. 设备在线监测，是主要对绝缘的（　　）故障进行实时监测。

A. 放电　　　　　　B. 过热　　　　　　C. 受潮　　　　　　D. 老化

3. 电容型的电容器的电容量变大超出规定值不是由于（　　）引起的。

A. 内部受潮　　　　　　　　　　B. 内部缺油

C. 电容屏有短路现象　　　　　　D. 电容屏有开路现象

4. 表征绝缘子受污染程度的参量主要有（　　）。

A. 湿润污层的表面电导率　　　　B. 泄漏电流脉冲

C. 污层等值附盐密度　　　　　　D. 湿润污层的表面电阻率

5. 交联聚乙烯电缆的特殊故障主要有（　　）。

A. 开路故障　　　　　　　　　　B. 水引起的水树老化

C. 由化学品引起的化学树老化

6. 变压器绕组常见故障有（　　）。

A. 匝间开路　　　B. 对地绝缘击穿　　C. 相间绝缘击穿　　D. 绕组和引线断裂

7. 变压器铁芯常见的故障有（　　）。

A. 铁芯多点接地　　　　　　　　B. 穿芯螺杆与铁芯间的绝缘损坏

C. 铁芯表面局部被金属短接　　　D. 铁芯松动

8. 下列哪几种仪表的标尺是不均匀的（　　）。

A. 电磁系　　　　　B. 电动系　　　　　C. 静电系　　　　　D. 数字系

9. 按使用方法仪表可分为（　　）几类。

A. 开板式　　　　　B. 封闭式　　　　　C. 可携式　　　　　D. 固定式

10. 影响油品体积电阻率的因素有（　　）。

A. 温度　　　　　　B. 电压　　　　　　C. 电场强度　　　　D. 施加电压的时间

11. 测量地网接地电阻的方法有（　　）。

A. 直线法　　　　　B. 夹角法　　　　　C. 方向法　　　　　D. 补偿法

12. 影响 SF_6 分解的主要因素有（　　）。

A. 电弧能量　　　　　　　　　　B. 电极材料

C. 水分、氧气　　　　　　　　　D. 设备绝缘材料

13. 测量电缆绝缘电阻及吸收比，可初步判断电缆绝缘是否（　　）。

A. 受潮　　　　　B. 产生气泡　　　　C. 老化　　　　　　D. 局部放电

14. 进行交联电缆交流耐压试验时，试验电压可以（　　）。

A. 用静电电压表测量   B. 在试验变压器的低压侧测量

C. 用电容分压器测量   D. 用阻容分压器测量

三、简答题（共4题，每题5分）

1. 剩磁对变压器哪些试验项目产生影响？

2. 为了对电气试验结果做出正确的分析，必须考虑哪几个方面的情况？

3. 一台 110kV 电力变压器进行预试要完成哪些试验项目，各项目的意义是什么？

4. 测量大型电力变压器的直流电阻时为什么充电时间很长，如何缩短充电时间？

四、计算题（共3题，每题5分）

1. 如下图所示电路，一电阻 R 和一电容 C、电感 L 并联，现已知电阻支路的电流 $I_R = 3A$，电感支路的电流 $I_L = 10A$，电容支路的电流 $I_C = 14A$。试用相量图求出总电流 I_Σ 是多少，功率因数是多少，电路是感性电路还是容性电路。

2. 测试一条电缆的正序阻抗，得到以下数据：$U_{AB} = 9.2V$，$U_{BC} = 9.6V$；$I_A = 20A$，$I_B = 20.5A$，$I_C = 19.5A$；$W_1 = 185W$，$W_2 = 82.5W$。求缆芯正序电抗。

3. 进行串联谐振耐压试验时，采用变频法进行试验，已知回路对地电容为 3 000pF，电感为 0.1mH，请计算谐振频率。

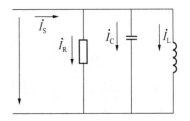

五、识绘图题（共3题，每题5分）

1. 画出右图变压器绕组线电压相量图并判断其接线组别。

2. 请画出用电压表测量单相交流电路中负载两端电压的电路图。

3. 画出 CVT 的结构示意图并指明各部分名称。

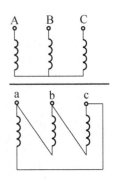

第六节　电气试验专业技能考评模拟试卷六

部门：　　　　　　　　班组：　　　　　　　　姓名：

题目	单选题	多选题	简答题	计算题	识绘图题	总分
得分						

一、单选题（共 19 题，每题 1 分）

1. 属于强磁性的物质有（　　）。

　　A. 铁、铅、镍、钴及其合金　　　　　　　　B. 铁、镍、钴、锰及其合金

　　C. 铁、钴、镍、铂及其合金　　　　　　　　D. 铁、铅、钴、锰及其合金

2. 正弦交流电流的平均值等于其有效值除以（　　）。

　　A. 1.11　　　　　　B. 1.414　　　　　　C. 1.732　　　　　　D. 0.900 9

3. 磁感应强度 $B = F/IL$（B 为磁感应强度，F 为导体所受电磁力，I 为导体中的电流，L 为导体的有效长度）所反映的物理量间的依赖关系是（　　）。

　　A. B 由 F、I 和 L 决定　　　　　　　　B. F 由 B、I 和 L 决定

　　C. I 由 B、F 和 L 决定　　　　　　　　D. L 由 B、F 和 I 决定

4. 已知非正弦电路的 $u = 100 + 20\sqrt{2}\sin(100\pi t + 45°) + 10\sqrt{2}\sin(300\pi t + 55°)(\text{V})$，$i = 3 + \sqrt{2}\sin(100\pi t - 15°) + \sin(200\pi t + 10°)(\text{A})$，则 $P = ($　　$)$。

　　A. 310W　　　　　　B. 320W　　　　　　C. 315W　　　　　　D. 300W

5. 110kV 及以下油浸式变压器穿芯螺栓、铁轭夹件、绑扎钢带、铁芯、线圈压环及屏蔽等的绝缘电阻一般不低于（　　）。

　　A. 10MΩ　　　　　　B. 50MΩ　　　　　　C. 100MΩ　　　　　　D. 1 000MΩ

6. 油浸式变压器局部放电试验，在线端电压为 $1.5U_{\text{m}}/\sqrt{3}$ 时，放电量一般不大于（　　）；在线端电压为 $1.3U_{\text{m}}/\sqrt{3}$ 时，放电量一般不大于（　　）。

　　A. 600pC，500pC　　　B. 500pC，300pC　　　C. 600pC，300pC　　　D. 500pC，400pC

7. 对于塔高达到或超过 40m 的杆塔，其接地电阻不宜超过（　　）。

　　A. 20Ω　　　　　　B. 40Ω　　　　　　C. 60Ω　　　　　　D. 80Ω

8. 雷击线路附近大地时，当线路高 10m，雷击点距线路 100m，雷电流幅值 40kA，线路上感应雷过电压最大值 U_{G} 约为（　　）。

　　A. 25kV　　　　　　B. 50kV　　　　　　C. 100kV　　　　　　D. 200kV

9. 采取同相比较法对电容型设备进行带电测试，同相设备介损测量值的差值（$\tan\delta_{\text{X}} - \tan\delta_{\text{N}}$）与初始测量差值比较，变化范围绝对值不超过（　　）。

　　A. ±0.3%　　　　　　B. ±0.5%　　　　　　C. ±0.8%　　　　　　D. ±1.0%

10. 采用末端屏蔽法测量一台 110kV 串级式 PT 的 $\tan\delta$ 及电容量 C，当在 R_4 两端并联一只 1 592Ω 的电阻，在 QS1 电桥平衡时，面板的读数分别为 $\tan\delta$ 和 R_3，那么真实的 $\tan\delta$ 应等于（　　）。

A. 1/2tanδ　　　　　B. 2tanδ　　　　　C. 1/3tanδ　　　　　D. 3tanδ

11. 0.2 级标准表的标度尺长度不小于 （　　　）。

A. 300mm　　　　　B. 200mm　　　　　C. 150mm　　　　　D. 130mm

12. 检流计灵敏度是以 （　　　） 为单位。

A. μA/格　　　　　B. 格/μA　　　　　C. μA·格　　　　　D. μV·A 格

13. 磁电系仪表的表头内阻为 3 250Ω，如果要将该表的测量量程扩大 1 倍，则分流电阻的阻值应为 （　　　）。

A. 850Ω　　　　　B. 1 625Ω　　　　　C. 3 250Ω　　　　　D. 6 500Ω

14. （　　　） 系指全部带有电压或一部分带有电压及一经操作即带有电压的电气设备。

A. 运行中的电气设备　　　B. 运用中的电气设备　　　C. 备用中的电气设备

15. 《电业安全工作规程》将电气设备分为高压和低压两种，设备对地电压在 （　　　） 者为高压。

A. 380V 以上　　　　　B. 250V 以上　　　　　C. 10kV 及以上

16. 电气工作人员的体格检查约 （　　　） 一次。

A. 1 年　　　　　B. 2 年　　　　　C. 3 年

17. 电气工作人员必须具备下列条件，其中不正确的是 （　　　）。

A. 经医师鉴定有妨碍工作的病症　　　B. 具备必要的电气知识

C. 熟悉《电业安全工作规程》的有关部分，并经考试合格

18. 电气工作人员对《电业安全工作规程》应每 （　　　） 考试一次。

A. 4 年　　　　　B. 1 年　　　　　C. 2 年

19. 电气工作人员因故间断电气工作连续 （　　　） 以上者，必须重新进行《电业安全工作规程》考试，合格后方能恢复工作。

A. 1 个月　　　　　B. 2 个月　　　　　C. 3 个月

二、多选题 （共 14 题，每题 1.5 分）

1. 在测量局部放电的方法中，脉冲电流法又可分为 （　　　）。

A. 直接法　　　　　B. 平衡法　　　　　C. 对称法　　　　　D. 不对称法

2. 在现场检测高压电气设备的局部放电的方法主要有 （　　　） 等。

A. 脉冲电流　　　　　B. 超声波　　　　　C. 电磁脉冲　　　　　D. 超高频

3. 影响 SF_6 分解的主要因素有 （　　　）。

A. 电弧能量的影响　　　　　　　　　B. 电极材料的影响

C. 水分的影响、氧气的影响　　　　　D. 设备绝缘材料的影响

4. 对三相变压器经过波形校正的单相损耗试验时，理论上下列哪几个数据不正确 （　　　）。

A. $P_{OAB} > P_{OBC}$　　　B. $P_{OAB} < P_{OBC}$　　　C. $P_{OAB} = P_{OBC}$　　　D. $P_{OAB} = P_{OAC}$

5. 变压器内绝缘故障有 （　　　）。

A. 绕组匝间绝缘击穿短路　　　　　B. 绕组相间放电与击穿

C. 绕组对地放电与击穿　　　　　　D. 铁芯多点接地

6. 测量变压器变压比的试验方法有 （　　　）。

A. 双电压表法　　　　B. 变比电桥法　　　　C. 标准互感器法　　　　D. 交流法

7. 变压器绕组常见故障有（　　　）。

A. 匝间开路　　　　　　　　　　　　　　　B. 对地绝缘击穿

C. 相间绝缘击穿　　　　　　　　　　　　　D. 绕组和引线断裂

8. 热工测量仪表由（　　　）组成。

A. 感受件　　　　B. 中间件　　　　C. 测量件　　　　D. 显示件

9. 测振传感器根据非接触式可分为（　　　）。

A. 感应式　　　　B. 电容式　　　　C. 电感式　　　　D. 电涡流式

10. 电容式套管的电容芯子的绝缘中，工作场强的选取不取决于（　　　）。

A. 长期工作电压下不应发生有害的局部放电　　　　B. 一分钟工频耐压

C. 工频干试电压　　　　　　　　　　　　　　　　D. 冲击试验电压

11. 电介质极化在工程实践中产生的影响有几种，即（　　　）。

A. 增大电容器电容量绝缘的吸收现象　　　　B. 电介质的电容电流

C. 介质损耗　　　　　　　　　　　　　　　D. 杂散损耗

12. 电介质的损耗包括（　　　）。

A. 电导性质　　　　B. 游离性质　　　　C. 极化性质　　　　D. 电离性质

13. 放入电场中的固体电介质，随电场强度的增加，电流将会出现（　　　）三个阶段。

A. 欧姆定律　　　　B. 曲线上升　　　　C. 电流激增　　　　D. 电流下降

14. 电力变压器的绝缘分为（　　　）。

A. 外绝缘　　　　B. 内绝缘　　　　C. 纵绝缘　　　　D. 主绝缘

三、简答题（共 4 题，每题 5 分）

1. 工频耐压试验接线中球隙及保护电阻有什么作用？

2. 测量接地电阻时应注意什么？

3. 何为重瓦斯动作，产生重瓦斯动作的原因有哪些？

4. 主变压器运行中总烃含量标准是多少，总烃指的是哪几种气体成分？

四、计算题（共 3 题，每题 5 分）

1. 在 R、L、C 串联电路中，$R = 200\Omega$，$L = 500\text{mH}$，$C = 0.5\mu\text{F}$，当电源角频率 ω 分别为 500、1 000、2 000、8 000 rad/s 时，电路的总阻抗 Z_1 是多少，电路是什么性质？

2. 下面为"末端屏蔽法"测量 JCC—110 型串级式电压互感器 $\tan\delta$ 的试验结果，试计算之，并通过（1）、（2）项结果近似估计支架的电容量 C_X 及 $\tan\delta$ 值（忽略瓷套及油的影响）。

（1）X、X_D 及底座（垫绝缘）接 C_X 线，R_4 上并联 3 184Ω，$R_3 = 2\,943\Omega$，$\tan\delta = 4.7\%$；

（2）X、X_D 接 C_X 线，底座接地，R_4 上并联 3 184Ω，$R_3 = 4\,380\Omega$，$\tan\delta = 1.5\%$；

（3）底座接 C_X 线，X、X_D 接地，R_4 上并联 1 592Ω，$R_3 = 8\,994\Omega$，$\tan\delta = 16.8\%$。

3. 试求截面积 $S = 95\text{mm}^2$、长 $L = 120\text{km}$ 的铜质电缆，在温度 $t_2 = 0$℃ 时的电阻 R_0（铜

在 $t_1 = 20℃$ 时的电阻率 $\rho = 0.017\,5 \times 10^{-6}$，电阻温度系数 $\alpha = 0.004℃^{-1}$）。

五、识绘图题（共 3 题，每题 5 分）

1. 画出单母线分段的主接线图（带分段断路器）。

2. 下图测量什么物理量？请写出主要元件名称。

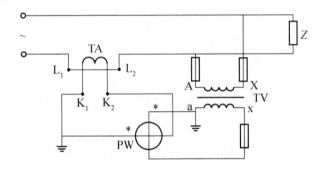

3. 下图是什么试验项目的接线图？请写出各元件的名称。

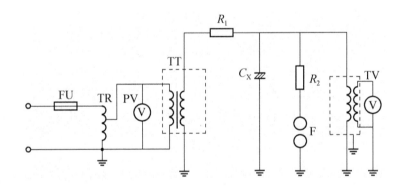

附　　录

附录一

广州供电局110kV及以上高压设备不拆一次引线
电气试验管理规定

1　总则

1.1　宗旨

不拆一次引线进行指定设备电气试验能显著减少停电时间和试验工作量，保障试验工作人员人身安全。为规范广州供电局110kV及以上高压设备不拆一次引线电气试验工作，特制定本管理规定。

1.2　适用范围

本规定适用于广州供电局110kV及以上变压器、断路器、电容式电压互感器、电容型电流互感器、金属氧化物避雷器、耦合电容器与穿墙套管的电气试验。充油式电流互感器与电磁式电压互感器不适用于本规定。

2　规范性引用文件

《中国南方电网有限责任公司　电力设备预防性试验规程》（南方电网生〔2004〕3号）

《电力设备预防性试验规程》（DL/T 596—1996）

3　术语和定义

3.1　不拆一次引线

指不拆除110kV及以上高压设备高压侧、中压侧一次引线，包括不拆断路器断口间并联电容和合闸电阻。

3.2　初始值

指第一次采用不拆一次引线电气试验的试验数值。

3.3　原始值

指交接试验的测试数值。

4　管理内容与方法

4.1　试验安全措施

（1）试验前，应先将被试设备短路接地，待试验接线完毕后，再拆除短路接地线进行试验。试验改接线或试验结束，应先将被试设备短路接地，再拆除试验接线。拆除短路接地线不能利用被试设备接地刀闸的，必须采用绝缘棒进行操作。

（2）应确认一次引线连接的设备上无人工作后方可进行电气试验。特别是因试验须拉开设备侧接地刀闸或拆除临时接地线时，工作负责人应指派专人在试验带电回路进行监护。试验前，应检查一次引线上连接的所有设备二次端子是否已做好安全措施，确保电流互感器二次侧不开路、电磁式电压互感器与电容式电压互感器二次侧不短路。

4.2　不拆一次引线电气试验实施要求

（1）可采用不拆一次引线实施电气试验的高压设备，宜采用不拆一次引线进行电气试验。

（2）因现场干扰过大引起测试数据异常时，应采用屏蔽等措施排除干扰。仍旧不能排除干扰时应拆除一次引线进行测试。

（3）不拆一次引线电气试验的数据异常时，应拆除一次引线进行校对，并根据拆除一次引线后电气试验测试数据作出最终判断。

4.3　110kV 及以上高压设备不拆一次引线电气试验方法

4.3.1　电力变压器

4.3.1.1　500kV 变压器

（1）变高侧接地，拆除变中侧、中性点与变压侧一次引线，测量高压绕组、中压绕组与低压绕组直流电阻。

（2）变高侧不接地，测量高中压绕组连同套管对低压绕组、铁芯及地绝缘特性（如绝缘电阻、吸收比或极化指数、绕组连同套管的介损与绕组泄漏电流等）。测量时应屏蔽变高侧电容式电压互感器与金属氧化物避雷器。

（3）变高侧不接地，测量变高侧与变中侧套管的介损和电容量。

（4）变高侧接地，测量低压绕组连同套管对高中压绕组、铁芯及地绝缘特性（如绝缘电阻、吸收比或极化指数、绕组连同套管的介损与绕组泄漏电流等）。

（5）其余电气试验内容与拆除一次引线时一致。

4.3.1.2　110kV、220kV 主变

（1）变高侧与变中侧接地，拆除已接地的中性点套管一次引线与接在变低出口母线桥上的曲折变进线电缆头，测量高压绕组、中压绕组与低压绕组直流电阻。

（2）变高侧不接地，测量高压绕组连同套管对中压绕组、低压绕组、铁芯及地绝缘特性（如绝缘电阻、吸收比或极化指数、绕组连同套管的介损与绕组泄漏电流等）。

（3）变高侧不接地，测量变高侧套管的介损和电容量。

（4）变中侧不接地，测量中压绕组连同套管对高压绕组、低压绕组、铁芯及地绝缘特性（如绝缘电阻、吸收比或极化指数、绕组连同套管的介损与绕组泄漏电流等）。

（5）变中侧不接地，测量变中侧套管的介损和电容量。

（6）变低侧不接地，测量低压绕组连同套管对高压绕组、中压绕组、铁芯及地绝缘特性（如绝缘电阻、吸收比或极化指数、绕组连同套管的介损与绕组泄漏电流等）。

（7）其余电气试验内容与拆除一次引线时一致。

4.3.2　电容式电压互感器

（1）屏蔽其余各节电容器后，测量顶节电容器的介损、电容量与绝缘电阻。

（2）其余电气试验内容与拆除一次引线时一致。

（3）110 kV 电容式电压互感器应拆除一次引线后测量主绝缘 $\tan\delta$ 和电容值。

4.3.3 断路器

4.3.3.1 灭弧室装有并联电容器的断路器

（1）灭弧室两侧不接地，测量断口间并联电容器的介损和电容量。测量值与初始值差异较大时应采用屏蔽法或将并联电容拆除后进行测试。

（2）其余电气试验内容与灭弧室无并联电容器的断路器一致。

4.3.3.2 灭弧室无并联电容器的断路器

测量灭弧室及拉杆绝缘电阻与导电回路电阻。

4.3.4 电容式电流互感器

（1）电容式电流互感器两侧不接地，测量一次绕组对末屏的绝缘电阻与主绝缘 $\tan\delta$ 和电容值。

（2）充油式电流互感器反接法测量主绝缘 $\tan\delta$ 和电容值时，应屏蔽断路器灭弧室并联电容器。测量值与初始值差异较大时应拆除一次引线后进行测试。

4.3.5 金属氧化物避雷器

4.3.5.1 500kV 金属氧化物避雷器

（1）屏蔽其余各节避雷器后，测量顶节避雷器的绝缘电阻与直流 1mA 电压（U_{1mA}）及 $0.75U_{1mA}$ 下的泄漏电流。

（2）其余电气试验内容与拆除一次引线时一致。

4.3.5.2 110kV、220kV 金属氧化物避雷器

宜拆除一次引线进行电气试验。

4.3.6 耦合电容器

（1）屏蔽其余各节电容器后，测量顶节电容器的介损、电容量与绝缘电阻。

（2）其余电气试验内容与拆除一次引线时一致。

4.3.7 穿墙套管

（1）与变压器变高侧套管直接连接的穿墙套管，应将变压器变高侧套管与中性点套管短接，不拆一次引线，测量穿墙套管的介损和电容量。其余电气试验内容与拆除一次引线时一致。

（2）未与变压器变高侧套管直接连接的穿墙套管，宜拆除一次引线进行电气试验。

5 附则

本规定自发文之日起施行，由广州供电局生技部负责解释。

6 附件

电容式电压互感器与金属氧化物避雷器不拆一次引线部分电气试验项目测试方法。

广州供电局 110 kV 及以上电力设备
不拆引线试验安全技术实施方案

1 范围

本标准适用于广州供电局管辖的 110 kV 及以上电力设备不拆一次引线进行的常规项目预防性试验（《中国南方电网有限责任公司 电力设备预防性试验规程》中规定的常规试验项目）及部分非常规预防性试验项目。高压电抗器、倒置式电容型电流互感器、铁芯（含轭铁）不外引接地的变压器不适用本标准。

2 引用标准

下列标准所包含的条文，通过在本标准中引用而构成为本标准的条文。所有的标准都会被修订，使用本标准的各方应探讨使用下列标准最新版本的可能性。

《中国南方电网有限责任公司 电力设备预防性试验规程》

3 名词术语

3.1 不拆一次引线

不拆被试设备高压侧、中压侧一次引线，包括不拆断路器断口间并联电容和合闸电阻。（注：500kV 主变 35kV 侧引线须拆除）

3.2 初始值

第一次采用不拆一次引线试验的试验数值。

3.3 原始值

安装时交接试验的试验数值。

4 试验安全措施

试验前，应先将被试设备被试部分短路接地，待接地线接线完毕后，再拆除短路接地线进行试验。试验改接线或试验结束，应先将被试部分短路接地，再拆除试验接线。拆除短路接地线不能利用被试设备接地刀闸的，必须采用绝缘棒进行操作。仪器测量线端在连接被试品前，应先将测量线端短路接地，待测量线与试品连接牢固后，再拆除短路接地线进行测量。试验后也应先短路接地再拆除测量线。进行不拆一次引线试验时，应注意一次引线所连设备上无人工作后方可进行试验。在进行不拆一次引线的试验前，应注意检查一次引线上所连的所有设备二次端子是否做好安全措施，确保 CT 二次不开路、PT、CVT 二次不短路。

5 变压器

5.1 绕组直流电阻测量
5.1.1 低压绕组测量

高压侧接地，中性点开路，测量低压绕组直流电阻。500kV 主变应在拆除 35kV 侧外接头引线后测量，110 ～ 220kV 主变可不拆除低压侧引线或母排测量。在不拆引线进行

10kV 侧直流电阻测量时，应注意安全，确保与 10kV 侧母线有明显的断开点，防止倒送电引起的安全事故。

5.1.2　500kV 自耦变压器高压和中压绕组测量

500kV 侧接地，中压侧、中性点和低压侧开路，在 500kV 线端和中性点间测量高压绕组相直流电阻；200kV 侧接地，高压侧、中性点和低压侧开路，在 220kV 线端和中性点间测量中压绕组相直流电阻。

5.1.3　110～220kV 主变高中压绕组直流电阻测量

在出线套管和中性点之间测量，测量相高压出线套管侧接地，非测量相和中性点侧开路。

5.2　绕组绝缘特性测量

5.2.1　绕组绝缘特性测量试验项目

（1）测量绕组绝缘电阻、吸收比或（和）极化指数；

（2）测量绕组连同套管的介损；

（3）测量绕组泄漏电流（仅在必要时测量）。

5.2.2　注意事项

500kV 主变试验应拆除 35kV 侧一次引线，110～220kV 主变可不拆除 10kV 侧一次引线。

5.2.3　试验方法

（1）高压（和中压）绕组短路接地，进行低电压绕组绝缘特性测量。

（2）500kV 主变高压（和中压）绕组绝缘特性试验按表 1 进行。试验前将中性点与地解开，并将高压、中压和中性点线端短接。将铁芯（和轭铁）与地解开，并与低压绕组线端短接，采用正接线测量高中压绕组与铁芯、高中压绕组与低压绕组的介损。进行 500kV 主变绝缘电阻测量时，兆欧表的输出电流应大于 5mA。

表 1　绕组绝缘特性试验方法

试验项目	被试绕组与试验加压部位	电压值/V	测量方法和取信号部位
测量绕组绝缘电阻、吸收比和极化指数	高压（和中压）	直流 5 000	1．兆欧表 L 端接被试绕组、E 端接低压绕组与铁芯 2．低压绕组与铁芯直接接地进行测量
测量绕组的介损		交流 10 000	电桥正接线，从低压绕组与铁芯取信号测量
测量绕组的泄漏电流		直流 60 000	1．从低压绕组与铁芯取信号测量 2．低压绕组与铁芯直接接地进行测量，在加压侧读取泄漏电流

（3）对于110～220kV主变，在高压侧没有 CVT、低压侧没有接曲折变压器的，可以直接采用反接法测量高、中、低压绕组的绝缘特性；当高压侧没有 CVT 而低压侧接有曲折变的，高、中压绕组的绝缘特性仍可采用反接法进行测量，低压侧的绝缘特性建议采取测量低压对高压、低压对铁芯的绝缘特性的方式进行，采用正接法进行测量，低压对外壳的绝缘通过油分析试验代替。

（4）对于110～220kV主变，如果高压侧接有 CVT 设备的，建议按照表1的方式，采取正接线方式测量绕组的绝缘特性，即测量高压绕组对铁芯、高压绕组对低压绕组的绝缘特性，高压绕组对外壳绝缘通过油分析进行。

（5）绝缘试验时，应同时测量变压器油的击穿电压、介损和微水。

（6）当铁芯（和轭铁）对地绝缘电阻小于100MΩ时，应考虑由此对介损影响。

（7）绝缘试验测量线应采用屏蔽线，微安表应加滤波装置。介损试验时，应采用具有抗电场干扰性能的试验设备。

5.3　测量电容型套管介损和电容值

（1）被试变压器所测套管的线端应处在开路状态。

（2）与被测套管相连的所有绕组端子连在一起加压，非测量套管末屏接地。被测量套管末屏接电桥，正接线测量。

（3）当现场干扰很大，无法消除时，应测量高电压下介损（电压为10～100kV）。

6　电容式电压互感器

图1为线路 CVT 三节叠装的电容式电压互感器原理接线图，测量介损和绝缘电阻试验时，线端 A 点接地。线路 CVT 各节电容介损和电容量的测量接线图如图2至图6所示。

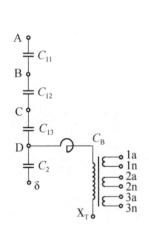

图1　CVT 原理接线图

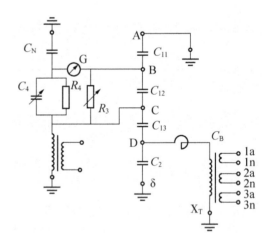

图2　测量 C_{11} 试验接线

6.1　测量介损

测量 CVT 上节 C_{11} 介损的试验接线见图2，采用外施电压法，电桥反接线，B 点接电桥 C_X 线，C 点接电源，δ 和 X_T 点接地。测量 C_{12}、C_{13}、C_2 和 C_B 的 tanδ 试验接线见图3、图4、图5和图6。

（1）测 C_{13} 时，自激法加压应保证 δ 点对地电压在2 500V 及以下，若测量值 tanδ 较大

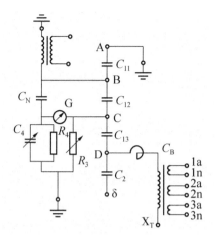

图 3　测量 C_{12} 试验接线

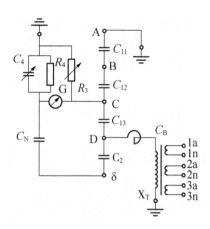

图 4　测量 C_{13} 试验接线

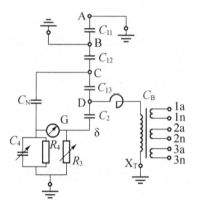

图 5　测量 C_2 试验接线

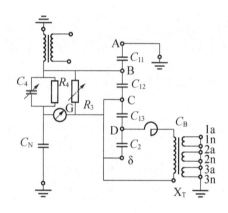

图 6　测量 C_B 试验接线

时，应注意 δ 点的绝缘状况，当 δ 点经处理后对地绝缘电阻仍小于 300MΩ 时，应用式（1）进行修正。

$$\tan\delta_{C_{13}} = \tan\delta_{X_1} = \frac{1}{\omega R_3 C_2} \qquad (1)$$

（2）测 C_2 时，自激法加压的二次绕组应按绕组容量加压，且应保证 δ 点对地电压在 2 500V 及以下和加压的二次绕组电流不得超过 10A。测量值 tanδ 和电容值应按式（2）与式（3）进行换算。

$$\tan\delta_{C_2} = \tan\delta_{C_{11}} - \frac{C_{13}\left(\tan\delta_{C_{12}} - \tan\delta_{C_{13}}\right)}{C_{12} + C_{13}} \qquad (2)$$

$$C_2 = \frac{C_{13}}{C_{12} + C_{13}} \times C_N \times \frac{R_4}{R_3} \qquad (3)$$

（3）测量中间变压器 C_B 的 tanδ 和电容量时，外施电压应小于 2 500V。

（4）测量 C_{13} 和 C_2 的 tanδ 和电容量前，应先用静电电压表校核 δ 点电压和测量自励磁二次绕组电流，防止谐振损坏设备。

6.2　测量绝缘电阻

按表 2 测量电容式电压互感器各部位的绝缘电阻试验时线端 A 点接地。测得 C_2 节电容绝缘电阻 R_{C_2} 值应按式（4）进行换算。

$$R_{C_2} = \frac{R_\delta R_测}{R_\delta - R_测} \tag{4}$$

表 2　三节叠装电容式电压互感器各部位绝缘电阻试验方法

测量部位		第一节	第二节	第三节	C_2	末端	中间变
兆欧表	L 端	B	B	C	δ	δ	X_T
	G 端	C	—	B	C	X_T	C、δ
	E 端	地	C	X_T	X_T	地	地
接　地		A	A、X_T	A	A	A	A、二次绕组

6.3　四节叠装的电容式电压互感器试验

四节叠装的电容式电压互感器电气原理图如图 7 所示，测量 tanδ 时，其第一节、第四节和 C_2 节电容试验方法与三节叠装的第一节、第三节和 C_2 节电容试验相同，而第二节和第三节电容的试验方法与三节叠装的第二节电容试验类似。

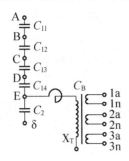

图 7　四节叠装的 CVT 电气原理图

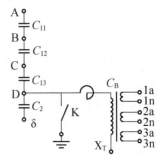

图 8　带电压抽头接地闸刀的 CVT 电气原理图

6.3.1　绝缘电阻测量

四节叠装的电容式电压互感器绝缘电阻测量按表 3 进行。

表 3　四节叠装电容式电压互感器各部位绝缘电阻试验方法

测量部位		第一节	第二节	第三节	第四节	C_2	末端	中间变
兆欧表	L 端	B	B	C	D	δ	δ	X_T
	G 端	C	—	B	C	C	X_T	D、δ
	E 端	地	C	D	X_T	X_T	地	地
接　地		A	A、δ、X_T	A、δ、X_T	A、δ	A	A	A、二次绕组

6.3.2　换算

四节叠装的电容式电压互感器其 $\tan\delta_{C_{14}}$ 修正值和 $\tan\delta_{C_2}$、C_2 试验值的换算按式（5）、式（6）、式（7）进行。

$$\tan\delta_{C_{14}} = \tan\delta_{测} - \frac{1}{\omega R_\delta C_2} \tag{5}$$

$$\tan\delta_{C_2} = \tan\delta_{测} - \frac{C_{12}(\tan\delta_{C_{13}} - \tan\delta_{C_{14}})}{C_{13} + C_{14}} \tag{6}$$

$$C_2 = \frac{C_{14}}{C_{13} + C_{14}} \times C_N \times \frac{R_4}{R_3} \tag{7}$$

6.4 带电压抽头接地闸刀的电容式电压互感器试验

带电压抽头接地闸刀的电容式电压互感器电气原理图如图 8 所示，试验时，线端 A 点接地，第一、二节试验和 6.1 小节所述相同。第三节和 C_2 节电容试验时，将接地闸刀 K 合上，电桥反接法测量 $\tan\delta$ 和电容值，测 C_{13} 时，C 点测量，B 点接屏蔽。

6.5 110～220kV CVT 不拆引线介损和电容量试验方法

（1）当测量变压器出口侧 CVT 各节电容的介损和电容量时，由于变压器出口侧 CVT 测量时可以将接地刀闸打开，采用正接法测量即可得到 C_{11} 的实际值，其余部分的测量方法与线路 CVT 类似，自激法测量时标准电容变为 $C_{13}/\!/C_N$ 或 $C_2/\!/C_N$。

（2）当测量线路 CVT 时，由于线路接地点不许可解开，测量上节 C_{11} 时，可以采取如下方法进行试验：电桥的芯线接 C_{11} 的末端，电桥高压线的屏蔽线接 δ 和中间变压器一次绕组尾端 X_T，采用反接线测量 C_{11}。由于采用高压屏蔽法测量，应注意 δ、X_T 的绝缘水平，测量电压不应高于 3kV。测量无中间电压抽头端子的 CVT C_{12}、C_2 时，可采用"自激法"进行测量。自激法测量时应在带阻尼的二次绕组上施加励磁电压，否则易谐振引起 CVT 损坏。试验时，应将中间变压器一次绕组尾端 X_T 接地（施加励磁电压的二次绕组应一点接地），电桥的 C_X 线芯线接 C_{12} 首端，电桥的高压芯线和屏蔽线接 δ 端，采用"内 C_N"方式分别测量 C_{12}、C_2 的介损和电容量，注意试验电压为 2～3kV，测量的注意事项与 500kV 测量时相同。

6.6 110～220kV CVT 不拆引线绝缘电阻试验方法

测量 C_{11} 绝缘电阻可按照如下方式进行：将 δ、X_T 端悬空，兆欧表 E 端接地，L 端接 C_{11} 末端进行测量；测量 C_{12} 和 C_2 的绝缘电阻，可以将中间变压器一次绕组末端 X_T 作为一个测量端，分别测出 C_{12} 高压端和 C_2 低压端 δ 对 X_T 端的绝缘电阻，即为 C_{12}、C_2 的绝缘电阻。

7 断路器

7.1 断口间并联电容试验

7.1.1 绝缘电阻测量

断路器两侧隔离闸刀处于断开状态，测量每一断口电阻时，应保持一点接地。

7.1.2 测量 $\tan\delta$ 和电容值

断路器两侧隔离闸刀和接地闸刀应处于断开状态，用电桥正接法进行 $\tan\delta$ 和电容值的测量。

7.2 合闸电阻试验

当合闸电阻与合闸电阻辅助触头为两个单独原件，试验时断路器两侧隔离闸刀断开，采用电桥法测量，测量时试品一端应单独接地。

7.3 导电回路电阻测量

试验时，断路器两侧隔离闸刀一侧应处于断开状态。用回路电阻测试仪进行测量，试验电流不得小于100A。测量每一断口导电电阻时，应保证一点接地。

8 电容式电流互感器

被测电流互感器两侧断路器或隔离闸刀应处于断开状态。兆欧表 L 端接被试品 500kV 线端或 110～220kV 线端，E 端接被试品末屏，二次绕组接地，测量一次绕组对末屏的绝缘电阻。被测电流互感器两侧断路器或隔离闸刀应处于断开状态。采用电桥正接法，末屏取信号，测量主绝缘 $\tan\delta$ 和电容值。

注意：测量 500kV CT 的绝缘电阻的兆欧表输出电流应大于或等于 5mA。介损电桥应使用抗干扰性能好的电桥。当外界干扰过大，测量结果明显异常时，建议采取高电压下介损的测量方法，试验电压为 10～100kV 不等。

9 氧化锌避雷器

测量三节叠装 500kV 避雷器直流 1mA 电压（U_{1mA}）及 $0.75U_{1mA}$ 下泄漏电流。

（1）试验接线图如图9、图10、图11所示。试验时 500kV 线路端直接接地。

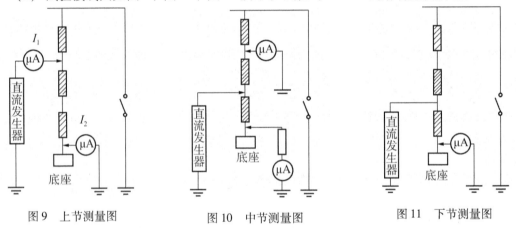

图9 上节测量图   图10 中节测量图   图11 下节测量图

（2）上节测量时，当试验电流 $I_1 - I_2 = 1mA$ 时，直流高压电压即为第一节避雷器直流 U_{1mA} 电压。当电压为 $0.75U_{1mA}$ 时，泄漏电流为 $I_1 - I_2$。

（3）中节测量时，上部微安表读数 U_{1mA} 时，直流高压电压即为中节避雷器直流 U_{1mA} 电压，当电压为 $0.75U_{1mA}$ 时，泄漏电流为上部微安表读数。试验时应监视下部微安表，必要时应重新选择支撑避雷器。支撑避雷器的选取应根据被试避雷器底座绝缘水平来选用，一般推荐采用 3～10kV 级氧化锌避雷器。

（4）下节测量时，微安表读数为 1mA 时，直流电压即为下节避雷器直流 U_{1mA} 电压。当电压为 $0.75U_{1mA}$ 时，泄漏电流为微安表读数。

（5）测量三节叠装的避雷器绝缘电阻接线图略。

（6）当 110～220kV MOA 的一次引线接地刀无法拉开时，可以参照前面的方法进行试验；当 110～220kV MOA 的一次引线接地刀可以拉开，一次引线不接地时，可以直接在一次引线侧施加电压，在中间法兰抽取信号对 MOA 上节进行泄漏电流、绝缘电阻等绝缘项目试验。110～220kV MOA 下节的绝缘项目试验方法与三节叠装时完全相同。

附录二

广州供电局电容型设备带电测试端子箱
安装及验收规定

1　总则

1.1　为规范 110kV 及以上电容型设备带电测试用端子箱的安装和验收管理，保障被测试设备的安全运行，特制定本规范。

1.2　本规范适用于广州供电局 110kV 及以上电容型设备带电测试用端子箱和电流传感器的安装。主要应用于有末屏引出的油纸电容型电流互感器、耦合电容器、电容型套管、电容式电压互感器等电容型设备。

1.3　带电测试端子箱和电流传感器的安装及验收，应按照本规范的要求进行。

2　相关文件

2.1　《变压器、高压电器和套管的接线端子》（GB 5273—1985）

2.2　《电气装置安装工程　接地装置施工及验收规范》（GB 50169—1992）

2.3　《电气装置安装工程　高压电器施工及验收规范》（GBJ 147—1990）

2.4　《电气装置安装工程　电力变压器、油浸电抗器、互感器施工及验收规范》（GBJ 148—1990）

2.5　《电气装置安装工程　母线装置施工及验收规范》（GBJ 149—1990）

2.6　《导线用铜压接端头　第 2 部分：10～300mm² 导线用铜压接端头》（JB/T 2436.2—1994）

2.7　广东省广电集团有限公司《电容型设备比较法带电测试导则》（试行）

3　定义

3.1　电容型设备末屏工作接地回路

因运行需要，将电容型设备主绝缘末屏直接接地的回路。回路包括末屏引下线、合闸状态下的闸刀开关、接地引下线和带电测试端子箱接地点。

3.2　电容型设备带电测试工作回路

因测试需要，使电容型设备主绝缘泄漏电流流经测试仪器后，再引入带电测试端子箱接地点的回路。回路包括末屏引下线、分闸状态下的闸刀开关、测试端子箱信号输入线、测试仪器信号输入线、测试仪器、测试仪器信号输出线、测试端子箱信号输出线、接地引下线和带电测试端子箱接地点。

4　总体要求

带电测试端子箱的安装，必须满足以下要求：

（1）电容型设备运行时末屏可靠接地，通流容量足够。

（2）电容型设备末屏引下线的接地点应在无遮蔽的明显位置，便于巡视检查。

（3）带电测试时，有足够措施防止末屏对地开路。

5　安装要求

5.1　箱体安装

5.1.1　箱体位置

5.1.1.1　电流互感器、耦合电容器、电容式电压互感器带电测试端子箱一般应安装在设备构架（或支柱）上，箱体的盖面和底面应处于垂直地面方向并有 5°左右的后仰角，且端子箱的上平面离地面高度应为 2m 左右。

5.1.1.2　室内变电站垂直安装在地面的穿墙套管，其带电测试端子箱应安装在分隔设备运行区域的固定式安全围栏上，正面朝外，安装高度与 5.1.1.1 相同。

5.1.1.3　室内变电站水平安装在墙体的穿墙套管，其带电测试端子箱可安装在末屏下方墙面处，但其与设备带电部分的安全距离应满足要求。当安全距离不满足时，应将带电测试端子箱的安装点移动至满足要求的地方安装，安装高度与 5.1.1.1 相同。

5.1.1.4　户外变压器套管的带电测试端子箱安装在变压器旁的 A 型构架支柱上，安装高度与 5.1.1.1 相同。

（1）双绕组变压器套管的带电测试端子箱安装在邻近高压侧中性点的 A 型构架上。

（2）三绕组变压器，变高侧套管的带电测试端子箱安装在邻近高压侧中性点的 A 型构架上，变中侧套管的带电测试端子箱安装在另一侧的 A 型构架上。

（3）部分户外变压器，只有防爆隔离墙而无构架的，可将带电测试端子箱安装在墙面上，安装方式与有构架的相同。

5.1.1.5　户内变压器，应将带电测试端子箱安装在变压器室内的墙面上。安装高度均与 5.1.1.1 相同。

5.1.2　箱体布置

5.1.2.1　安装在门型构架上的箱体，可将 A、B 两相的箱体背靠背地布置在构架的一支支撑柱上，C 相安装在另一支支撑柱上。

5.1.2.2　安装在分相支撑型构架上的箱体，A、B、C 三相箱体分别布置在各自设备所在的支撑柱上。

5.1.2.3　安装在安全围栏或墙面上的箱体，一般应三相集中并列布置且排列整齐。

5.1.3　箱体固定

端子箱箱体应固定在专门的不锈钢板或不锈钢架上，与铁板或铁架之间采用 M8 螺栓、螺母加弹簧垫圈、平垫圈紧固。

5.1.3.1　当设备构架为圆柱形水泥杆时，固定端子箱的铁板应采用螺栓连接方式与固定于圆柱形水泥杆的不锈钢环形抱箍连接牢固。

5.1.3.2　当设备构架为铁架时，固定端子箱的铁架应采用焊接方式将其固定在设备的构架上，各个焊接点须做除漆处理，焊缝长度不得少于 20mm 且焊接牢固，不得有虚焊。焊接点应作防腐处理。

5.1.3.3　在金属安全围栏上安装时，可将不锈钢板或不锈钢架固定在金属围栏上，但应考虑金属围栏的承受力，必要时应增加纵向及横向的支撑条。

5.1.3.4 在墙面上安装时，可将铁板固定在墙面上，且与墙面之间应保持不少于30mm的空隙。

5.1.3.5 户外安装时，应使铁板或铁架平面比垂直面后仰5°左右的角度，提高箱体防水效果。

5.2 箱体及固定件的接地

5.2.1 接地点可利用构架下面的接地点，也可以利用构架本身的接地引下线与环形抱箍双面焊接来接地（环形抱箍必须置于接地引下线与支柱之间），焊接点须做除漆处理，焊缝长度不得少于40mm且焊接牢固，不得有虚焊。焊接点应作防腐处理。

5.2.2 利用螺栓连接方式接地的，应用平垫圈、弹簧垫圈和螺母紧固并加防松螺母。焊接在接地极上的螺栓其电气接触面不能涂有油漆。

5.2.3 箱体接地线应使用截面不少于$10mm^2$的扁状多股编织软铜线，连接端应用铜质线耳压接并用焊锡封固。

5.2.4 在构架的接地引下线上焊接专用的接地线端子（方形或长方形板）时应作双面焊接，焊接点须做除漆处理，焊缝长度不得少于40mm且焊接牢固，不得有虚焊。焊接点应作防腐处理，其电气接触面不能涂有油漆。

5.3 连接线的安装要求

5.3.1 末屏引下线

5.3.1.1 必须采用截面不少于$10mm^2$的多股绝缘铜芯电缆，两端用铜质线耳冷压夹紧并用焊锡封固，导线长度应预留一定的裕度。

5.3.1.2 必须在明显的位置悬挂标有"设备末屏接地引下线 严禁开路"字样的标示牌。

5.3.1.3 末屏引下线与设备末屏（或小套管）的连接

（1）与末屏（或小套管）连接时，应考虑导线对末屏（或小套管）的应力，必要时先将导线用截面$1mm^2$或以上的铜线绑扎固定在末屏（或小套管）旁边，再与末屏（或小套管）连接。连接时必须用铜质垫圈、弹簧垫圈和铜质螺母将线耳压紧。若条件允许，应加装铜质防松螺母。

（2）从设备末屏引至闸刀开关时，应在相隔适当距离用截面$1mm^2$或以上的铜线将末屏引下线绑扎固定，固定点的间隔在0.7～1.5m之间。

5.3.1.4 末屏引下线与闸刀开关的连接。

5.3.1.5 末屏引下线必须接闸刀开关的静触头，且工作接地回路必须处于无遮蔽的明显位置，以便于巡视检查。

5.3.2 测试端子箱信号输入、输出线

5.3.2.1 必须使用截面不少于$10mm^2$的黑色阻燃型绝缘多股铜芯电缆，两端必须用铜质线耳压紧并用焊锡封固。

5.3.2.2 信号输入、输出线与端子箱的连接

（1）必须将导线从端子箱的穿线孔穿入，且必须设置U形弧垂以防止雨水进入。

（2）必须将导线正确连接至箱内相应端子上并用铜质垫圈、弹簧垫圈和铜质螺母紧固。

（3）箱体的所有穿线孔应有防昆虫及雨水雾气进入的封堵措施。

5.3.2.3 信号输入、输出线与闸刀开关的连接

（1）信号输入线接闸刀开关的静触头，信号输出线接闸刀开关的动触头。

（2）接线端应用平垫圈、弹簧垫圈和螺母紧固并加防松螺母。

5.3.3　接地引下线

5.3.3.1　必须使用截面不少于 $10mm^2$ 的黑色阻燃型绝缘多股铜芯电缆，两端必须用铜质线耳压紧并用焊锡封固。

5.3.3.2　接地引下线与闸刀开关的连接

（1）接地引下线接闸刀开关的动触头。

（2）接线端应用平垫圈、弹簧垫圈和螺母紧固并加防松螺母。

5.3.3.3　接地引下线与接地点的连接

（1）应用平垫圈和螺母紧固并加弹簧垫圈防松脱，必要时可加防松脱螺母。

（2）接地引下线必须在明显位置悬挂标有"设备末屏接地引下线　严禁开路"字样的标示牌。

5.4　电流传感器的安装要求

对于末屏（或小套管）非直接接地运行的设备，如耦合电容器等，要加装电流传感器来取得测试信号。电流传感器的安装要求如下：

（1）可利用环形抱箍将电流传感器固定于一次设备的构架上，尽可能位于端子箱的上方。绝缘固封面朝下。

（2）将被测设备末屏（或小套管）引下线从传感器的内孔穿过。

（3）将传感器自带的二次信号电缆接入端子箱内相应的端子上，具体接线要求与前述相同。

（4）用 PVC 塑料护套对二次信号电缆进行防护。

6　验收要求

电容型设备带电测试端子箱安装后的验收，除要求施工方提供相关的文件资料外，还应按下列步骤进行检查验收。

6.1　末屏工作接地回路的验收

由变电运行单位负责。具体验收内容如下：

（1）检查各连接线和连接点是否规范、整齐，各连接螺栓的安装是否牢固。

（2）合上闸刀开关，测量末屏至接地点之间的回路电阻，应不大于 $100\mu\Omega$。

6.2　带电测量工作回路的验收

由变电设备技术监督单位负责验收。具体验收内容如下：

（1）检查端子箱和各连接线及连接点的安装是否规范、整齐。

（2）检查测试箱内是否已配置操作压板和保护压板，以及该两组压板的连接是否符合要求。

（3）测量保护二极管的导通电阻值。在测试取样箱内，打开操作压板和保护压板，使压板的两端断开，用万用表在测试取样箱内的测量端子两端测量保护二极管的导通电阻值，应在 $5\sim40M\Omega$ 之间。

（4）测量末屏引下线的对地绝缘电阻。

① 用 500V 兆欧表测量末屏引下线的对地绝缘电阻，应不小于 $10M\Omega$。

② 用 500V 兆欧表测量电流传感器的二次绕组及信号电缆的绝缘电阻，应不小于 10MΩ。测量时，必须将该传感器二次绕组短接。

（5）拉开闸刀开关，测量末屏至接地点的回路电阻。连接端子箱内保护压板和操作压板，使其处于导通状态，测量末屏至接地点之间的回路电阻，应不大于 100μΩ。

（6）测量电流传感器的二次绕组及信号电缆的直流电阻，应符合产品技术要求。

附：端子箱内部接线图。

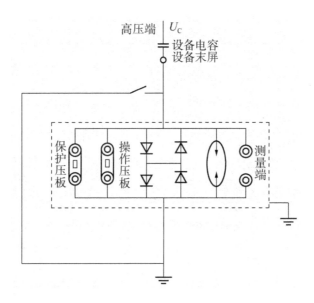

附录三

广州供电局电气试验专业典型作业表单

广州供电局 500kV 油浸式电力变压器预防性试验（电气部分）作业表单

表单流水号：_____

作业班组		作业开始时间		作业结束时间	
作业任务					
作业负责人		作业人员			
变电站名称		运行编号		试验性质	预试（　）其他（　）
天气	晴（　）阴（　）雨（　）雪（　）	气温/℃		湿度/%	

变压器	设备型号	A 相		设备厂家	A 相	
		B 相			B 相	
		C 相			C 相	
	额定电压/kV			额定容量/(MV·A)		
	出厂编号	A 相		出厂日期	A 相	
		B 相			B 相	
		C 相			C 相	

相别	套管	型号	制造厂	出厂编号	出厂日期
A 相	高压				
	中压				
	中性点				
	低压 1				
	低压 2				
B 相	高压				
	中压				
	中性点				
	低压 1				
	低压 2				
C 相	高压				
	中压				
	中性点				
	低压 1				
	低压 2				

一、作业前准备

1. 出发前准备	试验仪器/仪表	兆欧表、直流电阻测试仪、介质损耗测试仪等，仪器/仪表通电检查正常并确认在有效期内	确认（　）
	资料	上次试验报告，被试设备的缺陷记录和相关的检修记录	确认（　）
	材料、工具	接地线、测量导线、手工具、安全工器具等，检查安全工器具外观完好并在有效期内	确认（　）
2. 办理作业许可手续		工作负责人办理工作票，并确定现场安全措施符合作业要求	确认（　）
3. 风险	走错间隔，触电伤亡	负责人带领进入作业现场，核对设备名称和编号	确认（　）
	接取电源，触电伤亡	检查漏电保护开关是否正常，禁止用导线在插座上取电源	确认（　）
	高处坠落伤亡	穿防滑鞋、系安全带，使用高空车	确认（　）
4. 作业前安全交底		作业人员清楚工作任务、周围设备的带电情况、作业环境情况	确认（　）

二、作业过程

（1）测量绝缘电阻

风险	控制措施				
触电受伤	设专人监护，并呼唱				确认（　）
仪器/仪表规范	名称	型号	厂家	编号	有效日期
作业标准	选择兆欧表	变压器本体：5 000V（兆欧表输出电流不小于 3 mA）；铁芯及夹件、套管末屏对地：2 500V			
	变压器本体测量绝缘电阻、吸收比或极化指数	1）同一温度下，与出厂值相比应无显著变化，一般不低于70%　2）常温下吸收比≥1.3，极化指数≥1.5　3）绝缘电阻大于10 000MΩ 时，吸收比≥1.1或极化指数≥1.3			
	测量电容型套管末屏对地绝缘电阻	≥1 000MΩ			
	测量铁芯及夹件绝缘电阻	与以前测试结果相比无显著差别			
作业记录					确认（　）

单位：MΩ		R_{15s}	R_{60s}	R_{600s}	吸收比	极化指数	$R_{15s}(20℃)$	$R_{60s}(20℃)$	$R_{600s}(20℃)$
A 相	高中－低地								
	低－高中地								
B 相	高中－低地								
	低－高中地								
C 相	高中－低地								
	低－高中地								
A 相 顶层油温/℃		铁芯对地			夹件对地				
B 相 顶层油温/℃		铁芯对地			夹件对地				
C 相 顶层油温/℃		铁芯对地			夹件对地				
备注									

（2）测量绕组连同套管、电容型套管的 $\tan\delta$、电容量

风险	控制措施
误碰带电部分触电伤亡	做好监护，防止人员接近仪器高压输出部分　确认（　）
漏恢复套管末屏接地，运行中放电损坏	做好检查，必要时使用万用表检查　　　　　确认（　）

仪器/仪表规范	名称	型号	厂家	编号	有效日期

作业标准	接线方式及试验电压	绕组连同套管 $\tan\delta$：反接法；套管的 $\tan\delta$：正接法；试验电压：10kV
	测量电容型套管 $\tan\delta$、电容量	35kV、110kV：$\tan\delta\leqslant1\%$，220kV、500kV：$\tan\delta\leqslant0.8\%$；电容量：$\leqslant\pm5\%$
	测量绕组连同套管	20℃时 $\tan\delta\leqslant0.6\%$

作业记录　　　　　　　　　　　　　　　　　　　　　　　　　　　确认（　）

顶层油温/℃	A 相		B 相		C 相	
相别	位置	$\tan\delta/\%$	$(20℃)\tan\delta/\%$	C_X/pF	铭牌电容/pF	电容相差/%
A 相	高中－低地				—	—
	低－高中地				—	—
B 相	高中－低地				—	—
	低－高中地				—	—
C 相	高中－低地				—	—
	低－高中地				—	—

相别	套管	tanδ/%	C_X/pF	铭牌电容/pF	电容差/%	末屏绝缘电阻/MΩ	末屏 tanδ/%
A 相	高压						
	中压						
	中性点						
	低压 1						
	低压 2						
B 相	高压						
	中压						
	中性点						
	低压 1						
	低压 2						
C 相	高压						
	中压						
	中性点						
	低压 1						
	低压 2						
备注							

（3）测量绕组直流电阻

风险	控制措施
残余电荷，触电受伤	更改试验接线前、试验时突然断电后必须对测试绕组进行充分放电 确认（　　）

仪器/仪表 规范	名称	型号	厂家	编号	有效日期

作业标准	测试电流值	一般选用 3～40A 的电流输出值			
	测量值判断	1）相间差不大于三相平均值2%，无中性点引出的线间差不大于三相平均值1% 2）与以前相同部位测得值比较，其变化不应大于2%			

作业记录									确认（　）	
顶层油温/%	A 相				B 相				C 相	
	分接位置	$A_m - O$	$B_m - O$	$C_m - O$	最大相差/%	分接位置	$A_m - O$	$B_m - O$	$C_m - O$	最大相差/%
中压侧/mΩ	1					10				
	2					11				
	3					12				
	4					13				
	5					14				
	6					15				
	7					16				
	8					17				
	9					—	—	—	—	—

高压侧/mΩ	A - O	B - O	C - O	最大相差/%	低压侧/mΩ	ax	by	cz	最大相差/%

备　注	

三、作业终结

1	试验结果	A 相	合格（　）、不合格（　）、缺陷（　）、待查（　）
		B 相	合格（　）、不合格（　）、缺陷（　）、待查（　）
		C 相	合格（　）、不合格（　）、缺陷（　）、待查（　）
2	检查套管末屏已恢复接地、铁芯和夹件接地	确认接地接触良好，必要时使用万用表测量，检查无遗漏　　　　　　　　　　　　　　　　　　　确认（　）	
3	检查有载分接开关	确认有载分接开关恢复到试验前状态　　　　确认（　）	
4	清理、撤离现场	拆除试验电源，将仪器、工具、材料等搬离现场　确认（　）	
5	结束工作	办理工作终结手续　　　　　　　　　　　　确认（　）	
6	新增风险及控制措施		
7	试验说明		
8	报告录入人		录入时间

广州供电局 220kV 油浸式电力变压器预防性试验（电气部分）作业表单

表单流水号：_____

作业班组		作业开始时间		作业结束时间	
作业任务					
作业负责人		作业人员			
变电站名称		运行编号		试验性质	预试（ ）其他（ ）
天气	晴（ ）阴（ ） 雨（ ）雪（ ）	气温/℃		湿度/%	

变压器	设备型号		设备厂家		出厂日期	
	额定电压/kV		出厂编号		运行挡位	

套管	相别	型号	制造厂	出厂编号	出厂日期
高压侧套管	A				
	B				
	C				
	O				
中压侧套管	A_m				
	B_m				
	C_m				
	O_m				

一、作业前准备

1. 出发前准备	试验仪器/仪表	兆欧表、直流电阻测试仪、介质损耗测试仪等，对仪器/仪表通电检查正常并确认在有效期内	确认（ ）
	资料	上次试验报告，被试设备的缺陷记录和相关的检修记录	确认（ ）
	材料、工具	接地线、测量导线、手工具、安全工器具等，检查安全工器具外观完好并在有效期内	确认（ ）
2. 办理作业许可手续		工作负责人办理工作票，并确定现场安全措施符合作业要求	确认（ ）
3. 风险	走错间隔，触电伤亡	负责人带领进入作业现场，核对设备名称和编号	确认（ ）
	接取电源，触电伤亡	确认漏电保护开关正常，禁止用导线在插座上取电源	确认（ ）
	高处坠落伤亡	穿防滑鞋、系安全带，必要时使用高空车	确认（ ）
4. 作业前安全交底		作业人员清楚工作任务、周围设备的带电情况、作业环境情况	确认（ ）

二、作业过程

（1）测量绝缘电阻、测量绕组连同套管、电容型套管的 $\tan\delta$、电容量

风险	控制措施	
误碰带电部分触电伤亡	做好监护，防止人员接近仪器高压输出部分	确认（　）
漏恢复套管末屏接地，运行中放电损坏	做好检查，必要时使用万用表检查	确认（　）

仪器/仪表规范	名称	型号	厂家	编号	有效日期

作业标准	选择兆欧表	变压器本体：5 000V（不小于 3mA）；铁芯及夹件、套管末屏对地：2 500V		
	变压器本体测量绝缘电阻、吸收比或极化指数	1）同一温度下，与出厂相比应无显著变化，一般不低于 70% 2）常温下吸收比≥1.3；极化指数≥1.5 3）绝缘电阻大于 10 000MΩ 时，吸收比≥1.1 或极化指数≥1.3		
	铁芯及夹件绝缘电阻	与以前测试结果相比无显著差别		
	接线方式及试验电压	绕组连同套管 $\tan\delta$：反接法；套管的 $\tan\delta$：正接法；试验电压：10kV		
	套管 $\tan\delta$、电容量	110kV：$\tan\delta\leqslant1\%$，220kV：$\tan\delta\leqslant0.8\%$，电容量偏差：$\leqslant\pm5\%$		
	测量绕组连同套管	20℃时 $\tan\delta\leqslant0.8\%$		

作业记录	确认（　）		顶层油温/℃								
位置	R_{15s}	R_{60s}	R_{600s}	吸收比	极化指数	R_{15s}（20℃）	R_{60s}（20℃）	R_{600s}（20℃）	$\tan\delta/\%$	（20℃）$\tan\delta/\%$	C_X/pF
高－中低地											
中－高低地											
低－高中地											
铁芯对夹件、地绝缘电阻/MΩ					夹件对铁芯、地绝缘电阻/MΩ						

套管	相别	$\tan\delta/\%$	C_X/pF	铭牌电容/pF	电容相差/%	末屏绝缘电阻/MΩ	末屏 $\tan\delta$/%
高压套管							
中压套管							
备注							

（2）测量绕组直流电阻

风险	控制措施
残余电荷，触电受伤	更改试验接线前、试验时突然断电后必须对测试绕组进行充分放电 确认（ ）

仪器/仪表 规范	名称	型号	厂家	编号	有效日期

作业标准	选择测试 电流值	一般选用 3～40A 的电流输出值			
	测量值 判断	1）相间差不大于三相平均值2%，无中性点引出的线间差不大于三相平均值1% 2）与以前相同部位测得值比较，其变化不应大于2%			

作业记录		确认（ ）	顶层油温/℃		

高压侧 /mΩ	分接 位置	A－O	B－O	C－O	最大相 间差/%	分接 位置	A－O	B－O	C－O	最大相 差/%

中压侧 /mΩ	$A_m－O_m$	$B_m－O_m$	$C_m－O_m$	最大相 间差/%	低压侧 /mΩ	ab（ ） ax（ ）	bc（ ） by（ ）	ac（ ） cz（ ）	最大相 差/%

备 注	

三、作业终结

1	试验结果	合格（ ）、不合格（ ）、缺陷（ ）、待查（ ）
2	检查套管末屏已恢复接地、铁芯和夹件接地	确认接地接触良好，必要时使用万用表测量，检查无遗漏 确认（ ）
3	检查有载分接开关	确认有载分接开关恢复到试验前状态　　　　确认（ ）
4	清理、撤离现场	拆除试验电源，将仪器、工具、材料等搬离现场 确认（ ）
5	结束工作	办理工作终结手续　　　　　　　　　　　　确认（ ）
6	新增风险及控制措施	
7	试验说明	
8	报告录入人	录入时间

广州供电局110kV油浸式电力变压器预防性试验（电气部分）作业表单

表单流水号：_____

作业班组		作业开始时间		作业结束时间	
作业任务					
作业负责人		作业人员			
变电站名称		运行编号		试验性质	预试（ ）其他（ ）
天气	晴（ ）阴（ ） 雨（ ）雪（ ）	气温/℃		湿度/%	

变压器	设备型号		设备厂家		出厂日期	
	额定电压/kV		额定容量/(MV·A)		出厂编号	

高压侧套管	相别	型号	制造厂	出厂编号	出厂日期
	A				
	B				
	C				
	O				

一、作业前准备

1. 出发前准备	试验仪器/仪表	兆欧表、直流电阻测试仪、介质损耗测试仪等，对仪器/仪表通电检查正常并确认在有效期内	确认（ ）
	资料	上次试验报告，被试设备的缺陷记录和相关的检修记录	确认（ ）
	材料、工具	接地线、测量导线、手工具、安全工器具等，检查安全工器具外观是否完好并在有效期内	确认（ ）
2. 办理作业许可手续		工作负责人办理工作票，并确定现场安全措施符合作业要求	确认（ ）
3. 风险	走错间隔，触电伤亡	负责人带领进入作业现场，核对设备名称和编号	确认（ ）
	接取电源，触电伤亡	确认漏电保护开关正常，禁止用导线在插座上取电源	确认（ ）
	高处坠落伤亡	穿防滑鞋、系安全带	确认（ ）
4. 作业前安全交底		作业人员清楚工作任务、周围设备的带电情况、作业环境情况	确认（ ）

二、作业过程

（1）测量绝缘电阻、测量绕组连同套管、电容型套管的 $\tan\delta$、电容量

风险	控制措施
误碰带电部分触电伤亡	做好监护，防止人员接近仪器高压输出部分　确认（　）
漏恢复套管末屏接地，运行中放电损坏	做好检查，必要时使用万用表检查　确认（　）

仪器/仪表规范	名称	型号	厂家	编号	有效日期

作业标准	选择兆欧表	变压器本体：5 000V（不小于 3mA）；铁芯及夹件、套管末屏对地：2 500V
	变压器本体测量绝缘电阻、吸收比或极化指数	1）同一温度下，与出厂相比应无显著变化，一般不低于 70% 2）常温下吸收比≥1.3；极化指数≥1.5 3）绝缘电阻大于 10 000MΩ 时，吸收比≥1.1 或极化指数≥1.3
	铁芯及夹件绝缘电阻	与以前测试结果相比无显著差别
	接线方式及试验电压	绕组连同套管 $\tan\delta$：反接法；套管的 $\tan\delta$：正接法；试验电压：10kV
	套管 $\tan\delta$、电容量	20℃时 110kV：$\tan\delta\leqslant1\%$，电容量偏差≤±5%
	测量绕组连同套管	20℃时 $\tan\delta\leqslant0.8\%$

作业记录	确认（　）				顶层油温/℃					
位置	R_{15s}	R_{60s}	R_{600s}	吸收比	极化指数	R_{15s}(20℃)	R_{60s}(20℃)	R_{600s}(20℃)	$\tan\delta$/%	(20℃)$\tan\delta$/%	C_X/pF
高－中低地											
中－高低地											
低－高中地											

铁芯对夹件、地绝缘电阻/MΩ			夹件对铁芯、地绝缘电阻/MΩ		

高压套管	相别	$\tan\delta$/%	C_X/pF	铭牌电容/pF	电容相差/%	末屏绝缘电阻/MΩ	末屏$\tan\delta$/%

备注	

（2）测量绕组直流电阻

风险	控制措施			
残余电荷，触电受伤	更改试验接线前、试验时突然断电后必须对测试绕组进行充分放电 确认（　）			
仪器/仪表 规范	名称	型号	厂家	编号	有效日期

仪器/仪表 规范	名称	型号	厂家	编号	有效日期

作业标准	选择测试 电流值	一般选用 3～40A 的电流输出值
	测量值判断	1）1 600kV·A 以上的变压器，各相绕组电阻相互间的差别不应大于三相平均值的 2%，无中性点引出的绕组，线间差别不应大于三相平均值的 1% 2）1 600kV·A 及以下的变压器，相间差别一般不大于三相平均值的 4%，线间差别一般不大于三相平均值的 2% 3）与以前相同部位测得值比较，其变化不应大于 2%

作业记录				确认（　）	顶层油温/℃				
高压侧 /mΩ	分接 位置	A－O	B－O	C－O	最大相 间差/%	分接 位置	A－O	B－O	C－O	最大相 差/%
中压侧 /mΩ	$A_m－O_m$	$B_m－O_m$	$C_m－O_m$	最大相 间差/%	低压侧 /mΩ	ab（　） ax（　）	bc（　） by（　）	ac（　） cz（　）	最大相 差/%
备　注									

三、作业终结

1	试验结果	合格（　）、不合格（　）、缺陷（　）、待查（　）
2	检查套管末屏已恢复接地、铁芯和夹件接地	确认接地接触良好，必要时使用万用表测量，检查无遗漏 确认（　）
3	检查有载分接开关	确认有载分接开关恢复到试验前状态　　　　　　　确认（　）
4	清理、撤离现场	拆除试验电源，将仪器、工具、材料等搬离现场　　确认（　）
5	结束工作	办理工作终结手续　　　　　　　　　　　　　　　确认（　）
6	新增风险及控制措施	
7	试验说明	
8	报告录入人		录入时间	

广州供电局 500kV 电容式电压互感器预防性试验（电气部分）作业表单

表单流水号：_____

作业班组		作业开始时间		作业结束时间	
作业任务					
作业负责人		作业人员			
变电站名称		运行编号		试验性质	预试（ ）其他（ ）
天气	晴（ ）阴（ ） 雨（ ）雪（ ）	气温/℃		湿度/%	
互感器	相别	型号	制造厂	出厂编号	出厂日期
	A				
	B				
	C				

一、作业前准备

1. 出发前准备	试验仪器/仪表	兆欧表、介质损耗测试仪等，对仪器/仪表通电检查正常并确认在有效期内	确认（ ）
	资料	上次试验报告，被试设备的缺陷记录和相关的检修记录	确认（ ）
	材料、工具	接地线、测量导线、手工具、安全工器具，检查安全工器具外观是否完好并确认在有效期内	确认（ ）
2. 办理作业许可手续		工作负责人办理工作票，并确定现场安全措施符合作业要求	确认（ ）
3. 风险	走错间隔，触电伤亡	负责人带领进入作业现场，核对设备名称和编号	确认（ ）
	接取试验电源，触电伤亡	确认漏电保护开关正常，禁止用导线在插座上取电源	确认（ ）
	试验接线，高处坠落伤亡	穿防滑鞋、系安全带，必要时使用高空车	确认（ ）
4. 作业前安全交底		作业人员清楚工作任务、周围设备的带电情况、作业环境情况	确认（ ）

二、作业过程

（1）测量绝缘电阻

风险	控制措施				
高压或残余电荷触电	测试前后放电，设专人监护，并呼唱				确认（　　）
举杆碰坏瓷瓶	设专人监护，必要时两人举杆				确认（　　）
仪器/仪表规范	名称	型号	厂家	编号	有效日期
作业标准	兆欧表电压选择	极间 2 500V；低压端对地 1 000V			
	绝缘电阻	极间一般不低于 5 000MΩ；低压端对地一般不低于 100MΩ			
作业记录					确认（　　）

单位：MΩ	C_{11}	C_{12}	C_{13}	C_{14}	C_2	低压端对地
A						
B						
C						
备注						

（2）测量 $\tan\delta$、电容量

风险	控制措施	
升压过程，高压触电	做好监护，防止人员接近仪器高压输出部分	确认（　　）
自激法损坏电磁单元	断开二次侧空气开关；在 da、dn 绕组加压；输入电流不大于 10A	确认（　　）
举杆碰坏瓷瓶	设专人监护，必要时两人举杆	确认（　　）
仪器/仪表规范	名称　　型号　　厂家　　编号　　有效日期	
作业标准	接线方式及试验电压	C_{11}采用屏蔽反接法，试验电压 10kV（当对数值有怀疑时可拆引线正接法测量） C_{12}、C_{13}采用正接法，试验电压 10kV C_{14}、C_2采用自激法，试验电压不超过 2kV（若分压 PT 有接地刀闸可采用反接法）
	电容量	每节电容值偏差不超出额定值的 -5%～+10% 范围 电容值与出厂值相比，增加量超过 +2% 时，应缩短试验周期 由多节电容器组成的同一相，任何两节电容器的实测电容值相差不超过 5%
	$\tan\delta$	油纸绝缘不大于 0.5%，膜纸复合绝缘不大于 0.4%
作业记录		确认（　　）

续表

相别	位置	铭牌电容/pF	C_X /pF	tanδ /%	电容差 /%	接线方法
A 相	C_{11}					自激法（ ） 正接法（ ） 反接法（ ）
	C_{12}					自激法（ ） 正接法（ ） 反接法（ ）
	C_{13}					自激法（ ） 正接法（ ） 反接法（ ）
	C_{14}					自激法（ ） 正接法（ ） 反接法（ ）
	C_2					自激法（ ） 正接法（ ） 反接法（ ）
B 相	C_{11}					自激法（ ） 正接法（ ） 反接法（ ）
	C_{12}					自激法（ ） 正接法（ ） 反接法（ ）
	C_{13}					自激法（ ） 正接法（ ） 反接法（ ）
	C_{14}					自激法（ ） 正接法（ ） 反接法（ ）
	C_2					自激法（ ） 正接法（ ） 反接法（ ）
C 相	C_{11}					自激法（ ） 正接法（ ） 反接法（ ）
	C_{12}					自激法（ ） 正接法（ ） 反接法（ ）
	C_{13}					自激法（ ） 正接法（ ） 反接法（ ）
	C_{14}					自激法（ ） 正接法（ ） 反接法（ ）
	C_2					自激法（ ） 正接法（ ） 反接法（ ）
备注						

三、作业终结

1	试验结果	A 相	合格（ ）、不合格（ ）、缺陷（ ）、待查（ ）
		B 相	合格（ ）、不合格（ ）、缺陷（ ）、待查（ ）
		C 相	合格（ ）、不合格（ ）、缺陷（ ）、待查（ ）
2	恢复低压端接地	确认接地接触良好，检查无遗漏	确认（ ）
3	清理、撤离现场	拆除试验电源，将仪器、工具、材料等搬离现场	确认（ ）
4	结束工作	办理工作终结手续	确认（ ）
5	新增风险及控制措施		
6	试验说明		
7	报告录入人		录入时间	

广州供电局220kV油浸式电磁电压互感器及避雷器预防性试验（电气部分）作业表单

表单流水号：＿＿＿＿＿＿＿＿＿＿＿

作业班组		作业开始时间		作业结束时间	
作业任务					
作业负责人		作业人员			
变电站名称		运行编号		试验性质	预试（　　　） 其他（　　　）
天气	晴（　）阴（　） 雨（　）雪（　）	气温/℃		湿度/%	

一、作业前准备

1. 出发前准备	试验仪器/仪表	兆欧表、介质损耗测试仪、直流高压发生器、微安表、放电计数器检验仪等，对仪器/仪表通电检查正常并确认在有效期内	确认（　　）
	资料	上次试验报告，被试设备的缺陷记录和相关的检修记录	确认（　　）
	材料、工具	接地线、测量导线、手工具、安全工器具，检查安全工器具外观完好并确认在有效期内	确认（　　）
2. 办理作业许可手续		工作负责人办理工作票，并确定现场安全措施符合作业要求	确认（　　）
3. 风险	走错间隔，触电伤亡	负责人带领进入作业现场，核对设备名称和编号	确认（　　）
	接取电源，触电伤亡	确认漏电保护开关正常，禁止用导线在插座上取电源	确认（　　）
	接线，高处坠落伤亡	穿防滑鞋、系安全带	确认（　　）
4. 作业前安全交底		作业人员清楚工作任务、周围设备的带电情况、作业环境情况	确认（　　）

二、作业过程

（1）电压互感器

	相别	型号	制造厂	出厂编号	出厂日期
互感器	A				
	B				
	C				

风险	控制措施	
二次反供电触电	确认二次侧空气开关或熔断器已切开	确认（　　）
高压或残余电荷触电	测试前后放电，设专人监护，并呼唱	确认（　　）
高压引线触碰带电设备	绳索固定	确认（　　）
举杆碰坏瓷瓶	设专人监护，必要时两人举杆	确认（　　）

| 升压过程，高压触电 | 做好监护，防止人员接近仪器高压输出部分 | | | 确认（　） |
| 电压过高损坏互感器 | 反接法时试验电压不超过 2 500V | | | 确认（　） |

仪器/仪表	名称	型号	厂家	编号	有效日期

作业标准	接线方式及试验电压	一般采用反接法，对测试结果有疑问时可采用末端屏蔽法、支架介质损耗因数测量法等；测试结果前后对比宜采用同一试验方法
	tanδ	1）介损值不大于下表要求 | 温度/℃	5	10	20	30	40
---	---	---	---	---	---
tanδ/%	1.5	2.0	2.5	4.0	5.5	 2）与历次试验结果相比无明显变化 3）支架绝缘 tanδ 一般不大于6%

作业记录					确认（　）
相别	一次－二次绝缘/MΩ	tanδ/%	C_X/pF	接线方法	
A 相				反接法（　）、末端屏蔽法（　）、其他：＿＿＿＿＿	
B 相				反接法（　）、末端屏蔽法（　）、其他：＿＿＿＿＿	
C 相				反接法（　）、末端屏蔽法（　）、其他：＿＿＿＿＿	
备注					

（2）避雷器

相别	设备型号	设备厂家	U_1mA/kV	出厂编号	出厂日期
A				上节	
				下节	
B				上节	
				下节	
C				上节	
				下节	

风险	控制措施	
高处坠落	穿防滑鞋、系安全带，专人扶梯	确认（　）
触电伤亡	专人监护并呼唱，加压前后必须充分放电	确认（　）
触电受伤	注意与放电棒高压端保持距离	确认（　）

仪器/仪表规范	名称	型号	厂家	编号	有效日期

作业标准	绝缘电阻	避雷器绝缘电阻≥2 500MΩ，底座绝缘电阻≥5MΩ
	U_{1mA}电压	U_{1mA}实测值与初始值或制造厂规定值比较，变化不应大于±5%
	泄漏电流	0.75 U_{1mA}下的泄漏电流不应大于50μA
	计数器动作情况	测试3～5次，均应正常动作

作业记录　　　　　　　　　　　　　　　　　　　　　　　　确认（　）

相别	项目	绝缘电阻/MΩ		U_{1mA}/kV	$I_{0.75\,U_{1mA}}$/μA	计数器
		避雷器	底座			
A	上节					正常（　）/不正常（　）
	下节					
B	上节					正常（　）/不正常（　）
	下节					
C	上节					正常（　）/不正常（　）
	下节					
备注						

三、作业终结

1	试验结果	合格（　）、不合格（　）、缺陷（　）、待查（　）	
2	恢复低压端接地	确保接地接触良好，高压引线恢复，检查无遗漏	确认（　）
3	清理、撤离现场	拆除试验电源，将仪器、工具、材料等搬离现场	确认（　）
4	结束工作	办理工作终结手续	确认（　）
5	新增风险及控制措施		
6	试验说明		
7	报告录入人	录入时间	

广州供电局220kV电容式电压互感器及避雷器预防性试验（电气部分）作业表单

表单流水号：_____

作业班组		作业开始时间		作业结束时间	
作业任务					
作业负责人		作业人员			
变电站名称		运行编号		试验性质	预试（　） 其他（　）
天气	晴（　）阴（　） 雨（　）雪（　）	气温/℃		湿度/%	

一、作业前准备

1. 出发前 准备	试验仪器/ 仪表	兆欧表、介质损耗测试仪等，对仪器/仪表通电检查正常并确认在有效期内	确认（　）
	资料	上次试验报告，被试设备的缺陷记录和相关的检修记录	确认（　）
	材料、工具	接地线、测量导线、手工具、安全工器具，检查安全工器具外观完好并确认在有效期内	确认（　）
2. 办理作业许可手续		工作负责人办理工作票，并确定现场安全措施符合作业要求	确认（　）
3. 风险	走错间隔，触电伤亡	负责人带领进入作业现场，核对设备名称和编号	确认（　）
	接取试验电源，触电伤亡	确认漏电保护开关正常，禁止用导线在插座上取电源	确认（　）
	解一次引线，高处坠落	穿防滑鞋、系安全带，专人扶梯	确认（　）
4. 作业前安全交底		作业人员清楚工作任务、周围设备的带电情况、作业环境情况	确认（　）

二、作业过程

（1）电容式电压互感器

	相别	型号	制造厂	出厂编号	出厂日期
电容式电 压互感器	A				
	B				
	C				

风险	控制措施	
高压或残余电荷触电	测试前后放电，设专人监护，并呼唱	确认（　）
高压引线触碰带电设备	绳索固定	确认（　）
升压过程，高压触电	做好监护，防止人员接近仪器高压输出部分	确认（　）
自激法损坏电磁单元	断开二次侧空气开关，用da、dn加压，输入电流不大于10A	确认（　）

续表

仪器/仪表	名称	型号	厂家	编号	有效日期

作业标准	兆欧表电压选择	极间 2 500V；低压端对地：1 000V
	绝缘电阻	极间一般不低于 5 000MΩ；低压端对地一般不低于 100MΩ
	接线方式及试验电压	C_{11}、C_2 采用自激法，试验电压不超过 2kV；若有试验抽头引出可采用正接法，若分压 PT 有接地刀闸可采用反接法
	电容量	不超出额定值的 -5%～+10% 范围，与出厂值相比超过 +2% 时，应缩短试验周期
	tanδ	油纸绝缘不大于 0.5%，膜纸复合绝缘不大于 0.4%

作业记录　　　　　　　　　　　　　　　　　　　　确认（　）

相别	项目	绝缘电压/MΩ	铭牌电容/pF	C_X/pF	tanδ/%	电容相差/%	接线方法
A	C_{11}						自激法（　）正接法（　）反接法（　）
	C_{12}						自激法（　）正接法（　）反接法（　）
	C_2						自激法（　）正接法（　）反接法（　）
B	C_{11}						自激法（　）正接法（　）反接法（　）
	C_{12}						自激法（　）正接法（　）反接法（　）
	C_2						自激法（　）正接法（　）反接法（　）
C	C_{11}						自激法（　）正接法（　）反接法（　）
	C_{12}						自激法（　）正接法（　）反接法（　）
	C_2						自激法（　）正接法（　）反接法（　）
备注							

（2）避雷器

相别	设备型号	设备厂家	U_{1mA}/kV	出厂编号	出厂日期
A					
B					
C					

风险	控制措施	
高压引线触碰带电设备	绳索固定	
高处坠落	穿防滑鞋、系安全带，专人扶梯	确认（　）
触电伤亡	专人监护并呼唱，加压前后必须充分放电	确认（　）
触电受伤	注意与放电棒高压端保持距离	确认（　）

续表

仪器/仪表规范	名称	型号	厂家	编号	有效日期

作业标准	绝缘电阻	避雷器绝缘电阻≥2 500MΩ，底座绝缘电阻≥5MΩ
	U_{1mA}	U_{1mA}实测值与初始值或制造厂规定值比较，变化不应大于±5%
	泄漏电流	0.75 U_{1mA}下的泄漏电流不应大于50μA
	计数器动作情况	测试3～5次，均应正常动作

作业记录   确认（ ）

相别 \ 项目	绝缘电阻/MΩ		U_{1mA}/kV	$I_{0.75 U_{1mA}}$/μA	计数器
	避雷器	底座			
A					正常（ ）/不正常（ ）
B					正常（ ）/不正常（ ）
C					正常（ ）/不正常（ ）
备注					

三、作业终结

1	试验结果	合格（ ）、不合格（ ）、缺陷（ ）、待查（ ）	
2	恢复低压端接地	确保接地接触良好，高压引线恢复，检查无遗漏	确认（ ）
3	清理、撤离现场	拆除试验电源，将仪器、工具、材料等搬离现场	确认（ ）
4	结束工作	办理工作终结手续	确认（ ）
5	新增风险及控制措施		
6	试验说明		
7	报告录入人		录入时间	

广州供电局110kV油浸式电磁电压互感器及避雷器预防性试验（电气部分）作业表单

表单流水号：_____

作业班组		作业开始时间		作业结束时间	
作业任务					
作业负责人		作业人员			
变电站名称		运行编号		试验性质	预试（　） 其他（　）
天气	晴（　）阴（　） 雨（　）雪（　）	气温/℃		湿度/%	

一、作业前准备

1. 出发前准备	试验仪器/仪表	兆欧表、介质损耗测试仪、直流高压发生器、微安表、放电计数器检验仪等，对仪器/仪表通电检查正常并确认在有效期内	确认（　）
	资料	上次试验报告，被试设备的缺陷记录和相关的检修记录	确认（　）
	材料、工具	接地线、测量导线、手工具、安全工器具，检查安全工器具外观完好并确认在有效期内	确认（　）
2. 办理作业许可手续		工作负责人办理工作票，并确定现场安全措施符合作业要求	确认（　）
3. 风险	走错间隔，触电伤亡	负责人带领进入作业现场，核对设备名称和编号	确认（　）
	接取电源，触电伤亡	确认漏电保护开关正常，禁止用导线在插座上取电源	确认（　）
	接线，高处坠落伤亡	穿防滑鞋、系安全带	确认（　）
4. 作业前安全交底		作业人员清楚工作任务、周围设备的带电情况、作业环境情况	确认（　）

二、作业过程

（1）电压互感器

	相别	型号	制造厂	出厂编号	出厂日期
互感器	A				
	B				
	C				

风险	控制措施	
二次反供电触电	确认二次侧空气开关或熔断器已切开	确认（　）
高压或残余电荷触电	测试前后放电，设专人监护，并呼唱	确认（　）

续表

高压引线触碰带电设备	绳索固定	确认（ ）
举杆碰坏瓷瓶	设专人监护，必要时两人举杆	确认（ ）
升压过程，高压触电	做好监护，防止人员接近仪器高压输出部分	确认（ ）
电压过高损坏互感器	反接法时试验电压不超过 2 500V	确认（ ）

仪器/仪表规范	名称	型号	厂家	编号	有效日期

作业标准	接线方式及试验电压	一般采用反接法，对测试结果有疑问时可采用末端屏蔽法、支架介质损耗因数测量法等；测试结果前后对比宜采用同一试验方法
	$\tan\delta$	1）介损值不大于下表要求 表格见下 2）与历次试验结果相比无明显变化 3）支架绝缘 $\tan\delta$ 一般不大于 6%

温度/℃	5	10	20	30	40
$\tan\delta$/%	1.5	2.0	2.5	4.0	5.5

作业记录				确认（ ）

相别	一次－二次绝缘/MΩ	$\tan\delta$/%	C_X/pF	接线方法
A 相				反接法（ ）、末端屏蔽法（ ）、其他：_____
B 相				反接法（ ）、末端屏蔽法（ ）、其他：_____
C 相				反接法（ ）、末端屏蔽法（ ）、其他：_____
备注				

（2）避雷器

相别	设备型号	设备厂家	U_{1mA}/kV	出厂编号	出厂日期
A				上节	
				下节	
B				上节	
				下节	
C				上节	
				下节	

风险	控制措施	
高处坠落	穿防滑鞋、系安全带，专人扶梯	确认（ ）
触电伤亡	专人监护并呼唱，加压前后必须充分放电	确认（ ）
触电受伤	注意与放电棒高压端保持距离	确认（ ）

仪器/仪表规范	名称	型号	厂家	编号	有效日期

作业标准	绝缘电阻	避雷器绝缘电阻≥2 500MΩ，底座绝缘电阻≥5MΩ
	U_{1mA}	U_{1mA}实测值与初始值或制造厂规定值比较，变化不应大于±5%
	泄漏电流	0.75 U_{1mA}下的泄漏电流不应大于50μA
	计数器动作情况	测试3～5次，均应正常动作

作业记录 　　　　　　　　　　　　　　　　　　　　　　　确认（　）

项目　　　　相别	绝缘电阻/MΩ		U_{1mA}/kV	$I_{0.75\,U_{1mA}}$ /μA	计数器
	避雷器	底座			
A	上节				正常（　）/不正常（　）
	下节				
B	上节				正常（　）/不正常（　）
	下节				
C	上节				正常（　）/不正常（　）
	下节				
备注					

三、作业终结

1	试验结果	合格（　）、不合格（　）、缺陷（　）、待查（　）	
2	恢复低压端接地	确保接地接触良好，高压引线恢复，检查无遗漏	确认（　）
3	清理、撤离现场	拆除试验电源，将仪器、工具、材料等搬离现场	确认（　）
4	结束工作	办理工作终结手续	确认（　）
5	新增风险及控制措施		
6	试验说明		
7	报告录入人	录入时间	

广州供电局110kV电容式电压互感器及避雷器预防性试验（电气部分）作业表单

表单流水号：_____

作业班组		作业开始时间		作业结束时间	
作业任务					
作业负责人		作业人员			
变电站名称		运行编号		试验性质	预试（　） 其他（　）
天气	晴（　）阴（　） 雨（　）雪（　）	气温/℃		湿度/%	

一、作业前准备

1. 出发前准备	试验仪器/仪表	兆欧表、介质损耗测试仪等，对仪器/仪表通电检查正常并确认在有效期内	确认（　）
	资料	上次试验报告，被试设备的缺陷记录和相关的检修记录	确认（　）
	材料、工具	接地线、测量导线、手工具、安全工器具，检查安全工器具外观完好并确认在有效期内	确认（　）
2. 办理作业许可手续		工作负责人办理工作票，并确定现场安全措施符合作业要求	确认（　）
3. 风险	走错间隔，触电伤亡	负责人带领进入作业现场，核对设备名称和编号	确认（　）
	接取试验电源，触电伤亡	确认漏电保护开关正常，禁止用导线在插座上取电源	确认（　）
	解一次引线，高处坠落	穿防滑鞋、系安全带，专人扶梯	确认（　）
4. 作业前安全交底		作业人员清楚工作任务、周围设备的带电情况、作业环境情况	确认（　）

二、作业过程

（1）电容式电压互感器

	相别	型号	制造厂	出厂编号	出厂日期
电容式电压互感器	A				
	B				
	C				

风险	控制措施	
高压或残余电荷触电	测试前后放电，设专人监护，并呼唱	确认（　）
高压引线触碰带电设备	绳索固定	确认（　）
升压过程，高压触电	做好监护，防止人员接近仪器高压输出部分	确认（　）
自激法损坏电磁单元	断开二次侧空气开关，在da、dn绕组加压，输入电流≤10A	确认（　）

仪器/仪表	名称	型号	厂家	编号	有效日期

作业标准	兆欧表电压选择	极间 2 500V；低压端对地 1 000V
	绝缘电阻	极间一般不低于 5 000MΩ；低压端对地一般不低于 100MΩ
	接线方式及试验电压	C_1、C_2 采用自激法，试验电压不超过 2kV；若有试验抽头引出可采用正接法，若分压 PT 有接地刀闸可采用反接法
	电容量	不超出额定值的 $-5\%\sim+10\%$ 范围，与出厂值相比超过 $+2\%$ 时，应缩短试验周期
	$\tan\delta$	油纸绝缘不大于 0.5%，膜纸复合绝缘不大于 0.4%

作业记录　　　　　　　　　　　　　　　　　　　　　　　　　　　　　确认（　　）

相别	项目	绝缘电阻 /MΩ	铭牌电容 /pF	C_X /pF	$\tan\delta$ /%	电容相差 /%	接线方法
A	C_1						自激法（　）正接法（　）反接法（　）
	C_2						自激法（　）正接法（　）反接法（　）
B	C_1						自激法（　）正接法（　）反接法（　）
	C_2						自激法（　）正接法（　）反接法（　）
C	C_1						自激法（　）正接法（　）反接法（　）
	C_2						自激法（　）正接法（　）反接法（　）
备注							

（2）避雷器

相别	设备型号	设备厂家	U_{1mA}/kV	出厂编号	出厂日期
A					
B					
C					

风险	控制措施	
高压引线触碰带电设备	绳索固定	
高处坠落	穿防滑鞋、系安全带，专人扶梯	确认（　　）
触电伤亡	专人监护并呼唱，加压前后必须充分放电	确认（　　）
触电受伤	注意与放电棒高压端保持距离	确认（　　）

续表

仪器/仪表规范	名称	型号	厂家	编号	有效日期

作业标准	绝缘电阻	本体绝缘电阻≥2 500MΩ，底座绝缘电阻≥5MΩ
	U_{1mA}	U_{1mA}实测值与初始值或制造厂规定值比较，变化不应大于±5%
	泄漏电流	$0.75U_{1mA}$下的泄漏电流不应大于50μA
	计数器动作情况	测试3～5次，均应正常动作

作业记录　　　　　　　　　　　　　　　　　　　　　　　　　　　　　确认（　）

相别＼项目	绝缘电阻/MΩ		U_{1mA}/kV	$I_{0.75U_{1mA}}$/μA	计数器
	避雷器	底座			
A					正常（　）/不正常（　）
B					正常（　）/不正常（　）
C					正常（　）/不正常（　）
备注					

三、作业终结

1	试验结果	合格（　）、不合格（　）、缺陷（　）、待查（　）	
2	恢复低压端接地	确保接地接触良好，高压引线恢复，检查无遗漏	确认（　）
3	清理、撤离现场	拆除试验电源，将仪器、工具、材料等搬离现场	确认（　）
4	结束工作	办理工作终结手续	确认（　）
5	新增风险及控制措施		
6	试验说明		
7	报告录入人	录入时间	

广州供电局220kV耦合电容器及避雷器预防性试验（电气部分）作业表单

表单流水号：＿＿＿＿＿＿＿

作业班组		作业开始时间		作业结束时间	
作业任务					
作业负责人		作业人员			
变电站名称		运行编号		试验性质	预试（　） 其他（　）
天气	晴（　）阴（　） 雨（　）雪（　）	气温/℃		湿度/%	

一、作业前准备

1. 出发前准备	试验仪器/仪表	兆欧表、介质损耗测试仪等，对仪器/仪表通电检查正常并确认在有效期内	确认（　）
	资料	上次试验报告，被试设备的缺陷记录和相关的检修记录	确认（　）
	材料、工具	接地线、测量导线、手工具、安全工器具，检查安全工器具外观完好并确认在有效期内	确认（　）
2. 办理作业许可手续		工作负责人办理工作票，并确定现场安全措施符合作业要求	确认（　）
3. 风险	走错间隔，触电伤亡	负责人带领进入作业现场，核对设备名称和编号	确认（　）
	接取试验电源，触电伤亡	确认漏电保护开关正常，禁止用导线在插座上取电源	确认（　）
	解一次引线，高处坠落	穿防滑鞋、系安全带，专人扶梯	确认（　）
4. 作业前安全交底		作业人员清楚工作任务、周围设备的带电情况、作业环境情况	确认（　）

二、作业过程

（1）耦合电容器

	相别	型号	制造厂	出厂编号	出厂日期
耦合电容器	A				
	B				
	C				

风险	控制措施	
高压或残余电荷触电	测试前后放电，设专人监护，并呼唱	确认（　）
高压引线触碰带电设备	绳索固定	确认（　）
升压过程，高压触电	做好监护，防止人员接近仪器高压输出部分	确认（　）

续表

仪器/仪表	名称	型号	厂家	编号	有效日期

作业标准		
	兆欧表电压选择	极间 2 500V；低压端对地：1 000V
	绝缘电阻	极间一般不低于 5 000MΩ；低压端对地一般不低于 100MΩ
	接线方式及试验电压	C_{12}、C_2 采用自激法，试验电压不超过 2kV；若有试验抽头引出可采用正接法，若分压 PT 有接地刀闸可采用反接法
	电容量	不超出额定值的 $-5\% \sim +10\%$ 范围，与出厂值相比超过 $+2\%$ 时，应缩短试验周期
	$\tan\delta$	油纸绝缘不大于 0.5%，膜纸复合绝缘不大于 0.4%

作业记录　　　　　　　　　　　　　　　　　　　　　　　　　　　　确认（　）

相别	项目	绝缘电阻 /MΩ	铭牌电容 /pF	C_X /pF	$\tan\delta$ /%	电容相差 /%	接线方法
A	C_{11}						自激法（　）正接法（　）反接法（　）
	C_{12}						自激法（　）正接法（　）反接法（　）
	低压端						自激法（　）正接法（　）反接法（　）
B	C_{11}						自激法（　）正接法（　）反接法（　）
	C_{12}						自激法（　）正接法（　）反接法（　）
	低压端						自激法（　）正接法（　）反接法（　）
C	C_{11}						自激法（　）正接法（　）反接法（　）
	C_{12}						自激法（　）正接法（　）反接法（　）
	低压端						自激法（　）正接法（　）反接法（　）
备注							

（2）避雷器

相别	设备型号	设备厂家	U_{1mA}/kV	出厂编号	出厂日期
A					
B					
C					

风险	控制措施	
高压引线触碰带电设备	绳索固定	
高处坠落	穿防滑鞋、系安全带，专人扶梯	确认（　）
触电伤亡	专人监护并呼唱，加压前后必须充分放电	确认（　）
触电受伤	注意与放电棒高压端保持距离	确认（　）

续表

仪器/仪表规范	名称	型号	厂家	编号	有效日期

作业标准	绝缘电阻	避雷器绝缘电阻≥2 500MΩ，底座绝缘电阻≥5MΩ
	U_{1mA}	U_{1mA}实测值与初始值或制造厂规定值比较，变化不应大于±5%
	泄漏电流	0.75U_{1mA}下的泄漏电流不应大于50μA
	计数器动作情况	测试3～5次，均应正常动作

作业记录　　　　　　　　　　　　　　　　　　　　确认（　）

项目 相别	绝缘电阻/MΩ		U_{1mA}/kV	$I_{0.75\,U_{1mA}}$/μA	计数器
	避雷器	底座			
A					正常（　）/不正常（　）
B					正常（　）/不正常（　）
C					正常（　）/不正常（　）
备注					

三、作业终结

1	试验结果	合格（　）、不合格（　）、缺陷（　）、待查（　）	
2	恢复低压端接地	确保接地接触良好，高压引线恢复，检查无遗漏	确认（　）
3	清理、撤离现场	拆除试验电源，将仪器、工具、材料等搬离现场	确认（　）
4	结束工作	办理工作终结手续	确认（　）
5	新增风险及控制措施		
6	试验说明		
7	报告录入人		录入时间

广州供电局 110kV 耦合电容器及避雷器预防性试验（电气部分）作业表单

表单流水号：＿＿＿＿＿＿＿

作业班组		作业开始时间		作业结束时间	
作业任务					
作业负责人		作业人员			
变电站名称		运行编号		试验性质	预试（ ） 其他（ ）
天气	晴（ ）阴（ ） 雨（ ）雪（ ）	气温/℃		湿度/%	

一、作业前准备

1. 出发前准备	试验仪器/仪表	兆欧表、介质损耗测试仪等，对仪器/仪表通电检查正常并确认在有效期内	确认（ ）
	资料	上次试验报告，被试设备的缺陷记录和相关的检修记录	确认（ ）
	材料、工具	接地线、测量导线、手工具、安全工器具，检查安全工器具外观完好并确认在有效期内	确认（ ）
2. 办理作业许可手续		工作负责人办理工作票，并确定现场安全措施符合作业要求	确认（ ）
3. 风险	走错间隔，触电伤亡	负责人带领进入作业现场，核对设备名称和编号	确认（ ）
	接取试验电源，触电伤亡	确认漏电保护开关正常，禁止用导线在插座上取电源	确认（ ）
	解一次引线，高处坠落	穿防滑鞋、系安全带，专人扶梯	确认（ ）
4. 作业前安全交底		作业人员清楚工作任务、周围设备的带电情况、作业环境情况	确认（ ）

二、作业过程

（1）耦合电容器

	相别	型号	制造厂	出厂编号	出厂日期
耦合电容器	A				
	B				
	C				

风险	控制措施	
高压或残余电荷触电	测试前后放电，设专人监护，并呼唱	确认（ ）
高压引线触碰带电设备	绳索固定	确认（ ）
升压过程，高压触电	做好监护，防止人员接近仪器高压输出部分	确认（ ）
误碰带电部分触电伤亡	做好监护，防止人员接近仪器高压输出部分	确认（ ）

续表

仪器/仪表规范	名称	型号	厂家	编号	有效日期

作业标准	兆欧表电压选择	极间 2 500V；低压端对地：1 000V
	绝缘电阻	极间一般不低于 5 000MΩ；低压端对地一般不低于 100MΩ
	接线方式及试验电压	C_{12}、C_2 采用自激法，试验电压不超过 2kV；若有试验抽头引出可采用正接法，若分压 PT 有接地刀闸可采用反接法
	电容量	不超出额定值的 −5%～+10% 范围，与出厂值相比超过 +2% 时，应缩短试验周期
	tanδ	油纸绝缘不大于 0.5%，膜纸复合绝缘不大于 0.4%

作业记录   确认（　）

相别	项目	绝缘电阻 /MΩ	铭牌电容 /pF	C_X /pF	tanδ /%	电容相差 /%	接线方法
A	C_{11}						自激法(　)正接法(　)反接法(　)
	低压端						自激法(　)正接法(　)反接法(　)
B	C_{11}						自激法(　)正接法(　)反接法(　)
	低压端						自激法(　)正接法(　)反接法(　)
C	C_{11}						自激法(　)正接法(　)反接法(　)
	低压端						自激法(　)正接法(　)反接法(　)
备注							

（2）避雷器

相别	设备型号	设备厂家	U_{1mA}/kV	出厂编号	出厂日期
A					
B					
C					

风险	控制措施	
高压引线触碰带电设备	绳索固定	
高处坠落	穿防滑鞋、系安全带，专人扶梯	确认（　）
触电伤亡	专人监护并呼唱，加压前后必须充分放电	确认（　）
触电受伤	注意与放电棒高压端保持距离	确认（　）

续表

仪器/仪表规范	名称	型号	厂家	编号	有效日期

作业标准	绝缘电阻	避雷器绝缘电阻≥2 500MΩ，底座绝缘电阻≥5MΩ
	U_{1mA}	U_{1mA} 实测值与初始值或制造厂规定值比较，变化不应大于±5%
	泄漏电流	0.75 U_{1mA} 下的泄漏电流不应大于 50μA
	计数器动作情况	测试 3～5 次，均应正常动作

作业记录　　　　　　　　　　　　　　　　　　　　　　　　　　　　　确认（　　）

项目相别	绝缘电阻/MΩ		U_{1mA}/kV	$I_{0.75\,U_{1mA}}$/μA	计数器
	避雷器	底座			
A					正常（　　）/不正常（　　）
B					正常（　　）/不正常（　　）
C					正常（　　）/不正常（　　）
备注					

三、作业终结

1	试验结果	合格（　　）、不合格（　　）、缺陷（　　）、待查（　　）	
2	恢复低压端接地	确保接地接触良好，高压引线恢复，检查无遗漏	确认（　　）
3	清理、撤离现场	拆除试验电源，将仪器、工具、材料等搬离现场	确认（　　）
4	结束工作	办理工作终结手续	确认（　　）
5	新增风险及控制措施		
6	试验说明		
7	报告录入人		录入时间

广州供电局110kV电容型套管预防性试验（电气部分）作业表单

表单流水号：＿＿＿＿＿＿

作业班组		作业开始时间		作业结束时间	
作业任务					
作业负责人		作业人员			
变电站名称		运行编号		试验性质	预试（　） 其他（　）
天气	晴（　）阴（　） 雨（　）雪（　）	气温/℃		湿度/%	
相别	型号	制造厂		出厂编号	出厂日期
A					
B					
C					

一、作业前准备

1. 出发前准备	试验仪器/仪表	兆欧表、介质损耗测试仪等，对仪器/仪表通电检查正常并确认在有效期内	确认（　）
	资料	上次试验报告，被试设备的缺陷记录和相关的检修记录	确认（　）
	材料、工具	接地线、测量导线、绝缘带、绝缘胶带、毛巾若干、手工具、安全工器具等，检查安全工器具外观完好并确认在有效期内	确认（　）
2. 办理作业许可手续		工作负责人办理工作票，并确定现场安全措施符合作业要求	确认（　）
3. 风险	走错间隔，触电伤亡	负责人带领进入作业现场，核对设备名称和编号	确认（　）
	接取试验电源，触电伤亡	确认漏电保护开关正常，禁止用导线在插座上取电源	确认（　）
	试验接线，高处坠落伤亡	穿防滑鞋、系安全带，必要时使用高空车	确认（　）
4. 作业前安全交底		作业人员清楚工作任务、周围设备的带电情况、作业环境情况	确认（　）

二、作业过程

（1）测量绝缘电阻

风险	控制措施			
触电受伤	设专人监护，并呼唱			确认（　）
高处坠落受伤	穿防滑鞋、系安全带，专人扶梯			确认（　）

仪器/仪表规范	名称	型号	厂家	编号	有效日期

作业标准	选择兆欧表电压	2 500V			
	绝缘电阻值	主绝缘电阻≥10 000MΩ；末屏对地绝缘电阻≥1 000MΩ			

作业记录		确认（　）
单位：MΩ	主绝缘－末屏（地）	末屏－地
A		
B		
C		
备注		

（2）测量套管 $\tan\delta$、电容量

风险	控制措施		
触电受伤	设专人监护，并呼唱		确认（　）
高处坠落受伤	穿防滑鞋、系安全带，专人扶梯		确认（　）
漏恢复套管末屏接地，运行中放电损坏	专人检查，互相提醒		确认（　）

仪器/仪表规范	名称	型号	厂家	编号	有效日期

作业标准	接线方式及试验电压	正接法，试验电压：10kV
	$\tan\delta$、电容量	20℃时油纸、气体、干式：$\tan\delta\leq1\%$，胶纸：$\tan\delta\leq1.5\%$，电容量偏差≤±5%；当套管末屏对地绝缘电阻≤1 000MΩ时，应测量末屏对地 $\tan\delta$，其值≤2%

作业记录					确认（　）
位置	主绝缘－末屏（地）				末屏对地 $\tan\delta/\%$
	C_X/pF	$\tan\delta/\%$	铭牌电容/pF	电容相差/%	
A					
B					
C					
备注					

三、作业终结

1	试验结果	合格（　）、不合格（　）、缺陷（　）、待查（　）	
2	恢复套管末屏接地	确保接地接触良好，必要时使用万用表测量，检查无遗漏	确认（　）
3	清理、撤离现场	拆除试验电源，将仪器、工具、材料等搬离现场	确认（　）
4	结束工作	办理工作终结手续	确认（　）
5	新增风险及控制措施		
6	试验说明		
7	报告录入人	录入时间	

广州供电局 500kV SF₆ 断路器及电流互感器预防性试验（电气部分）作业表单

表单流水号：_____

作业班组		作业开始时间		作业结束时间	
作业任务					
作业负责人		作业人员			
变电站名称		运行编号		试验性质	预试（ ） 其他（ ）
天气	晴（ ）阴（ ） 雨（ ）雪（ ）	气温/℃		湿度/%	

一、作业前准备

1. 出发前准备	试验仪器/仪表	回路电阻测试仪、介质损耗测试仪、兆欧表等，对仪器/仪表通电检查正常并确认在有效期内	确认（ ）
	资料	上次试验报告，被试设备的缺陷记录和相关的检修记录	确认（ ）
	材料、工具	接地线、测量导线、手工具、安全工器具等，检查安全工器具外观完好并确认在有效期内	确认（ ）
2. 办理作业许可手续		工作负责人办理工作票，并确定现场安全措施符合作业要求	确认（ ）
3. 风险	走错间隔，触电伤亡	负责人带领进入作业现场，核对设备名称和编号	确认（ ）
	接取试验电源，触电伤亡	确认漏电保护开关正常，禁止用导线在插座上取电源	确认（ ）
	试验接线，感应电伤亡，高处坠落伤亡	合上检修开关各侧地刀，戴低压绝缘手套，穿防滑鞋、系安全带，必要时使用高空车	确认（ ）
4. 作业前安全交底		作业人员清楚工作任务、周围设备的带电情况、作业环境情况	确认（ ）

二、作业过程

（1）断路器

设备型号		额定电压/kV		出厂编号	
设备厂家		额定开断电流/kA		出厂日期	
风险	控制措施				
感应电受伤	工作人员接触设备时先接地，必要时戴低压绝缘手套			确认（ ）	
高处坠落伤亡	高空车上作业必须绑安全带，高空车必须由有资质的人员操作并做好监护			确认（ ）	
触电伤亡	专人监护并呼唱，加压前后必须充分放电			确认（ ）	

仪器/仪表规范	名称	型号	厂家	编号	有效日期

作业标准	导电回路电阻值	测量值不大于制造厂规定值的120%，电流不小于100A
	电容器极间绝缘电阻	不小于5 000MΩ
	电容值	电容值偏差在额定值的±5%范围内
	$\tan\delta$	10kV试验电压下的 $\tan\delta$ 值不大于下列数值：油纸绝缘，0.5%；膜纸复合绝缘，0.4%

作业记录					确认（　）	
相别		铭牌电容量/pF	实测电容量/pF	$\tan\delta$/%	电容相差/%	回路电阻/μΩ	绝缘电阻/MΩ
A	断口1						
	断口2						
B	断口1						
	断口2						
C	断口1						
	断口2						
备注						

（2）电流互感器

相别	型号	制造厂	出厂编号	出厂日期
A				
B				
C				

风险	控制措施	
触电受伤	设专人监护，并呼唱	确认（　）
高处坠落受伤	穿防滑鞋、系安全带，专人扶梯	确认（　）
测量杆碰花瓷瓶	正确举杆，专人监护	确认（　）

仪器/仪表规范	名称	型号	厂家	编号	有效日期

作业标准	绝缘电阻值	一般不低于出厂值或初始值的 70%，电容型末屏对地绝缘电阻 ≥1 000MΩ（油、固体绝缘 CT）
	tanδ、电容量	运行中油纸主绝缘 tanδ≤0.6%，大修后 tanδ≤0.7%，且与历次数据比较不应有显著变化；电容量偏差 ≤±5%；当套管末屏对地绝缘电阻小于 1 000MΩ 时，应测量末屏对地 tanδ，其值≤2%（油绝缘 CT）
	直流电阻	与出厂值或初始值比较，应无明显差别（油、固体、气体绝缘 CT）

作业记录						确认（　）
项目 相别	一次－末屏及地绝缘电阻/MΩ	末屏－地绝缘电阻/MΩ	本体 tanδ/%	本体电容/pF	末屏对地 tanδ/%	直流电阻/μΩ
A						
B						
C						
备注						

三、作业终结

1	试验结果	合格（　）、不合格（　）、缺陷（　）、待查（　）	
2	清理、撤离现场	拆除试验电源，将仪器、工具、材料等搬离现场	确认（　）
3	结束工作	办理工作终结手续	确认（　）
4	新增风险及控制措施		
5	试验说明		
6	报告录入人		录入时间	

广州供电局220kV SF₆断路器及油浸式电流互感器预防性试验（电气部分）作业表单

表单流水号：_____

作业班组		作业开始时间		作业结束时间	
作业任务					
作业负责人		作业人员			
变电站名称		运行编号		试验性质	预试（　） 其他（　）
天气	晴（　）阴（　） 雨（　）雪（　）	气温/℃		湿度/%	

一、作业前准备

1. 出发前准备	试验仪器/仪表	兆欧表、介质损耗测试仪、直阻仪等，对仪器/仪表通电检查正常并确认在有效期内	确认（　）
	资料	上次试验报告，被试设备的缺陷记录和相关的检修记录	确认（　）
	材料、工具	接地线、测量导线、手工具、安全工器具等，检查安全工器具外观完好并确认在有效期内	确认（　）
2. 办理作业许可手续		工作负责人办理工作票，并确定现场安全措施符合作业要求	确认（　）
3. 风险	走错间隔，触电伤亡	负责人带领进入作业现场，核对设备名称和编号	确认（　）
	接取试验电源，触电伤亡	确认漏电保护开关正常，禁止用导线在插座上取电源	确认（　）
4. 作业前安全交底		作业人员清楚工作任务、周围设备的带电情况、作业环境情况	确认（　）

二、作业过程

（1）断路器

设备型号		额定电压/kV		出厂编号	
设备厂家		额定开断电流/kA		出厂日期	
风险		控制措施			
触电受伤	作业前认真核对间隔，试验接线时注意安全距离				确认（　）
高处坠落伤亡	高处作业必须使用安全带，登梯时须有人扶梯				确认（　）
仪器/仪表规范	名称	型号	厂家	编号	有效日期
	回路电阻值	测量值不大于制造厂规定值的120%			
	电容值	电容值偏差在额定值的±5%范围内			
	$\tan\delta$	10kV试验电压下的$\tan\delta$值不大于下列数值： 油纸绝缘，0.5%；膜纸复合绝缘，0.4%			

作业记录						确认（　）	
相别	位置	铭牌电容量 /pF	实测电容量 /pF	tanδ /%	电容相差 /%	绝缘电阻 /MΩ	回路电阻 /μΩ
A	断口 1						
	断口 2						
B	断口 1						
	断口 2						
C	断口 1						
	断口 2						
备注							

（2）电流互感器

相别	型号	制造厂	出厂编号	出厂日期
A				
B				
C				

风险	控制措施	
触电受伤	设专人监护，并呼唱	确认（　）
高处坠落受伤	穿防滑鞋、系安全带，专人扶梯	确认（　）
测量杆碰花瓷瓶	正确举杆，专人监护	确认（　）
漏恢复套管末屏接地，运行中放电损坏	专人检查，互相提醒	确认（　）
残余电荷，触电受伤	更改试验接线前、必须对测试绕组进行充分放电	确认（　）

仪器/仪表 规范	名称	型号	厂家	编号	有效日期

作业标准	绝缘电阻值	一般不低于出厂值或初始值的 70%，电容型末屏对地绝缘电阻 ≥1 000MΩ（油、固体绝缘 CT）
	tanδ、电容量	运行中油纸主绝缘 tanδ≤0.7%，大修后 tanδ≤0.8%，且与历次数据比较不应有显著变化；电容量偏差 ≤ ±5%；当套管末屏对地绝缘电阻小于 1 000MΩ 时，应测量末屏对地 tanδ，其值≤2%（油绝缘 CT）
	直流电阻	与出厂值或初始值比较，应无明显差别（油、固体、气体绝缘 CT）

作业记录	确认（　）

项目 相别	一次－末屏地 /MΩ	末屏－地 /MΩ	一次－末屏 tanδ/%	电容 /pF	末屏对地 tanδ/%	直流电阻 /μΩ
A						
B						
C						
备注						

三、作业终结

1	试验结果	合格（　）、不合格（　）、缺陷（　）、待查（　）	
2	恢复套管末屏接地	确保接地接触良好，检查无遗漏	确认（　）
3	清理、撤离现场	拆除试验电源，将仪器、工具、材料等搬离现场	确认（　）
4	结束工作	办理工作终结手续	确认（　）
5	新增风险及控制措施		
6	试验说明		
7	报告录入人	录入时间	

广州供电局110kV SF$_6$断路器及油浸式电流互感器预防性试验（电气部分）作业表单

表单流水号：_____

作业班组		作业开始时间		作业结束时间	
作业任务					
作业负责人		作业人员			
变电站名称		运行编号		试验性质	预试（　） 其他（　）
天气	晴（　）阴（　） 雨（　）雪（　）	气温/℃		湿度/%	

一、作业前准备

1. 出发前准备	试验仪器/仪表	兆欧表、介质损耗测试仪、直阻仪等，对仪器/仪表通电检查正常并确认在有效期内	确认（　）
	资料	上次试验报告，被试设备的缺陷记录和相关的检修记录	确认（　）
	材料、工具	接地线、测量导线、手工具、安全工器具等，检查安全工器具外观完好并确认在有效期内	确认（　）
2. 办理作业许可手续		工作负责人办理工作票，并确定现场安全措施符合作业要求	确认（　）
3. 风险	走错间隔，触电伤亡	负责人带领进入作业现场，核对设备名称和编号	确认（　）
	接取试验电源，触电伤亡	确认漏电保护开关正常，禁止用导线在插座上取电源	确认（　）
4. 作业前安全交底		作业人员清楚工作任务、周围设备的带电情况、作业环境情况	确认（　）

二、作业过程

（1）断路器

设备型号		额定电压/kV		出厂编号	
设备厂家		额定开断电流/kA		出厂日期	
风险		控制措施			
触电受伤	作业前认真核对间隔，试验接线时注意安全距离			确认（　）	
高处坠落伤亡	高处作业必须使用安全带，登梯时须有人扶梯			确认（　）	

仪器/仪表规范	名称	型号	厂家	编号	有效日期
	回路电阻值	测量值不大于制造厂规定值的120%			
	电容值	电容值偏差在额定值的±5%范围内			
	tanδ	10kV试验电压下的tanδ值不大于下列数值： 油纸绝缘，0.5%；膜纸复合绝缘，0.4%			

续表

作业记录						确认（　）	
相别	位置	铭牌电容量 /pF	实测电容量 /pF	tanδ /%	电容相差 /%	绝缘电阻 /MΩ	回路电阻 /μΩ
A	断口1						
A	断口2						
B	断口1						
B	断口2						
C	断口1						
C	断口2						
备注							

（2）电流互感器

相别	型号	制造厂	出厂编号	出厂日期
A				
B				
C				

风险	控制措施	
触电受伤	设专人监护，并呼唱	确认（　）
高处坠落受伤	穿防滑鞋、系安全带，专人扶梯	确认（　）
测量杆碰花瓷瓶	正确举杆，专人监护	确认（　）
漏恢复套管末屏接地，运行中放电损坏	专人检查，互相提醒	确认（　）
残余电荷，触电受伤	更改试验接线前，必须对测试绕组进行充分放电	确认（　）

仪器/仪表 规范	名称	型号	厂家	编号	有效日期

作业标准	绝缘电阻值	一般不低于出厂值或初始值的70%，电容型末屏对地绝缘电阻≥1 000MΩ（油、固体绝缘CT）
	tanδ、电容量	运行中油纸主绝缘 tanδ≤0.7%，大修后 tanδ≤1.0%，且与历次数据比较不应有显著变化；电容量偏差≤±5%；当套管末屏对地绝缘电阻小于 1 000 MΩ 时，应测量末屏对地 tanδ，其值≤2%（油绝缘CT）
	直流电阻	与出厂值或初始值比较，应无明显差别（油、固体、气体绝缘CT）
作业记录		确认（　）

续表

项目 相别	一次－末屏地 /MΩ	末屏－地 /MΩ	一次－末屏 tanδ/%	电容 /pF	末屏对地 tanδ/%	直流电阻 /μΩ
A						
B						
C						
备注						

三、作业终结

1	试验结果	合格（　）、不合格（　）、缺陷（　）、待查（　）	
2	恢复套管末屏接地	确保接地接触良好，检查无遗漏	确认（　）
3	清理、撤离现场	拆除试验电源，将仪器、工具、材料等搬离现场	确认（　）
4	结束工作	办理工作终结手续	确认（　）
5	新增风险及控制措施		
6	试验说明		
7	报告录入人		录入时间	

广州供电局35kV电容器组间隔预防性试验（电气部分）作业表单

表单流水号：＿＿＿＿＿＿＿

作业班组		作业开始时间		作业结束时间	
作业任务					
作业负责人		作业人员			
变电站名称		运行编号		试验性质	预试（　） 其他（　）
天气	晴（　）阴（　） 雨（　）雪（　）	气温/℃		湿度/%	

一、作业前准备

1. 出发前准备	试验仪器/仪表	电动兆欧表、回路电阻测试仪、直流高压发生器、放电计数器动作测试仪、数字式电容表或电容电桥、直阻测试仪等，对仪器/仪表通电检查正常并确认在有效期内	确认（　）
	资料	上次试验报告，被试设备的缺陷记录和相关的检修记录	确认（　）
	材料、工具	接地线、测量导线、手工具、安全工器具等，检查安全工器具外观完好并在有效期内	确认（　）
2. 办理作业许可手续		工作负责人办理工作票，并确定现场安全措施符合作业要求	确认（　）
3. 风险	走错间隔，触电伤亡	负责人带领进入作业现场，核对设备名称和编号	确认（　）
	接取试验电源，触电伤亡	确认漏电保护开关正常，禁止用导线在插座上取电源	确认（　）
4. 作业前安全交底		作业人员清楚工作任务、周围设备的带电情况、作业环境情况	确认（　）

二、作业过程

（1）真空断路器、电流互感器：有（　　　）/无（　　　）

风险	控制措施				
触电受伤	设专人监护，并呼唱				确认（　）
仪器/仪表规范	名称	型号	厂家	编号	有效日期

作业标准	绝缘电阻	选择兆欧表测试电压为 2 500V，断口和有机物制成的提升杆绝缘电阻不应低于：大修后，1 000MΩ；运行中，300MΩ
	回路电阻测试	测试电流不小于 100A，测试值不大于 1.2 倍出厂值
	$\tan\delta$、电容量	运行中油纸主绝缘 $\tan\delta \leqslant 1.0\%$，大修后 $\tan\delta \leqslant 1.0\%$，且与历次数据比较不应有显著变化；电容量偏差 $\leqslant \pm 5\%$；当套管末屏对地绝缘电阻小于 1 000MΩ 时，应测量末屏对地 $\tan\delta$，其值 $\leqslant 2\%$

记录铭牌数据						确认（　　）	
断路器型号		制造厂		编号		日期	

作业记录						确认（　　）
绝缘电阻/MΩ、回路电阻/μΩ	相别	A 相		B 相		C 相
	测试值					

电流互感器型号		制造厂		编号		日期	

电流互感器绝缘电阻及介损、电容、一次绕组直流电阻	相别	绝缘电阻/MΩ		$\tan\delta/\%$	C_X/pF	末屏 $\tan\delta/\%$	一次绕组直流电阻/mΩ
		一次绕组 – 末屏、地	末屏 – 地				
	A						
	B						
	C						

备注	

（2）氧化锌避雷器（电容器组侧）：有（　　　）/无（　　　）

风险	控制措施	
触电受伤	加压过程中设专人监护，并呼唱	确认（　　）
高处坠落受伤	穿防滑鞋、系安全带，专人扶梯	确认（　　）

仪器/仪表规范	名称	型号	厂家	编号	有效日期

作业标准	绝缘电阻	避雷器本体绝缘电阻不小于 1 000MΩ，底座绝缘电阻不小于 5MΩ
	直流泄漏	1）$U_{1\mathrm{mA}}$ 实测值与初始值或制造厂规定值比较，变化不应大于 $\pm 5\%$
		2）$0.75U_{1\mathrm{mA}}$ 下的泄漏电流不应大于 $50\mu A$
		3）放电计数器测试 3～5 次，均应正常动作

记录铭牌数据				确认（　　）
型号		厂家	出厂日期	

出厂编号	A 相		B 相		C 相	
作业记录						确认（　　）

相别	U_{1mA}/kV	$I_{0.75U_{1mA}}$/μA	本体绝缘电阻/MΩ	底座绝缘电阻/MΩ	计数器：有（　　）/无（　　）数字式（　　）/指针式（　　）	
A					（　　）→（　　）正常（　　）/不正常（　　）	
B					（　　）→（　　）正常（　　）/不正常（　　）	
C					（　　）→（　　）正常（　　）/不正常（　　）	
备注						

（3）油浸式串联电抗器：有（　　），无（　　）

风　险	控制措施	
触电受伤	设专人监护，并呼唱	确认（　　）
高处跌落	系安全带，穿防滑鞋，用梯子上下	确认（　　）

仪器/仪表规范	名称	型号	厂家	编号	有效日期

作业标准	绝缘电阻	绝缘测试采用 2 500V 兆欧表，绝缘电阻不低于 1 000MΩ（20℃）
	直流电阻	1）三相绕组间的差别不应大于三相平均值的4% 2）与上次测量值相差不大于2%

记录铭牌数据			确认（　　）
型号		厂家	
作业记录			确认（　　）

测试相别	A 相	B 相	C 相
绝缘电阻/MΩ			
直流电阻/Ω			
备　注			

（4）分体式电容器：是（　　），否（　　）

风　险	控制措施	
残余电荷或高压触电	测量前对电容器逐个多次放电	确认（　　）
高处作业跌落地面受伤	系安全带、穿防滑鞋，用梯子上下	确认（　　）

仪 器/仪 表规范	名称	型号	厂家	编号	有效日期

作业标准	极对外壳及地绝缘电阻	绝缘测试采用2 500V兆欧表，绝缘电阻不低于2 000MΩ
	电容量测试	1）偏差不超出额定值的 − 5%～ + 10% 2）电容值不应小于出厂值的95%

记录铭牌数据　　　　　　　　　　　　　　　　　　　　　　　　　　确认（　　）

整组电容器型号		厂家		出厂日期	
单个电容器型号					

作业记录　　　　　　　　　　　　　　　　　　　　　　　　　　　　确认（　　）

运行编号	设备编号	$C_{铭牌}$/μF	$C_{测试}$/μF	偏差/%	绝缘电阻/MΩ	运行编号	设备编号	$C_{铭牌}$/μF	$C_{测试}$/μF	偏差/%	绝缘电阻/MΩ
A_1						B_9					
A_2						B_{10}					
A_3						B_{11}					
A_4						B_{12}					
A_5						B_{13}					
A_6						B_{14}					
A_7						B_{15}					
A_8						B_{16}					
A_9						C_1					
A_{10}						C_2					
A_{11}						C_3					
A_{12}						C_4					
A_{13}						C_5					
A_{14}						C_6					
A_{15}						C_7					
A_{16}						C_8					
B_1						C_9					
B_2						C_{10}					
B_3						C_{11}					
B_4						C_{12}					
B_5						C_{13}					
B_6						C_{14}					
B_7						C_{15}					
B_8						C_{16}					
备注											

（5）集合式电容器：是（　　），否（　　）

风险	控制措施	
残余电荷或高压触电	测量前对电容器逐个多次放电	确认（　）
高处作业跌落地面受伤	系安全带、穿防滑鞋，用梯子上下	确认（　）

仪器/仪表规范	名称	型号	厂家	编号	有效日期

作业标准	极对外壳及地绝缘电阻	绝缘测试采用2 500V兆欧表，绝缘电阻不低于1 000MΩ
	电容量测试	每相电容值偏差值应在额定值的 - 5% ～ + 10% 的范围内，且电容值不小于出厂值的96%

记录铭牌数据			确认（　）	
型号		出厂日期		
厂家		出厂编号		

作业记录			确认（　）
位置	$C_{铭牌}/\mu F$	$C_{测试}/\mu F$	偏差/%
$A - A_1$			
$A - A_2$			
$B - B_1$			
$B - B_2$			
$C - C_1$			
$C - C_2$			
$C_总$			
备注			

三、作业终结

1	试验结果	合格（　）、不合格（　）、缺陷（　）、待查（　）	
2	清理、撤离现场	核对拆除的短路线数量；二次接线恢复后，由工作负责人对照记录，认真检查	确认（　）
		拆除试验电源，将仪器、工具、材料等搬离现场	确认（　）
3	结束工作	办理工作终结手续	确认（　）
4	新增风险及控制措施		
5	试验说明		
6	报告录入人	录入时间	

广州供电局10kV电压互感器间隔预防性试验（电气部分）作业表单

表单流水号：_____

作业班组		作业开始时间		作业结束时间	
作业任务					
作业负责人		作业人员			
变电站名称		运行编号		试验性质	预试（ ） 其他（ ）
天气	晴（ ） 阴（ ） 雨（ ） 雪（ ）	气温/℃		湿度/%	

一、作业前准备

1. 出发前 准备	试验仪器/ 仪表	兆欧表、三倍频发生器或变频装置、直流高压发生器、放电计数器动作测试仪等，对仪器/仪表通电检查正常并确认在有效期内	确认（ ）
	资料	上次试验报告，被试设备的缺陷记录和相关的检修记录	确认（ ）
	材料、工具	接地线、测量导线、手工具、安全工器具等，检查安全工器具外观完好并在有效期内	确认（ ）
2. 办理作业许可手续		工作负责人办理工作票，并确定现场安全措施符合作业要求	确认（ ）
3. 风险	走错间隔，触电伤亡	负责人带领进入作业现场，核对设备名称和编号	确认（ ）
	接取试验电源，触电伤亡	确认漏电保护开关正常，禁止用导线在插座上取电源	确认（ ）
4. 作业前安全交底		作业人员清楚工作任务、周围设备的带电情况、作业环境情况	确认（ ）

二、作业过程

（1）电压互感器

风险	控制措施				
二次反供电， 触电受伤	检查二次侧空气开关或熔断器是否已切开，设专人监护，并呼唱				确认（ ）
仪器/仪表规范	名称	型号	厂家	编号	有效日期

作业标准	试验仪器输出电压及容量	三倍频发生器或变频装置变频发生器应能够产生150Hz电源，容量不低于2kV·A
	绝缘电阻	同一温度下，与出厂值相比应无显著变化，一般不低于上次值的70%
	耐压试验	1）试验电压值按出厂试验的0.8倍 2）半绝缘电压互感器进行感应耐压试验，频率一般采用150Hz，耐压时间为$t = 6\,000/f$，但不得低于20s

记录铭牌数据						确认（　）	
型号		厂家			出厂日期		
出厂编号	A相		B相			C相	

作业记录　　　　　　　　　　　　　　　　　　　　　　　　　　　　确认（　）

相别	绕组绝缘电阻/MΩ				交流耐压		
	一次–二次、地	1a1n–其他、地	2a2n–其他、地	dadn–其他、地	电压/kV	时间/s	结论
A							
B							
C							
备注							

（2）氧化锌避雷器：有（　　　）/无（　　　）

风险	控制措施				
触电受伤	加压过程中设专人监护，并呼唱　　　　　　　　　　　　　　确认（　）				
仪器/仪表规范	名称	型号	厂家	编号	有效日期

作业标准	绝缘电阻	避雷器本体绝缘电阻不小于1 000MΩ，底座绝缘电阻不小于5MΩ
	直流泄漏	1）U_{1mA}实测值与初始值或制造厂规定值比较，变化不应大于±5% 2）0.75U_{1mA}下的泄漏电流不应大于50μA 3）放电计数器测试3～5次，均应正常动作

记录铭牌数据						确认（　）	
型号		厂家			出厂日期		
出厂编号	A相		B相			C相	

作业记录　　　　　　　　　　　　　　　　　　　　　　　　　　　　确认（　）

相别	U_{1mA}/kV	$I_{0.75U_{1mA}}$/μA	本体绝缘电阻/MΩ	底座绝缘电阻/MΩ	计数器:有( )/无( ) 数字式( )/指针式( )
A					( )→( )次,正常( )/ 不正常( )
B					( )→( )次,正常( )/ 不正常( )
C					( )→( )次,正常( )/ 不正常( )
备注					

三、作业终结

1	试验结果	合格( )、不合格( )、缺陷( )、待查( )	
2	拆除试验短路线、恢复二次接线	核对拆除的短路线数量;二次接线恢复后,由工作负责人对照记录,认真检查	确认( )
3	清理、撤离现场	拆除试验电源,将仪器、工具、材料等搬离现场	确认( )
4	结束工作	办理工作终结手续	确认( )
5	新增风险及控制措施		
6	试验说明		
7	报告录入人		录入时间	

广州供电局10kV接地变及电阻柜预防性试验（电气部分）作业表单

表单流水号：_____

作业班组		作业开始时间		作业结束时间	
作业任务					
作业负责人		作业人员			
变电站名称		运行编号		试验性质	预试（ ） 其他（ ）
天气	晴（ ）阴（ ） 雨（ ）雪（ ）	气温/℃		湿度/%	

一、作业前准备

1. 出发前准备	试验仪器/仪表	电动兆欧表、交流耐压试验装置、变压器直阻测试仪等，对仪器/仪表通电检查正常并确认在有效期内	确认（ ）
	资料	上次试验报告，被试设备的缺陷记录和相关的检修记录	确认（ ）
	材料、工具	接地线、测量导线、手工具、安全工器具等，检查安全工器具外观完好并在有效期内	确认（ ）
2. 办理作业许可手续		工作负责人办理工作票，并确定现场安全措施符合作业要求	确认（ ）
3. 风险	走错间隔，触电伤亡	负责人带领进入作业现场，核对设备名称和编号	确认（ ）
	接取试验电源，触电伤亡	确认漏电保护开关正常，禁止用导线在插座上取电源	确认（ ）
4. 作业前安全交底		作业人员清楚工作任务、周围设备的带电情况、作业环境情况	确认（ ）

二、作业过程

（1）接地变

风险	控制措施				
触电受伤	设专人监护，并呼唱				确认（ ）
仪器/仪表规范	名称	型号	厂家	编号	有效日期

	绝缘电阻	一般不低于上次值的70%		
作业标准	交流耐压试验	试验电压值按出厂试验的0.8倍		
	直流电阻	1）1 600kV·A 以上的变压器，各相绕组电阻相互间的差别不应大于三相平均值的2%，无中性点引出的绕组，线间差别不应大于三相平均值的1% 2）1 600kV·A 及以下的变压器，相间差别一般不大于三相平均值的4%，线间差别一般不大于三相平均值的2% 3）与以前相同部位测得值比较，其变化不应大于2%		

记录铭牌数据					确认（ ）
型号		制造厂		编号	
结线组别		容量/(kV·A)		日期	

作业记录　　　　　　　　　　　　　　　　　　　　　　　　　　确认（ ）

	分接位置	A 相分接位置：____	B 相分接位置：____	C 相分接位置：____	—
直流电阻	高压侧/Ω	AB（ ）/AO（ ）	BC（ ）/BO（ ）	CA（ ）/CO（ ）	相差/%
	低压侧/mΩ	ao	bo	co	相差/%

	试验位置	绝缘电阻/MΩ		耐压值/kV	耐压时间/s	试验结果
		耐压前	耐压后			
绝缘电阻及交流耐压	高压对低压及地					通过（ ）/ 不通过（ ）
	低压对高压及地					通过（ ）/ 不通过（ ）
	铁芯对地					

备注	

（2）电阻柜：有（　　　）/无（　　　）

风险	控制措施			
触电受伤	设专人监护，并呼唱			确认（ ）
仪器/仪表规范	名称	型号	厂家	编号	有效日期

续表

作业标准	绝缘电阻	一般不低于上次值的70%
	交流耐压试验	试验电压值按出厂试验的0.8倍
	直流电阻	与铭牌值误差不大于±5%

记录铭牌数据					确认（　）
型号		制造厂		编号	
铭牌电阻值		额定电流		日期	

作业记录		确认（　）

绝缘电阻 /MΩ	耐压前	耐压后

直流电阻/Ω	

交流耐压	试验电压/kV	时间/s	结论

备注	

三、作业终结

1	试验结果	合格（　）、不合格（　）、缺陷（　）、待查（　）
2	拆除试验短路线、恢复二次接线	核对拆除的短路线数量；二次接线恢复后，由工作负责人对照记录，认真检查　　　　　　　　　　　　　　确认（　）
3	清理、撤离现场	拆除试验电源，将仪器、工具、材料等搬离现场　　确认（　）
4	结束工作	办理工作终结手续　　　　　　　　　　　　　　确认（　）
5	新增风险及控制措施	
6	试验说明	
7	报告录入人		录入时间	

广州供电局10kV电容器组电容器预防性试验（电气部分）作业表单

表单流水号：_____

作业班组		作业开始时间		作业结束时间	
作业任务					
作业负责人		作业人员			
变电站名称		运行编号		试验性质	预试（ ） 其他（ ）
天气	晴（ ）阴（ ） 雨（ ）雪（ ）	气温/℃		湿度/%	

一、作业前准备

1. 出发前准备	试验仪器/仪表	电动兆欧表、回路电阻测试仪、交流耐压试验装置、直流高压发生器、放电计数器动作测试仪、数字式电容表或电容电桥、变压器直阻测试仪等，对仪器/仪表通电检查正常并确认在有效期内	确认（ ）
	资料	上次试验报告，被试设备的缺陷记录和相关的检修记录	确认（ ）
	材料、工具	接地线、测量导线、手工具、安全工器具等，检查安全工器具外观完好并在有效期内	确认（ ）
2. 办理作业许可手续		工作负责人办理工作票，并确定现场安全措施符合作业要求	确认（ ）
3. 风险	走错间隔，触电伤亡	负责人带领进入作业现场，核对设备名称和编号	确认（ ）
	接取试验电源，触电伤亡	检查漏电保护开关是否正常，禁止用导线在插座上取电源	确认（ ）
4. 作业前安全交底		作业人员清楚工作任务、周围设备的带电情况、作业环境情况	确认（ ）

二、作业过程

（1）分体式电容器：是（ ），否（ ）

风　险	控制措施	
残余电荷或高压触电	测量前对电容器逐个多次放电	确认（ ）
高处作业跌落地面受伤	系安全带，穿防滑鞋，用梯子上下	确认（ ）

仪器/仪表规范	名称	型号	厂家	编号	有效日期

作业标准	极对外壳及地绝缘电阻	绝缘测试采用 2 500V 兆欧表，绝缘电阻不低于 2 000MΩ								
	电容量测试	1）偏差不超出额定值的 −5%～+10% 2）电容值不应小于出厂值的 95%								

记录铭牌数据									确认（　　）	
整组电容器型号			厂家				出厂日期			
单个电容器型号										

作业记录　　　　　　　　　　　　　　　　　　　　　　　　　　　　确认（　　）

运行号	设备编号	$C_{铭牌}$ /μF	$C_{测试}$ /μF	偏差 /%	绝缘电阻/MΩ	运行号	设备编号	$C_{铭牌}$ /μF	$C_{测试}$ /μF	偏差 /%	绝缘电阻/MΩ
A_1						B_6					
A_2						B_7					
A_3						B_8					
A_4						B_9					
A_5						C_1					
A_6						C_2					
A_7						C_3					
A_8						C_4					
A_9						C_5					
B_1						C_6					
B_2						C_7					
B_3						C_8					
B_4						C_9					
B_5											
备注											

（2）集合式电容器：是（　　），否（　　）

风　险	控制措施		
残余电荷或高压触电	测量前对电容器逐个多次放电		确认（　　）
高处作业跌落地面受伤	系安全带、穿防滑鞋，用梯子上下		确认（　　）

仪器/仪表规范	名称	型号	厂家	编号	有效日期

作业标准	极对外壳及地绝缘电阻	绝缘测试采用 2 500V 兆欧表，绝缘电阻不低于 1 000MΩ
	电容量测试	每相电容值偏差值应在额定值的 −5%～+10% 的范围内，且不小于出厂值的 96%

续表

记录铭牌数据							确认（ ）	
型号		厂家		编号		日期		
作业记录							确认（ ）	
位置	$C_{铭牌}/\mu F$		$C_{测试}/\mu F$			偏差/%		
$A - A_1$								
$A - A_2$								
$B - B_1$								
$B - B_2$								
$C - C_1$								
$C - C_2$								
$C_总$								
备注								

三、作业终结

1	试验结果	合格（ ）、不合格（ ）、缺陷（ ）、待查（ ）	
2	拆除试验短路线、恢复二次接线	核对拆除的短路线数量；二次接线恢复后，由工作负责人对照记录，认真检查　　　　　　　　　　　　　　　　确认（ ）	
3	清理、撤离现场	拆除试验电源，将仪器、工具、材料等搬离现场　　　确认（ ）	
4	结束工作	办理工作终结手续　　　　　　　　　　　　　　　　确认（ ）	
5	新增风险及控制措施		
6	试验说明		
7	报告录入人		录入时间	

广州供电局 10kV 出线开关柜及母线预防性试验（电气部分）作业表单

表单流水号：＿＿＿＿＿＿＿

作业班组		作业开始时间		作业结束时间	
作业任务					
作业负责人		作业人员			
变电站名称		运行编号		试验性质	预试（　） 其他（　）
天气	晴（　）阴（　） 雨（　）雪（　）	气温/℃		湿度/%	

一、作业前准备

1. 出发前准备	试验仪器/仪表	兆欧表、回路电阻测试仪、工频耐压试验装置、直流高压发生器等，对仪器/仪表通电检查正常并确认在有效期内	确认（　）
	资料	上次试验报告，被试设备的缺陷记录和相关的检修记录	确认（　）
	材料、工具	接地线、测量导线、手工具、安全工器具等，检查安全工器具外观完好并在有效期内	确认（　）
2. 办理作业许可手续		工作负责人办理工作票，并确定现场安全措施符合作业要求	确认（　）
3. 风险评估		走错间隔，触电伤亡	确认（　）
		接取试验电源，触电伤亡	确认（　）
4. 作业前安全交底		作业人员清楚工作任务、周围设备的带电情况、作业环境情况	确认（　）

二、作业过程

（1）真空断路器

风　险	控制措施				
触电受伤	设专人监护，并呼唱				确认（　）
仪器/仪表规范	名称	型号	厂家	编号	有效日期
作业标准	绝缘电阻	选择兆欧表测试电压为 2 500 V，断口和有机物制成的提升杆绝缘电阻不应低于：大修后 1 000MΩ；运行中 300MΩ			
	交流耐压试验	相对地、相间及断口的试验电压相同为 35kV/1min			
	回路电阻测试	测试电流不小于 100A，测试值不大于 1.2 倍出厂值			
记录铭牌数据					确认（　）
型号		制造厂		日期	
作业记录					确认（　）

续表

相对地及相间绝缘试验	相别	绝缘电阻/MΩ		试验电压/kV	试验结果	
		耐压前	耐压后			
连（ ）/不连（ ）电流互感器	A				通过（ ）/不通过（ ）	
	B				通过（ ）/不通过（ ）	
	C				通过（ ）/不通过（ ）	
断口绝缘试验	相别	绝缘电阻/MΩ		试验电压/kV	试验结果	
		耐压前	耐压后			
	A				通过（ ）/不通过（ ）	
	B				通过（ ）/不通过（ ）	
	C				通过（ ）/不通过（ ）	

（2）导电回路电阻

名称及编号	额定电流/A	导电回路电阻/μΩ			名称及编号	额定电流/A	导电回路电阻/μΩ		
		A相	B相	C相			A相	B相	C相
备注									

（3）母线：有（ ）/无（ ）

风险	控制措施				
残余电荷或高压触电	加压过程中设专人监护，并呼唱				确认（ ）
仪器/仪表规范	名称	型号	厂家	编号	有效日期

续表

作业标准	绝缘电阻	选择兆欧表测试电压为 2 500V，绝缘电阻不低于 50MΩ				
	交流耐压试验	相对地、相间及断口的试验电压为 35kV，持续 1min				
记录铭牌数据					确认（　　）	
型号			厂家			
作业记录					确认（　　）	
相对地及相间绝缘试验		相别	绝缘电阻/MΩ		试验电压/kV	时间/s	试验结果
			耐压前	耐压后			
		A					通过（　　）/不通过（　　）
		B					通过（　　）/不通过（　　）
		C					通过（　　）/不通过（　　）
备注						

三、作业终结

1	试验结果	合格（　　）、不合格（　　）、缺陷（　　）、待查（　　）	
2	拆除试验短路线	核对拆除的短路线数量	确认（　　）
3	清理、撤离现场	拆除试验电源，将仪器、工具、材料等搬离现场	确认（　　）
4	结束工作	办理工作终结手续	确认（　　）
5	新增风险及控制措施		
6	试验说明		
7	报告录入人	录入时间	

广州供电局10kV变压器预防性试验（电气部分）作业表单

表单流水号：_____

作业班组		作业开始时间		作业结束时间	
作业任务					
作业负责人		作业人员			
变电站名称		运行编号		试验性质	预试（　） 其他（　）
天气	晴（　）阴（　） 雨（　）雪（　）	气温/℃		湿度/%	

一、作业前准备

1. 出发前准备	试验仪器/仪表	电动兆欧表、交流耐压试验装置、变压器直阻测试仪等，对仪器/仪表通电检查正常并确认在有效期内	确认（　）
	资料	上次试验报告、被试设备的缺陷记录和相关的检修记录	确认（　）
	材料、工具	接地线、测量导线、手工具、安全工器具等，检查安全工器具外观完好并在有效期内	确认（　）
2. 办理作业许可手续		工作负责人办理工作票，并确定现场安全措施符合作业要求	确认（　）
3. 风险	走错间隔，触电伤亡	负责人带领进入作业现场，核对设备名称和编号	确认（　）
	接取试验电源，触电伤亡	确认漏电保护开关正常，禁止用导线在插座上取电源	确认（　）
4. 作业前安全交底		作业人员清楚工作任务、周围设备的带电情况、作业环境情况	确认（　）

二、作业过程

变压器

风　险	控制措施				
触电受伤	设专人监护，并呼唱				确认（　）
仪器/仪表规范	名称	型号	厂家	编号	有效日期
作业标准	绝缘电阻	一般不低于上次值的70%			
	交流耐压试验	试验电压值按出厂试验的0.8倍（28kV）			
	直流电阻	1）1 600kV·A以上的变压器，各相绕组电阻相互间的差别不应大于三相平均值的2%，无中性点引出的绕组，线间差别不应大于三相平均值的1% 2）1 600kV·A及以下的变压器，相间差别一般不大于三相平均值的4%，线间差别一般不大于三相平均值的2% 3）与以前相同部位测得值比较，其变化不应大于2%			

续表

记录铭牌数据									确认（ ）
型号			制造厂				日期		
结线组别			容量/(kV·A)				日期		
作业记录									确认（ ）

	分接位置	A 相分接位置：____	B 相分接位置：____	C 相分接位置：____	—
直流电阻	高压侧 /Ω	AB（ ）/AO（ ）	BC（ ）/BO（ ）	CA（ ）/CO（ ）	相差/%
	低压侧 /mΩ	ao	bo	co	相差/%

	试验位置	绝缘电阻/MΩ		耐压值/kV	耐压时间/s	试验结果
		耐压前	耐压后			
绝缘电阻及交流耐压	高压对低压及地					通过（ ）/不通过（ ）
	低压对高压及地					通过（ ）/不通过（ ）
	铁芯对地	—	—	—	—
备注						

三、作业终结

1	试验结果	合格（ ）、不合格（ ）、缺陷（ ）、待查（ ）	
2	拆除试验短路线、恢复二次接线	核对拆除的短路线数量；二次接线恢复后，由工作负责人对照记录，认真检查	确认（ ）
3	清理、撤离现场	拆除试验电源，将仪器、工具、材料等搬离现场	确认（ ）
4	结束工作	办理工作终结手续	确认（ ）
5	新增风险及控制措施		
6	试验说明		
7	报告录入人		录入时间	

广州供电局金属氧化物避雷器带电测试作业表单

表单流水号：_____

作业班组		作业开始时间		作业结束时间	
作业任务					
作业负责人		作业人员			
变电站名称		运行编号		试验性质	预试（ ） 其他（ ）
天气	晴（ ）阴（ ） 雨（ ）雪（ ）	气温/℃		湿度/%	

一、作业前准备

1. 出发前准备	试验仪器/仪表	避雷器带电测试仪等，对仪器/仪表通电检查正常并确认在有效期内	确认（ ）
	资料	上次试验报告，被试设备的缺陷记录和相关的检修记录	确认（ ）
	材料、工具	测量导线、手工具、安全工器具等，检查安全工器具外观完好并在有效期内	确认（ ）
2. 办理作业许可手续		工作负责人办理工作票，并确定现场安全措施符合作业要求	确认（ ）
3. 风险	走错间隔，触电伤亡	负责人带领进入作业现场，核对设备名称和编号	确认（ ）
	取试验电源，触电伤亡	确认漏电保护开关正常，禁止用导线在插座上取电源	确认（ ）
4. 作业前安全交底		作业人员清楚工作任务、周围设备的带电情况、作业环境情况	确认（ ）

二、作业过程

运行电压下的交流泄漏电流带电测试

风 险	控制措施				
触电伤亡	试验接线时，注意与设备带电部位保持足够的安全距离				确认（ ）
二次短路	尽量避免从电压互感器的保护绕组抽取信号，且要做好防二次短路措施				确认（ ）
仪器/仪表规范	名称	型号	厂家	编号	有效日期

作业标准	运行电压下的交流泄漏电流	1）测量运行电压下全电流、阻性电流或功率损耗，测量值与初始值比较不应有明显变化 2）测量值与初始值比较，当阻性电流增加 50% 时应该分析原因，加强监测、适当缩短检测周期；当阻性电流增加 1 倍时应停电检查
	环境因素的影响	1）应记录测量时的环境温度、相对湿度和运行电压 2）带电测量宜在避雷器外套表面干燥时进行，应注意相间干扰影响

作业记录　　　　　　　　　　　　　　　　　　　　　　　　确认（　）

名称 \ 试验数据	无参考电压信号		取参考电压信号						
	I_x/mA	I_{rp}/mA	U/kV	I_x/mA	I_{rp}/mA	I_{rlp}/mA	Φ/(°)	I_c/mA	$\Phi_{校}$/(°)
A									
A$_{校}$	—	—							
B									
C									
C$_{校}$	—	—							
A									
A$_{校}$	—	—							
B									
C									
C$_{校}$	—	—							
A									
A$_{校}$	—	—							
B									
C									
C$_{校}$	—	—							
A									
A$_{校}$	—	—							
B									
C									
C$_{校}$	—	—							
A									
A$_{校}$	—	—							
B									
C									

续表

名称									
C校	—	—							
A									
A校	—	—							
B									
C									
C校	—	—							
备注	其他间隔试验数据：无（　），有（　）见附表_____								

三、作业终结

1	试验结果	合格（　）、不合格（　）、缺陷（　）、待查（　）	
2	清理、撤离现场	拆除试验电源，将仪器、工具、材料等搬离现场	确认（　）
3	结束工作	办理工作终结手续	确认（　）
4	新增风险及控制措施		
5	试验说明		
6	报告录入人		录入时间

金属氧化物避雷器带电测试附表_____　　　表单流水号：_____

试验数据 名称	无参考电压信号		取参考电压信号						
	I_x/mA	I_{rp}/mA	U/kV	I_x/mA	I_{rp}/mA	I_{rlp}/mA	Φ/(°)	I_c/mA	$\Phi_{校}$/(°)
A									
A校	—	—							
B									
C									
C校	—	—							
A									
A校	—	—							
B									
C									
C校	—	—							
A									
A校	—	—							
B									
C									
C校	—	—							

A									
A$_{校}$	—	—							
B									
C									
C$_{校}$	—	—							
A									
A$_{校}$	—	—							
B									
C									
C$_{校}$	—	—							
A									
A$_{校}$	—	—							
B									
C									
C$_{校}$	—	—							
A									
A$_{校}$	—	—							
B									
C									
C$_{校}$	—	—							
备注	其他间隔试验数据：无（　），有（　）见附表＿＿＿＿＿								

广州供电局 GIS（H－GIS、PASS）设备运行中局部放电测试作业表单

表单流水号：_____

作业班组		作业开始时间	年 月 日 时 分	作业结束时间	年 月 日 时 分
作业任务					
作业负责人		作业人员			
变电站名称		运行编号		试验性质	预试（ ） 其他（ ）
天气	晴（ ）阴（ ） 雨（ ）雪（ ）	气温/℃		湿度/%	

一、作业前准备

1. 出发前准备	试验仪器/仪表	便携式电源线架、便携式局部放电检测装置等，对仪器/仪表通电检查正常并确认在有效期内	确认（ ）
	资料	上次试验报告，被试设备的缺陷记录和相关的检修记录	确认（ ）
	材料、工具	测量导线、手工具、安全工器具等，检查安全工器具外观完好并在有效期内	确认（ ）
2. 办理作业许可手续		工作负责人办理工作票，并确定现场安全措施符合作业要求	确认（ ）
3. 风险	走错间隔，触电伤亡	负责人带领进入作业现场，核对设备名称和编号	确认（ ）
	接取试验电源，触电伤亡	确认漏电保护开关正常，禁止用导线在插座上取电源	确认（ ）
4. 作业前安全交底		作业人员清楚工作任务、周围设备的带电情况、作业环境情况	确认（ ）

二、作业过程

风 险	控制措施				
人员布置探头时坠落受伤	试验人员在登高试验时，必须使用安全带，专人扶梯				确认（ ）
仪器/仪表规范	名称	型号	厂家	编号	有效日期
作业标准	安装传感器，连接测试引线	传感器与设备应可靠结合，电缆应连通良好			
	区分干扰信号与局部放电信号	1）移动传感器的位置和方向，观察信号的变化 2）保持足够的测量时间			
	读取测量数据，必要时记录波形	如有局部放电信号，则进行详细波形记录，包括信号幅值，发生位置，频谱分布			

续表

作业记录				确认（　）
序号	间隔名称	典型放电波形幅值/dB	测试结果	备注
1			无异常（　）；有疑似局放（　）	
2			无异常（　）；有疑似局放（　）	
3			无异常（　）；有疑似局放（　）	
4			无异常（　）；有疑似局放（　）	
5			无异常（　）；有疑似局放（　）	
6			无异常（　）；有疑似局放（　）	
7			无异常（　）；有疑似局放（　）	
8			无异常（　）；有疑似局放（　）	
9			无异常（　）；有疑似局放（　）	
10			无异常（　）；有疑似局放（　）	
11			无异常（　）；有疑似局放（　）	
12			无异常（　）；有疑似局放（　）	
13			无异常（　）；有疑似局放（　）	
14			无异常（　）；有疑似局放（　）	
15			无异常（　）；有疑似局放（　）	
16			无异常（　）；有疑似局放（　）	
17			无异常（　）；有疑似局放（　）	
18			无异常（　）；有疑似局放（　）	
19			无异常（　）；有疑似局放（　）	
20			无异常（　）；有疑似局放（　）	
21			无异常（　）；有疑似局放（　）	
22			无异常（　）；有疑似局放（　）	
23			无异常（　）；有疑似局放（　）	
24			无异常（　）；有疑似局放（　）	
25			无异常（　）；有疑似局放（　）	
26			无异常（　）；有疑似局放（　）	
27			无异常（　）；有疑似局放（　）	
28			无异常（　）；有疑似局放（　）	
29			无异常（　）；有疑似局放（　）	
30			无异常（　）；有疑似局放（　）	
31			无异常（　）；有疑似局放（　）	
备注				

三、作业终结

1	试验结果	正常（　）、异常（　）、待查（　）	
2	清理、撤离现场	拆除试验电源，将仪器、工具、材料等搬离现场	确认（　）
3	结束工作	办理工作终结手续	确认（　）
4	新增风险及控制措施		
5	试验说明		
6	报告录入人		录入时间	

广州供电局10kV开关柜运行中局部放电测试作业表单

表单流水号：＿＿＿＿＿＿＿

作业班组		作业开始时间	年　月　日 时　分	作业结束时间	年　月　日 时　分
作业任务					
作业负责人		作业人员			
变电站名称		运行编号		试验性质	预试（　） 其他（　）
天气	晴（　）阴（　） 雨（　）雪（　）	气温/℃		湿度/%	

一、作业前准备

1. 出发前准备	试验仪器/仪表	便携式电源线架、便携式局部放电检测装置等，对仪器/仪表通电检查正常并确认在有效期内	确认（　）
	资料	上次试验报告，被试设备的缺陷记录和相关的检修记录	确认（　）
	材料、工具	测量导线、手工具、安全工器具等，检查安全工器具外观完好并在有效期内	确认（　）
2. 办理作业许可手续		工作负责人办理工作票，并确定现场安全措施符合作业要求	确认（　）
3. 风险	走错间隔，触电伤亡	负责人带领进入作业现场，核对设备名称和编号	确认（　）
	接取试验电源，触电伤亡	确认漏电保护开关正常，禁止用导线在插座上取电源	确认（　）
4. 作业前安全交底		作业人员清楚工作任务、周围设备的带电情况、作业环境情况	确认（　）

二、作业过程

风　险	控制措施				
误碰开关柜分、合闸按钮导致开关动作	避免在开关柜分、合闸按钮附近测试，专人监护				确认（　）
仪器/仪表规范	名称	型号	厂家	编号	有效日期

续表

作业标准	测试值比较	先测试背景信号，再测试开关柜的信号，进行对比，同时要进行横向开关柜测试值比较，同一开关柜测试值要与历史值比较
	TEV 模式测试	1）脉冲信号 0～20dB，表示设备不存在局放 2）脉冲信号 20～30dB，表示设备存在轻微局放 3）脉冲信号 30～40dB，表示设备存在中等局放，进行定位，缩短周期 4）脉冲信号 40～50dB，表示设备存在严重局放，进行定位，有停电机会检查 5）脉冲信号 50～60dB，表示设备存在很严重局放，进行定位，尽早停电检查
	超声模式测试	1）无放电声，且测试值 0dB 以下，表示设备不存在局放 2）无放电声，且测试值 6dB 以下，表示设备存在轻微放电，跟踪测试 3）无放电声，且测试值 6dB 以上，表示设备存在明显放电，结合 TEV 测试值判断

作业记录　　　　　　　　　　　　　　　　　　　　　　　　　　确认（　）

开关柜名称、编号	开关柜前（TEV 模式）				开关柜后（TEV 模式）						超声模式	
	柜中		柜下		柜上		柜中		柜下		柜前	柜后
	幅值/dB	脉冲数/个	幅值/dB	脉冲数/个	幅值/dB	脉冲数/个	幅值/dB	脉冲数/个	幅值/dB	脉冲数/个	是否正常	是否正常

备注	其他开关柜测量数据：无（　），有（　） 见附表_____							

三、作业终结

1	试验结果	正常（　）、异常（　）、待查（　）	
2	清理、撤离现场	拆除试验电源，将仪器、工具、材料等搬离现场	确认（　）
3	结束工作	办理工作终结手续	确认（　）
4	新增风险及控制措施		
5	试验说明		
6	报告录入人	录入时间	

10kV 开关柜运行中局部放电测试附表_____　　　　　表单流水号：_____

开关柜名称、编号	开关柜前（TEV 模式）				开关柜后（TEV 模式）						超声模式	
	柜中		柜下		柜上		柜中		柜下		柜前	柜后
	幅值/dB	脉冲数/个	幅值/dB	脉冲数/个	幅值/dB	脉冲数/个	幅值/dB	脉冲数/个	幅值/dB	脉冲数/个	是否正常	是否正常

备 注	其他开关柜测量数据：无（　　　），有（　　　）见附表_____										

广州供电局带电设备红外诊断作业表单

表单流水号：_____

作业班组		作业开始时间		作业结束时间	
作业任务					
作业负责人		作业人员			
变电站名称				试验性质	预试（　　） 其他（　　）
天气	晴（　）阴（　） 雨（　）雪（　）	气温/℃		相对湿度/%	

一、作业前准备

1. 出发前准备	试验仪器/仪表	温湿度计、风速仪、红外热像仪、照明灯具，对仪器/仪表通电检查正常并确认在有效期内	确认（　　）
	资料	上次试验报告，被试设备的缺陷记录和相关的检修记录	确认（　　）
	材料、工具	安全工器具，检查安全工器具外观完好并在有效期内	确认（　　）
2. 办理作业许可手续		工作负责人办理工作票，并确定现场安全措施符合作业要求	确认（　　）
3. 风险	走错间隔，触电伤亡	负责人带领进入作业现场，核对设备名称和编号	确认（　　）
4. 作业前安全交底		作业人员清楚工作任务、周围设备的带电情况、作业环境情况	确认（　　）

二、作业过程

风　险	控制措施				
被障碍物绊倒受伤	充足的照明设备，禁止边测温边移动，互相提醒			确认（　　）	
仪器/仪表规范	名称	型号	厂家	编号	有效日期
作业标准	环境要求	环境温度一般不宜低于5℃、相对湿度一般不大于85%，风速一般不大于5m/s			
	仪器调节	仪器的色标温度设置在环境温度加10～20K的温升范围内，辐射率取0.9左右			
	判断依据	按《电气设备带电红外诊断应用规范》（DL/T 664—2008）执行			
作业记录				确认（　　）	

	序号	设备名称	相别	温度	图号	是否正常
	1					
	2					
	3					
	4					
	5					
	6					
	7					
	8					
	9					
	10					
	11					
	12					
	13					
	14					
	15					
	16					
红外测	17					
试记录	18					
	19					
	20					
	21					
	22					
	23					
	24					
	25					
	26					
	27					
	28					
	29					
	30					
	31					
	32					
	33					
	34					
	35					
	36					
备 注						

三、作业终结

1	试验结果	无异常（　）、缺陷（　）、待查（　）	
2	清理、撤离现场	拆除试验电源，将仪器、工具、材料等搬离现场	确认（　）
3	结束工作	办理工作终结手续	确认（　）
4	新增风险及控制措施		
5	试验说明		
6	报告录入人		录入时间	

广州供电局电容型设备带电测试作业表单

表单流水号：_____

作业班组			作业开始时间		作业结束时间	
作业任务						
作业负责人			作业人员			
变电站名称			运行编号		试验性质	预试（　） 其他（　）
天气	晴（　）阴（　） 雨（　）雪（　）		气温/℃		相对湿度/%	

基准设备名称及参数						
基准设备调度名称	相别	试验日期	$\tan\delta$/%	$C_{测试}$/pC	温度/℃	湿度/%
	A 相					
	B 相					
	C 相					

一、作业前准备

1. 出发前准备	试验仪器/仪表	电容型设备带电测试仪等，对仪器/仪表通电检查正常并确认在有效期内	确认（　）
	资料	上次试验报告，被试设备的缺陷记录和相关的检修记录	确认（　）
	材料/工具	接地线、测量导线、手工具、安全工器具等，检查安全工器具外观完好并确认在有效期内	确认（　）
2. 办理作业许可手续		工作负责人办理工作票，并确定现场安全措施符合作业要求	确认（　）
3. 风险	走错间隔，触电伤亡	负责人带领进入作业现场，核对设备名称和编号	确认（　）
	接取试验电源，触电伤亡	确认漏电保护开关正常，禁止用导线在插座上取电源	确认（　）
4. 作业前安全交底		作业人员清楚工作任务、周围设备的带电情况、作业环境情况	确认（　）

二、作业过程

电容型设备带电测试

风　险	控制措施	
触电受伤	设专人监护，保持足够的安全距离	确认（　）
接装信号线，运行设备放电伤人及设备损坏	设专人监护、检查，规范操作	确认（　）

仪器/仪表规范	名称	型号		厂家		编号	有效日期

作业标准	$\Delta\tan\delta$、C_X/C_N	1）同相设备介损测量值 $\tan I_X - \tan I_N$ 与初始测量值比较，变化不超过 $\pm0.3\%$，C_X/C_N 与初始测量值比较，变化范围不超过 $\pm5\%$ 2）同相同型号设备介损测量值 $\tan I_X - \tan I_N$ 变化不超过 $\pm0.3\%$
	环境因素的影响	1）应记录测量时的环境温度、相对湿度和运行电压 2）带电测量宜在被测设备外套表面干燥时进行，应注意相间干扰影响

作业记录　　　　　　　　　　　　　　　　　　　　　　　确认（　）

被测设备调度名称	相别	$\Delta\tan\delta/\%$	初始 $\tan\delta/\%$	与初始值差值	C_X/C_N	初始 C_X/C_N	与初始值差值
	A 相						
	B 相						
	C 相						
	A 相						
	B 相						
	C 相						
	A 相						
	B 相						
	C 相						
	A 相						
	B 相						
	C 相						
	A 相						
	B 相						
	C 相						
	A 相						
	B 相						
	C 相						
	A 相						
	B 相						
	C 相						
	A 相						
	B 相						
	C 相						

	A 相						
	B 相						
	C 相						
	A 相						
	B 相						
	C 相						
备 注	其他容性设备测量数据：无（　），有（　）见附表＿＿＿＿						

三、作业终结

1	试验结果	合格（　）、不合格（　）、缺陷（　）、待查（　）
2	恢复套管末屏接地	确保接地接触良好，必要时使用万用表测量，检查无遗漏　确认（　）
3	清理、撤离现场	拆除试验电源，将仪器、工具、材料等搬离现场　　　　　确认（　）
4	结束工作	办理工作终结手续　　　　　　　　　　　　　　　　　确认（　）
5	新增风险及控制措施	
6	试验说明	
7	报告录入人		录入时间	

电容型设备带电测试附表＿＿＿＿＿＿＿　　　　　　　表单流水号：＿＿＿＿＿＿

作业记录						确认（　）	
被测设备调度名称	相别	$\Delta\tan\delta/\%$	初始 $\tan\delta/\%$	与初始 值差值	C_X/C_N	初始 C_X/C_N	与初始 值差值
	A 相						
	B 相						
	C 相						
	A 相						
	B 相						
	C 相						
	A 相						
	B 相						
	C 相						
	A 相						
	B 相						
	C 相						

	A相						
	B相						
	C相						
	A相						
	B相						
	C相						
	A相						
	B相						
	C相						
	A相						
	B相						
	C相						
	A相						
	B相						
	C相						
	A相						
	B相						
	C相						
备注							

广州供电局10kV电抗器及母线预防性试验（电气部分）作业表单

表单流水号：＿＿＿＿＿＿＿

作业班组		作业开始时间		作业结束时间	
作业任务					
作业负责人		作业人员			
变电站名称		运行编号		试验性质	预试（ ） 其他（ ）
天气	晴（ ）阴（ ） 雨（ ）雪（ ）	气温/℃		湿度/%	

一、作业前准备

1. 出发前准备	试验仪器/仪表	兆欧表、回路电阻测试仪、工频耐压试验装置、直流高压发生器等，对仪器/仪表通电检查正常并确认在有效期内	确认（ ）
	资料	上次试验报告，被试设备的缺陷记录和相关的检修记录	确认（ ）
	材料、工具	接地线、测量导线、手工具、安全工器具等，检查安全工器具外观完好并在有效期内	确认（ ）
2. 办理作业许可手续		工作负责人办理工作票，并确定现场安全措施符合作业要求	确认（ ）
3. 风险评估		走错间隔，触电伤亡	确认（ ）
		接取试验电源，触电伤亡	确认（ ）
4. 作业前安全交底		作业人员清楚工作任务、周围设备的带电情况、作业环境情况	确认（ ）

二、作业过程

（1）电抗器

风　险	控制措施				
触电受伤	设专人监护，并呼唱			确认（ ）	
高处跌落	系安全带、穿防滑鞋，用梯子上下			确认（ ）	
仪器/仪表规范	名称	型号	厂家	编号	有效日期
作业标准	绝缘电阻	绝缘测试采用2 500V兆欧表，绝缘电阻不低于1 000MΩ（20℃）			
	直流电阻	1）三相绕组间的差别不应大于三相平均值的4% 2）与上次测量值相差不大于2%			
记录铭牌数据				确认（ ）	

425

型号			厂家		
作业记录					确认（　）
测试相别		A 相		B 相	C 相
绝缘电阻/MΩ					
直流电阻/Ω					
备　注					

（2）母线：有（　　　）／无（　　　）

风　　险	控制措施				
残余电荷或高压触电	加压过程中设专人监护，并呼唱				确认（　）
仪器/仪表规范	名称	型号	厂家	编号	有效日期
作业标准	绝缘电阻	选择兆欧表测试电压为 2 500V，绝缘电阻不低于 50MΩ			
	交流耐压试验	相对地、相间试验电压为 42kV，持续 1min			
记录铭牌数据					确认（　）
型号			厂家		
作业记录					确认（　）

	相别	绝缘电阻/MΩ		试验电压/kV	时间/s	试验结果
		耐压前	耐压后			
相对地及相间绝缘试验	A					通过（　）/不通过（　）
	B					通过（　）/不通过（　）
	C					通过（　）/不通过（　）
备　注						

三、作业终结

1	试验结果	合格（　）、不合格（　）、缺陷（　）、待查（　）	
2	拆除试验短路线	核对拆除的短路线数量	确认（　）
3	清理、撤离现场	拆除试验电源，将仪器、工具、材料等搬离现场	确认（　）
4	结束工作	办理工作终结手续	确认（　）
5	新增风险及控制措施		
6	试验说明		
7	报告录入人		录入时间

广州供电局变压器运行中局部放电测试作业表单

表单流水号：＿＿＿＿＿＿＿

作业班组		作业开始时间	年 月 日 时 分	作业结束时间	年 月 日 时 分
作业任务					
作业负责人		作业人员			
变电站名称		运行编号		试验性质	预试（ ） 其他（ ）
天气	晴（ ）阴（ ） 雨（ ）雪（ ）	气温/℃		湿度/%	

一、作业前准备

1. 出发前准备	试验仪器/仪表	便携式电源线架、便携式局部放电检测装置等，对仪器/仪表通电检查正常并确认在有效期内	确认（ ）
	资料	上次试验报告，被试设备的缺陷记录和相关的检修记录	确认（ ）
	材料、工具	测量导线、手工具、安全工器具等，检查安全工器具外观完好并在有效期内	确认（ ）
2. 办理作业许可手续		工作负责人办理工作票，并确定现场安全措施符合作业要求	确认（ ）
3. 风险评估	走错间隔，触电伤亡	负责人带领进入作业现场，核对设备名称和编号	确认（ ）
	接取试验电源，触电伤亡	确认漏电保护开关正常，禁止用导线在插座上取电源	确认（ ）
4. 作业前安全交底		作业人员清楚工作任务、周围设备的带电情况、作业环境情况	确认（ ）

二、作业过程

风 险	控制措施	
人员布置探头时坠落受伤	试验人员在登高试验时，必须使用安全带，专人扶梯	确认（ ）
触电受伤	安装和拆卸传感器时，注意保持与带电设备有足够的安全距离，并设专人监护	确认（ ）

仪器/仪表规范	名称	型号	厂家	编号	有效日期

作业标准	安装传感器，连接测试电缆	传感器与设备应可靠结合，电缆应连通良好				
	区分干扰信号与局部放电信号	1）移动传感器的位置和方向，观察信号的变化 2）保持足够的测量时间				
	保存测试数据，必要时记录波形	如有局部放电信号，则进行局放源定位，记录信号图谱以及定位图谱				
作业记录					确认（　）	
调度名称		型号		编号		
调度名称		型号		编号		
调度名称		型号		编号		

序号	文件名称	门槛值/dB	测试结果	备注
1				
2				
3				
4				
5				
6				
7				
备注				

三、作业终结

1	试验结果	正常（　）、异常（　）、待查（　）	
2	清理、撤离现场	拆除试验电源，将仪器、工具、材料等搬离现场	确认（　）
3	结束工作	办理工作终结手续	确认（　）
4	新增风险及控制措施		
5	试验说明		
6	报告录入人		录入时间

参考文献

[1] 电力设备预防性试验规程 [S]. 北京：中华人民共和国电力工业部，1997.

[2] 本书编写组. 电力设备预防性试验规程 DL/T 596—1996 修订说明 [S]. 北京：中国电力出版社，1997.

[3] Q/CSG 114002—2011 电力设备预防性试验规程 [S]. 广州：中国南方电网，2011.

[4] 电气装置安装工程电气设备交接试验标准 [S]. 北京：国家技术监督局、中华人民共和国建设部，2006.

[5] 刘耀南. 电气绝缘测试技术 [M]. 2版. 北京：机械工业出版社，1994.

[6] 日本电气学会. 绝缘试验方法手册 [M]. 北京：中国水利水电出版社，1987.

[7] 陈化钢. 电气设备预防性试验方法 [M]. 北京：中国水利水电出版社，1994.

[8] 严璋. 电气绝缘在线检测技术 [M]. 北京：中国电力出版社，1995.

[9] 谢恒堃. 电气绝缘结构设计原理：下册 [M]. 北京：机械工业出版社，1993.

[10] 张仁豫. 高电压试验技术 [M]. 北京：清华大学出版社，1982.

[11] 徐永禧. 高压电气设备局部放电 [M]. 北京：中国水利水电出版社，1984.

[12] 朱德行. 高压电绝缘 [M]. 北京：清华大学出版社，1992.

[13] 邱毓昌. 高电压工程 [M]. 西安：西安交通大学出版社，1995.

[14] 朱德恒. 电绝缘诊断技术 [M]. 北京：中国电力出版社，1999.

[15] 雷国富. 高压电气设备绝缘诊断技术 [M]. 北京：中国水利水电出版社，1994.

[16] 熊泰昌. 电力避雷器的原理试验与维修 [M]. 北京：中国水利水电出版社，1993.

[17] 陈慈萱. 高压电器 [M]. 北京：中国水利水电出版社，1985.

[18] 张节容. 高压电器原理和应用 [M]. 北京：清华大学出版社，1989.

[19] 罗学琛. SF_6 气体绝缘全封闭组合电器 [M]. 北京：中国电力出版社，1999.

[20] 邱毓昌. GIS 装置及绝缘技术 [M]. 北京：中国水利水电出版社，1994.

[21] 王其平. SF_6 与其混合气体中电弧动态特性和应用 [M]. 西安：西安交通大学出版社，1997.

[22] 刘子玉. 电力电缆结构设计原理 [M]. 西安：西安交通大学出版社，1995.

[23] 戴永国. 橡塑绝缘电线电缆生产 [M]. 北京：机械工业出版社，1991.

[24] 江日洪. 交联聚乙烯电力电缆线路 [M]. 北京：中国电力出版社，1997.

[25] 徐丙垠. 电力电缆故障探测技术 [M]. 北京：机械工业出版社，1999.

[26] 赵家礼. 变压器故障诊断与修理 [M]. 北京：机械工业出版社，1998.

[27] 变压器制造技术丛书编审委员会. 变压器试验 [M]. 北京：机械工业出版社，1999.

[28] 张涵孚. 模糊诊断原理及应用 [M]. 西安：西安交通大学出版社，1992.

[29] 江苏省电力工业局. 电气试验技能培训教材 [M]. 北京：中国电力出版社，1998.

[30] 甘肃省电力工业局. 电气试验 [M]. 北京：中国电力出版社，1998.

[31] 张维力. 红外诊断技术 [M]. 北京：中国水利水电出版社，1991.

[32] 邱关源. 电路 [M]. 4版. 北京：高等教育出版社.

[33] 李建明，朱康. 高压电气设备试验方法 [M]. 北京：中国电力出版社，2001.

[34] 朱德恒，严璋. 高电压绝缘 [M]. 北京：清华大学出版社，1992.

[35] 张仁豫，陈昌渔，王昌长. 高电压试验技术 [M]. 2版. 北京：清华大学出版社，2003.

[36] E. 库费尔，W. S. 岑格尔. 高电压工程基础 [M]. 邱毓昌，戚庆成，译. 北京：机械工业出版社，1993.

[37] 严璋，朱德恒. 高电压绝缘技术 [M]. 北京：中国电力出版社，2002.

［38］ 清华大学，西安交通大学. 高电压绝缘 ［M］. 北京：电力工业出版社，1980.

［39］ 周泽存. 高电压技术 ［M］. 北京：中国水利水电出版社，1988.

［40］ 中华人民共和国国家标准 GB/T16927 1—1997. 高电压试验技术 第一部分：一般试验要求 ［S］. 北京：国家技术监督局，1997.

［41］ 雷国富，陈占梅. 高压电气设备绝缘诊断技术 ［M］. 北京：中国水利水电出版社，1994.

［42］ 王钰. 变压器绕组变形检测中的故障判断 ［J］. 高电压技术，1997 （3）.

［43］ 黄华. 阻抗法和频响法诊断电力变压器绕组变形 ［J］. 高电压技术，1999 （2）.

［44］ 曾刚远. 测量短路电抗是判断变压器绕组变形的有效方法 ［J］. 变压器，1998 （8）.

［45］ 王圣，凌愍. 变压器绕组变形测试技术 ［J］. 变压器，1996 （1）.

［46］ 王贻平. 大型变压器现场空载试验技术 ［J］. 变压器，1996 （8）.

［47］ 陈奎. 大型变压器短路试验方法及四台变压器短路试验情况简介 ［J］. 变压器，1998 （1）.

［48］ 王景吾，范履苞. 变压器试验技术 ［J］. 变压器，1999，1－2.

［49］ 汪宏正，何志兴，张古银. 绝缘介质损耗与带电测试 ［M］. 合肥：安徽科学技术出版社，1988.

［50］ 张古银，郭守贤. 高压互感器的绝缘测试 ［M］. 上海：上海科学技术文献出版社，1995.

［51］ 王以京. 不拆高压引线进行 500kV 设备预试 ［J］. 中国电力，1993 （9）.

［52］ 赵京武，李红林. 500kV CVT 不拆高压引线预试方法探讨 ［J］. 高电压技术，1999 （3）.

［53］ 董其国. 电力变压器故障与诊断 ［M］. 北京：中国电力出版社，2001.